U0659378

计算机科学与技术丛书

深度学习理论及实践

从机器学习到深度强化学习

魏翼飞 李骏◎编著

清华大学出版社

北京

内 容 简 介

本书全面梳理机器学习、深度学习和强化学习相关理论和方法,完整设计各种模型和算法的应用实例。首先概述与人工智能和深度学习相关的基本概念和发展历程;然后详细介绍机器学习中的回归任务、分类任务、梯度下降法的基本理论和算法,并给出完整的 TensorFlow 编程实例;之后循序渐进地阐述人工神经网络与深度学习、深度神经网络的训练方法、卷积神经网络和典型的网络模型,并给出各种模型和算法的 TensorFlow 编程实例,包括完整的数据处理、模型构建、模型训练和测试、模型评估、实验结果分析、算法优化和改进;最后介绍强化学习、深度强化学习的基本理论和具体算法,并给出相关算法应用的TensorFlow 编程实例。

本书可作为学习机器学习、深度学习及强化学习算法的参考书,也可作为高等院校相关课程的教材,还可供从事人工智能领域的专业研究人员和工程技术人员阅读。

图书在版编目(CIP)数据

深度学习理论及实践:从机器学习到深度强化学习 / 魏翼飞,李骏编著. -- 北京:清华大学出版社,2025.7. --(计算机科学与技术丛书). -- ISBN 978-7-302-69518-9

Ⅰ. TP181

中国国家版本馆 CIP 数据核字第 20257YH069 号

策划编辑:刘　星
责任编辑:李　锦
封面设计:李召霞
责任校对:郝美丽
责任印制:宋　林

出版发行:清华大学出版社
　　　　网　　　址:https://www.tup.com.cn,https://www.wqxuetang.com
　　　　地　　　址:北京清华大学学研大厦 A 座　　　邮　　编:100084
　　　　社 总 机:010-83470000　　　邮　　购:010-62786544
　　　　投稿与读者服务:010-62776969,c-service@tup.tsinghua.edu.cn
　　　　质量反馈:010-62772015,zhiliang@tup.tsinghua.edu.cn
　　　　课件下载:https://www.tup.com.cn,010-83470236
印 装 者:三河市铭诚印务有限公司
经　　销:全国新华书店
开　　本:185mm×260mm　　　印　　张:16.75　　　字　　数:411 千字
版　　次:2025 年 9 月第 1 版　　　印　　次:2025 年 9 月第 1 次印刷
印　　数:1～1500
定　　价:59.00 元

产品编号:111032-01

前 言
PREFACE

近年来,深度学习发展迅速,相关算法在计算机视觉、游戏、机器人、无人驾驶、系统控制及医疗诊断等领域取得了显著的成果,特别是大模型、智能体、生成式人工智能在国内外引起了广泛的关注。然而,深度学习的理论基础并没有实质性突破,只是在传统神经网络的基础上加入更多的隐藏层和神经元,使得神经网络的宽度和深度增加,引入了更丰富的网络模块和网络结构,使得神经网络的非线性表达能力增强。继深度学习模型攻克计算机视觉任务之后,大型预训练语言模型的提出和应用突破了自然语言处理难题,通过了图灵测试,颠覆了人机交互方式,探索了一条通向通用人工智能之路。相比之前需要大量精确的人工标注才能训练的机器学习或神经网络,大模型可以利用海量未标注的数据以无监督方式做预训练,学习大量的通用语言知识和共性表示,再使用特定垂直领域的少量标注数据进行"微调",将共性知识迁移到各种特定任务中进行优化,这种"预训练＋微调"的模式具有很强的可扩展性,极大地推动了人工智能在各行各业的快速应用,正在深刻改变社会生产和生活的每一个角落,未来人工智能将成为科技创新领域的基础设施。

为了获得人类级别解决复杂问题的通用智能,很多新的技术方案开始将深度学习的感知能力和强化学习的决策能力相结合。围棋程序 AlphaGo Zero、自动驾驶 FSD、人形机器人 Optimus,以及大模型 ChatGPT 等的训练和调优,无不用到基于人类反馈的强化学习。最近迅速崛起的 DeepSeek 则完全由强化学习驱动,无须监督微调,其出色的推理能力令全球震惊,再次将强化学习推到了风口浪尖,采用强化学习提升大模型推理能力的方法受到了人们的重视。深度强化学习技术能够发挥两种学习方法的优势。一方面,可以利用强化学习的试错算法和累积回报函数来解决深度神经网络训练面临的数据集获取和标记难题;另一方面,可以利用深度学习的高维数据处理和快速特征提取能力解决强化学习中的值函数逼近问题。深度强化学习是一种能够进行"迁移学习""从零开始""无师自通"的学习模式,是一种更接近人类思维方式的人工智能方法,或许能推动弱人工智能向强人工智能甚至超人工智能的演进。

本书从机器学习的概念开始,循序渐进地介绍回归任务、分类任务、人工神经网络的相关知识,并且使用 TensorFlow 2.0 来实现典型的算法和模型,全面地介绍从神经网络到深度强化学习的演进过程,包括神经网络的关键技术、深度神经网络的训练方法、卷积神经网络和典型的网络模型、强化学习的基本理论和算法以及深度强化学习的设计思路和应用,并给出各种模型和算法的 TensorFlow 编程实例。

全书分为 9 章。

第 1 章是全书的概述。首先介绍人工智能、机器学习及深度学习的基本概念和发展历程;然后介绍机器学习、深度学习、强化学习算法的分类。

第 2 章和第 3 章介绍机器学习的基本理论和算法实例。

第 2 章主要介绍机器学习中的回归任务。首先,介绍机器学习的基础概念;其次,介绍一元线性回归的理论,并介绍解析法实现一元线性回归的 TensorFlow 实例;接着,介绍多元线性回归的理论,并介绍解析法实现多元线性回归的 TensorFlow 实例;然后,讲解梯度下降法的基本原理,采用梯度下降法求解线性回归的过程,包括求解一元线性回归和多元线性回归,并给出用 TensorFlow 实现梯度下降法的实例,以及利用 TensorFlow 的自动求导机制实现线性回归的梯度下降实例。

第 3 章介绍机器学习中的分类任务。首先,介绍逻辑回归的基本理论和算法,包括广义线性回归、逻辑回归、交叉熵损失函数的定义;其次,给出 TensorFlow 实现一元逻辑回归和多元逻辑回归的实例;最后,讨论多分类任务,并给出了编程实例。

第 4～7 章介绍神经网络和深度学习的相关理论和模型实例。

第 4 章详细介绍神经网络与深度学习。通过模拟生物神经元的工作机制,感知机模型为线性分类问题提供了解决方案,而单层与多层神经网络进一步扩展了其应用范围,能够处理更为复杂的非线性问题。本章首先介绍神经元模型和感知机,以及感知机在二分类问题中的应用。然后介绍基于 TensorFlow 的单层神经网络的实现案例。最后介绍深度学习的原理,包括误差反向传播算法、激活函数,同时给出用多层神经网络实现鸢尾花分类的编程实现,帮助读者从理论到实践全面理解深度学习的工作原理和应用。

第 5 章详细介绍深度神经网络的训练方法,包括优化算法、参数初始化方法、常用的正则化策略和训练深度神经网络常用的技巧。因为使用梯度下降法从理论上无法保证一定可以收敛于最小值点,所以只能尽量改进训练方法、调整参数、优化算法,使它尽可能收敛于全局最小值点。小批量梯度下降算法是训练大规模数据集的首选算法,小批量的样本数、梯度方向、学习率和初始化方法都是影响小批量梯度下降法性能的主要因素。最后,通过 Sequential 模型搭建并训练深度神经网络,实现手写数字识别的编程,可以帮助读者进一步提升对相关知识的理解。

第 6 章介绍卷积神经网络的基本理论和方法。卷积神经网络已成为处理图像和计算机视觉任务的核心工具。通过卷积层提取图像的局部特征、池化层简化特征图尺寸,卷积神经网络能够有效地适应图像分类、目标检测等复杂任务。本章详细阐述了卷积神经网络在图像处理中的基本结构和原理,并通过实际应用展示了其在计算机视觉领域的巨大潜力。

第 7 章介绍几种经典的神经网络模型的发展与应用。卷积神经网络从 LeNet 开始,逐步发展到 AlexNet、VGGNet、GoogLeNet 和 ResNet 等模型,这些模型在深度和宽度上不断优化,适应性与表达能力逐渐增强。例如,AlexNet 引入了 ReLU 激活函数和 Dropout 方法,VGGNet 通过小卷积核的深层堆叠提升性能,而 GoogLeNet 采用 Inception 模块来提高网络效率。随后提出的 ResNet 通过残差网络结构解决了网络退化问题。此外,还介绍了适用于时序数据的循环神经网络(RNN),进一步展示了神经网络在不同任务上的广泛应用。

第 8 章和第 9 章介绍从强化学习到深度强化学习的演进与相关理论和应用。

第 8 章阐述强化学习的基本理论和算法。首先,介绍有模型的马尔可夫决策及动态规划方法;然后,详细介绍无模型的强化学习算法,包括基于值函数的强化学习算法和基于策略梯度的强化学习算法;最后,给出强化学习算法的编程实现案例,包括值迭代算法实例、

SARSA 算法实例、蒙特卡洛算法实例、TD-Learning 算法及 Q-Learning 算法实例。

第 9 章介绍深度强化学习的算法和应用。首先,阐述基于值函数的深度强化学习和基于策略梯度的深度强化学习;然后,给出深度强化学习的典型应用实例,包括用 DDPG 实现 pendulum-V0 实例,实现 CartPole-V0 实例,以及实现 MountainCar-V0 实例。

全书内容可以划分为 3 部分:机器学习的基本理论和算法实现(第 1～3 章),深度学习和卷积神经网络相关模型和算法实现(第 4～7 章),强化学习和深度强化学习的基本理论和算法实现(第 8 章和第 9 章)。为了有针对性地学习和实践某些机器学习方法、深度学习模型或强化学习算法,读者可以根据自身需要,选择性地阅读相关章节。

配套资源

- **程序代码**:扫描目录上方的二维码下载。
- **教学课件等资源**:到清华大学出版社官方网站本书页面下载,或者扫描封底的“书圈”二维码在公众号下载。
- **微课视频(141 分钟,22 集)**:扫描书中相应章节中的二维码在线学习。

注:请先扫描封底刮刮卡中的文泉云盘防盗码进行绑定后再获取配套资源。

由于编者水平和视野所限,编写时间仓促,加之深度学习技术发展一日千里,书中难免有疏漏之处,恳请读者批评指正。

魏翼飞

2025 年 6 月

微课视频清单

序号	视频名称	时长/min	书中位置
1	1.1.1 人工智能发展历程	11	1.1.1 节节首
2	1.1.3 人工智能与机器学习及深度学习的关系	3	1.1.3 节节首
3	1.2 机器学习的分类	3	1.2 节节首
4	2.2 一元线性回归	12	2.2 节节首
5	3.1.2 逻辑回归	7	3.1.2 节节首
6	3.1.3 交叉熵损失函数	7	3.1.3 节节首
7	4.3.3 误差反向传播算法	5	4.3.3 节节首
8	4.3.4 激活函数	6	4.3.4 节节首
9	5.1.1 梯度下降算法	4	5.1.1 节节首
10	5.1.3 基于动量的更新	5	5.1.3 节节首
11	5.2 自适应学习率算法	3	5.2 节节首
12	6.2.1 图像卷积	10	6.2.1 节节首
13	6.2.2 池化和感受野	5	6.2.2 节节首
14	6.3 实例：卷积神经网络实现手写数字识别	13	6.3 节节首
15	6.4.2 随机丢弃	2	6.4.2 节节首
16	6.4.3 级联卷积	3	6.4.3 节节首
17	6.4.4 集成学习	4	6.4.4 节节首
18	7.1 卷积神经网络的发展	8	7.1 节节首
19	7.2.1 LeNet 网络结构	4	7.2.1 节节首
20	7.2.2 实例：搭建 LeNet 模型实现数字识别	9	7.2.2 节节首
21	7.2.3 实例：搭建 LeNet 模型实现 CIFAR-10 识别	5	7.2.3 节节首
22	7.4 VGGNet 模型	12	7.4.1 节节首

目 录
CONTENTS

配套资源

第1章 人工智能与深度学习概述

人工智能（Artificial Intelligence，AI）是通过研究人的某些思维过程和动作行为（例如学习、推理、思考、规划等），并使用计算机进行模拟、延伸和扩展人的智能的学科。经历60多年的发展，人工智能方兴未艾，全面渗透人类生产和生活的各个领域，协助人们完成很多任务，辅助人们做出决策，甚至出现代替人类的可能。本章将介绍人工智能的相关概念和发展现状。首先介绍人工智能、机器学习及深度学习的发展历程以及它们之间的关系；然后介绍机器学习的分类、深度学习算法的分类、强化学习算法的分类以及深度学习与强化学习的结合。

1.1 人工智能与机器学习

本节介绍人工智能与机器学习这两个重要的概念。首先对人工智能的发展历程进行回顾；然后重点介绍机器学习及深度学习的发展历程；最后分析讨论人工智能与机器学习及深度学习的关系。

1.1.1 人工智能的发展历程

视频讲解

从达特茅斯研讨会提出"人工智能"这一词至今，人工智能经历了60多年艰难坎坷的发展，可以用"山重水复疑无路，柳暗花明又一村"这句诗来描述人工智能的发展历程。20世纪50年代，深度学习的原型感知机、强化学习中的贝尔曼方程（Bellman Equation）等均已被提出，人工智能的简单应用（例如逻辑证明和简单的人机对话机器）也已经出现。1974年以后，受限于人工智能所基于的数学模型的缺陷和计算复杂度的指数级增加，人工智能出现了第一次寒冬。20世纪80年代，人工智能计算机的兴起，人工智能数学模型方面的重大突破，例如著名的多层神经网络和反向传播算法的出现，使得人工智能领域出现第二次浪潮，涌现出大量成果，例如能与人类下象棋的高度智能机器和能自动识别信封上邮政编码的机器等。随着现代计算机的出现，人工智能逐渐淡出人们的视线，寒冬再次降临，但仍有一些研究者坚持不懈地研究学习。深度神经网络训练算法的提出以及卷积神经网络带来的计算机视觉革命，引起深度学习在学术界和工业界的广泛关注。借助大数据技术和计算能力的提升，基于深度学习的人工智能在21世纪迅速发展，2016年的一场围棋人机世纪对战；2022年，ChatGPT引领大模型呈现井喷式爆发态势，理解推理能力快速迭代，模态持续拓展，将人工智能浪潮再一次推到新的高度。如图1-1所示，人工智能的发展并非一帆风顺，至今已经历三次浪潮、两次低谷,呈螺旋式上升的过程。

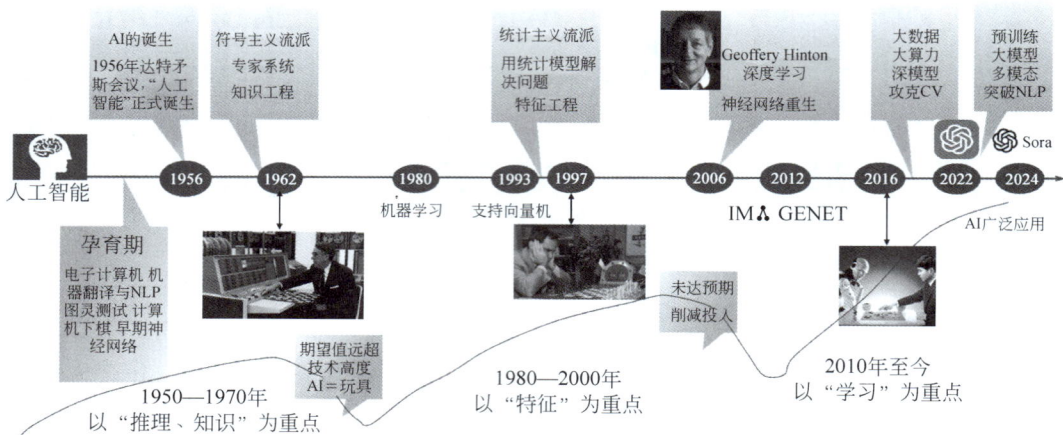

图 1-1　人工智能的发展历程

第一次浪潮大致在 1950 年至 1970 年间,"人工神经网络""感知器""人工智能""图灵测试"这些概念的提出令人兴奋,引起了人们极大的兴趣,也吸引了大量资金和人才的投入,这次浪潮以 1962 年 IBM 公司开发的跳棋程序战胜当时的人类高手为巅峰。这个阶段占主导地位的是以"推理、知识"为重点的专家系统,属于符号主义流派。在设计开发专家系统时,需要把知识理论化,再把理论模型化,最后把模型程序化。类似于人们学习第二外语的方法,把语句按照语法结构进行分析和学习,按照语法树解析语言,因此设计专家系统最重要的工作就是"知识工程"。专家系统能解决一些问题,但无法解决更多的问题。由于人们的期望值远远超过技术所能达到的高度,巨大的资金和人才投入不能达到预期,20 世纪 70 年代,人工智能进入第一个寒冬期,发展比预想的要慢一些,人工智能更多地被应用在玩具或小游戏中,但好在它的发展一直在前进。

第二次浪潮大致在 1980 年至 2000 年间,以"支持向量机"为代表的各种机器学习算法的兴起,促进了人工智能的高速发展,机器学习算法的理论分析和应用都获得了巨大的成功。这次浪潮以 1997 年 IBM 公司开发的"深蓝"计算机击败了当时的国际象棋冠军卡斯帕罗夫为巅峰。这个阶段主要的技术手段是用统计模型解决问题,属于统计主义流派。类似于人们婴幼儿时期学习母语的方法,不需要知道语法和词法,只需要通过大量的训练获得"语感",即语句的合理性是由出现这种语句的概率高低决定的。用统计方法分析问题时,需要人工提取数据的"特征",有效的"特征"对模型性能至关重要,因此采用机器学习算法解决实际问题的难点和最重要的工作在于"特征工程"。以"支持向量机"为代表的浅层机器学习算法在分类、回归问题上均取得了很好的效果,但是不能提取平移、缩放和旋转不变的观测数据的显著特征,所以应用范围受限。浅层机器学习算法的原理明显不同于神经网络模型,并且由于当时计算机的运算能力有限,神经网络模型的训练代价非常大,所以人工神经网络的发展进入瓶颈期,人工智能也逐渐淡出人们的视线。虽然整个社会在人工智能方面的投入减少了,但仍有一些研究者坚持不懈地研究学习。

第三次浪潮始于 2006 年,机器学习界的著名学者 Geoffrey Hinton 和他的学生在 *Science* 上发表了一篇关于深度神经网络训练算法的文章,并于 2012 年采用深度学习算法在

ImageNet 大规模视觉识别竞赛中以大幅领先优势取得第一名,引起了深度学习在学术界和工业界的关注,随后,各种卷积神经网络结构被提出,彻底攻克了与计算机视觉(CV)相关的问题。深度学习不断驱动人工智能蓬勃发展,这次浪潮以 2016 年人工智能机器人 AlphaGo(阿尔法围棋)在围棋比赛中击败人类顶尖对手李世石为主升浪。紧接着,Transformer 在2017 年横空出世,摒弃了传统的循环神经网络和卷积神经网络结构,采用编码器-解码器结构,引入了自注意力机制,从而大幅提高了训练速度和处理长序列的能力。随后,各种基于Transformer 的预训练模型被提出,彻底突破了与自然语言处理(NLP)相关的问题。2022 年问世的 ChatGPT 更是令世人震撼,并迅速在全球范围内刮起了一场大模型风暴,Gemini、文心一言、Copilot、LLaMA、SAM、Sora 等各种大模型如雨后春笋般涌现。人工智能近 20 年的发展呈现出快速增长、广泛应用和多元化发展的趋势,这得益于这个阶段海量数据的积累、深度学习算法和模型的改进、硬件计算能力(GPU、TPU、VPU 等处理器及 FPGA、ASIC)的提升,使得深度学习成功地应用在计算机视觉、自然语言处理、机器人、自动驾驶、医疗诊断等领域。人类一次次被 AI 的能力所震撼。然而,与人工智能相关的基本理论依然是机器学习、深度学习和强化学习,各种眼花缭乱的 AI 产品和应用都建立在这些学习算法的基础上,本书将详细介绍这些学习算法的理论和实践,让大家知其然也知其所以然。

1.1.2 机器学习及深度学习的发展历程

机器学习(Machine Learning,ML)是人工智能的一个重要分支,在人工智能领域内最能够体现其智能特性,对人工智能的发展起到了推动作用。机器学习主要研究如何让机器或计算机学习人类的思维方式,模拟或者实现人类的行为,从而可以获取新的知识以及技能。机器学习已广泛应用于智能推理系统、模式识别、数据挖掘、计算机视觉和自然语言处理以及证券市场分析等不同领域。

如图 1-2 所示,人依靠经验学习,机器依靠数据学习,从数据中自动分析获得规律,并利用规律对未知数据进行预测。机器学习是指以算法为指导,计算机依据这些算法将环境输入系统中的数据进行分析,得出适合于该组数据的模型,并对环境中新输入的数据进行判断的过程。通过算法对数据进行训练,并获得相关模型的计算机研究都属于机器学习的范畴,包括后面会提到的线性回归算法、逻辑回归算法、神经网络、K 均值算法等。为了保证机器学习模型的准确率,模型越复杂,需要的样本量就越大。对于人脑这么复杂的模型,就需要很长的婴幼儿期来训练和学习。

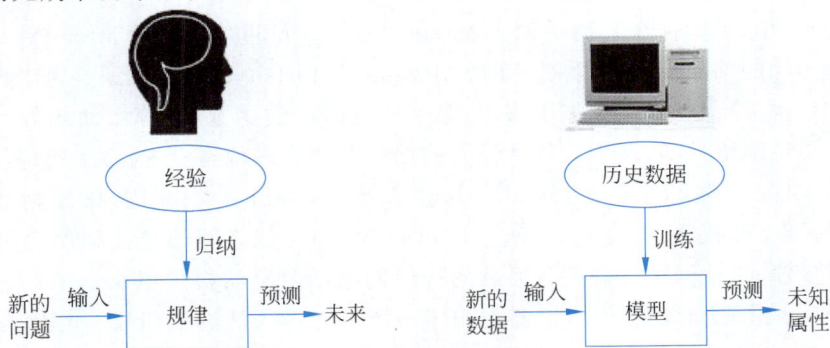

图 1-2 机器学习模型

机器学习的发展与人工智能的发展过程相似,也历经了螺旋式上升的过程。

1949年,"赫布理论"的出现,将机器学习推入大众视野中。该理论解释了大脑神经元在学习过程中发生的变化,描述循环神经网络中节点之间的相关性。根据该理论,IBM公司开发了西洋棋的程序,推翻了机器不具备与人类一样的学习能力的认知,机器学习也因此有了定义与概念。随着机器学习的发展,1960年左右,通过感知机与差量学习的结合,可以很好地创建线性分类器。由于感知机无法处理数据线性不可分的问题,给了机器学习领域致命的一击,随后十几年里,即使符号机器学习蓬勃发展,但大多也是基于"赫布理论"的延续,没有实质性的突破与进展。神经网络乃至机器学习领域的发展陷入了停滞不前的状态。

直到1981年,Paul Werbos提出多层感知机的设想与反向传播算法,将神经网络与机器学习的研究推向快速发展的进程中。与此同时,决策树算法在1986年被提出,随后衍生的很多改进算法与模型都是以决策树模型为基础的。在此之后,机器学习成为一门独立的学科,各种方法学以及模型相继涌现,形成一个百花绽放的时期。

1995年,支持向量机(Support Vector Machine,SVM)的出现使统计机器学习这种方法学进入大众的视野,机器学习也因此划分为神经网络与支持向量机两大阵营。这两大阵营从不同的方面不断推动着机器学习理论与实践的发展。时至今日,进入大数据时代后,随着数据量的不断增多以及机器计算能力的增强,深度学习逐渐成为机器学习的主流。

作为机器学习最重要的一个分支,深度学习近年来发展迅速,在国内外都引起了广泛的关注。然而,深度学习的火热不是一时兴起的,而是经历了一段漫长的发展史。

如图1-3所示,深度学习的发展历程可分为三个阶段。

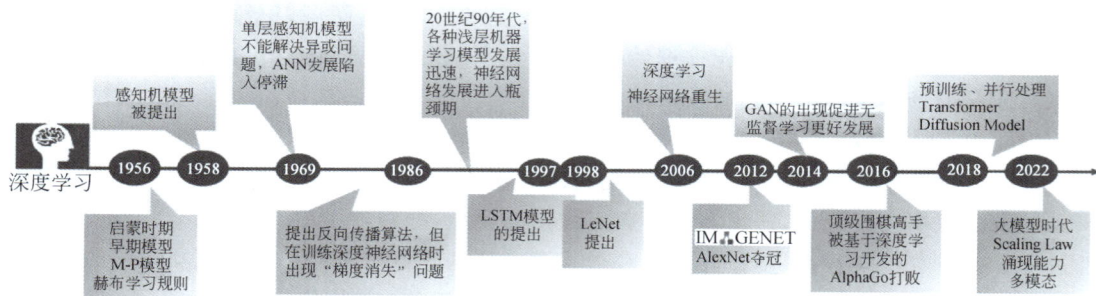

图1-3　深度学习的发展历程

1. 人工神经网络阶段(20世纪40年代—20世纪60年代)

早在1943年,美国神经解剖学家Warren McCulloch和数学家Walter Pitts就提出了第一个脑神经元的抽象模型,被称为M-P(McCulloch-Pitts Neuron)模型。每个神经元都对它的输入和权重进行点积,然后加上偏差,最后经过非线性函数(也称激活函数)进行激活。这是最早的神经网络模型,基于生物神经元的结构和功能进行建模,为后续的神经网络研究奠定了基础。1949年,心理学家Donald Hebb提出了Hebb学习规则,该规则描述了神经元之间连接强度(即权重)的变化规律。Hebb认为,神经元之间的连接强度会随着它们之间的活动同步性而增强,这一规则为后续的神经网络学习算法提供了重要的启示。计算科学家Frank Rosenblatt教授于1958年提出了一个二元输入的感知机(Perceptron)模型,这是一种简单的神经网络结构,主要用于解决二分类问题。然而,人工智能之父Marvin

Minsky 教授于 1969 年证明,单层结构的感知机模型仅能解决线性可分问题,对于复杂问题的处理能力有限。这对神经网络的发展造成了重创,在相当长的一段时间内,基于神经网络的相关研究陷入停滞状态。在 20 世纪 60 年代末到 20 世纪 70 年代,尽管神经网络研究遭遇低谷,但联结主义的概念仍在继续发展。联结主义强调神经元之间的连接和相互作用对神经网络功能的重要性。

2. 联结主义阶段(20 世纪 80 年代—20 世纪 90 年代)

在这一阶段,分布式知识表达和神经网络误差反向传播算法的提出标志着神经网络研究的复兴。误差反向传播算法允许神经网络通过调整权重来最小化输出误差,从而有效地训练多层神经网络。然而,误差反向传播和梯度更新算法需要大量的计算,特别是含有多隐藏层深度神经网络参数量巨大,受限于算力而饱受质疑,其性能也被各种浅层机器学习模型所超越。浅层机器学习模型逐渐成为当时流行的方法,人工神经网络的发展再次进入瓶颈期。

3. 深度学习阶段(21 世纪以来)

随着计算能力的提升和大数据的普及,基于多层神经网络的深度学习逐渐成为神经网络研究的热点领域。2006 年,Geoffrey Hinton 教授提出了一种改进的训练算法——无监督贪婪逐层地预先训练和有监督微调,解决了梯度消失的问题,打破了反向传播神经网络发展的瓶颈。Geoffrey Hinton 教授在论文中首次提出了"深度学习"的概念,神经网络以深度学习之名再出发。2012 年,在著名的 ImageNet 图像大赛中,Geoffrey Hinton 教授的学生 Alex Krizhevsky 设计的深度学习模型 AlexNet 夺得冠军,性能远超第二名使用 SVM 的模型。在深度学习时代,卷积神经网络(CNN)和循环神经网络(RNN)等模型得到了广泛应用。CNN 特别适用于处理图像数据,而 RNN 则擅长处理序列数据,如文本和语音。这些模型在图像识别、语音识别、自然语言处理等领域取得了显著的成果。随着研究的深入,神经网络模型不断发展和创新。例如,生成对抗网络(GAN)用于生成逼真的图像和视频;长短期记忆网络(LSTM)解决了传统 RNN 在处理长序列时的梯度问题;注意力机制(Attention Mechanism)提高了模型对重要信息的关注度;图神经网络(GNN)则用于处理图结构数据等。随着深度学习模型参数和预训练数据规模的不断增加,模型的能力与任务效果持续提升,甚至展现出了一些小规模模型所不具备的独特"涌现能力"。在大模型时代,最具影响力的模型基座无疑就是 Transformer 和 Diffusion Model。基于 Transformer 的 ChatGPT 具有革命性的意义,展示了人工智能技术的无限潜力。而基于 Diffusion Model 的 Sora 大模型再次惊艳了世人,人类进入多模态的人工智能时代。

1.1.3　人工智能与机器学习及深度学习的关系

视频讲解

简单地说,人工智能范围最广,涵盖机器学习、深度学习和强化学习。学习能力是人工智能的关键,也可以说,人工智能是目的和结果,机器学习和深度学习是方法和工具。

人工智能是研究、开发用于模拟、延伸和扩展人的智能的理论、方法、技术及应用系统的一门新技术科学。而机器学习是人工智能的一种实现途径或子集,机器学习算法是一类从数据中自动分析获得规律,并利用规律对未知数据进行预测的算法。因为机器学习算法涉及大量的统计学理论,机器学习与推断统计学联系尤为密切,也被称为统计学习理论。深度学习则是一种实现机器学习的技术,是机器学习中一种基于对数据进行表征学习的方法,深度学习的好处是用无监督或半监督学习特征和分层特征提取高效算法来替代手工获取特征。除了深度学习,机器学习中还有非常重要的强化学习,主要应用在时序决策、电子游戏方面。

如图 1-4 所示,从人工智能研究的历史可以看到一条自然清晰的脉络:从以"推理"为重点到以"知识"为重点,再到以"学习"为重点。机器学习是实现人工智能的一个途径,即以机器学习为手段解决人工智能中的问题。

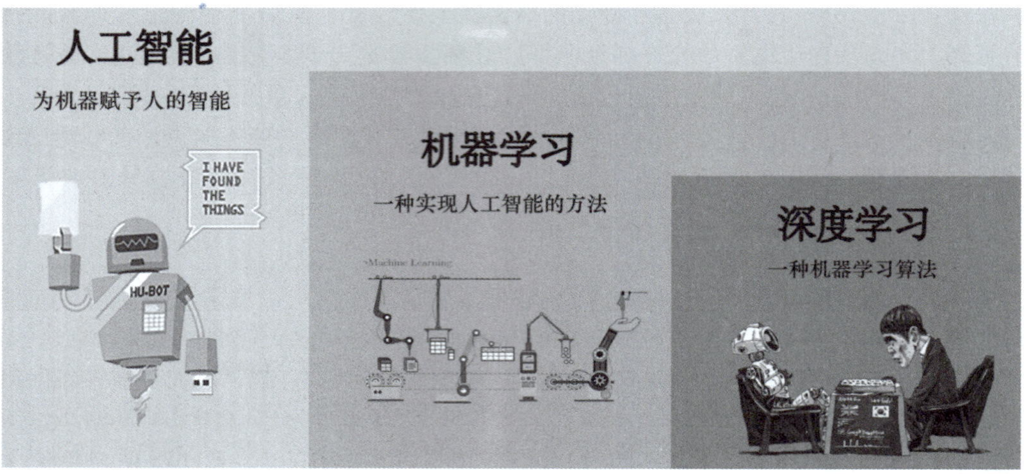

图 1-4　人工智能与机器学习及深度学习的关系

对于传统机器学习,在图像、语音等特征极不明显的复杂问题上,需要人为设计有效的特征集合,这些人工设计的特征很多都没有直观的物理意义,而且不同的任务可能需要设计不同的特征,这需要耗费大量的时间和精力,并且人工设计的特征可移植性差,不能适用于所有的问题。在传统机器学习算法中,只要特征选得好,就成功了 80%,可见"特征工程"对于传统机器学习算法的重要性。

深度学习的优异之处在于不需要人工方式提取特征,而是自动地提取特征,能有效地从样本数据中学习到数据的本质特征。深度学习的本质是模拟人的视觉系统的分层处理机制,自动实现特征提取,底层捕捉输入的"简单"特征,高层通过组合底层特征从而形成更加复杂和抽象化的高层特征,最后使用这些高度概括的高层特征去表征原始输入,可以实现诸如分类的相关任务。

1.2　机器学习的分类

视频讲解

基于学习形式,机器学习可以分为如图 1-5 所示的 4 类:监督学习、非监督学习、半监督学习和强化学习。监督学习的训练数据通常是成套出现的,输入对象被称为特征,输出值被称为标签。监督学习的任务就是分析这些数据,通过训练产生某种推断或者功能。非监督学习主要是试图通过分析一些未添加标签的数据,寻找出这些数据内部存在的一些关系。半监督学习在训练阶段结合了大量未标记的数据和少量标签数据。利用未标记样本来提升模型泛化能力,是研究半监督学习的重点。强化学习是智能系统从环境到行为映射的学习,以使奖励信号(强化信号)函数值最大。下面分别进行详细介绍。

监督学习(Supervised Learning)
- 使用有标签数据进行学习
- 典型场景：分类、回归

非监督学习(Unsupervised Learning)
- 使用无标签数据进行学习
- 典型场景：聚类

半监督学习(Semi-Supervised Learning)
- 数据一部分有标签，无标签数据的数量>>有标签数据数量
- 典型场景：海量数据分类

强化学习(Reinforcement Learning)
- 使用无标签但有反馈的数据进行学习
- 典型场景：策略推理

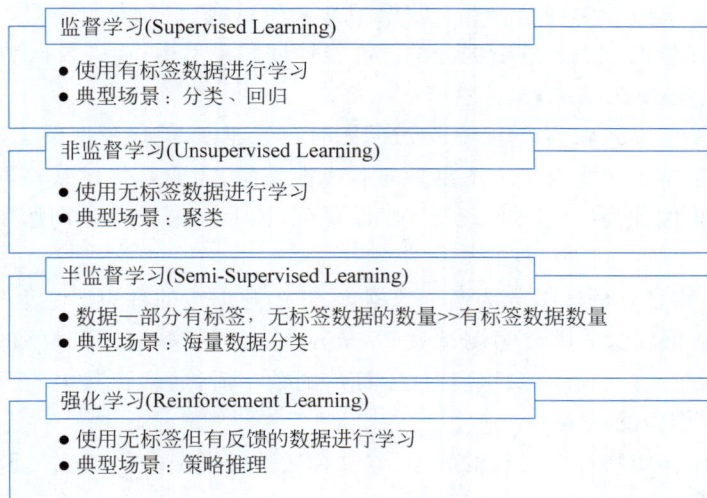

图 1-5　机器学习分类

1.2.1　监督学习

机器学习就是在给定的训练数据集中进行学习，从而得出一个模型。当新的数据到来时，依据这个模型预测新数据的结果对有标签的数据集进行的学习称为监督学习，提供给算法的训练集中要求既有输入也有输出，输入则称为特征(或属性)，与输入相对应的输出即称为标签(或标记)。监督学习的过程就是对数据的学习，总结出属性和标记之间的映射关系，也就是模型。当如图 1-6 所示的垃圾邮件过滤系统收到一封新邮件，就可以根据通过训练得到的模型将该邮件分类为正常邮件或垃圾邮件。

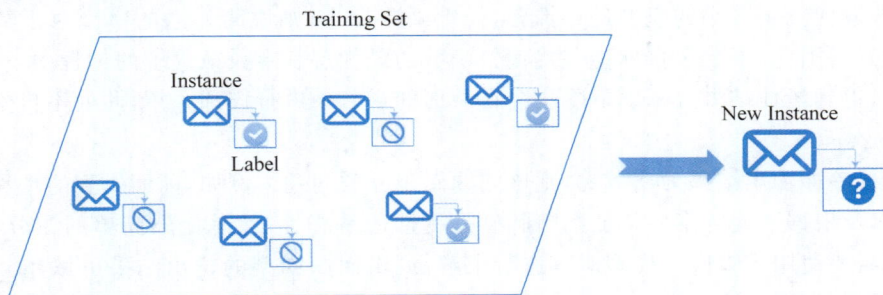

图 1-6　垃圾邮件过滤系统

一般来说，根据预测输出结果是连续的还是离散的，可以将监督学习问题分为回归问题和分类问题两种。下面将从这两个问题角度出发，对监督学习进行介绍。

1. 回归问题

如果预测输出结果为连续的，则该问题为回归问题。例如，通过学习得到的模型对房子售卖价格进行预测，或者预测某人观看视频所需要的时间长度等。对于类似的回归问题，可以通过建立线性回归模型对训练集中已有的数据进行数据拟合，进而得到输入与输出之间的某种依赖关系；当训练完成后，输入新的数据，通过模型快速地输出该组输入数据的预测结果。

线性回归模型又分为单变量线性回归模型与多变量线性回归模型。顾名思义,主要是通过特征(输入)变量的个数来进行区分的。在线性回归模型中,输入数据的形式为$\{x; y\}$,其中,x为特征变量,y为结果,即标签。

线性回归模型的形式较为简单,在解决问题时容易建模,但该模型中蕴含着关于机器学习的较为重要的基本思想。对于一些复杂的非线性模型,需要基本的线性回归模型作为基础,引入其他结构(例如高纬度映射、多层级)而得到,因此在解决实际问题中得到了较为广泛的应用。

一般情况下,将已知的数据分为两个数据集,其中数据多的称为训练集(Training Set),用来训练模型;数据较少的则称为测试集(Testing Set),用来测试所训练的模型是否可以很好地拟合该问题。在获得一组已经标注了标签的数据后,通常将其中70%的数据当作训练集,30%的数据作为测试集。

根据训练集中多组特征与目标的关系,建立合适的假设函数$h_\theta(\boldsymbol{x})$。通常,给定n个属性,其假设函数如下:

$$h_\theta(\boldsymbol{x}) = \theta_0 + \theta_1 x_1 + \theta_2 x_2 + \cdots + \theta_n x_n \tag{1-1}$$

其中,$\theta_0, \theta_1, \cdots, \theta_n$为假设函数的参数;$x_i$为第$i$种属性上特征向量$\boldsymbol{x}$的取值。若设$x_0 = 1$,则可以将假设函数用向量形式表达为

$$h_\theta(\boldsymbol{x}) = \boldsymbol{\theta}^{\mathrm{T}} \boldsymbol{x} \tag{1-2}$$

在实际应用中,可能有很多种基于不同参数的不同假设函数,若要选择出最合适的参数与假设函数拟合该问题,需要引入代价函数(Cost Function)进行计算与选择。

$$J(\boldsymbol{\theta}) = \frac{1}{2m} \sum_{i=1}^{m} (h_\theta(\boldsymbol{x}^{(i)}) - \boldsymbol{y}^{(i)})^2 \tag{1-3}$$

式中,计算代价函数使用的是比较常用的最小均方误差法。计算不同模型之间的代价函数后,尽量选取代价函数小的模型进行拟合,代价函数越小,则说明建立的模型对于数据拟合的效果越好。因此,下一步目标为寻找代价函数的最优解。寻找最优解的过程中,可使用梯度下降法,得到最佳结果。梯度下降法会在后面的章节中进行详细介绍,此处不再赘述。

2. 分类问题

如果标签即输出结果为离散的,则该问题属于分类问题。例如,前面提到的垃圾邮件过滤系统,以及根据肿瘤的某些特征判断肿瘤是良性还是恶性,就是比较简单的二分类问题。这类问题需要使用逻辑回归模型对其进行求解,逻辑回归模型的输出结果可以用0或1表示。逻辑回归模型主要使用Sigmoid函数,由于该模型的求解过程与线性回归模型类似,此处不再进行详细介绍。

1.2.2 非监督学习

非监督学习有时也被称为无监督学习。与监督学习不同,非监督学习使用的数据是没有标签的,也就是说,所有的数据都是没有输出结果的,因此系统需要尝试通过学习对数据进行一些处理。非监督学习的主要应用场景是聚类(Clustering)和降维(Dimension Reduction)。

1. 聚类

聚类,指通过数据的某些方面的相似性将数据分成多个类别的一种分类方法。数据相似性根据不同的方法进行定义,通常判断数据相似性的方法是计算样本之间的距离。计算

样本之间的距离有很多不同的方法,根据不同方法测得的样本距离也会影响最后聚类效果的好坏。常用的距离计算方法有欧氏距离、曼哈顿距离、马氏距离等。

聚类中经常使用的算法有 K 均值（K-Means）算法、均值偏移（Mean Shift）聚类算法、DBSCAN 聚类算法、层次聚类算法、使用高斯混合模型（GMM）的期望最大化（EM）聚类算法 5 种。这 5 种聚类算法中最为常用的算法是 K 均值算法。下面以 K 均值算法为例,简单介绍无监督学习中的聚类计算机系统是怎样学习的。

首先,需要确定将数据分为几组,将组数 K 输入系统中,系统会随机初始化 K 种点作为每个组的中心点。分别计算每个数据点与 K 种中心点之间的距离,并将这个数据点分类为最接近它的那个中心点所在的组。第一次分组完成后,取每组数据的所有向量的均值为新的中心点,再次计算每个数据点与中心点之间的距离,重新进行分组,不断重复这两个步骤,直到中心点不再发生变化为止。K 均值算法的主要优点是速度快；而它的缺点是,采用不同距离计算方法时会产生不同的结果,因此缺乏结果的一致性。

对于其他几种算法不再进行详细介绍,感兴趣的读者可以自行学习。

2. 降维

在保证数据所具有的代表性特性或者分布的情况下,将高维数据转化为低维数据的过程称为降维。在机器学习中,降维能够实现数据的可视化,或应用于中间过程,起到精简数据、提高其他机器学习算法效率的作用。

通常使用主成分分析（Principal Component Analysis,PCA）算法进行降维。另外,也会使用奇异值分解（SVD）等算法。下面简单介绍主成分分析算法。该算法主要是将高维的线性相关的变量合成为低维的线性无关的变量,通常将转换后的这组线性无关变量称为主成分；同时,根据实际需要,选取若干个能尽可能多地反映原来变量信息的线性无关变量进行分析。这种统计方法称为主成分分析或者主分量分析。该算法通常用于高维数据的情况,主要目的是对高维数据进行探索并实现高维数据可视化,必要时需要对数据进行预处理以及数据压缩等一些简单操作。

1.2.3　半监督学习

在实际应用中,很多数据是没有标签的。如果对所有数据进行人工标记,将耗费大量人力、物力以及财力。大部分情况下,选择少部分数据进行人工标记,与大量未标记数据一起进行半监督学习（Semi-Supervised Learning,SSL）。例如,在做网页推荐时,需要根据用户标记喜欢的界面来进行网页推荐,然而大部分用户并没有进行标记,对于这种情况,如果将未标记数据抛弃,直接使用已标记数据进行监督学习,会导致数据浪费,并且被标记数据较少,缺乏代表性,也会影响机器学习结果,使其刻画总体分布的能力减弱。因此,需要使用半监督学习的方式,可以得出更加优化的结果。半监督学习主要适用于模式识别,常见的半监督学习方式有纯半监督学习与直推学习两种。二者主要的区别在于,纯半监督学习使用所有数据进行模型训练；直推学习将未标记数据作为预测数据用于检测模型。

半监督学习依赖于模型假设,当模型假设正确时,无类标签的样例可以帮助改进学习性能。较为常用的基本假设有 3 种：平滑假设、聚类假设和流行假设。虽然 3 种假设侧重点有所不同,但其主要思想都是在样本数据中寻找具有相似性质的数据进行标记。由于流行假设具有普适性,因此在模型假设中使用较多。

1.2.4　强化学习

强化学习（Reinforcement Learning）是指机器以"试错"的方式进行学习，通过与环境进行交互获得的奖励指导行为，强化学习的目标是从环境中获得最大的奖励。换句话说，就是机器并不知道怎么做是正确的，只能通过环境给出的奖励或者惩罚才知道什么样的行为是正确的，通过得到的环境反馈不断地学习，达到强化学习的目的。强化学习与其他机器学习方式的主要区别是，环境并不告诉强化学习系统应该怎样去学习，只反馈给系统学习结果的一种评价。系统做出了不同的两个动作，环境为其中一个动作评价了笑脸，为另一个动作评价了难过的表情，那么系统就知道得到笑脸的动作是好的，而另一个动作是不好的，经过不断训练，就会得到预期的训练结果。一般情况下，通过这种训练后的系统相比使用其他学习方式的系统，思维能力较强，可以更加出色地完成其他任务。在后续章节中会详细介绍强化学习的算法、决策以及相关的应用举例等，此处不再赘述。

1.3　深度学习的分类

深度学习（Deep Learning）是一种拥有多级别表示的特征学习方法，它将原始数据通过一些简单非线性模型转换成更高层次更加抽象的表达。通过足够多的这样表示的组合，复杂函数也可以被学习。深度学习的关键在于，特征层不是被人工设计的，而是通过通用的学习步骤从数据中学习到的。

深度学习在人工智能方面取得了重要进展，解决了人工智能多年没有解决的问题。它在高维数据的复杂结构分析上表现良好，应用在科学、商业和政府领域。除了在图像识别、语音识别等领域打破了纪录，它还在另外的领域击败了其他机器学习技术，包括预测潜在的药物分子的活性、分析粒子加速器数据、重建大脑回路、预测非编码 DNA 突变对基因表达和疾病的影响。深度学习在自然语言理解的各项任务中也产生了非常可喜的成果，特别是主题分类、情感分析、自动问答和语言翻译。深度学习在未来将会有更多的成功应用，它可以充分利用逐渐增长的计算能力和数据。由于深度神经网络的发展而出现的新的学习算法和结构将会加速这个时代的进步。

1.3.1　深度神经网络

受生物神经系统启发，人工神经网络（Artificial Neural Network，ANN）由大量的处理单元（神经元）互相连接，形成一种模仿大脑神经网络的复杂网络结构，能对人脑组织结构和运行机制进行数学抽象、简化和模拟。每个神经元都能够对它的输入和权重进行点积，加上偏差，最后经过激活函数输出。将神经元相互连接组织起来，不同层神经元之间采用全连接方式就形成了人工神经网络。当隐藏层的数目（网络的深度）非常大时，就形成了深度神经网络（Deep Neural Network，DNN）。增加网络的深度能够减小每层需拟合的特征数，用较少的参数表示复杂的函数，能提取高层特征信息，因此深度神经网络获得了更广泛的应用。

DNN 通过学习一种深度非线性网络结构，实现复杂函数的逼近，得到输入数据的分布式表示。如图 1-7 所示，神经元之间是以无环图形式进行连接的，上层输出是下层神经元的输入的表示,输入值从输入层神经元通过加权连接逐层前向传播,经过隐藏层,最后到达输出层得到输出;输出层计算损失函数来衡量网络实际输出与期望输出之间的差异;将损失函数由输出端开始逐层向前传播,计算损失函数关于中间变量的梯度,利用链式法则求出所有参数的梯度值,网络根据求得的梯度对参数进行调整,直到损失函数达到最小。

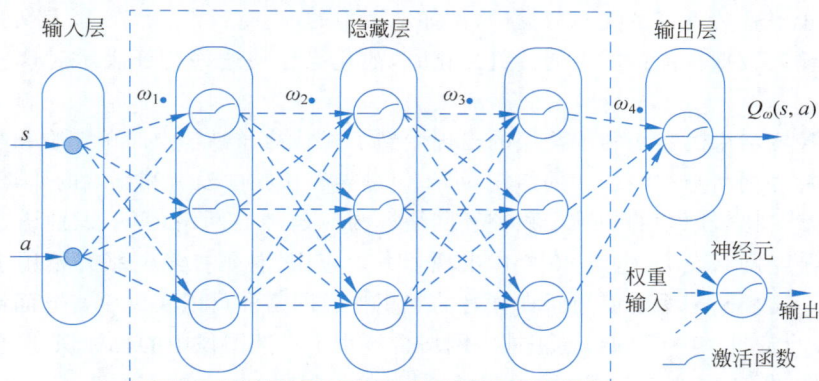

图 1-7 深度神经网络模型

1.3.2 卷积神经网络

卷积神经网络(Convolutional Neural Network,CNN)是第一个真正成功训练多层网络结构的学习算法。它利用局部连接、权重共享和下采样等方式极大地降低了模型的参数数量,以提高一般反向传播网络的训练性能。CNN 由卷积层(Convolutional Layer)、池化层(Pooling Layer)以及全连接层(Fully-Connected Layer)组成,用于处理多维数组数据,例如,由三个分别包含三颜色通道 RGB 的二维阵列组成的彩色图像数据。卷积神经网络的特点是权值共享、局部连接、池化和多网络层的使用。在 CNN 中,图像的小部分(局部感受区域)作为层级结构的最底层的输入,神经元只与上一层中部分神经元相连,并且不同的神经元共享权值,每层通过不同的卷积核获得观测数据的不同特征,然后通过下采样(池化)将语义上相似的特征进行合并,降低特征图的空间分辨率。CNN 能够提取对平移、缩放和旋转不变的观测数据的显著特征,在图像处理、语音处理等领域得到了广泛而深入的应用。

根据所属颜色通道的不同,将输入图像分离成不同的特征图。卷积层的神经元形成特征图,通过卷积核(由一组权值组成)连接到上一层特征图的神经元,得到加权和并经过一个非线性函数(激活函数)。值得注意的是,同一层的特征图共享相同的权重,不同层的特征图使用不同的卷积核,卷积核滑动整个特征图后得到下一层的特征图。使用这种结构的原因是,在数组数据(例如图像数据)中,一个像素和其附近的值通常是高度相关的,形成容易被探测到的有区分性的局部特征;另外,在一个位置出现的某个特征也可能出现在其他位置,所以通过共享权值,不同位置的单元可被探测到相同的特征。在数学上,这种由一个特征图执行的过滤操作是一个离线的卷积,卷积神经网络的名称也来源于此。

卷积层的作用是探测上一层特征的局部连接,池化层是在语义上将相似特征融合起来。因为形成一个主题的特征的相对位置不同,通过将每个特征位置粗粒化可以可靠地检测主题。一个典型的池化单元在一张特征图(或几张特征图)中计算局部块的最大值。邻近的池化单元通过移动至少一行或一列从局部块提取数据,从而可以减少图像表达的维度,同时对数据保持了平移不变性。卷积神经网络正是通过两三个阶段的卷积、非线性变换和池化操作的连接，以及更多卷积和全连接层，使用反向传播算法对所有卷积核中的权值进行训练。

深度神经网络使用了许多自然信号的层级组合特性，高级特征由低级特征组合而成。在图像中，局部边缘的组合形成基本图案，图案形成物体的局部，局部形成整体。这种层级结构也存在于语音数据以及文本数据中，例如电话中的声音、音素、音节，以及文档中的单词和句子。当输入数据在前一层中的位置变化时，池化操作使这些特征表示对这些变化具有鲁棒性。

卷积神经网络中的卷积和池化层的出现受到了视觉神经科学中简单细胞和复杂细胞的启发。卷积神经网络与神经认知的结构相似，但是神经认知中没有端到端的监督学习算法，例如反向传播。比较原始的一维卷积神经网络称为时延神经网络，用于识别语音和简单的单词。卷积神经网络在 20 世纪 90 年代出现了大量应用，时延神经网络开始用于识别语音和阅读文档。文档阅读系统使用了训练好的卷积神经网络和可以实现语言方面约束的概率模型。在 20 世纪 90 年代早期，卷积神经网络也被用于自然图像中的目标识别，包括人手和人脸识别。20 世纪 90 年代末期，该系统可以识别美国超过 10% 的支票。

进入 21 世纪后，卷积神经网络成功应用在检测、分割和目标识别等图像领域的各个方面。这些应用都使用了大量带标签的数据，例如交通信号识别、生物图像分割、面部检测以及文本探测等。值得一提的是，由于可以在像素级别上对图像打标签，卷积神经网络在自动驾驶等技术取得了成功应用。例如，Mobileye 和 NVIDIA 公司正在把基于卷积神经网络的方法用于汽车的视觉系统中。

卷积神经网络在 2012 年 ImageNet 竞赛之后才被主流计算机视觉和机器学习团队重视。ImageNet 的数据集包括 1000 个类的上百万张网络图片，卷积神经网络在此数据集上取得了显著的成果，与当时最好的传统机器学习方法相比，可降低一半错误率。卷积神经网络的成功也离不开 GPU、ReLU 和新的 Dropout 正则化方法，并且采用了通过分解现有的训练样例来产生更多的训练样例的技术，由此带来了计算机视觉的革命；卷积神经网络目前几乎应用于所有识别和检测任务中，并且在某些任务中接近人类表现。

随着硬件技术的发展，尤其是 GPU 计算能力的提高，卷积神经网络的计算效率得到了显著提升。基于卷积神经网络的各种模型在计算机视觉任务上已经超越人类水平，这引起了许多大型公司的注意，其中包括 Google、Meta、Microsoft、Twitter 和 Adobe 等，这些公司纷纷开始启动研究和开发与 CV 相关的产品和服务。由于卷积神经网络的性能依赖于硬件计算芯片，NVIDIA、Mobileye、英特尔、高通和三星等多家公司正在开发卷积神经网络芯片，以实现智能手机、相机、机器人和自动驾驶汽车的实时视觉应用。

1.3.3 其他深度神经网络

对于涉及序列输入的任务，例如语音和语言，循环神经网络（Recurrent Neural Network，RNN）表现出了更好的性能，它能够对序列数据进行建模。每一个时刻，循环神经网络处理输入序列中的一个元素，同时保存这个序列过去时刻元素的历史信息，作为网络隐式单元中的"状态向量"。考虑不同时刻隐式单元的输出时，类似深度网络中不同神经元的输出，需要利用反向传播训练循环神经网络。循环神经网络一旦展开，可以被视作所有层共享相同权值的深度前馈神经网络。尽管循环神经网络的主要目的是学习长期依赖，理论和实践证明它很难存储长期信息。同时,虽然循环神经网络是非常强大的动态系统,但是由于梯度爆炸和梯度消失问题,训练它们仍然存在问题。

为了解决这个问题,一个办法是增加网络存储。采用特殊隐式单元以长期保存输入的长短期记忆(Long Short-Term Memory,LSTM)网络被首先提出。一个特殊的单元称为记忆细胞(Memory Cell),作用类似于累加器和门控单元,它在下一时刻有一个权值并与自身连接,复制自身真实状态并累加到外部信号,但是它的自身连接由另一个学习决定如何清除记忆内容的单元乘法门控制。LSTM 网络被证实比传统的 RNN 更有效,特别是当每个时刻有若干层时,对语音识别系统可以完全一致地把声音转换为字符序列。LSTM 网络和相应的门控单元被应用在编解码网络中,并且在机器翻译中表现良好。

由于网络架构和训练方法的先进性,LSTM 网络在预测文本中下一个字符和序列中下一个单词方面表现良好,它们可以胜任更多的复杂任务。例如,在情感分析中,分析一句话所蕴含的情感含义并进行评价;在机器翻译中,将法语句子翻译成英语句子;在图片标题生成中,将图片内容翻译成英语序列。

由于 RNN 和 LSTM 在处理序列时,需要按照时间步的顺序进行计算,不能发挥并行计算能力,从而降低了计算效率和速度。另外,RNN 和 LSTM 在处理非常长的序列时,无法完全捕捉到序列中的长距离依赖关系。而且随着序列长度的增加,RNN 和 LSTM 的计算复杂性也会增加,导致训练时间过长和资源需求过高。为自然语言处理任务而设计的 Transformer 完美地解决了这些问题,其核心思想是通过自注意力机制捕捉输入序列中的依赖关系。与传统的 RNN 和 LSTM 相比,Transformer 能够并行处理整个序列,大大提高了计算效率。同时,由于其强大的特征提取能力,Transformer 架构作为基础模型,如 BERT、GPT 等,通过在海量数据上进行训练,获得了强大的通用表示能力,为下游任务提供了高效的解决方案。

上述所有深度神经网络均属于监督学习,无监督学习的代表是生成式 AI。生成式模型的目的是从训练数据的相同分布中产生新的样本,使生成样本分布尽可能相似于训练数据的分布。生成式模型用于估计数据的内在分布(密度函数),通过最大化训练数据似然估计模型参数从而直接对数据进行建模。由于生成式任务没有标准答案,不能做监督学习,人们设计了生成图像的神经网络架构,如生成对抗网络(GAN)和变分自编码器(VAE)。GAN 采用博弈论的方法,生成器网络用于生成样本,判决器网络用于判决样本是否属于生成样本或真实训练样本,基于两个玩家的博弈,模型学会从训练分布中生成数据。扩散模型(Diffusion Model)是一种特殊的 VAE,它通过逐步添加噪声到数据中,然后从噪声中逐步恢复出原始数据,从而实现了对数据分布的高效建模。此外,Diffusion Model 还具有很强的可控性,通过调整模型参数,可以控制生成图像的风格、颜色、纹理等特性。这使得 Diffusion Model 在艺术创作、设计等领域具有广泛的应用前景。

生成网络有着广泛的应用前景,例如提高图像分辨率、按文本生成图像、图像到图像的翻译(将一种类型的图像转换为另一种类型的图像)、将草图具象化、根据卫星图生成地图、人脸图像生成以及视频自动生成(如基于过去的帧生成未来的帧以捕捉运动信息)等。同时,生成网络还可以应用于强化学习和迁移学习等领域,不同领域的结合会极大促进人工智能的发展。

1.4 深度学习与强化学习的结合

强化学习是机器学习大家族中的一个大类。为了获得人类级别解决复杂问题的通用智能，很多最新的技术方案开始将深度学习的感知能力和强化学习的决策能力相结合。从围棋程序 AlphaGo Zero 的横空出世，到自动驾驶 FSD，再到人形机器人 Optimus，以及大模型 ChatGPT 等，这些模型的训练和调优，无不用到基于人类反馈的强化学习。最近迅速崛起的 DeepSeek 让强化学习算法再次破局，通过强化学习让大模型在无监督数据的情况下提升推理能力，尤其擅长数学、代码和自然语言推理等复杂任务，凸显了强化学习的力量和美妙之处，使得深度强化学习算法受到了人们的重视。深度强化学习一方面可以利用强化学习的试错算法和累积奖励函数来加速神经网络设计，另一方面可以利用深度学习的高维数据处理和快速特征提取能力来解决强化学习中的值函数逼近问题，能够进行"从零开始""无师自通"的学习模式，是一种更接近人类思维方式的人工智能方法。

1.4.1 强化学习

使用强化学习能够帮助机器学习如何在环境中获得高分，表现出优秀的成绩，而这些成绩背后却是它所付出的辛苦劳动，不断地试错，不断地尝试，累积经验，学习经验。强化学习是一类从无到有的算法，是让计算机实现从一开始什么都不懂，通过不断地尝试，最后找到规律并达到目的的方法，这也是一个完整的强化学习过程。

以图 1-8 所示的机器人取苹果的场景为例，可以简单说明强化学习的优势。如果用传统编程方法实现，如图 1-8(a)所示，可以设置机器人向右走 8 步，再向上走 5 步。如果场景稍有变化（例如机器人的位置变化了），就需要重新设计移动步骤并配置机器人，这种传统编程方法显然只适合解决固定场景的问题。如何用强化学习方法让机器人取苹果呢？如图 1-8(b)所示，机器人可以尝试不同的移动策略，例如向右走 1 步，执行动作之后观察环境的反馈（离苹果的距离），如果距离变小了，下次在这个位置就可以向右走 1 步；如果距离变大了，下次在这个位置就不执行这个策略，而是进行其他尝试（例如向上走 1 步），这种试错（Trial-And-Error）的方法就是强化学习的基本特性，其数学本质是梯度下降，这种方法的适用性比较广，即使场景发生变化（例如换了一个房间），也不需要重新写程序，不需要重新配置机器人，只需要让机器人在新的场景训练几次，就能学习到新场景下的最优策略。

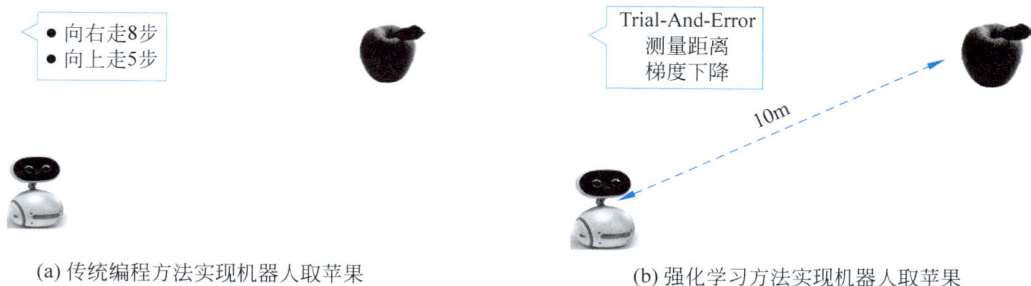

（a）传统编程方法实现机器人取苹果　　　　（b）强化学习方法实现机器人取苹果

图 1-8　机器人取苹果

从解决问题的角度看，监督学习解决的是智能体感知的问题，而强化学习解决的则是序贯决策的问题。监督学习需要感知输入是什么样，只有当智能体感知到输入是什么样时，才可以对其分类，大量差异化的输入以及与输入相关的标签是智能体感知必不可少的前提条件。因此，监督学习解决问题的方法是让智能体根据输入中大量带有标签的数据，对这些数据进行学习，从而得到抽象的特征来进行分类。

与监督学习不同，强化学习不关心输入是什么样，只关心当前输入下应该采取什么样的动作，进而实现最终的目标。强化学习问题为学习做什么，然后将情境映射到行为，从而最大化数值奖励信号。强化学习解决的是序贯决策问题，通过采取一系列动作并不断改进最终达到最优。要使整个序列达到最优需要智能体与环境不断交互，如图 1-9 所示，这是一个智能体和环境不断交互、不断试错的过程。强化学习是观察、奖励、行动措施的时间序列。时间序列代表智能体的经验，就是用于强化学习的数据。强化学习聚焦于数据来源（即数据流，也就是图中的观测信息）、动作和回报。

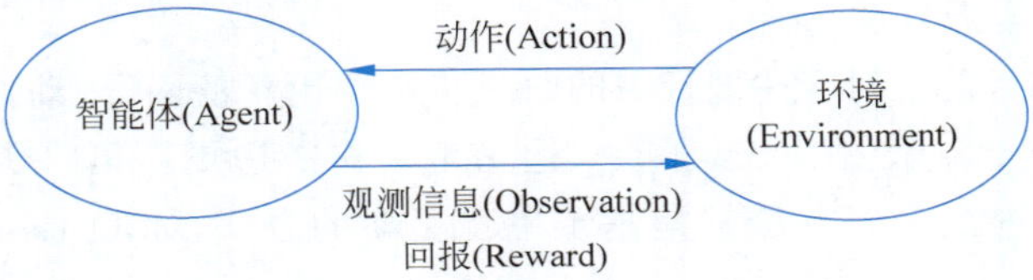

图 1-9　强化学习基本框架

事实上，强化学习与监督学习的共同点是二者都需要大量的数据进行训练，但是它们需要的数据类型不同。监督学习需要的是多样化的标签数据，强化学习需要的是带有回报的交互数据，这也是强化学习的优势。

1.4.2　强化学习算法分类

强化学习算法种类繁多，一般通过以下几种方式进行分类。

（1）根据是否具备环境信息，可以分为基于模型的方法和无模型方法。

如果智能体（Agent）具备所处环境信息的所有取值，例如所有的状态信息、状态转移概率矩阵、奖励值矩阵等，则可以用动态规划等传统算法求解最优策略，这种方法被称为基于模型（Model-based）的方法，即智能体能理解其所处的环境，并用一个模型（Model）来表示环境。

如果智能体不知道所处环境的所有信息，例如状态转移概率矩阵或者奖励值矩阵，即不知道环境模型，这种情况下如何求解最优策略呢？一种方法是，先对所处环境进行建模并得到所处环境信息的估计值，然后用基于模型的方法求解；另一种方法是，不断地与所处环境进行交互，通过执行动作与获得反馈的迭代优化，找到最优策略，这种方法被称为无模型（Model-free）方法，例如 Q-Learning、SARSA、Policy Gradients 等都是直接从环境中得到反馈然后学习最优策略。

（2）根据策略的更新方法，可以分为基于价值的算法和基于策略的算法。

基于价值（Value-based）的强化学习算法中，智能体先学习值函数（动作值函数或者状态值函数），再根据值函数的大小选择动作。一般来说，基于价值的算法包括策略评估和策略改善两个步骤，当值函数最优时，策略也就是最优的，即在状态 S 下，选择对应最大 Q 值的动作,是一个状态空间向动作空间的映射,这种映射对应的是最优策略。例如,经典的 Q-Learning、SARSA、DQN 等都属于基于价值的强化学习算法。

基于策略(Policy-based)的强化学习算法借鉴了将值函数参数化的思路,可以用线性或非线性函数直接给出参数化策略(Parameterized Policy),根据具体问题定义累积回报最大的目标函数,然后沿着梯度上升的方向对所有参数进行迭代优化,找到使目标函数最大的参数集就得到了最优策略。例如,蒙特卡洛策略梯度(Monte-Carlo Policy Gradient)就属于基于策略的强化学习算法。这种算法更适用于解决具有连续动作值空间的问题,能给出随机性策略,输出下一步要采取的各种动作的概率,然后根据概率采取行动。在随机性策略下,每种动作都有可能被选中,只是被选择的概率不同,例如高斯策略、softmax 策略。

(3)根据迭代更新的方式,可以分为回合更新方法和单步更新方法。

回合更新方法中,值函数(动作值函数或者状态值函数)要等待整个序列事件全部结束后再更新,即等到一个回合结束再总结这一回合中的所有动作的值函数,并更新策略函数。例如,蒙特卡洛强化学习算法。

单步更新方法中,在序列事件进行中的每一步都要更新值函数(动作值函数或者状态值函数),不用等待一个回合的结束,这样能一边给出动作一边更新策略函数。因为单步更新方法效率更高,所以现在大多方法都是基于单步更新的方式,如 Q-Learning、SARSA、TD-Learning 等。

(4)在线策略方法和离线策略方法。

在线策略(On-Policy)方法指学习者必须在场,并且必须是学习者同时经历和学习。最典型的方法是 SARSA,还有一种优化 SARSA 的算法即 SARSA(λ)。

离线策略(Off-Policy)方法指学习者可以选择自己经历,也可以选择看着他人经历,然后通过他人经历来学习行为准则。离线的含义是,不一定非得是自己的经历,其他任何人的经历都可以用来学习;也不必同时经历和学习,可以白天存储记忆,然后晚上通过离线策略来学习白天的记忆。典型的离线策略方法包括 Q-Learning 和 Deep Q-Network。

1.4.3 深度强化学习

深度学习和强化学习的结合是人工智能领域的一个必然的发展趋势。深度强化学习(Deep Reinforcement Learning,DRL)以一种通用的形式将深度学习的感知能力与强化学习的决策能力相结合,并能够通过端对端的学习方式实现从原始输入到输出的直接控制。传统的强化学习适合动作空间和样本空间都很小且一般是离散的情境,比较复杂的、更加接近实际情况的任务则往往有着很大的状态空间和连续的动作空间。当输入数据为图像、声音时,往往具有很高的维度,传统的强化学习很难处理。深度强化学习一方面可以利用强化学习的试错算法和累积奖励函数来加速神经网络设计,另一方面可以利用深度学习的高维数据处理和快速特征提取能力来解决强化学习中的值函数逼近问题,能够进行"从零开始""无师自通"的学习模式,是一种更接近人类思维方式的人工智能方法。

如图 1-10 所示,深度强化学习方法主要包括基于值函数的深度强化学习方法、基于策略梯度的深度强化学习方法和基于搜索与监督的深度强化学习方法。深度强化学习(DRL)是人工智能领域的前沿技术,涵盖了多种算法和策略。从图中可以看出,深度强化学习领域的一些前沿研究方向主要包括异步优势方法(Asynchronous Advantage Actor-

Critic，A3C）、基于阶段性的政策梯度方法（Phasic Policy Gradient，PPG）、信任域策略优化（Trust Region Policy Optimization，TRPO）、最近邻策略优化（Proximal Policy Optimization，PPO）、广义优势估计（Generalized Advantage Estimation，GAE）等。此外，分层深度强化学习、多任务迁移深度强化学习、分布式多智能体深度强化学习、基于记忆与推理的深度强化学习、基于人类反馈的强化学习（RLHF）等方法也在快速迭代。

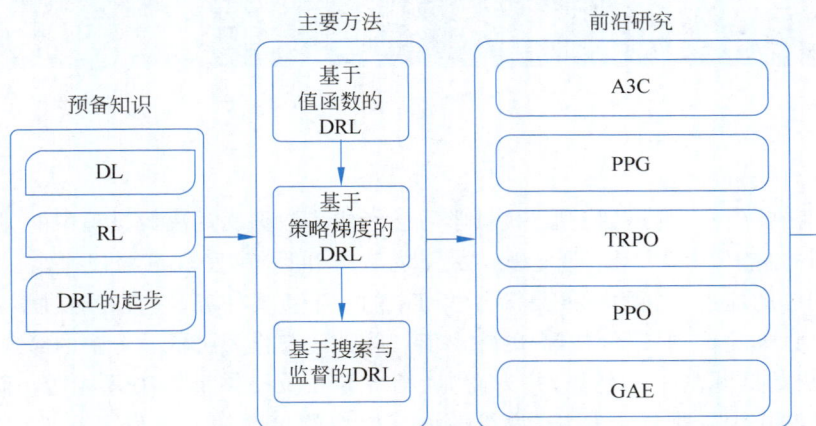

图 1-10　深度强化学习主要方法及前沿研究

在传统深度强化学习中，每个训练完成的智能体只解决单一任务。然而，在一些复杂的现实场景中，需要智能体能够同时处理多个任务。此时，多任务学习和迁移学习就显得非常重要。多任务迁移深度强化学习指给定多个学习任务，这些任务是相关的但并不完全相同（例如人脸识别、表情识别和年龄预测），通过同时学习多个相关的任务，得到共享模型并能够直接应用到将来的某个相关联的任务上，提高学习效率。

深度学习和强化学习都属于集中式的单点学习方式，需要单个智能体收集所有数据或者环境信息来求解，只要智能体能够进行充分的实验获得足够的经验数据，并且其运作的环境是马尔可夫的，就能保证最优策略的收敛。但是，当多个智能体在共享环境中应用强化学习时，智能体的最优策略不仅取决于环境和自身的动作，还取决于其他智能体的策略。在这样的系统中，智能体必须通过与其他学习者协调或通过与他们竞争来寻找问题的良好解决方案。

本章小结

本章首先介绍了人工智能从专家系统到机器学习、深度学习及目前的深度强化学习的发展历程，然后阐述了机器学习的各种分类方式、深度学习的各种模型及其发展趋势，最后介绍了深度强化学习的概念和各种结合算法。

第2章 机器学习之回归任务

随着人工智能技术的迅猛发展，机器学习已经成为数据驱动决策过程中的关键工具，让机器（计算机）也能像人类一样，通过观察大量的数据和训练，发现事物规律，获得某种分析问题、解决问题的能力。回归任务是机器学习中的一个重要任务，它旨在通过学习数据来预测一个连续值（如房价、股票价格等）的输出值。线性回归作为机器学习中的经典模型，能够通过分析历史数据预测未来趋势，并为商业、经济等领域提供重要决策依据。而在此过程中，梯度下降法作为一种优化算法，为线性回归模型的参数估计提供了有效的解决方案。2.1节至2.4节将介绍回归任务的基本概念，以及使用解析法对该任务进行求解；2.5节重点介绍梯度下降法的原理；2.6节使用梯度下降法对线性回归问题进行求解；2.7节使用TensorFlow编程实现梯度下降，帮助读者掌握机器学习和梯度下降法的基本原理。

2.1 机器学习基础

人类总是能不断地从过去的经验中学习，如看云识别天气的气象谚语"朝霞不出门，晚霞行千里""有雨山戴帽，无雨半山腰"等，就是人们通过长期的观察和经验的积累，总结出的云彩和天气之间的关系。在日常的生活、学习和工作中，我们对很多事情的看法，做事情的方式方法，很多是基于之前经验做出的反应。因此，科学家们想到，如何让计算机像人类一样，基于过去的经验做出决策和判断，这就是人工智能中的一个重要分支——机器学习。

对计算机而言，历史数据就是经验，机器学习就是通过算法使计算机能够从大量的历史数据中学习某些规律，从而能够对新的数据做出识别和判断，或者对未来的趋势做出预测和分析。机器学习的两大任务是回归（Regression）任务和分类任务。回归是一种预测性的建模技术，研究的是自变量与因变量之间的关系，通常使用曲线来拟合数据点，使得拟合曲线到各个数据点之间的均方误差值最小。回归模型包括线性回归和非线性回归，线性回归是最基础且广泛应用的回归方法，通过拟合一条直线或者多维空间中的超平面来建立输入特征与连续目标变量之间的关系。非线性回归模型的因变量是自变量的一次以上非线性函数形式，回归规律在图形上表现为形态各异的各种曲线。需要注意的是，回归常用于分类问题，输出是以概率形式给出的。

回归致力于预测连续值输出，常用模型包括：线性回归模型、决策树回归模型、随机森林回归模型、梯度提升树回归模型。著名的波士顿房价数据集是一个经典的用于回归分析的数据集，它给出了506条波士顿房屋价格对应的13个特征，包括城镇人均犯罪率、住宅用地所占比例、住宅的平均房间数、距离波士顿中心区域的加权距离等相关变量。16 条房屋面积和对应的销售价格如表 2-1 所示,从该表可以估计房屋价格与面积的关系。当我们想评估一套 80 平方米的房屋价格时,可以根据相近的面积近似估计出这个面积的房价,与它比较相似的面积是 82 平方米和 78 平方米,房屋价格也应该比较接近。

表 2-1 房屋面积对应的销售价格

序 号	面积/平方米	销售价格/万元
1	140.0	130.0
2	133.0	122.0
3	125.0	90.0
4	115.0	105.0
5	100.0	92.0
6	86.0	91.0
7	82.0	76.0
8	78.0	68.0
9	68.0	71.0
10	53.0	50.0
11	49.0	45.0
12	44.0	48.0
13	40.0	27.0
14	35.0	36.0
15	31.0	30.0
16	27.0	28.0

如何让计算机利用这些历史数据给出尽量合理的 80 平方米的房屋价格呢?首先可以根据这个表中的数据作出房屋面积和房价之间的散点图。如图 2-1 所示,横轴是房屋面积,纵轴是房价,图中的每一个点对应销售记录表中的一条记录,因此一共有 16 个点。现在观察这些点的分布,可以发现它们大致上是一种线性的分布,我们可以试着去找一条直线,使它尽可能去靠近这些数据,也就是说这条线尽可能经过比较多的点,或者和所有点的距离尽可能接近。

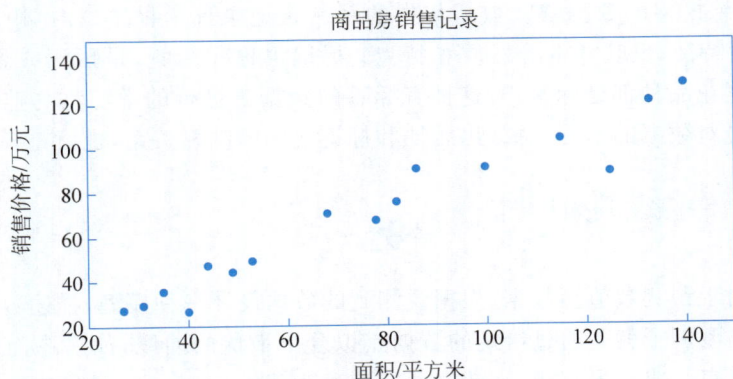

图 2-1 房屋面积对应销售价格散点图

所找到的这条直线就可以反映出房屋面积和房价之间的规律,如果需要评估新的面积对应的房价,就可以根据这条直线来估计。例如,现在要评估 80 平方米房子的房价,只要找到横坐标 80 在这条直线上对应的点,这个点的纵坐标就是对应的房价。只要找到这根直线,就能实现对未知房价的估计,如图 2-2 可以看出来是 73 万元左右,这条直线称为模型,通过这些已知的数据点找到这根直线的过程称作拟合,也就是机器通过数据进行学习的过程。在平面直角坐标系中,直线的定义是 $y = wx + b$,一旦参数 w 和 b 确定了,这条直线就被唯一地确定了,因此寻找这条直线的问题就转换为寻找参数 w 和 b。

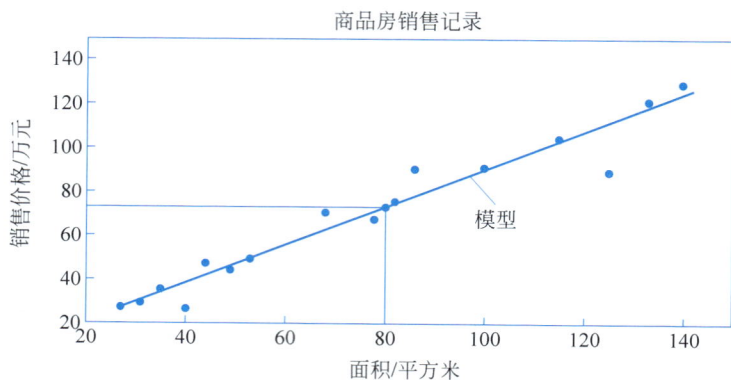

图 2-2　线性回归拟合曲线

因此,所谓机器学习就是计算机利用数据进行学习的过程。第一步,建立数学模型,例如:设房价和面积之间存在线性关系,$y = wx + b$,其中参数 w 和 b 未知。第二步,采用学习算法确定模型参数,例如,根据销售记录样本集确定直线的参数 w 和 b。第三步,预测或评估,使用这根找到的直线计算房屋面积对应的房价。机器学习实际上是引出了一种新的编程范式,不是根据规则通过程序计算给出结论,而是在已知一些数据和结论的情况下,推测数据背后的规则,这些数据点并不是严格地在同一条直线上,无法通过两点确定直线的规则去求解,只能够通过对这些数据的学习和研究寻找其中的统计规律,找到一条尽可能总体误差最小的直线。

机器学习中,这些用来学习的数据称为数据集或样本集,如著名的波士顿房价数据集、鸢尾花数据集、手写数字数据集、Cifar-10 数据集、ImageNet 数据集等,就是一些被整理好的,可以用来训练模型的数据集。数据集中的每一条记录称为样本,样本由属性和标记组成:属性也称为特征,反映样本的性质和特点;标记也称作标签,是预测或者分类的结果。例如,房价、鸢尾花品种都是标签,对这种有标签的数据集进行的学习称为监督学习。监督学习的过程就是对数据的学习,总结出属性和标记之间的映射关系,也就是模型。

2.2　一元线性回归

回归主要用于预测数值型数据,根据观测到的数据设计一种模型,描述数据之间蕴含的关系。回归的典型例子就是通过给定的数据点拟合出最优的曲线,如房屋面积和房价之间的关系可以近似表示成一根直线,因此这种模型称为线性回归。如果模型中只包含一个自变量 x,则该线性回归模型称为一元线性回归。

在一元线性回归模型 $y=wx+b$ 中，x 称为模型变量，w 和 b 称为模型参数，其中 w 为权重，b 为偏置值，机器学习要解决的问题就是如何根据样本数据来确定模型参数 w 和 b。假设有 n 组样本：$\{(x_1,y_1),\cdots,(x_i,y_i),\cdots,(x_n,y_n)\}$，下标 i 是样本的序号，x_i 是样本属性，y_i 是样本标签。对于平面中的这 n 个点，找一条拟合直线，这条直线上的值称为估计值，用 $\hat{y}$ 表示，把样本点实际的标签值 y 和预测值 $\hat{y}$ 之间的误差称为拟合误差，也称为残差。残差就是这个样本点到直线的数值距离。$\hat{y}_i$ 是直线上的第 i 点，值为 $\hat{y}_i=wx_i+b$，那么残差就是 $y_i-\hat{y}_i$。样本点和拟合直线的残差值如图 2-3 所示。综合所有的样本点来看，最佳拟合直线应该使得所有样本总的拟合误差达到最小，也就是说最佳拟合直线应该使得所有点的

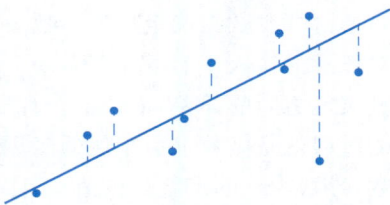

图 2-3　样本点和拟合直线的残差值

残差累计值最小。将所有点的残差相加用来评估模型的预测值和真实值的不一致程度，称为损失函数或者代价函数，即 Loss 函数：

$$\text{Loss}=\sum_{i=1}^{n}(y_i-\hat{y}_i)=\sum_{i=1}^{n}(y_i-(wx_i+b)) \tag{2-1}$$

从图 2-3 可以发现，残差值是有符号的，在这条直线上方的点残差是正的，在这条直线下方点残差是负的。如果将残差简单相加，那么正的残差值和负的残差值就会相互抵消。这样做的话，有可能每个样本的残差都很大，而计算出来的残差的累计和却很小。为了避免正负误差相互抵消的问题，让每项损失函数的值为正，常用平方和损失函数作为 Loss 函数。

$$\text{Loss}=\frac{1}{2}\sum_{i=1}^{n}(y_i-\hat{y}_i)^2=\frac{1}{2}\sum_{i=1}^{n}(y_i-(wx_i+b))^2 \tag{2-2}$$

其中，1/2 是为了函数求导后简洁，平方和损失函数不仅计算方便，而且有非常好的几何意义，平方和损失函数中的每一项，其实反映的就是每个样本点和它的估计值之间的欧氏距离的大小，因此基于欧氏距离所找到的这条直线，也就是总体上最接近这些点的直线。

除了平方和损失函数，针对不同的问题，还有其他一些损失函数。那么什么样的函数能够作为损失函数呢？首先，它的每一个误差项应该是非负的，这样才能够保证样本误差不会相互抵消；其次，损失函数的结果应该与误差的变化趋势一致。当模型输出的估计值 $\hat{y}$ 和样本标签值 y 差距越大时，损失函数的值就应该越大，而当它们越接近时，函数的值就应该越小，并且不断趋近于 0，也就是说应该单调有界，并且收敛于 0。平方和损失函数再除以样本数 n，就是均方误差：

$$\text{Loss}=\frac{1}{2n}\sum_{i=1}^{n}(y_i-\hat{y}_i)^2=\frac{1}{2n}\sum_{i=1}^{n}(y_i-(wx_i+b))^2 \tag{2-3}$$

在实际的编程应用中，经常使用均方误差作为衡量误差的指标，基于均方误差最小化来进行模型求解的方法称为最小二乘法。在线性回归中，最小二乘法就是试图找到一条直线，使所有样本到直线上的欧氏距离之和最小。显然这是一个求函数的最小值问题，只要分别对 w 和 b 求偏导数，极值点的偏导数必然为 0，从而可以求解方程组得到 w 和 b 的值，也就是使损失函数达到最小值的模型参数。

2.3 解析法实现一元线性回归

在学习模型阶段,所有的样本数据(x_i,y_i)都是已知的,参数 w 和 b 是未知的,学习目标是通过样本数据确定模型参数 w 和 b,从而确定一条最佳拟合直线,然后可以使用这个模型对任意的输入 x 计算估计值$\hat{y}_i$。学习模型的过程中,使用 Loss 函数评估模型的预测值和真实值之间的误差,最佳拟合直线就是使得损失函数的值最小的直线,因此从样本学习模型的过程就是函数求最小值的问题,数学上,求损失函数的极值只需要对 w 和 b 分别求偏导数,导数为 0 的点就是极值点,求解方程组就可以得到 w 和 b 的值。这个求解的过程是根据严格的公式推导和计算得到的,这样得到的结果称为解析解。解析解是一个封闭形式的函数,给出任意的自变量就可以通过严格的公式求出准确的因变量,因此解析解也被称为封闭解或者闭式解。

在式(2-2)中,对 w 和 b 分别求偏导数,令导数为 0:

$$
\begin{aligned}
\frac{\partial \text{Loss}}{\partial w} &= \sum_{i=1}^{n}(y_i - b - wx_i)(-x_i) = 0 \\
\frac{\partial \text{Loss}}{\partial b} &= \sum_{i=1}^{n}(y_i - b - wx_i)(-1) = 0
\end{aligned}
\tag{2-4}
$$

得到解析解:

$$
w = \frac{n\sum_{i=1}^{n}x_i y_i - \sum_{i=1}^{n}x_i \sum_{i=1}^{n}y_i}{n\sum_{i=1}^{n}x_i^2 - \left(\sum_{i=1}^{n}x_i\right)^2}
\tag{2-5}
$$

$$
b = \frac{\sum_{i=1}^{n}y_i - w\sum_{i=1}^{n}x_i}{n}
$$

下面用 TensorFlow 实现一个简单的一元线性回归,代码如下:

(1) 导入库函数。

```python
import numpy as np
import tensorflow as tf
```

(2) 定义常数。

```python
x = tf.constant([27.0, 31.0, 35.0, 40.0, 44.0, 49.0, 53.0, 68.0,
                78.0, 82.0, 86.0, 100.0, 115.0, 125.0, 133.0, 140.0])
y = tf.constant([28.0, 30.0, 36.0, 27.0, 48.0, 45.0, 50.0, 71.0,
                68.0, 76.0, 91.0, 92.0, 105.0, 90.0, 122.0, 130.0])
```

(3) 定义变量和线性回归计算。

```python
meanX = tf.reduce_mean(x)
meanY = tf.reduce_mean(y)
```

```
sumXY = tf.reduce_sum((x - meanX) * (y - meanY))
sumX = tf.reduce_sum((x - meanX) * (x - meanX))
w = sumXY/sumX
b = meanY - w * meanX
```

（4）输入新数据以计算预测房价。

```
x_test = np.array([135.3, 127.14, 119.2, 111.88,
                   103.1, 95.2, 87.33, 79.5])
y_pred = (w * x_test + b).numpy()
print("面积\t估计房价")
n = len(x_test)
for i in range(n):
    print(x_test[i], "\t", round(y_pred[i], 4))
```

面积	估计房价
135.3	120.459
127.14	113.4944
119.2	106.7175
111.88	100.4698
103.1	92.976
95.2	86.2333
87.33	79.5162
79.5	72.8332

图 2-4　线性回归实例结果图

输出结果如图 2-4 所示。

2.4　解析法实现多元线性回归

在实际问题中,一种现象通常是与多个因素相关联的,由多个自变量的最优组合来共同预测或估计因变量,比只用一个自变量进行预测或估计更有效,因此多元回归比一元回归的实用意义更大。当回归分析任务中包括两个或多个自变量时,就是多元回归。例如,在估计房屋价格时,需要考虑房屋面积、户型、地段等因素,这属于多元回归任务。如果因变量和自变量之间是线性关系,则称为多元线性回归。在平面直角坐标系中,一元线性模型表示二维空间中的一条直线,有两个自变量的二元线性模型表示三维空间中的一个平面,有多个自变量的多元线性回归模型表示多维空间中的一个超平面。多元线性回归的基本原理和基本计算过程与一元线性回归类似,可以用最小二乘法估计模型参数,也需对模型及模型参数进行统计检验。选择合适的自变量是正确进行多元回归预测的前提之一,多元回归模型自变量的选择可以利用变量之间的相关矩阵来解决。

2.4.1　建立模型

假设 $\hat{y} = w_1 x^{(1)} + \cdots + w_m x^{(m)} + b$ 是一个多元线性回归的估计函数,其中 $x^{(1)}, x^{(2)}, \cdots, x^{(m)}$ 是样本的属性,即特征。在估计房价具体实例中,$x^{(1)}$ 可以代表面积,$x^{(2)}$ 代表房间数,$x^{(3)}$ 代表到市中心的距离等一共 m 个属性,每个属性对房价的影响程度是不一样的,所以需要为不同的属性设置不同的权值。为了表达简洁,可用把偏置项 b 用 w_0 表示,并且假设 $x^{(0)} = 1$,那么多元回归模型就可以表示为

$$\hat{y} = w_0 x^{(0)} + w_1 x^{(1)} + \cdots + w_m x^{(m)} = \boldsymbol{W}^{\mathrm{T}} \boldsymbol{X} \tag{2-6}$$

其中,$\boldsymbol{W}^{\mathrm{T}} = (w_0, w_1, \cdots, w_m)$ 是 $m+1$ 维的行向量,$\boldsymbol{X} = (x^{(0)}, x^{(1)}, \cdots, x^{(m)})^{\mathrm{T}}$ 是 $m+1$ 维的列向量。

假设数据集中共有 n 个样本,每个样本表示为 $(X_i, y_i)(i = 1, 2, \cdots, n)$,下标 i 是样本序号,其中一个样本的模型估计值就是 $\hat{y}_i = \boldsymbol{W}^{\mathrm{T}} X_i$,多元回归的平方损失函数也是所有样本误差的平方,即 n 个样本的标签值与估计值的差的平方和:

$$\text{Loss} = \sum_{i=1}^{n} (y_i - \hat{y}_i)^2 = \sum_{i=1}^{n} (y_i - \boldsymbol{W}^{\text{T}} X_i)^2 \tag{2-7}$$

用向量形式表示为

$$\text{Loss} = (\boldsymbol{Y} - \boldsymbol{XW})^{\text{T}} (\boldsymbol{Y} - \boldsymbol{XW}) \tag{2-8}$$

其中,$\boldsymbol{Y} = (y_1, y_2, \cdots, y_n)^{\text{T}}$ 是 n 维向量,$\boldsymbol{X} = (X_1 X_2, \cdots, X_n)^{\text{T}}$ 也是 n 维向量,且每一个分量又是一个 $m+1$ 维的向量 $\boldsymbol{X}_i = (x_i^{(0)}, x_i^{(1)}, \cdots, x_i^{(m)})$,也就是说 $\boldsymbol{X}$ 是一个 $n \times (m+1)$(n 行 $m+1$ 列)的矩阵。

多元回归问题,就是当参数向量 $\boldsymbol{W}$ 取某一值的时候,平方损失函数 Loss 会取到最小值。类比一元线性回归问题的求解方法,我们可以对损失函数求导,令导数为零:

$$\frac{\partial \text{Loss}}{\partial \boldsymbol{W}} = \frac{\partial ((\boldsymbol{Y} - \boldsymbol{XW})^{\text{T}} (\boldsymbol{Y} - \boldsymbol{XW}))}{\partial \boldsymbol{W}} = 0 \tag{2-9}$$

找到极值点对应的参数向量 $\boldsymbol{W}$ 的解析解:

$$\boldsymbol{W} = (\boldsymbol{X}^{\text{T}} \boldsymbol{X})^{-1} \boldsymbol{X}^{\text{T}} \boldsymbol{Y} \tag{2-10}$$

这个解析解的计算中,需要对矩阵 $\boldsymbol{X}^{\text{T}}\boldsymbol{X}$ 求逆,矩阵求逆的前提是这个矩阵必须是满秩的。但实际任务中该矩阵往往不是满秩的,这种情况下可以得到多个解,获得的模型结果也自然不唯一。因此,现实任务中,不是求解析解,而是采用梯度下降法等学习算法。

2.4.2 编程实现

以商品房价格预测问题为例,假设房屋价格只取决于两个特征:房屋面积、到市中心的距离。模型中,因变量为房屋价格 y,自变量只考虑两个因素:房屋面积($x^{(1)}$)、到市中心的距离($x^{(2)}$)。假设商品房销售记录的数据如表 2-2 所示。

表 2-2 房屋销售价格

序 号	面积/平方米	到市中心的距离/千米	销售价格/万元
1	140.0	3.1	130.0
2	133.0	5.3	122.0
3	125.0	4.2	90.0
4	115.0	2.3	105.0
5	100.0	8.1	78.0
6	86.0	2.7	80.0
7	82.0	3.8	75.0
8	78.0	3.9	71.0
9	68.0	7.3	50.0
10	53.0	5.1	45.0
11	49.0	5.5	40.0
12	44.0	4.1	38.0
13	40.0	6.0	29.0
14	35.0	2.9	30.0
15	31.0	3.9	27.0
16	27.0	4.5	22.0

编程实现这个二元线性回归任务,可分为四步。

第一步,加载样本数据。将样本的属性和标签都放在 numpy 数组中,将商品房面积、到市中心的距离分别放在数组 x1 和 x2 中,价格放在数组 y 中,它们都是长度为 16 的一维数组。

```
import numpy as np
x1 = np.array([27.0, 31.0, 35.0, 40.0, 44.0, 49.0, 53.0, 68.0,
               78.0, 82.0, 86.0, 100.0, 115.0, 125.0, 133.0, 140.0])
x2 = np.array([4.5, 3.9, 2.9, 6.0, 4.1, 5.5, 5.1, 7.3,
               3.9, 3.8, 2.7, 8.1, 2.3, 4.2, 5.3, 3.1])
y = np.array([22.0, 27.0, 30.0, 29.0, 38.0, 40.0, 45.0, 50.0,
              71.0, 75.0, 80.0, 78.0, 105.0, 90.0, 122.0, 130.0])
```

第二步,数据处理。这是大多数机器学习任务中必须做的一步,因为原始数据集中的数据可能和模型需要的输入数据形式不太一致,因此需要处理成模型能够直接接收的形式,下面把加载的数据样本构造成计算解析解所需的形式。

```
x0 = np.ones(len(x1))
X = np.stack((x0, x1, x2), axis = 1)
Y = np.stack(y).reshape( - 1, 1)
```

在这个例子中,$n=16, m=2$,因此属性矩阵 X 应该是一个 16 行 3 列的矩阵,第一列的元素全部为 1,后面两列分别是商品房面积和到市中心的距离。这里首先生成一个元素值,全部是 1 的一维数组,数组的长度和其他属性一致,是样本的总个数。数组 y 使用 reshape 函数,参数设置为 $(-1,1)$,可以得到一个形状为 $(16,1)$ 的二维数组,也就是一个列向量。

第 3 步,求解模型参数。数据准备好之后,使用解析解公式计算参数向量 W 的值,得到多元回归模型。

```
Xt = np.transpose(X)                         # 计算 X'
XtX_1 = np.linalg.inv(np.matmul(Xt, X))      # 计算 X'X^( - 1)
XtX_1_Xt = np.matmul(XtX_1, Xt)              # 计算 X'X^( - 1)X'
W = np.matmul(XtX_1_Xt, Y)                   # 计算 X'X^( - 1)X'Y
W = W.reshape( - 1)
print("多元线性回归方程")
print("Y = ", W[1], " * x1 +", W[2], " * x2 +", W[0])
```

计算过程中,用到了数组相乘转置和求逆的函数,分了 4 行代码:先求数组 X 的转置;再用 X 的转置乘以 X,然后对结果求逆;结果上再乘以 X 的转置;再乘以 X,就是得到的模型参数 W,它是一个形状为 $(3,1)$ 的二维数组,也就是一个列向量。使用 reshape 函数把它转化为一维数组,最后输出多元回归模型的方程就是得到的结果。

```
Y = 0.8823378082030455 * x1 +  - 2.375009971007593 * x2 + 8.78523926246126
```

第四步,预测房价。输入商品房的面积和到市中心的距离,使用得到的模型来估计房价。

```
print("多元线性回归方程")
print("Y = ", W[1], " * x1 +", W[2], " * x2 +", W[0])
```

```
print("请输入商品房面积和到市中心的距离,估计房屋销售价格")
x1_test = float(input("商品房面积:"))
x2_test = float(input("到市中心的距离:"))
y_pred = W[1] * x1_test + W[2] * x2_test + W[0]
print("估计价格:", round(y_pred, 4), "万元")
```

首先让屏幕上打印提示输入信息,提示用户输入面积和距离。接收到用户输入的房屋面积和到市中心的距离之后,把它们转换为数值型数据,分别保存为变量 X1_test 和 X2_test。根据用户输入的信息,通过多元回归模型计算房价,输出估计的房价,保留四位小数。

请输入商品房面积和到市中心的距离, 估计房屋销售价格
商品房面积: *80.2*
到市中心的距离: *2.7*
估计价格: **73.1362** 万元

图 2-5 估计房屋销售价格

运行以上代码,根据提示输入房屋面积和到市中心的距离,就可以得到预测的房价。示例结果如图 2-5 所示。

2.5 梯度下降法的基本原理

求解线性回归模型的过程其实就是一个函数求极值的问题。解析解是通过严格的公式推导和计算,得到的闭式解的具体形式。但是在大多数情况下,无法直接通过严格的公式推导和计算得到方程组的解析解,只能够采用数值分析的方法得到近似解,也称为数值解。数值解是在一定条件下通过某种近似计算得到的解,能够在给定的精度条件下满足方程。在机器学习和深度学习中最常用的求数值解的方法就是梯度下降法。梯度下降法已广泛应用于机器学习和深度学习中,其核心思想是通过迭代的方式,不断调整模型参数,用于寻找最佳模型参数或权重,从而最小化损失函数。例如,在线性回归、逻辑回归、神经网络训练等场景中,梯度下降法基于函数梯度信息通过不断调整参数值,沿着损失函数的负梯度方向进行搜索,直至收敛到一个局部最小值。

通过最简单的一元凸函数 $f(x) = x^2$ 学习一下梯度下降法的求解过程,函数曲线如图 2-6 所示,这种形状的函数称为凸函数,它存在唯一的极小值点,这个函数的解析解可以通过令导数为 0 点的方法计算,然而如何采用数值计算的方法得到它的数值解?

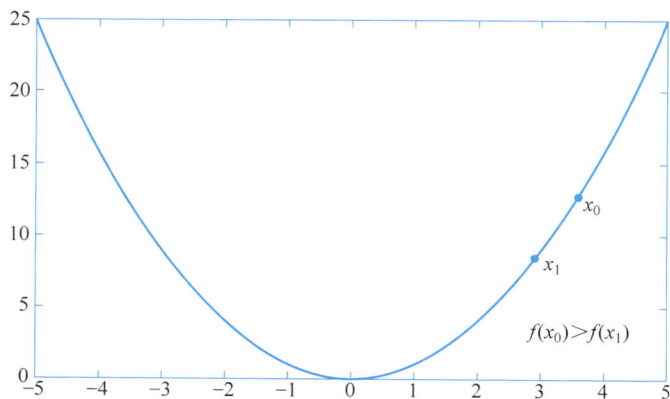

图 2-6 凸函数曲线

在凸函数上求极小值的问题可以采用迭代的方法来求解。首先在函数曲线上取任意一点 x_0 作为初值,当然这个初值不会恰好在极值点上。之后按照某个步长移动 x,找到 x_1,

使得函数在 x_1 上的值小于在 x_0 上的值，不断重复这个步骤，直到无法找到更小的函数值。最后找到的这个 x，就是使函数达到极小值时的位置。例如，取初始值 $x_0 = 4$，那么这一点的函数值等于 16，假设取步长是 0.5，x 可能分别向左右两个方向移动，到达 4.5 或者 3.5 的位置，对比这两个位置的函数值，显然 $x_1 = 3.5$ 能取得更小的函数值。之后，再以 $x_1 = 3.5$ 为起点，步长仍然是 0.5，对比函数在 x 到达 4.0 或者 3.0 处的取值，显然在 $x_2 = 3$ 能取得更小的函数值。之后，再以 $x_2 = 3$ 为起点，继续迭代这个步骤，不断移动 x，直到函数达到最小值。表 2-3 用表格的形式直观地列出整个迭代的过程，可以看到在第 8 次迭代时找到了函数最小值。

表 2-3　迭代法求极小值

迭代次数	x_1	候选值	$f(x) = x^2$	取　　值
0	4	3.5	12.25	√
		4.5	20.25	
1	3.5	3	9	√
		4	16	
2	3	2.5	6.25	√
		3.5	12.15	
3	2.5	2	4	√
		3	9	
4	2	1.5	2.25	√
		2.5	6.25	
5	1.5	1	1	√
		2	4	
6	1	0.5	0.25	√
		1.5	2.25	
7	0.5	0	0	√
		1	1	
8	0	-0.5	0.25	
		0.5	0.25	

采用上述方法需要通过多次迭代，不断地接近极值点，因此要花费比较长的时间。如果想要速度更快一点，可以把步长的值加大，如把步长改为 1.0，那么只要经过 4 次迭代就可以达到极小值点，可见步长取值越大，找到极值点的速度就越快。但是步长的取值也不是越大越好，如果步长设置为 1.5，那么最后会停到 $x = -0.5$ 的位置，无法达到最小值点。如果初始值在 $x_0 = 3$，步长设置为 2.0，会发现这个过程会一直在 -1.0 和 1.0 之间来回振荡，也无法达到最小值点。这两种情况都是因为更新 x 的时候步长太大，一下子跨过了最小值。

如果步长设置得太小，则会增加迭代次数，收敛速度很慢。步长太大又会引起振荡，甚至导致无法收敛，那么这个步长的值能不能自动调节呢？在距离极值点比较远的地方，步长的取值可以大一些，使得算法尽快收敛；在距离极值点比较近的地方，可以使步长逐渐减小，避免跨过极小值点发生振荡。观察函数 $f(x) = x^2$ 的曲线，如图 2-7 所示，距离极值点比较远的地方曲线比较陡峭，随着不断靠近极值点，曲线逐渐变得平缓。曲线的陡峭程度可以用斜率表示，曲线越陡，斜率越大，这时候步长应该大一些。曲线越平缓，斜率越小，这时候步长应该越小，因此用斜率调节步长就可以实现我们的目的。曲线在一点的斜率就是函数在这个点的导数,让步长和导数之间保持正比例关系,步长$=\eta\dfrac{\mathrm{d}f(x)}{\mathrm{d}x}$($\eta$为学习率),就可以得到更新$x$的迭代公式:

$$x^{(k+1)}=x^{(k)}-\eta\frac{\mathrm{d}f(x)}{\mathrm{d}x} \tag{2-11}$$

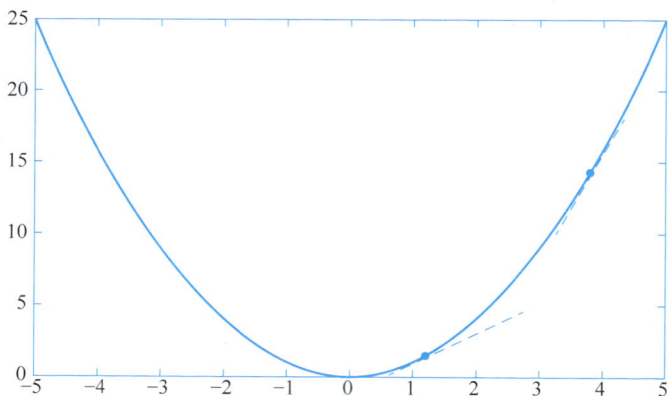

图 2-7 函数 $f(x)=x^2$ 曲线

采用这种方法进行迭代,可以根据函数曲线的斜率实现对步长的自适应调整。与此同时,导数的符号就直接决定了迭代更新的方向,而不需要像前面表格中的例子一样,每次都要比较左右两个方向的函数值来确定x移动的方向。在这种迭代算法中,当$x>0$时,导数为正数,这时$x^{(k+1)}$在$x^{(k)}$基础上减去一个正数,取值变得更小,x向原点的方向移动。当$x<0$时,导数为负数,这时候$x^{(k+1)}$在$x^{(k)}$基础上减去一个负数,取值变得更大,x也是向原点的方向移动。可见无论x在极值点的左边还是右边,每次迭代都能够向极小值点靠拢。总之,采用这种迭代算法能够自动调节步长,自动确定下一次更新x的方向,并且能够保证收敛性。

这种根据导数迭代求极值的方法可以推广到二元凸函数中。假设有两个自变量x和y,需要分别进行迭代计算,这是二元函数的迭代算法:

$$\begin{aligned}x^{(k+1)}&=x^{(k)}-\eta\frac{\partial f(x,y)}{\partial x}\\y^{(k+1)}&=y^{(k)}-\eta\frac{\partial f(x,y)}{\partial y}\end{aligned} \tag{2-12}$$

x的更新通过函数对x的偏导数来调节,y的更新通过函数对y的偏导数来调节。函数$f(x,y)$对x的偏导数和对y的偏导数所组成的向量就是二元函数的梯度:

$$\mathbf{grad}\,f(x,y)=\begin{pmatrix}\dfrac{\partial f(x,y)}{\partial x}\\[2mm]\dfrac{\partial f(x,y)}{\partial y}\end{pmatrix} \tag{2-13}$$

梯度是一个矢量,既有大小又有方向,它的模值大小就是方向导数的最大值,它的方向就是取得最大方向导数的方向,或者说函数在某个点的梯度,就是指在这个点沿着这个方向的变化率最大。这种二元函数求极值的迭代算法,其实就是每一步都是沿着梯度的方向移动,也就是沿着最陡的方向进行移动,这样计算的速度是最快的,这种方法称为梯度下降法。就像下山时,从某个初始位置出发环顾一圈,沿着当前最陡的方向向下走一步,然后环顾一圈,再沿着目前最陡的方向向下走一步,不断重复这个过程,保证每一步都是沿着当时最陡的方向向下走,那么一定可以到达山下。

在用机器学习算法求解某个问题的时候,只要能够把损失函数描述成凸函数,那么就一定可以采用梯度下降法,以最快的速度更新模型参数,找到使损失函数达到最小值的点的位置。

2.6 梯度下降法求解线性回归 ◆

梯度下降法是一种求函数极值的数值解的算法。数值解一般是通过迭代来实现的,每一步迭代都是沿着梯度方向移动,它能够在每次迭代时自动调节步长,确定更新方向,并且保证收敛性。下面采用梯度下降法来求解一元线性回归问题。

一元线性回归的平方损失函数是:

$$\text{Loss} = \frac{1}{2}\sum_{i=1}^{n}(y_i - \hat{y}_i)^2 = \frac{1}{2}\sum_{i=1}^{n}(y_i - (wx_i + b))^2$$

$$= \frac{1}{2}\sum_{i=1}^{n}(x_i^2 w^2 + b^2 + 2x_i wb - 2y_i b - 2x_i y_i w + y_i^2) \tag{2-14}$$

这个损失函数是一个凸函数,可以采用梯度下降法来求解,将损失函数分别对 w 和 b 的偏导数代入,就可以得到最终的迭代公式:

$$w^{(k+1)} = w^{(k)} - \eta\frac{\partial \text{Loss}(w,b)}{\partial w} = w^{(k)} - \eta\sum_{i=1}^{n}x_i(wx_i + b - y_i)$$

$$b^{(k+1)} = b^{(k)} - \eta\frac{\partial \text{Loss}(w,b)}{\partial b} = b^{(k)} - \eta\sum_{i=1}^{n}(wx_i + b - y_i) \tag{2-15}$$

除了平方损失函数,经常使用均方差损失函数:

$$\text{Loss} = \frac{1}{2n}\sum_{i=1}^{n}(y_i - (wx_i + b))^2 \tag{2-16}$$

其中,n 是样本数量,它的参数更新算法是:

$$w^{(k+1)} = w^{(k)} - \frac{\eta}{n}\sum_{i=1}^{n}x_i(wx_i + b - y_i)$$

$$b^{(k+1)} = b^{(k)} - \frac{\eta}{n}\sum_{i=1}^{n}(wx_i + b - y_i) \tag{2-17}$$

可以把梯度下降法求解一元线性回归的方法推广到多元线性回归中,$\hat{Y} = XW$ 是多元线性回归的模型,其中的 $X = (x^{(0)}, x^{(1)}, \cdots, x^{(m)})$ 和 $W = (w_0, w_1, \cdots, w_m)^{\text{T}}$ 都是 $m+1$ 维的向量,多元线性回归模型的损失函数是:

$$\text{Loss} = \frac{1}{2}(Y - \hat{Y})^2 = \frac{1}{2}(Y - XW)^2 \tag{2-18}$$

这是一个高维空间中的凸函数,可以使用梯度下降法来求解,把它的偏导数 $\frac{\partial \text{Loss}}{\partial W} = X^{\text{T}}(XW - Y)$ 代入权值参数更新算法,可以得到最终的迭代公式:

$$W^{(k+1)} = W^{(k)} - \eta \frac{\partial \text{Loss}(W)}{\partial W} = W^{(k)} - \eta X^{\text{T}}(XW - Y) \tag{2-19}$$

在梯度下降法中,学习率 η 是一个比较小的常数,用来缓和每一步调整权值的程度。学习率越大,步长越大;学习率越小,步长也越小。从理论上来说,对于凸函数,只要学习率设置得足够小,就可以保证一定收敛,但是如果设置得过小,可能需要的迭代次数非常多,训练的时间非常长,甚至很难达到极值点。学习率设置得比较大,可能会产生振荡,在振荡中也可能慢慢收敛。如果学习率设置得过大,那么就可能产生严重的振荡,导致系统无法收敛。因此,学习率的选择非常重要,既不能太大,也不能太小,一般根据经验进行设置,也可以让它随着迭代次数的增加而逐渐衰减。学习率这个参数不是通过训练得到的,而是在开始学习之前就设置好的,这种参数称为超参数,选择合适的超参数可以提高学习的性能和效果。

2.6.1　求解一元线性回归

下面,编程实现梯度下降法求解一元线性回归问题。

第一步,导入需要的库,加载数据,还是使用之前的房屋面积和房价的数据(表 2-1 房屋面积对应的销售价格),x 和 y 分别是面积和房价,把它们放在长度为 16 的 numpy 数组中。

```
import numpy as np
import matplotlib.pyplot as plt
x = np.array([27.0, 31.0, 35.0, 40.0, 44.0, 49.0, 53.0, 68.0,
              78.0, 82.0, 86.0, 100.0, 115.0, 125.0, 133.0, 140.0])
y = np.array([28.0, 30.0, 36.0, 27.0, 48.0, 45.0, 50.0, 71.0,
              68.0, 76.0, 91.0, 92.0, 105.0, 90.0, 122.0, 130.0])
```

第二步,设置超参数,包括学习率和迭代次数,一般需要根据经验反复尝试,同时观察算法是否收敛,并且达到了需要的精度。学习率 learn_rate 设为 0.000 009,迭代次数 iter 设为 150,display_step 用来设置输出结果的间隔,不是超参数,因为它的取值不会影响模型的训练,只是会改变显示的效果,没必要每次迭代都输出结果,可以每 15 次迭代输出一次结果。

```
learn_rate = 0.000009
iter = 150
display_step = 15
```

第三步,设置模型参数的初值,用 numpy 随机数生成函数产生随机数作为初值。

```
np.random.seed(107)
w = np.random.randn()
b = np.random.randn()
```

第四步,训练模型使用迭代公式更新模型参数,迭代完成之后以可视化的形式输出结果。

```
mse = []
for i in range(0, iter + 1):
    dL_dw = np.mean(x * (w * x + b - y))
    dL_db = np.mean(w * x + b - y)
    w = w - learn_rate * dL_dw
    b = b - learn_rate * dL_db
    pred = w * x + b
```

```
Loss = np.mean(np.square(y - pred))/2
mse.append(Loss)
if i % display_step == 0:
    print("i: %i, Loss: %f, w:%f, b:%f" % (i, mse[i], w, b))
```

运行代码后,输出结果如图 2-8 所示。

可以看到 i 为 0 时,损失值非常大,在前 45 次循环中,损失以很快的速度下降,这是因为在远离极值点的地方,损失函数曲线很陡峭,而且更新的步长比较大,因此损失的下降速度很快。到第 60 次循环开始,损失下降的速度越来越慢,这是因为随着不断接近极值点,损失函数的曲线越来越平缓,步长也越来越小,因此损失的下降也越来越小。

```
i: 0, Loss: 576.649518, w:0.520590, b:-0.653683
i: 15, Loss: 108.770315, w:0.766484, b:-0.650904
i: 30, Loss: 43.109160, w:0.858599, b:-0.649771
i: 45, Loss: 33.894298, w:0.893106, b:-0.649255
i: 60, Loss: 32.600970, w:0.906032, b:-0.648970
i: 75, Loss: 32.419331, w:0.910873, b:-0.648771
i: 90, Loss: 32.393704, w:0.912686, b:-0.648605
i: 105, Loss: 32.389970, w:0.913364, b:-0.648451
i: 120, Loss: 32.389310, w:0.913617, b:-0.648302
i: 135, Loss: 32.389080, w:0.913711, b:-0.648155
i: 150, Loss: 32.388911, w:0.913745, b:-0.648008
```

图 2-8 梯度下降求解一元线性回归问题

在第 150 次迭代时,损失值虽然还在下降,但是更新的差值已经非常小了,这时候虽然还没有达到极值点,但是已经非常接近极值点了。梯度下降法得到的数值解是一个近似值,在收敛之后只要达到了精度要求就可以停止迭代,否则可以继续迭代,直到满足精度要求为止。

下面把模型训练的结果以可视化的形式输出,首先使用样本数据绘制销售记录散点图,然后绘制预测房价的散点图,运行结果如图 2-9 所示,其中橙色的点是实际的销售房价,蓝色的点是预测的房价,蓝色的直线是训练得到的模型。

```
plt.rcParams['font.sans-serif'] = ['SimHei']
plt.figure()
plt.scatter(x, y, color = "orange", label = "房屋销售价格")
plt.scatter(x, pred, color = "blue", label = "梯度下降预测")
plt.plot(x, pred, color = "blue")
plt.xlabel("Area", fontsize = 20)
plt.ylabel("price", fontsize = 20)
plt.legend(loc = "lower right")
plt.show()
```

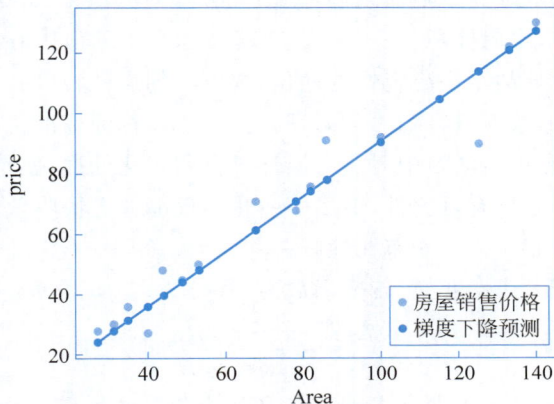

图 2-9 销售价格和梯度下降法预测

为了方便观察,可以画出训练模型的过程中损失函数的值变化的曲线,绘制这个图也非常简单,因为每次迭代的损失值已经被存放在列表 mse 中,只要把它们取出来连在一起,就可以得到损失值变化的曲线图。

```
plt.figure()
plt.plot(mse)
plt.xlabel("Iteration", fontsize = 20)
plt.ylabel("MSE", fontsize = 20)
plt.show()
```

生成如图 2-10 所示的损失变化曲线,图中的横坐标是迭代次数,纵坐标是损失值,刚开始时的损失值非常大,在前 30 次迭代中,损失值迅速下降,然后逐渐减缓,在第 50 次迭代附近开始收敛。

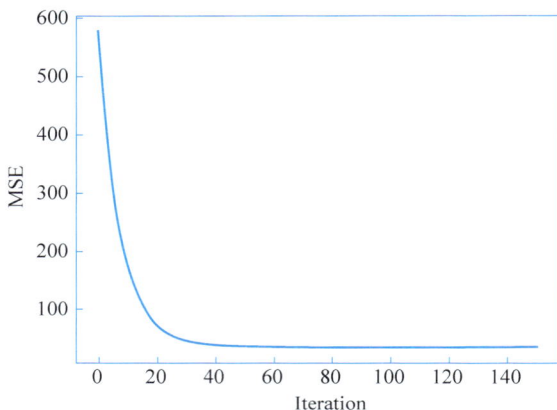

图 2-10　迭代次数与损失值变化曲线

2.6.2　求解多元线性回归

下面,编程实现梯度下降法求解多元线性回归问题。

样本数据还是使用之前多元线性回归的数据(表 2-2 所示的房屋销售价格),其中的属性包括房屋面积($x^{(1)}$)和到市中心的距离($x^{(2)}$),两者的取值范围相差很大。如果直接使用原始数据来训练模型,房屋面积($x^{(1)}$)的影响就会远大于到市中心的距离($x^{(2)}$)的影响,从而在学习过程中占主导甚至是决定性的地位,数值大的属性将成为主要因素,这是不合理的,因此需要先对属性的数值进行归一化处理。归一化又称为标准化,就是将数据的大小限制在一定的范围之内,在机器学习中对所有属性进行归一化处理,就是让它们处于同一个范围、同一个数量级,这样才具有可比性,使用归一化不仅能够更快收敛到最优解,还可能提高学习器的精度。常用的归一化方法有线性归一化、标准差归一化和非线性映射归一化。线性归一化是对原始数据的线性变换,转换函数为

$$x^* = \frac{x - \min}{\max - \min} \tag{2-20}$$

其中,min 和 max 分别是所有数据中的最小值和最大值。线性归一化可以实现对原始数据的等比例缩放,归一化之后,所有的数据都被映射到[0,1]范围。线性归一化适用于样本分布比较均匀、比较集中的情况。如果最大值或者最小值不稳定,与绝大多数数据的差距非常大,使用这种方法得到的结果也会不稳定。为了避免这种情况,在实际应用中可以使用标准

差归一化方法,将数据归一化为均值为 0、方差为 1 的标准正态分布,转换函数为

$$x^* = \frac{x - \mu}{\sigma} \tag{2-21}$$

其中,μ 和 σ 分别是均值和标准差。标准差归一化适用于样本近似于正态分布或者最大最小值未知的情况。除此之外,还可以使用其他一些非线性的数学函数对原始数据进行映射,如对数函数、指数函数、正切函数等。进行非线性映射归一化的方法通常用于数据分化比较大的情况,也就是有的数据很大,有的数据很小。通过这种非线性映射的方法,可以使数据变得尽量均匀或者有特点。样本属性的归一化需要根据实际数据的分布情况和特点选择映射函数。

使用梯度下降法实现多元线性回归的程序的主要步骤如下。

第一步,加载样本数据。首先导入需要的库,设置中文字体加载数据,给定样本数据集,包括商品房面积、到市中心的距离和房屋价格,通过 len() 方法得到样本的数量 num。

```python
import numpy as np
import matplotlib.pyplot as plt
plt.rcParams['font.sans-serif'] = ['SimHei']
area = np.array([27.0, 31.0, 35.0, 40.0, 44.0, 49.0, 53.0, 68.0,
                78.0, 82.0, 86.0, 100.0, 115.0, 125.0, 133.0, 140.0])
distance = np.array([4.5, 3.9, 2.9, 6.0, 4.1, 5.5, 5.1, 7.3,
                     3.9, 3.8, 2.7, 8.1, 2.3, 4.2, 5.3, 3.1])
price = np.array([22.0, 27.0, 30.0, 29.0, 38.0, 40.0, 45.0, 50.0,
                  71.0, 75.0, 80.0, 78.0, 105.0, 90.0, 122.0, 130.0])
num = len(area)
```

第二步,数据处理。首先创建元素值全部为 1 的一维数组 x0,然后采用线性归一化方法对属性数值进行归一化处理,可以使用数组对象的 min() 方法和 max() 方法返回数组的最小值和最大值。进行归一化之后,最小的数被映射为 0,最大的数被映射为 1,所有的数据都在[0,1]范围,线性归一化的结果,其实就是这个数在整个样本中所处的位置的比例。最后,将 x0、x1、x2 堆叠为形状为(16,3)的二维数组,将房价 y 转换为形状为(16,1)的二维数组。

```python
x0 = np.ones(num)
x1 = (area - area.min())/(area.max() - area.min())
x2 = (distance - distance.min())/(distance.max() - distance.min())
X = np.stack((x0, x1, x2), axis=1)
Y = price.reshape(-1, 1)
```

第三步,设置超参数:学习率和迭代次数。设置显示间隔:每隔 100 次迭代显示一下训练的结果。

```python
learn_rate = 0.003
iter = 1000
display_step = 100
```

第四步,设置模型参数的初始值,采用随机函数生成一个形状为(3,1)的二维数组。

```python
np.random.seed(108)
W = np.random.randn(3, 1)
```

第五步,使用权值更新算法训练模型。首先计算梯度,然后把它带入权值更新迭代公式,就可以实现对权值的更新。然后,计算房价的估计值 PRED,X 形状为(16,3),W 形状为(3,1),相乘的结果是形状为(16,1)的二维数组。最后,计算均方误差作为损失值,结果是一个数字,把损失值追加到列表 mse 中,每隔 display_step 次迭代,显示一下当前的循环次数和损失值。

```
i: 0, Loss: 2384.813233
i: 100, Loss: 158.021780
i: 200, Loss: 69.256140
i: 300, Loss: 35.839519
i: 400, Loss: 23.224998
i: 500, Loss: 18.443155
i: 600, Loss: 16.618841
i: 700, Loss: 15.916090
i: 800, Loss: 15.641480
i: 900, Loss: 15.531942
i: 1000, Loss: 15.486994
```

图 2-11 梯度下降法求解
多元回归问题

```
mse = []
for i in range(iter + 1):
    dL_dW = np.matmul(np.transpose(X), np.matmul(X, W) - Y)
    W = W - learn_rate * dL_dW
    PRED = np.matmul(X, W)
    Loss = np.mean(np.square(Y - PRED))/2
    mse.append(Loss)
    if i % display_step == 0:
        print("i: % i, Loss: % f" % (i, mse[i]))
```

运行结果如图 2-11 所示。

从图 2-11 可以看到,随着迭代次数的增加,损失逐渐收敛。

最后将训练的过程和结果以可视化的形式输出。

```
plt.figure(figsize = (18, 7))
plt.subplot(1, 2, 1)
plt.plot(mse)
plt.xlabel('Iteration', fontsize = 18)
plt.ylabel('Loss', fontsize = 18)
plt.subplot(1, 2, 2)
PRED = PRED.reshape(-1)
plt.plot(price, color = 'orange', marker = 'o', label = '房屋销售价格')
plt.plot(PRED, color = 'blue', marker = '.', label = '梯度下降预测')
plt.xlabel("Sample", fontsize = 18)
plt.ylabel("Price", fontsize = 18)
plt.legend()
plt.show()
```

首先设置画布尺寸,然后划分子图。在子图 1 中绘制损失的变化曲线,在子图 2 中绘制样本数据和模型的预测数据。运行的结果如图 2-12 所示。

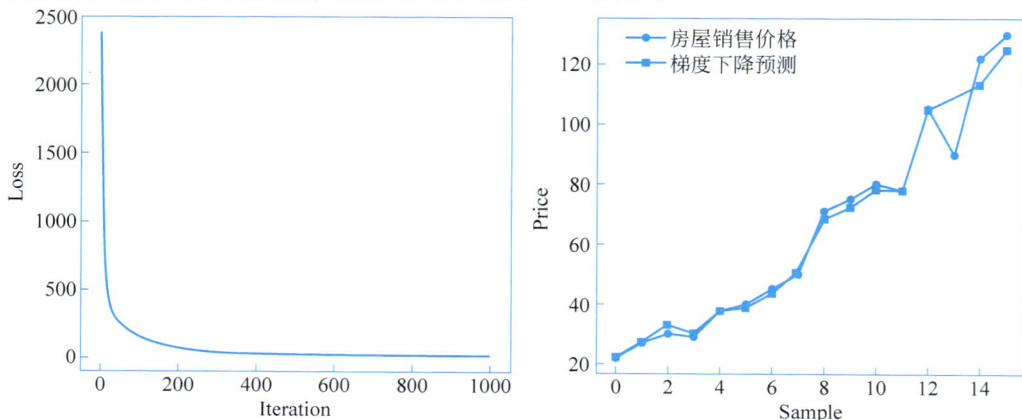

图 2-12 损失值变化曲线与预测曲线

2.7　TensorFlow 实现梯度下降法

2.7.1　TensorFlow 的自动求导机制

在编程实现梯度下降法时,首先要确定损失函数,然后对损失函数求偏导数计算梯度,再使用这个梯度去更新模型参数。可以看到其中求函数的偏导数是非常重要的一步。TensorFlow 提供了强大的自动求导机制,在编程时不用再一步一步地去写如何计算偏导数的代码了,可以使用 TensorFlow 轻松实现梯度下降法。

TensorFlow 中所有的运算都是在张量中完成的,张量由 Tensor 对象来实现。TensorFlow 还提供了 Variable 对象,它是对 Tensor 对象的进一步封装,能够在模型训练的过程中自动记录梯度信息,并且由算法自动调整和优化。它是一种能够被自动训练的变量,因此在机器学习中可以作为模型参数来使用。Variable 对象由 tf.Variable(initial_value, dtype) 函数创建,其中参数 initial_value 用来指定张量的初始值,可以是数字、Python 列表或者 Tensor 对象。

TensorFlow 提供了一个专门用来求导的类 GradientTape,通过它可以实现对变量的自动求导和监视。GradientTape 类实现了上下文管理器,它能够监视 with 语句块中所有的变量和计算过程,并把它们自动记录在梯度带中。按照如下形式,使用 GradientTape 类。

```
With GradientTape() as tape:
        函数表达式
Grad = tape.gradient(函数,自变量)
```

首先使用 GradientTape 类创建梯度带对象 tape,其是一个上下文管理器对象,然后把函数表达式或计算过程写在 with 语句块中,监视需要求导的变量,最后使用 tape 对象的 gradient() 函数求得导数。gradient() 函数的第一个参数是被求导的函数,第二个参数是被求导的自变量。使用 TensorFlow 的自动求导机制,在编写程序的时候不用写导数的计算公式,只要告诉梯度带对象需要对什么函数关于哪个自变量求导数就可以。

2.7.2　自动求导实现一元线性回归的梯度下降

下面使用 TensorFlow 的可训练变量和自动求导机制,使用梯度下降法来实现线性回归问题。

第一步,导入需要的库,加载数据样本。

```
import tensorflow as tf
import numpy as np
x = np.array([27.0, 31.0, 35.0, 40.0, 44.0, 49.0, 53.0, 68.0,
              78.0, 82.0, 86.0, 100.0, 115.0, 125.0, 133.0, 140.0])
y = np.array([28.0, 30.0, 36.0, 27.0, 48.0, 45.0, 50.0, 71.0,
              68.0, 76.0, 91.0, 92.0, 105.0, 90.0, 122.0, 130.0])
```

第二步,设置超参数和显示间隔。

```
learn_rate = 0.000009
iter = 150
```

```
display_step = 15
```

第三步,设置模型参数初始值。为了能够被梯度带自动监视,这里将 w 和 b 封装为 Variable 对象。

```
np.random.seed(107)
w = tf.Variable(np.random.randn())
b = tf.Variable(np.random.randn())
```

第四步,训练模型。把一元线性模型和损失函数的表达式写在梯度带的 with 语句中,然后把手工计算梯度的代码改为使用梯度带对象的 gradient()方法自动获取梯度,最后使用迭代公式更新模型参数,为 Variable 对象赋值,需要使用它的 assign_sub()方法实现减法运算。

```
mse = []
for i in range(iter + 1):
    with tf.GradientTape() as tape:
        pred = w * x + b
        Loss = tf.reduce_mean(tf.square(y - pred))/2
    mse.append(Loss)
    dL_dw, dL_db = tape.gradient(Loss, [w, b])
    w.assign_sub(learn_rate * dL_dw)
    b.assign_sub(learn_rate * dL_db)
    if i % display_step == 0:
        print("i: %i,Loss: %f, w:%f, b:%f" % (i, Loss, w.numpy(), b.numpy()))
```

运行结果如图 2-13 所示,与 2.6.1 节用公式计算梯度的方法得到的结果非常接近。

```
i: 0,Loss: 652.774658, w:0.520590, b:-0.653683
i: 15,Loss: 119.453506, w:0.766484, b:-0.650904
i: 30,Loss: 44.608448, w:0.858599, b:-0.649771
i: 45,Loss: 34.104713, w:0.893106, b:-0.649255
i: 60,Loss: 32.630516, w:0.906032, b:-0.648970
i: 75,Loss: 32.423489, w:0.910873, b:-0.648771
i: 90,Loss: 32.394299, w:0.912686, b:-0.648605
i: 105,Loss: 32.390057, w:0.913364, b:-0.648452
i: 120,Loss: 32.389324, w:0.913617, b:-0.648302
i: 135,Loss: 32.389091, w:0.913711, b:-0.648155
i: 150,Loss: 32.388916, w:0.913745, b:-0.648008
```

图 2-13   使用 TensorFlow 梯度下降解决一元线性回归

2.7.3   自动求导实现多元线性回归的梯度下降

实现多元线性回归方法和实现一元线性回归是完全一样的,只是模型中的 X 和 W 是多维数组的形式,下面编程实现多元线性回归。

第一步,导入需要的库,加载数据集。

```
import tensorflow as tf
import numpy as np
area = np.array([27.0, 31.0, 35.0, 40.0, 44.0, 49.0, 53.0, 68.0,
                78.0, 82.0, 86.0, 100.0, 115.0, 125.0, 133.0, 140.0])
distance = np.array([4.5, 3.9, 2.9, 6.0, 4.1, 5.5, 5.1, 7.3,
                3.9, 3.8, 2.7, 8.1, 2.3, 4.2, 5.3, 3.1])
```

```
price = np.array([22.0, 27.0, 30.0, 29.0, 38.0, 40.0, 45.0, 50.0,
                  71.0, 75.0, 80.0, 78.0, 105.0, 90.0, 122.0, 130.0])
```

第二步，数据处理，对样本属性进行归一化，并转换为模型需要的二维数组格式。

```
num = len(area)
x0 = np.ones(num)
x1 = (area - area.min())/(area.max() - area.min())
x2 = (distance - distance.min())/(distance.max() - distance.min())
X = np.stack((x0, x1, x2), axis = 1)
Y = price.reshape(-1, 1)
```

第三步，设置超参数和显示间隔。

```
learn_rate = 0.05
iter = 1000
display_step = 100
```

第四步，设置模型参数初始值。首先使用 numpy 函数生成随机数组，然后把它封装为 TensorFlow 的 Variable 对象。

```
np.random.seed(108)
W = tf.Variable(np.random.randn(3, 1))
```

第五步，训练模型。首先把线性模型和损失函数的表达式写在梯度带对象的 with 语句中，然后自动求取梯度，这里 W 是一个形状为 (3,1) 的二维数组，计算出的梯度也是一个形状为 (3,1) 的二维数组。最后使用梯度来更新所有的模型参数，给 Variable 对象赋值，需要使用它的 assign_sub() 方法实现减法运算。

```
mse = []
for i in range(iter + 1):
    with tf.GradientTape() as tape:
        PRED = tf.matmul(X, W)
        Loss = tf.reduce_mean(tf.square(Y - PRED))/2
    mse.append(Loss)
    dL_dW = tape.gradient(Loss, W)
    W.assign_sub(learn_rate * dL_dW)
    if i % display_step == 0:
        print("i: % i, Loss: % f" % (i, Loss))
```

运行结果如图 2-14 所示，和 2.6.2 节用公式计算梯度的方法得到的结果非常接近，使

```
i: 0, Loss: 2675.013875
i: 100, Loss: 153.667887
i: 200, Loss: 65.541987
i: 300, Loss: 33.687362
i: 400, Loss: 22.137414
i: 500, Loss: 17.929413
i: 600, Loss: 16.384803
i: 700, Loss: 15.811304
i: 800, Loss: 15.594693
i: 900, Loss: 15.510834
i: 1000, Loss: 15.477249
```

图 2-14　TensorFlow 梯度下降解决多元线性回归

用 TensorFlow 实现梯度下降法,梯度带 GradientTape 会自动计算损失函数的梯度,而不用写公式实现偏导数的计算过程,非常方便。

本章小结

回归分析和梯度下降法是机器学习中解决预测问题的核心方法之一。在回归任务中,线性回归通过简单的线性模型,成功地为许多实际问题提供了解决方案,而梯度下降法则以其灵活性和高效性成为优化问题中不可或缺的工具。本章详细介绍了如何通过梯度下降法拟合数据,并进一步探讨了该方法在一元线性回归中的应用。未来的研究和应用中,结合更复杂的模型和优化算法,回归分析和梯度下降法将继续为数据分析领域带来更多的创新与突破。

第 3 章　机器学习之分类任务

分类任务是机器学习中的常见基本任务，而逻辑回归是分类任务中的经典算法之一。本章将介绍逻辑回归及其在分类任务中的应用，包括模型的构建、训练和评估等关键环节。首先介绍广义线性回归的基本概念，阐述如何通过联系函数将线性模型扩展到更广泛的数据分布。接着深入讲解逻辑回归模型，包括 Sigmoid 函数的作用和如何将线性回归模型转换为分类器。之后讨论交叉熵损失函数的重要性，并比较其与平方损失函数的不同。最后介绍模型评估方法和多分类任务的设计和实现。同时，各小节都给出了具体的 TensorFlow 实现案例，方便读者进行编程实践。

3.1　分类任务与逻辑回归

分类任务是一项需要使用机器学习算法去学习如何根据给定示例预测其类别标签的任务。从建模的角度来看，分类需要一个训练数据集，其中包含许多可供学习的输入和输出示例。模型将会使用训练数据集并计算如何将输入数据映射到最符合的特定类别标签。二分类是指具有两个类别标签的分类任务，如将电子邮件分为"垃圾邮件"或"非垃圾邮件"。可用于二分类的常用算法包括逻辑回归、k 最近邻算法、决策树、支持向量机、朴素贝叶斯等。多类别分类是指具有两个以上类别标签的分类任务，通常使用多元概率分布模型来对多类别分类任务进行建模。可用于多类别分类的流行算法包括 k 最近邻算法、决策树、朴素贝叶斯、随机森林等，逻辑回归也可以通过一些策略方法进行多类别分类。

逻辑回归和线性回归都是常见的回归分析方法，它们都涉及"回归"这一术语，但实际上应用场景和目标却完全不同。线性回归主要用于建立一个连续变量与一个或多个自变量之间的关系模型。逻辑回归主要用于建立一个二分类变量与一个或多个自变量之间的关系模型。线性回归的因变量是连续的，可以取任意实数值。逻辑回归的因变量是二分类的，只能取 0 和 1 两个值。线性回归通过最小二乘法求解参数使得预测值与实际值的残差平方和最小化。逻辑回归则通过最大似然估计法估计参数，使得模型预测概率尽可能接近实际情况。线性回归输出的是连续的数值，可以直接解释为因变量的预测值。逻辑回归输出的是二分类的概率值，需要设置一个阈值作为分类的判断标准。下面从广义线性回归过渡到逻辑回归。

3.1.1　广义线性回归

在线性回归问题中,将自变量和因变量之间的关系用线性模型来表示,从而能够根据已知的样本数据对未知的数据进行估计。这种线性关系在二维空间中是一条直线,在三维空间中是一个平面,在高维空间中是一个超平面。线性模型只能够应用于自变量和因变量是线性或者接近线性的情况。在现实生活中,数据之间存在着大量非线性的关系。为了解决这类问题,就需要对线性模型进行改进。

预测房屋价格的例子中也可以假设 x 和 $\ln y$ 之间是线性关系,就可以得到对数线性回归的函数,可以写成这种形式:

$$y = \mathrm{e}^{wx+b} \tag{3-1}$$

此时,x 和 y 之间是非线性关系,也可以表示为下面的形式:

$$g(y) = wx + b$$
$$y = g^{-1}(wx + b) \tag{3-2}$$

这样的模型称为广义线性模型,这个函数 $g()$ 称为联系函数,联系函数可以是任何一个单调可微函数,使用不同的联系函数就可以描述多种不同分布的数据。还可以把广义线性回归推广到高维模型:

$$Y = g^{-1}(\boldsymbol{W}^{\mathrm{T}}\boldsymbol{X}) \tag{3-3}$$

其中,$\boldsymbol{W} = (w_0, w_1, \cdots, w_m)^{\mathrm{T}}$ 和 $\boldsymbol{X} = (x^0, x^1, \cdots, x^m)^{\mathrm{T}}$ 都是 $m+1$ 维的向量,m 是属性的个数,$x^0 = 1$。线性模型可以通过广义线性回归产生丰富的变化,使它能够描述更加复杂的数据关系,满足实际任务中对非线性关系的需求。

3.1.2　逻辑回归实现二分类

常见分类任务,如图片分类、垃圾短信识别、异常判断等,需要一个分类器自动对输入的数据进行分类,分类器的输入是样本的特征,输出是离散值,表示输入样本属于哪个类别。例如,手写数字识别,手写数字的图片会以向量的形式提供给分类器,经过分类器的计算之后,输出 0~9 共 10 个离散的值。

与回归任务一样,首先需要收集一些有分类标记的训练样本集,然后用这个训练样本集去训练分类器,训练好之后这个分类器就能够接收新的没有标签的样本,并对它做出分类判断。只要对线性回归模型稍加改造就可以实现分类器,例如,预测商品房属于普通住宅还是高档住宅,分别用 0 和 1 来表示二分类。假设房价 100 万以上的属于高档住宅,低于 100 万的属于普通住宅,那么只要在线性回归预测出的房价 $z = wx + b$ 基础上,再增加一个单位阶跃函数就可以判断房屋类型。

$$y = \mathrm{step}(z) = \begin{cases} 0, & z - 1000000 < 0 \\ 1, & z - 1000000 \geqslant 0 \end{cases} \tag{3-4}$$

这就是广义线性回归,这个阶跃函数 $\mathrm{step}(z)$ 就是联系函数的逆函数,通过它实现了对商品房的二分类,把线性回归模型转换为分类器。阶跃函数存在两个问题:一是不光滑,如果有一套 99.99 万的房子和一套 100.01 万的房子,一刀切地划分成普通住宅和高档住宅,这个结果太过于简单粗暴;二是不连续,函数值存在从 0 到 1 的突变,这在数学计算中会带来很多的不便,在这一点上无法求导数。因此,阶跃函数并不是一个合格的单调可微的联系

视频讲解

函数。

实际上，常用的对数概率函数 $y=\dfrac{1}{1+\mathrm{e}^{-z}}$ 是一个更好的选择，

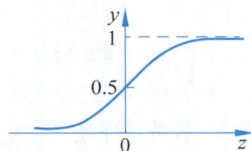

图 3-1　对数概率函数

如图 3-1 所示，它既能够把线性模型的结果映射到 0 和 1，实现分类，并且是连续光滑、单调上升的，并且任意阶可导，具有很好的数学性质。

对数概率函数的形状近似于 s，这类外形的函数称为 Sigmoid 函数。

$$\sigma(z)=\frac{1}{1+\mathrm{e}^{-z}}=\frac{1}{1+\mathrm{e}^{-(wx+b)}} \tag{3-5}$$

一般情况下，Sigmoid 函数就是指对数概率函数。推广到多元模型中，它的表达式为

$$y=\frac{1}{1+\mathrm{e}^{-(\boldsymbol{W}^{\mathrm{T}}\boldsymbol{X})}} \tag{3-6}$$

其中 $\boldsymbol{W}=(w_0,w_1,\cdots,w_m)^{\mathrm{T}}$，$\boldsymbol{X}=(x^0,x^1,\cdots,x^m)^{\mathrm{T}}$，$x^0=1$。

对数概率回归也称作逻辑回归。逻辑回归使用线性回归的结果作为对数概率函数的自变量，它的名字是回归，但是实现的是一个分类器。它不仅可以预测类别，而且还可以预测出输入样本属于某个类别的概率，这对于很多需要利用概率来辅助决策的任务来说非常有用。例如，在商品房评估时，可以输出房屋属于高档住宅的概率，当房价是 99.9 万或者 100.1 万时，属于高档住宅的概率都在 50% 左右，也就是说属于高档住宅和普通住宅的可能性差不多，没有明显的差别。进行分类时，我们可以把这个概率值转换为类别输出。例如，将阈值设置为 0.5，当概率值大于 0.5 时，就是高档住宅；当概率值小于 0.5 时，就是普通住宅。这就是用逻辑回归实现二分类的例子。

3.1.3　交叉熵损失函数

交叉熵损失函数(Cross-Entropy Loss)是机器学习和深度学习中常用的一种损失函数，特别适用于分类问题。交叉熵来源于信息论，用来衡量两个概率分布之间的差异。在机器学习中，交叉熵损失函数用于评估模型的预测概率分布和真实分布之间的差异，能够衡量模型预测的准确性。在分类问题中，交叉熵损失函数将模型的输出概率分布与真实标签的概率分布进行比较，通过最小化交叉熵损失来优化模型参数，从而提高模型的预测准确性。此外，交叉熵损失函数常与 softmax 函数配合使用，softmax 函数可以将模型的输出转换为概率分布形式，从而与交叉熵损失函数相结合进行模型训练。下面详细介绍交叉熵损失函数的计算。

逻辑回归在线性模型之上再增加一个 Sigmoid 函数，把线性模型的输出映射到 0~1 范围，输出一个概率值，并根据这个概率值实现分类。为了衡量模型，需要使用损失函数。在线性回归模型中，通常使用平方损失函数，可以写出逻辑回归的平方损失函数：

$$\mathrm{Loss}=\frac{1}{2}\sum_{i=1}^{n}(y_i-\hat{y}_i)^2=\frac{1}{2}\sum_{i=1}^{n}(y_i-\sigma(wx_i+b))^2 \tag{3-7}$$

采用梯度下降法来更新 w 和 b 时，需要计算损失函数对 w 和 b 的偏导数，需要对 Sigmoid 函数求导数，Sigmoid 函数在大部分的时候导数非常接近于 0，损失函数对 w 和 b 的偏导数非常小，导致迭代更新 w 和 b 时，步长非常小，更新非常缓慢。另外，在线性回归

视频讲解

中,平方损失函数是一个凸函数,只有一个极小值点。但是在逻辑回归中,它的平方损失函数是一个复杂的非凸函数,有多个局部极小值点,使用梯度下降法有可能会陷入局部极小值中。为了解决这些问题,在逻辑回归中通常采用交叉熵损失函数来代替平方损失函数,交叉熵损失函数的表达式为

$$\text{Loss} = -\sum_{i=1}^{n} \left[y_i \ln\hat{y}_i + (1-y_i)\ln(1-\hat{y}_i) \right] \tag{3-8}$$

其中,y_i 是第 i 个样本的标签,$\hat{y}_i = \sigma(wx_i + b)$ 是 Sigmoid 函数的输出,是第 i 个样本的预测概率。这个 Loss 函数是所有样本的交叉熵,除以样本总数 n 就可以得到平均交叉熵损失函数。

交叉熵损失函数对模型参数 w 和 b 的偏导数:

$$\frac{\partial \text{Loss}}{\partial w} = \frac{1}{n}\sum_{i=1}^{n} x_i(\hat{y}_i - y_i)$$
$$\frac{\partial \text{Loss}}{\partial b} = \frac{1}{n}\sum_{i=1}^{n} (\hat{y}_i - y) \tag{3-9}$$

可以看到不需要对 Sigmoid 函数求导数,因此它能够有效地克服平方损失函数应用于逻辑回归时更新模型参数过慢的问题。这个偏导数的值只受到预测值和真实值之间的误差的影响,当误差比较大时,偏导数也比较大,模型参数的更新速度就比较快。当误差比较小的时候,更新速度也就比较慢,这也符合训练模型的要求。除此之外,交叉熵损失函数是凸函数,因此使用梯度下降法得到的极小值就是全局最小值。

假设某个逻辑回归任务的训练集有 4 个样本,每个样本的标签值列在表 3-1 中。假设模型 A 对最后一个样本的预测概率是 0.45,那么这个样本就会被归为第 0 类,出现分类错误,现在这个模型的准确率是 75%。假设还有一个模型 B,他对这个训练集的预测结果也只出现了一个错误,这个模型的准确率也是 75%。比较这两个模型,模型 A 对于前 3 个样本的判断非常准确,对于样本 4 虽然判断错误,但是也没有错得太离谱。模型 B 虽然把前 3 个样本都预测正确了,但是正好在阈值附近、比较悬,而对于样本 4 则错得非常离谱。显然在这两个模型中,虽然分类准确率都是 75%,但是模型 A 的性能更好,可见仅仅通过准确率是无法细分出模型的优劣的,需要计算它们的交叉熵损失。

表 3-1　模型对比数据

模型 A				模型 B			
样本	标记	预测值	结果判断	样本	标记	预测值	结果判断
样本 1	0	0.2	正确	样本 1	0	0.44	正确
样本 2	0	0.3	正确	样本 2	0	0.46	正确
样本 3	1	0.9	正确	样本 3	1	0.58	正确
样本 4	1	0.45	错误	样本 4	1	0.2	错误

这是第一个样本的损失:

样本 1:$-(0 \times \ln 0.2 + 1 \times \ln 0.8) = -\ln 0.8 = 0.2231\ldots$

采用同样的方法可以计算出模型 A 所有样本的损失:

$$-(0 \times \ln 0.2 + 1 \times \ln 0.8) = -\ln 0.8 = 0.2231\ldots$$
$$-(0 \times \ln 0.3 + 1 \times \ln 0.7) = -\ln 0.7 = 0.3566\ldots$$

$$-(1 \times \ln 0.9 + 0 \times \ln 0.1) = -\ln 0.9 = 0.1053\cdots$$

$$-(1 \times \ln 0.45 + 0 \times \ln 0.55) = -\ln 0.45 = 0.7985\cdots$$

得到模型 A 的平均交叉熵损失为 0.3708。

采用同样的方法可以计算出模型 B 所有样本的损失：

$$-(0 \times \ln 0.44 + 1 \times \ln 0.56) = -\ln 0.56 = 0.5798\cdots$$

$$-(0 \times \ln 0.46 + 1 \times \ln 0.54) = -\ln 0.54 = 0.6161\cdots$$

$$-(1 \times \ln 0.58 + 0 \times \ln 0.42) = -\ln 0.58 = 0.5447\cdots$$

$$-(1 \times \ln 0.2 + 0 \times \ln 0.8) = -\ln 0.2 = 1.6094\cdots$$

得到模型 B 的平均交叉熵损失为 0.8375。模型 A 的损失明显低于模型 B，可见交叉熵损失函数能够很好地反映概率之间的误差，是训练分类器时的重要依据。

3.1.4　TensorFlow 实现一元逻辑回归

下面使用一元逻辑回归实现对商品房的分类，假设一组商品房类型的数据集列在表 3-2 中，包括房屋面积和对应的类型，0 代表普通住宅，1 代表高档住宅。下面使用房屋面积和对应类别来训练模型。

表 3-2　商品房屋类型

序　号	面积/平方米	类　型	序　号	面积/平方米	类　型
1	80.00	0	9	60.00	0
2	120.00	1	10	110.00	1
3	150.00	1	11	180.00	1
4	200.00	1	12	165.00	1
5	75.00	0	13	140.00	1
6	90.00	0	14	95.00	0
7	130.00	1	15	70.00	0
8	140.00	1	16	125.00	1

第一步，导入需要的库，加载数据集，房屋类别只有 0 和 1 两个值。

```
import tensorflow as tf
import numpy as tf
import matplotlib.pyplot as plt

x = np.array([80.00, 120.00, 150.00, 200.00, 75.00, 90.00, 130.00, 140.00, 60.00, 110.00,
180.00, 165.00, 140.00, 95.00, 70.00, 125.00])
y = np.array([0, 1, 1, 1, 0, 0, 1, 1, 0, 1, 1, 1, 1, 0, 0, 1])
```

第二步，数据处理。因为房屋面积都是比较大的正数，而 Sigmoid 函数是以 0 点为中心的，因此需要对这些点进行中心化，每个样本点都减去它们的平均值，这样整个数据集的均值就等于 0，相当于这些点被整体平移了，但是相对位置不变。

```
x_train = xnp,mean(x)
y_train = y
```

第三步，设置超参数和显示间隔。

```
learn_rate = 0.005
iter = 5
display_step = 1
```

第四步，设置模型变量的初始值。

```
np.randon.seed(612)
w = tf.Variable(np.random.randn())
b = tf.Variable(np.random.randn())
```

第五步，训练模型的代码如下。

```
cross_train = [ ]
acc_train = [ ]
for i in range(0, iter + 1):

    with tf.GradientTape() as tape:
        pred_train = 1/(1 + tf.exp( - (w * x_train + b)))
        Loss_train =  - tf.reduce_mean(y_train * tf.math.log(pred_train) + (1 - y_train) *
tf.math.log(1 - pred_train))
        Accuracy_train = tf.reduce_mean(tf.cast(tf.equal(tf.where(pred_train < 0.5, 0, 1),
y_train), tf.float32))

    cross_train.append(Loss_train)
    acc_train.append(Accuracy_train)

dL_dw, dL_db = tape.gradient(Loss_train, [w, b])

    w.assign_sub(learn_rate * dL_dw)
    b.assign_sub(learn_rate * dL_db)

if i % display_step == 0:
        print("i: % i, TrainLoss: % f, Accuracy: % f" % (i, Loss_train, Accuracy_train))
```

其中，列表 cross_train 用来存放训练集的交叉熵损失，acc_train 用来存放训练集的分类准确率。

在实现逻辑回归时，需要使用 TensorFlow 计算 Sigmoid 函数、准确率、交叉熵损失函数。在 TensorFlow 中，使用 exp( ) 函数来实现 e 指数，所以 Sigmoid 函数的代码实现就是：

```
1/(1 + tf.exp( - (w * x_train + b)))
```

实现交叉熵损失函数的代码块是：

```
 - tf.reduce_mean(y_train * tf.math.log(pred_train) + (1 - y_train)) * tf.math.log(1 - pred_
train)
```

其中，y_train 是样本标签，pred_train 是预测概率，使用 math.log( ) 函数实现以 e 为底的对数运算，y_train 和 pred_train 都是一维数组，1-y_train 和 1-pred_train 做广播运算，结果也是一维数组。对每一个样本的交叉熵损失求和，执行 reduce_mean( ) 函数就可以得到所有样本的平均交叉熵损失,按照 Loss 函数的定义,前面还有一个负号。

准确率是正确分类的样本数除以样本总数,实现准确率统计的代码块是:

```
tf.reduce_mean(tf.cast(tf.equal(tf.where(pred_train<0.5,0,1),y_train),tf.float32))
```

其中,预测值 pred_train 是通过 Sigmoid 函数得到的是一个概率值,通过 where( )函数转化为类别 0 或 1,判断的阈值为 0.5。然后使用 equal( )函数逐元素的比较预测值和标签值,得到的结果是一个一维张量,再使用 cast( )函数把这个结果转换为整数,然后使用 reduce_mean( )函数对所有元素求平均值,就可以得到正确样本在所有样本中的比例。

使用 append( )方法将新元素添加到已创建的列表中,记录每一次迭代的平均交叉熵损失和准确率。通过 tape.gradient( )获得损失函数对 w 和 b 的偏导数。最后使用 assign_sub( )方法更新模型参数,打印输出训练过程中的损失和准确率,运行结果如图 3-2 所示。

```
i: 0,Train Loss: 6.682626, Accuracy: 0.062500
i: 8,Train Loss: 0.381193, Accuracy: 0.750000
i: 16,Train Loss: 0.337738, Accuracy: 0.812500
i: 24,Train Loss: 0.324547, Accuracy: 0.812500
i: 32,Train Loss: 0.318235, Accuracy: 0.812500
i: 40,Train Loss: 0.314597, Accuracy: 0.812500
```

图 3-2　运行结果

可以看到损失一直在下降,准确率在提高并稳定在 0.8125。下面就可以使用这个模型对新的商品房进行分类了,我们用以下面积的房屋做测试。

```
x_test = [87.34, 120.56, 65.78, 103.21, 98.45, 56.12, 145.67, 73.89, 129.01, 112.48]
```

根据面积计算预测概率,这里使用训练数据的平均值对测试数据进行中心化处理:

```
pred_test = 1/(1 + tf.exp( - (w * (x_test - np.mean(x)) + b)))
```

然后根据概率进行分类:

```
y_test = tf.where(pred_test < 0.5,0,1)
```

打印测试面积、预测的概率和分类:

```
for i in range(len(x_test)):
    print(x_test[i],"\t",pred_test[i].numpy(),"\t",y_test[i].numpy(),"\t")
```

运行结果如图 3-3 所示。

```
87.34    0.008614448      0
120.56   0.3286283        0
65.78    0.000634536      0
103.21   0.056262016      0
98.45    0.032375015      0
56.12    0.00019658318    0
145.67   0.91155076       1
73.89    0.0016959267     0
129.01   0.5771335        1
112.48   0.1551314        0
```

图 3-3　运行结果

可以把分类的结果可视化输出。首先根据分类结果绘制散点图,然后绘制预测概率曲线,代码如下:

```
plt.scatter(x_test,y_test)

x_ = np.array(range( - 80,80))
y_ = 1/(1 + tf.exp( - (w * x_ + b)))
plt.plot(x_ + np.mean(x),y_)
plt.show()
```

得到的绘制图像如图 3-4 所示,通过散点图可以更加直观地看到商品房类型和面积之间的关系,几套被划分为高档住宅,几套被划分为普通住宅。

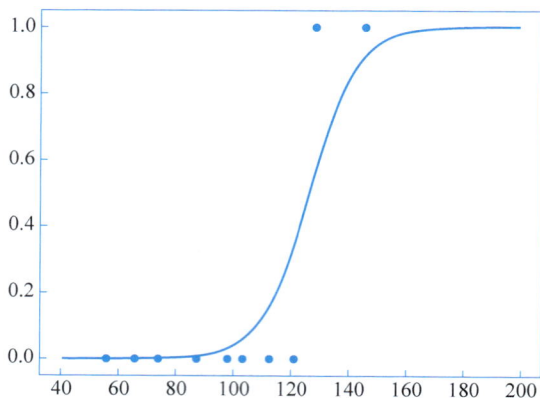

图 3-4　散点图

3.1.5　TensorFlow 实现多元逻辑回归

下面使用逻辑回归实现对鸢尾花的分类。鸢尾花训练集有 120 条样本，测试集有 30 条样本，每条样本有 4 个属性：花萼长度、花萼宽度、花瓣长度、花瓣宽度，鸢尾花分为 3 个类别：山鸢尾、变色鸢尾、弗吉尼亚鸢尾。我们用逻辑回归做二分类，因此选取山鸢尾和变色鸢尾两种类型的样本，使用花萼长度和花萼宽度这两个属性。

第一步，导入需要的库，加载数据集。

使用 keras 中的 get_file( ) 函数加载数据集，使用 pandas 读取 CSV 文件，结果是一个 pandas 二维数据表。

```
import tensorflow as tf
import pandas as pd
import numpy as np
import matplotlib as mpl
import matplotlib.pyplot as plt

TRAIN_URL = "http://download.tensorflow.org/data/iris_training.csv"
train_path = tf.keras.utils.get_file(TRAIN_URL.split('/')[-1],TRAIN_URL)

df_iris = pd.read_csv(train_path, header = 0)
```

第二步，处理数据。首先把 pandas 二维数据表转换为 numpy 数组：

```
iris = np.array(df_iris)
```

训练集中有 120 条样本，每条样本有 5 列数据，前 4 列是属性值，第 5 列是标签值。只取出前两列属性：花萼长度和花萼宽度来训练模型，取出第 5 列标签值。

```
train_x = iris[:,0:2]
train_y = iris[:,4]
```

选取山鸢尾和变色鸢尾两种类型的样本，也就是提取出标签值为 0 和 1 的样本。

```
x_train = train_x[train_y < 2]
```

```
y_train = train_y[train_y < 2]
```

为了样本数据可视化,对提取出的样本和属性绘制散点图(如图 3-5 所示)。使用花萼长度和花萼宽度作为样本点的横坐标和纵坐标,根据样本点的标签值确定散点的颜色,蓝色点是山鸢尾,红色点是山鸢尾和变色鸢尾。

```
cm_pt = mpl.colors.ListedColormap(["blue","red"])
plt.scatter(x_train[:,0],x_train[:,1],c = y_train,cmap = cm_pt)
plt.show()
```

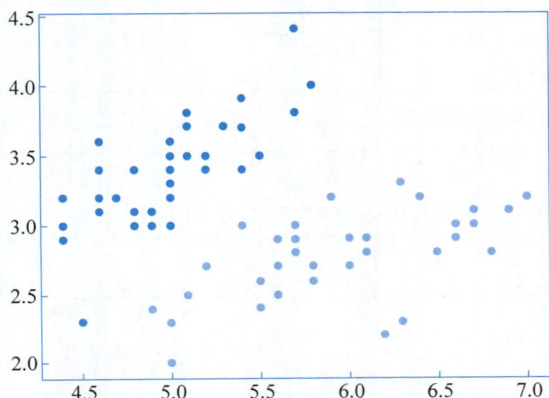

图 3-5 散点图

可以看到这两个属性的尺度相同,因此不用进行归一化,可以直接对它们进行中心化处理。对每个属性中心化,也就是要按列数据中心化。结果如图 3-6 所示。

```
x_train = x_train − np.mean(x_train,axis = 0)
plt.scatter(x_train[:,0],x_train[:,1],c = y_train,cmap = cm_pt)
plt.show()
```

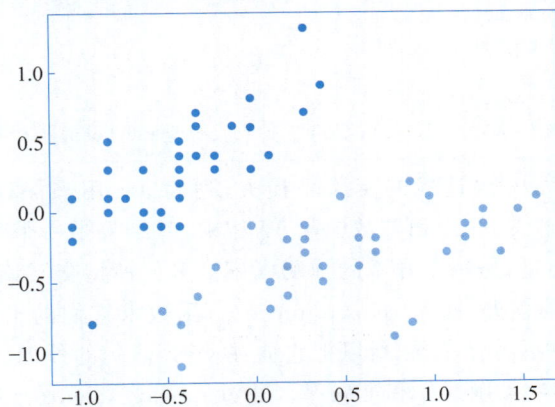

图 3-6 中心化散点图

可以看到中心化之后样本点被整体平移,样本点的横坐标和纵坐标的均值都是 0。下面生成多元逻辑回归模型需要的属性矩阵 X 和标签列向量 Y,这和多元线性回归是完全一

样的。

```
num = len(x_train)
x0_train = np.ones(num).reshape( - 1,1)
X = tf.cast(tf.concat((x0_train,x_train),axis = 1),tf.float32)
Y = tf.cast(y_train.reshape( - 1,1),tf.float32)
```

第三步,设置超参数和显示间隔。

```
learn_rate = 0.2
iter = 120

display_step = 30
```

第四步,设置模型参数的初始值。W 是一个列向量,用 3 行 1 列的二维数组来表示。

```
np.random.seed(612)
W = tf.Variable(np.random.randn(3,1),dtype = tf.float32)
```

第五步,训练模型。

```
ce = [ ]
acc = [ ]

for i in range(0,iter + 1):
    with tf.GradientTape() as tape:
        PRED = 1/(1 + tf.exp( - tf.matmul(X,W)))
        Loss = - tf.reduce_mean(Y * tf.math.log(PRED) + (1 - Y) * tf.math.log(1 - PRED))

    accuracy = tf.reduce_mean(tf.cast(tf.equal(tf.where(PRED.numpy()< 0.5,0.,1.),Y),tf.float32))
    ce.append(Loss)
    acc.append(accuracy)

    dL_dW = tape.gradient(Loss,W)
    W.assign_sub(learn_rate * dL_dW)

    if i % display_step == 0:
        print("i: % i, ACC: % f, Loss: % f" % (i,accuracy,Loss))
```

列表 ce 用来保存每一次迭代的交叉熵损失,列表 acc 用来保存准确率,多元模型的 Sigmoid 函数要用到属性矩阵 X 和参数向量 W 相乘,其结果是一个列向量,因此计算得到的 PRED 也是一个列向量,是每个样本的预测概率。多元模型交叉熵损失的结果也是一个列向量,包括每个样本的损失,使用 reduce_mean( )函数求它们的平均值得到平均交叉熵损失。准确率 accuracy 不需要求导,所以把它放在 with 语句的外面。使用 append( )方法记录每一次迭代的平均交叉熵损失和准确率。通过 tape.gradient( )获得损失函数对 W 的偏导数,最后使用 assign_sub( )方法更新模型参数,打印输出训练过程中的损失和准确率,运行结果如图 3-7 所示。

```
i: 0, ACC:0.230769, Loss: 0.994269
i: 30, ACC:0.961538, Loss: 0.481892
i: 60, ACC:0.987179, Loss: 0.319128
i: 90, ACC:0.987179, Loss: 0.246626
i: 120, ACC:1.000000, Loss: 0.204982
```

图 3-7 运行结果

可以看到一开始的准确率很低,随着迭代次数的增加,准确率不断提高,最后达到了 100%,同时交叉熵损失在不断下降。

第六步,可视化绘制交叉熵损失和准确率的变化曲线图(见图3-8)。

```python
plt.figure(figsize = (5,3))
plt.plot(ce,color = "blue",label = "Loss")
plt.plot(acc,color = "red",label = "acc")
plt.legend()
plt.show()
```

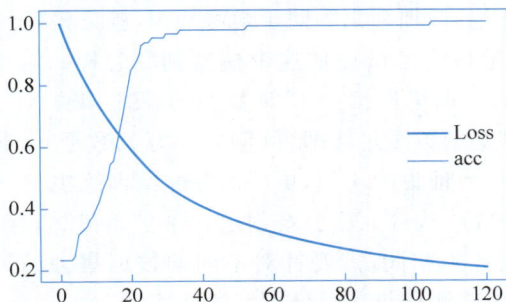

图 3-8 变化曲线图

3.2 模型评估

鸢尾花数据集被划分为训练集和测试集,训练集用来训练模型的样本,测试集用来评价这个模型的性能。模型预测输出和样本真实标签之间的差异称为误差,训练集上的误差称为训练误差,在新样本上的误差称为泛化误差。

在前面的程序中,计算的损失都是在训练集上的损失,因此都是训练误差。在训练模型时,如果一味地追求使训练误差尽量达到最小,就有可能会出现一种现象,在训练集上表现得很好的模型,在新样本上的泛化误差却很大,这种现象就叫作过拟合。训练样本的数量有限,如果模型的学习能力很强,就会发生过度学习,把训练样本中某些特性学习为所有样本都必须具备的普遍特征,导致泛化能力降低。例如,某个猫狗识别模型,如果提供的训练样本中,猫的朝向都是头在图像左边,过度学习就会学习到朝向特征,认为所有的猫都是头在图像左边,必须具备这样的特征才是猫。如果给模型一张猫头在图像右边的图,它就识别不出来,因此在训练集上的正确率接近100%,但是当出现新的、没有见过的样本时,却出现很多错误。与过拟合相对的是欠拟合,产生欠拟合的原因是模型的学习能力低,没有学习到样本中的通用特征。

机器学习的目标不仅是让模型的训练误差小,更是希望泛化误差小。但是新的样本是无限多的,实际上无法得到真正的泛化误差。为了评价学习算法在新的数据上的效果,一般把数据样本集划分为训练集和测试集。首先使用训练集训练模型,训练完成之后再在测试集上运行模型,测试模型对新样本的预测或者判断能力,使用这个测试集上的测试误差来作为泛化误差的近似。通过模型在测试集上的表现来评价模型的性能。为了得到泛化性能强的模型,测试集中的样本最好没有在训练集中出现过,也就是说测试集应该尽可能和训练集是互斥的,同时要求测试集和训练集是独立同分布的,也就是说它们有着相同的均值和方差,这样的测试才有意义。为了方便,在使用公共数据集时,最好尽量使用划分好的训练集和测试集。如果需要自己划分的话,也要注意这个独立同分布的约束。

在机器学习和模式识别等领域中,一般需要将样本分成独立同分布的 3 部分:训练集、验证集和测试集。其中训练集用来估计模型,验证集用来确定网络结构或者控制模型复杂程度的参数,而测试集则检验最终选择最优模型的性能。在训练模式时,一般需要在训练集中再分出一部分作为验证集,用于评估模型的训练效果和调整模型的超参数。验证集获得的评估结果不是模型的最终效果,而是基于当前数据的调优结果,如果不需要调整超参数,则可以不用验证集。通俗地讲,训练集等同于学习知识,验证集等同于课后测验检测学习效果并且查漏补缺,测试集是最终考试评估这个模型到底怎样。对于小规模样本集(几万量级),常用的分配比例是 60%训练集、20%验证集、20%测试集。对于大规模样本集(百万级以上),只要验证集和测试集的数量足够即可(例如 1 万条数据)。超参数越少,或者超参数很容易调整,那么可以减少验证集的比例,更多的分配给训练集。

公共数据集一般由研究机构或大型公司创建和维护,可以直接从这些机构提供的链接中下载。由于它们的格式各不相同,需要针对不同的数据集去编写代码解析和读取它们。下面在训练模型的同时,使用测试集来评价模型的性能。

第一步,导入需要的库,加载数据集。

使用 keras 中的 get_file( )函数加载数据集。

```
import tensorflow as tf
import pandas as pd
import numpy as np
import matplotlib as mpl
import matplotlib.pyplot as plt

TRAIN_URL = "http://download.tensorflow.org/data/iris_training.csv"
train_path = tf.keras.utils.get_file(TRAIN_URL.split('/')[-1],TRAIN_URL)

TEST_URL = "http://download.tensorflow.org/data/iris_test.csv"
test_path = tf.keras.utils.get_file(TEST_URL.split('/')[-1],TEST_URL)
```

第二步,处理数据。使用 pandas 分别读取训练集和测试集 CSV 文件,产生 pandas 二维数据表,然后把 pandas 二维数据表转换为 numpy 数组:

```
df_iris_train = pd.read_csv(train_path, header = 0)
df_iris_test = pd.read_csv(test_path, header = 0)

iris_train = np.array(df_iris_train)
iris_test = np.array(df_iris_test)
```

可以查看一下训练集和测试集的形状:

```
print(iris_train.shape,iris_test.shape)
```

输出:(120,5)(30,5)。

可以看到训练集有 120 条样本,测试集有 30 条样本.

分别取出训练集的前两列属性(花萼长度和花萼宽度)和标签值,取出测试集的前两列属性(花萼长度和花萼宽度)和标签值：

```
train_x = iris_train[:,0:2]
train_y = iris_train[:,4]

test_x = iris_test[:,0:2]
test_y = iris_test[:,4]
```

从训练集和测试集中取出标签值为 0 和 1 的样本，也就是山鸢尾和变色鸢尾两种类型的样本。分别记录训练集和测试集中的样本数，并绘制它们的散点图(如图 3-9 所示)，代码如下：

```
x_train = train_x[train_y < 2]
y_train = train_y[train_y < 2]

x_test = test_x[test_y < 2]
y_test = test_y[test_y < 2]

num_train = len(x_train)
num_test = len(x_test)

plt.figure(figsize = (10,3))
cm_pt = mpl.colors.ListedColormap(["blue","red"])

plt.subplot(121)
plt.scatter(x_train[:,0],x_train[:,1],c = y_train, cmap = cm_pt)

plt.subplot(122)
plt.scatter(x_test[:,0],x_test[:,1],c = y_test,cmap = cm_pt)

plt.show()
```

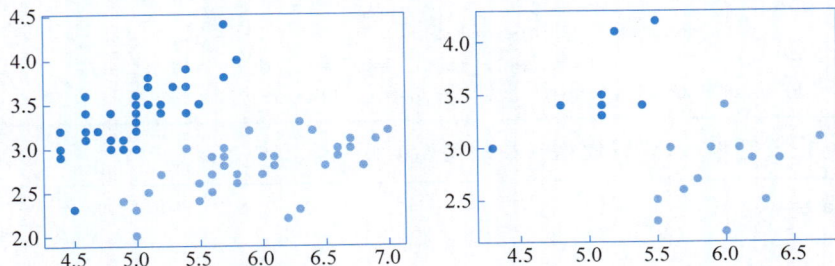

图 3-9   散点图

从图 3-9 可以看到在训练集和测试集中，这两类鸢尾花都能够被很好地区分开。

下面分别对训练集和测试集中的数据按列做中心化，并绘制中心化之后的散点图(如图 3-10 所示)。

```
x_train = x_train - np.mean(x_train,axis = 0)
x_test = x_test - np.mean(x_test,axis = 0)
```

```
plt.figure(figsize = (10,3))

plt.subplot(121)
plt.scatter(x_train[:,0],x_train[:,1],c = y_train,cmap = cm_pt)

plt.subplot(122)
plt.scatter(x_test[:,0],x_test[:,1],c = y_test,cmap = cm_pt)

plt.show()
```

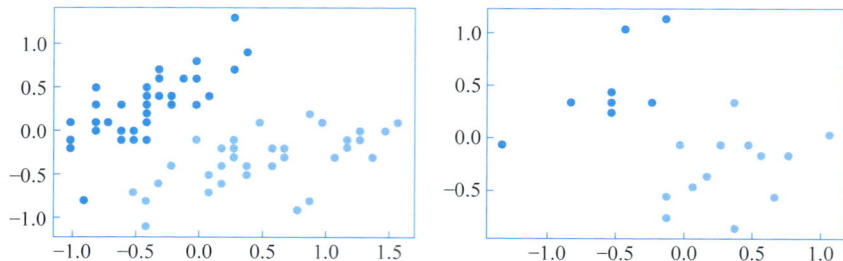

图 3-10　中心化散点图

从图 3-10 可以看到，训练集和测试集中的数据都被中心化了，全体样本点被整体平移，样本点的横坐标和纵坐标的均值接近 0。在机器学习中，要求训练集和测试集是独立同分布的，也就是说它们具有相同的均值和方差，在样本数量有限的情况下，可能无法做到完全相等，可以看到两者虽然有偏差，但是非常接近，不会影响模型的训练和测试效果。

下面构造多元逻辑回归模型需要的属性矩阵 X 和标签列向量 Y，包括训练集和测试集。

```
x0_train = np.ones(num_train).reshape(-1,1)
X_train = tf.cast(tf.concat((x0_train,x_train), axis = 1),dtype = tf.float32)
Y_train = tf.cast(y_train.reshape(-1,1),dtype = tf.float32)

x0_test = np.ones(num_test).reshape(-1,1)
X_test = tf.cast(tf.concat((x0_test,x_test), axis = 1),dtype = tf.float32)
Y_test = tf.cast(y_test.reshape(-1,1),dtype = tf.float32)
```

第三步，设置超参数，设置模型参数的初始值。

```
learn_rate = 0.2
iter = 120
display_step = 10

np.random.seed(600)
W = tf.Variable(np.random.randn(3,1),dtype = tf.float32)
```

第四步，训练模型。

```
ce_train = []
ce_test = []
acc_train = []
acc_test = []
```

```
for i in range(0, iter + 1):
    with tf.GradientTape() as tape:
        PRED_train = 1/(1 + tf.exp( - tf.matmul(X_train, W)))

Loss_train = - tf.reduce_mean(Y_train * tf.math.log(PRED_train) + (1 - Y_train) * tf.math.log
(1 - PRED_train))
        PRED_test = 1/(1 + tf.exp( - tf.matmul(X_test,W)))

Loss_test = - tf.reduce_mean(Y_test * tf.math.log(PRED_test) + (1 - Y_test) * tf.math.log(1 -
PRED_test))
    accuracy_train = tf.reduce_mean(tf.cast(tf.equal(tf.where(PRED_train.numy() < 0.5, 0., 1.), Y_
train),tf.float32))
    accuracy_test = tf.reduce_mean(tf.cast(tf.equal(tf.where(PRED_test.numy() < 0.5, 0., 1.), Y_
test), tf.float32))

    ce_train.append(Loss_train)
    ce_test.append(Loss_test)
    acc_train.append(accuracy_train)
    acc_test.append(accuracy_test)

    dL_dW = tape.gradient(Loss_train, W)
    W.assign_sub(learn_rate * dL_dW)

    if i % display_step == 0:
        print("i: % i, TrainAcc:% f, TrainLoss: % f ,TestAcc:% f, Testloss: % f" % (i,
accuracy_train,Loss_train,accuracy_test,Loss_test))
```

计算每一次迭代后训练集和测试集的损失和准确率,并在列表 ce_train、ce_test、acc_train、acc_test 中记录它们。注意:只使用训练集来更新模型参数。运行的结果如图 3-11 所示。

```
i: 0, TrainAcc:0.602564, TrainLoss: 0.658168 ,TestAcc:0.590909, Testloss: 0.613218
i: 10, TrainAcc:0.833333, TrainLoss: 0.519591 ,TestAcc:0.863636, Testloss: 0.510719
i: 20, TrainAcc:0.961538, TrainLoss: 0.428297 ,TestAcc:0.954545, Testloss: 0.442076
i: 30, TrainAcc:0.987179, TrainLoss: 0.366116 ,TestAcc:0.863636, Testloss: 0.394263
i: 40, TrainAcc:0.987179, TrainLoss: 0.321825 ,TestAcc:0.863636, Testloss: 0.359277
i: 50, TrainAcc:0.987179, TrainLoss: 0.288864 ,TestAcc:0.863636, Testloss: 0.332476
i: 60, TrainAcc:0.987179, TrainLoss: 0.263381 ,TestAcc:0.863636, Testloss: 0.311151
i: 70, TrainAcc:0.987179, TrainLoss: 0.243044 ,TestAcc:0.863636, Testloss: 0.293665
i: 80, TrainAcc:0.987179, TrainLoss: 0.226385 ,TestAcc:0.863636, Testloss: 0.278984
i: 90, TrainAcc:0.987179, TrainLoss: 0.212446 ,TestAcc:0.863636, Testloss: 0.266426
i: 100, TrainAcc:1.000000, TrainLoss: 0.200574 ,TestAcc:0.863636, Testloss: 0.255522
i: 110, TrainAcc:1.000000, TrainLoss: 0.190315 ,TestAcc:0.863636, Testloss: 0.245940
i: 120, TrainAcc:1.000000, TrainLoss: 0.181341 ,TestAcc:0.863636, Testloss: 0.237433
```

图 3-11　运行结果

可以看到,虽然训练集的准确率达到了 100%,但是测试集的准确率只有 86%。训练集和测试集的损失仍然在持续下降,可以继续迭代训练这个模型,使得测试集的准确率进一步提高。

分别绘制训练集和测试集的损失曲线与准确率曲线(如图 3-12 所示):

```
plt.figure(figsize = (10,3))

plt.subplot(121)
plt.plot(ce_train,color = "blue",label = "train")
```

```
plt.plot(ce_test,color = "red",label = "test")
plt.ylabel("Loss")
plt.legend()

plt.subplot(122)
plt.plot(acc_train,color = "blue",label = "train")
plt.plot(acc_test,color = "red",label = "test")
plt.ylabel("Accuracy")

plt.legend()
plt.show()
```

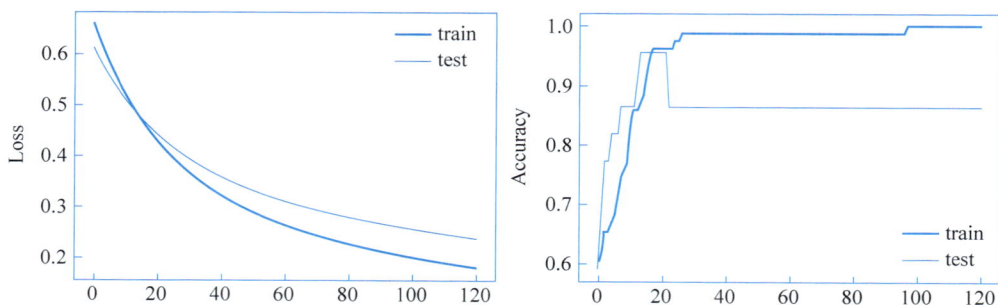

图 3-12　训练集和测试集的损失曲线与准确率曲线图

从图 3-12 可以看到训练集的损失下降更快，分类准确率也更高。至此，我们得到了一个能够区分山鸢尾和变色鸢尾两种类型的分类器，使用花萼长度和花萼宽度这两个属性（或特征）来完成对鸢尾花的分类。

3.3　多分类任务

逻辑回归能够很好地解决二分类的问题，但是现实中遇到更多任务是需要实现多分类问题的。例如，图像识别、车牌识别、人脸识别、水果分类、动物识别等，都需要把输入的样本划分为多个类别。对于多分类任务来说，主要有两种处理方法：直接作为多分类任务和转化为二分类任务。直接作为多分类任务时，使用一个模型同时处理所有类别，模型的输出通常是一个包含所有类别的预测概率分布，从中选择最高概率的类别作为预测结果。另一种处理方法是把多分类任务转化为二分类任务，有两种策略：一对多策略与一对一策略。在进行分类任务时，通常需要进行数据预处理、特征工程、模型选择和评估等步骤。选择合适的算法和调优参数对分类任务的表现至关重要。

下面还是以鸢尾花数据集为例，实现多分类的任务。在鸢尾花数据集中，山鸢尾、变色鸢尾、弗吉尼亚鸢尾分别被标记为 0、1、2，这种编码方式称为自然顺序码。使用自然顺序码运算时出现的问题是，山鸢尾和弗吉尼亚鸢尾的平均值就是变色鸢尾，而且它们之间的距离也不同，2 到 0 的距离要远一些，1 到 0 的距离要近一些。为了避免自然顺序码的数值大小可能在机器学习过程中造成偏差，可以采用独热编码来表示鸢尾花的类别，每种类别用一个一维向量来表示，其中的 3 个元素分别对应 3 个类别，(1,0,0)表示山鸢尾，(0,1,0)表示变色鸢尾，(0,0,1)表示弗吉尼亚鸢尾。显然，采用独热编码需要占用更多的空间，但是它能够更加合理地表示数据之间的关系,而且 3 个种类对应三维空间中的点到原点的距离都是相等的。

在多分类问题中,当样本的标签被表示成独热编码的形式时,模型的输出也被表示为向量的形式,其中的每个元素是样本属于每个类别的概率。如图 3-13 所示,模型输出表明样本分别属于各种类别的概率,根据概率看出这个样本属于第三类,与标签(0,0,1)一致。可以采用 softmax 回归来实现多分类问题,例如输入鸢尾花的花瓣长度和花瓣宽度,经过线性运算后,再使用 softmax( )函数作为激活函数就可以得到这个样本的预测概率,即 $Y = \text{softmax}(\boldsymbol{W}^T \boldsymbol{X})$,其中是输入的属性矩阵 $\boldsymbol{X}$,$\boldsymbol{W}$ 是权值参数矩阵。softmax( )函数是对数概率函数在多分类问题上的推广,也是一种广义线性回归,用来完成分类任务。

图 3-13　多分类任务模型

多分类任务是对二分类任务的扩展,多分类交叉熵损失函数可以定义为

$$\text{Loss} = -\sum_{i=1}^{n} \sum_{p=1}^{C} y_{i,p} \ln(\hat{y}_{i,p}) \tag{3-10}$$

其中,n 为样本总数;C 为类别总数,当 $C=2$ 时,就是二元交叉熵损失函数;$y_{i,p}$ 是第 i 个样本属于第 p 类的标签值;$\hat{y}_{i,p}$ 是 softmax( )函数输出的预测概率。通过交叉熵损失函数可以计算预测概率和实际分类标签的误差。在使用 softmax( )函数实现的多分类模型中,每个样本只能属于一个类别,这称为互斥的多分类问题。

下面还是以鸢尾花分类为例,使用 TensorFlow 编程实现多分类任务。

第一步,导入需要的库,加载数据。使用 keras 中的 get_file( )函数下载数据集,使用 pandas 读取 CSV 文件,结果是一个 pandas 二维数据表。

```
import tensorflow as tf
import pandas as pd
import numpy as np
import matplotlib as mpl
import matplotlib.pyplot as plt

TRAIN_URL = "http://download.tensorflow.org/data/iris_training.csv"
train_path = tf.keras.utils.get_file(TRAIN_URL.split('/')[-1],TRAIN_URL)
df_iris_train = pd.read_csv(train_path, header = 0)
```

第二步,处理数据。首先把 pandas 二维数据表转换为 numpy 数组:

```
iris_train = np.array(df_iris_train)
```

训练集中有 120 条样本,每条样本有 5 列数据,前 4 列是属性值,第 5 列是标签值。只

取出后两列属性：花瓣长度和花瓣宽度作为鸢尾花分类的依据,取出数据集第 5 列标签值,
也就是鸢尾花的类别,并记录样本总数,以便之后求损失的平均值。

```
x_train = iris_train[:,2:4]
y_train = iris_train[:,4]
num_train = len(x_train)
```

下面构造多元逻辑回归模型需要的属性矩阵 X 和标签列向量 Y,使用 one_hot()函数
将标签值转换为独热编码的形式:

```
x0_train = np.ones(num_train).reshape(-1,1)
X_train = tf.cast(tf.concat([x0_train,x_train],axis = 1),tf.float32)
Y_train = tf.one_hot(tf.constant(y_train,dtype = tf.int32),3)
```

第三步,设置超参数,设置模型参数初始值。

```
learn_rate = 0.2
iter = 500
display_step = 100

np.random.seed(612)
W = tf.Variable(np.random.randn(3,3),dtype = tf.float32)
```

第四步,训练模型。

```
acc = []
cce = []

for i in range(0,iter+1):
    with tf.GradientTape() as tape:

        PRED_train = tf.nn.softmax(tf.matmul(X_train,W))
        Loss_train = -tf.reduce_sum(Y_train * tf.math.log(PRED_train))/num_train

    accuracy = tf.reduce_mean(tf.cast(tf.equal(tf.argmax(PRED_train.numpy(), axis = 1),
y_train), tf.float32))

    acc.append(accuracy)
    cce.append(Loss_train)

    dL_dW = tape.gradient(Loss_train, W)
    W.assign_sub(learn_rate * dL_dW)
    if i % display_step == 0:
        print("i:%i, Acc:%f, Loss:%f" % (i, accuracy, Loss_train))
```

列表 acc 用来保存每一次迭代的准确率,列表 cce 用来保存每一次迭代的交叉熵损失。
实现预测概率的代码为

```
PRED_train = tf.nn.softmax(tf.matmul(X_train,W))
```

这里直接使用了 TensorFlow 的神经网络模块提供的 tf.nn.softmax()函数,得到预测

值的分类概率,代码中的 X_train 是属性矩阵,W 是模型参数矩阵。

实现交叉熵损失函数的代码为

```
Loss_train = - tf.reduce_sum(Y_train * tf.math.log(PRED_train))/num_train
```

首先根据公式计算每个样本的交叉熵,然后通过 reduce_sum()函数对矩阵中的所有值求和,得到所有样本的交叉熵损失之和,再除以样本数 num_train 得到平均交叉熵损失。注意,按照定义,交叉熵损失的表达式前面有一个负号。

统计准确率的代码为

```
accuracy = tf.reduce_mean(tf.cast (tf.equal (tf.argmax(PRED_train.numpy (), axis = 1), y_train), tf.float32))
```

使用 TensorFlow 中的 argmax()函数得到一个数组中最大元素的索引,这里设置 axis=1 表示对每一行元素求最大,得到的结果会把样本的预测值转换成自然顺序码的形式,然后使用 equal()函数逐元素地比较预测值和标签值,结果是一个布尔类型的一维张量,之后使用 cast()函数把布尔值转化为数值 0 和 1,最后用 reduce_mean()函数对数组中的所有元素求平均值,就可以得到预测准确率。准确率 accuracy 不需要求导,所以把它放在 with 语句的外面。使用 append()函数记录每一次迭代的平均交叉熵损失和准确率。通过 tape.gradient()获得损失函数对 W 的偏导数,最后使用 assign_sub()函数更新模型参数,打印输出训练过程中的准确率和平均交叉熵损失,运行的结果如图 3-14 所示。

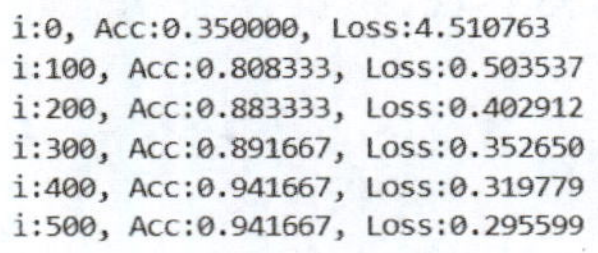

```
i:0, Acc:0.350000, Loss:4.510763
i:100, Acc:0.808333, Loss:0.503537
i:200, Acc:0.883333, Loss:0.402912
i:300, Acc:0.891667, Loss:0.352650
i:400, Acc:0.941667, Loss:0.319779
i:500, Acc:0.941667, Loss:0.295599
```

图 3-14　运行结果

可以看到一开始的准确率很低,随着迭代次数的增加,准确率不断提高,同时损失也在不断下降。

▦本章小结 ◆

本章介绍了广义线性回归、逻辑回归、交叉熵损失函数、模型评估方法和多分类任务的设计和实现。同时给出了具体的 TensorFlow 实现案例,方便读者进行编程实践。

第4章 神经网络与深度学习

本章介绍神经网络和深度学习的基本原理。自人工神经元模型诞生以来，神经网络逐渐发展成为解决复杂计算任务的核心技术之一。通过模拟生物神经元的工作机制，感知机为线性分类问题提供了解决方案，而单层与多层神经网络进一步扩展了其应用范围，能够处理更为复杂的非线性问题。4.1 节介绍神经元模型和感知机，以及感知机在二分类问题中的应用。4.2 节介绍基于 TensorFlow 的单层神经网络的实现案例。4.3 节介绍深度学习的原理，包括误差反向传播算法、激活函数。4.4 节给出用多层神经网络实现鸢尾花分类的编程实现，帮助读者从理论到实践全面理解深度学习的工作原理和应用。

4.1 神经元与感知机

早期的神经网络模型从生物神经系统得到启发，试图用计算机模拟人脑神经元的反应过程。美国神经解剖学家 Warren McCulloch 和数学家 Walter Pitts 于 1943 年发表的论文中提出的 MCP（McCulloch-Pitts Neuron）神经元模型，就是模拟人脑神经元结构提出的一种数学模型。图 4-1 为人类神经元结构，神经元通过树突接收输入信号，树突将信号传递至细胞体中相加，若总和高于某一阈值，则该神经元被激活，向轴突输出一个峰值信号。

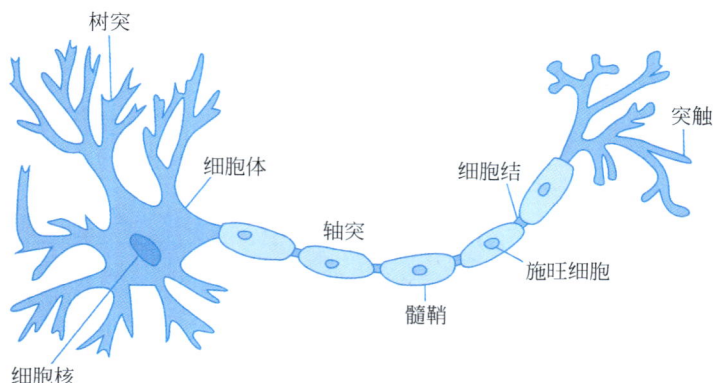

图 4-1　人类神经元结构

类似地，在 MCP 模型中大致遵循了人类神经元的工作机理，首先将不同的输入进行线性加权后求和，然后将求得的和值送入激活函数（MCP 模型中采用的是阈值函数，激活函数的一种）进行非线性激活，图 4-2 展示了 MCP 结构。该模型只是简单采用对输入线性加权和方式模拟人类神经元的内部变换过程,但人类神经元的工作机制要比这复杂得多。无论如何,这是首次提出人工神经网络(Artificial Neural Network,ANN)的概念并给出了人工神经元的数学模型,这开启了人类对人工神经网络的研究。

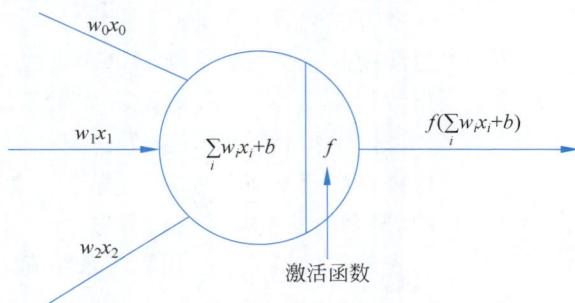

图 4-2　MCP 结构

若激活函数采用阶跃函数 step(),则 MCP 神经元模型的数学表示形式如下:

$$y = \text{step}(w_0 x^0 + w_1 x^1 + w_2 x^2 + \cdots + w_m x^m) = \text{step}(\boldsymbol{W}^{\text{T}} \boldsymbol{X}) \tag{4-1}$$

其中,$x^0 = 1$。

MCP 神经元模型模拟了生物神经元,但是它的权值向量 $\boldsymbol{W}$ 无法自动地学习和更新,不具备学习的能力。1949 年,加拿大心理学家 Donald Hebb 提出了神经心理学的理论,Hebb 理论认为,神经细胞的突触上的连接强度是可以变化的,而大脑的学习过程就是通过神经元之间突触的形成、连接和强度的变化来实现的。两个神经细胞交流越多,它们之间的连接就越强,如果长期不被同步激发,它们之间的连接将会越来越弱,甚至消失。受到 Hebb 工作的启发,一些计算科学家们就开始考虑通过算法来自动调整神经元中的权值,从而模拟人类神经网络的学习能力。

1957 年,心理学家 Frank Rosenblatt 提出了感知机模型,是最简单的线性二分类模型,可以将 MCP 人工神经元模型用于解决分类问题。如图 4-3 所示,感知机由两层神经元组成,输入层接收外界信号,输出层是 MCP 神经元。输入层中并没有发生计算,因此通常不计入神经网络的层数,只有输出层这个神经元是发生计算的功能神经元,因此感知机是一个单层神经网络,感知机的学习就是给定一个有标记的训练数据集,确定权重向量 w 的过程。

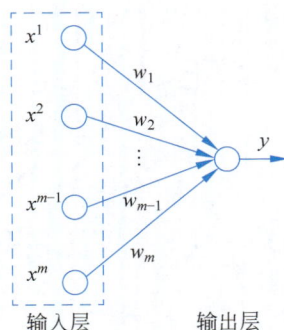

图 4-3　感知机模型

Rosenblatt 给出了一个简单直观的参数更新方案,每一步使用 Δw_i 来更新权值。即:

$$w_i^{(k+1)} = w_i^{(k)} + \Delta w_i$$
$$\Delta w_i = \eta(y - \hat{y})x_i \tag{4-2}$$

其中,y 是训练样本的标签值,$\hat{y}$ 是感知机的预测输出,η 是学习率。首先随机设置权值 w 的初始值,然后使用这个感知机计算每个样本的估计值,如果感知机的输出和样本标记值相同,说明分类正确,参数不变,再去计算下一个样本;如果感知机的输出和样本标记值不同,说明分类错误,就使用 Δw_i 来更新权值,让分类决策边界尽量靠近这个样本,不断重复这个过程,直到感知机能够对所有样本都正确分类。使用感知机训练法则能够根据训练样本的标签值和感知机输出之间的误差来自动调整权值,具备了学习的能力。

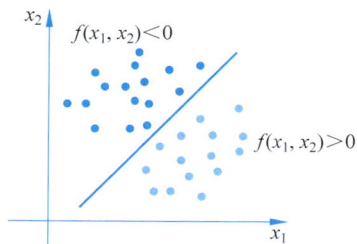

图 4-4 线性分类器示意图

如图 4-4 所示,二维空间中的数据集,如果正好能被一条直线分成两类,则称为线性可分数据集,找到的这条直线就是一个线性分类器的决策边界。在三维空间中,如果数据集线性可分,则说明数据集能被一个平面一分为二,这个平面就是决策边界。在 m 维空间中,如果数据集能被一个超平面一分为二,那么这个数据集就是线性可分的,这个超平面就是决策边界。

感知机是第一个用算法来精确定义的神经网络模型,它实现了一个二分类的线性分类器。当训练样本集线性不可分时,感知机训练法则不会收敛,迭代结果会一直振荡。为了克服感知机训练法则对非线性数据集无法收敛的问题,科学家们又提出了 Delta 法则,它的关键思想是使用梯度下降法找到能够最佳拟合训练样本集的权值向量。感知机使用 Sigmoid 函数作为激活函数,可以看作一个最简单的单层神经网络,单个感知机只有一个输出节点,只能实现二分类的问题。如果要实现多分类的问题,可以在输出层设置多个节点。例如,要对鸢尾花分类,可以在输出层设置 3 个节点,分别对应 3 种不同的品种。在输出层使用 softmax 函数作为激活函数得到属于不同品种的概率,也就是第 3 章介绍的 softmax 回归,也可以看作一个单层神经网络。

4.2 单层神经网络的设计与实现

第 3 章采用逻辑回归和 softmax 回归分别实现了对鸢尾花数据集的分类。如图 4-5 所

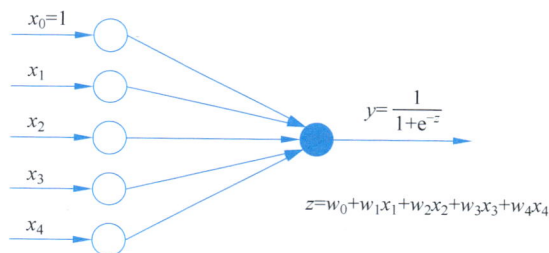

$$z = w_0 + w_1 x_1 + w_2 x_2 + w_3 x_3 + w_4 x_4$$

(a) 逻辑回归——感知机

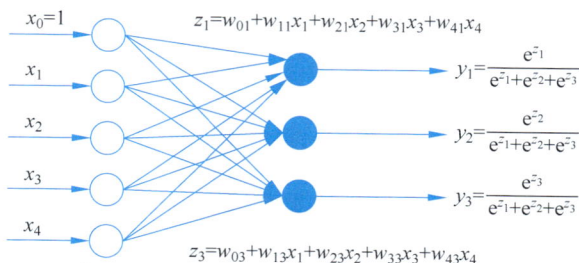

$$z_1 = w_{01} + w_{11} x_1 + w_{21} x_2 + w_{31} x_3 + w_{41} x_4$$

$$y_1 = \frac{e^{z_1}}{e^{z_1} + e^{z_2} + e^{z_3}}$$

$$y_2 = \frac{e^{z_2}}{e^{z_1} + e^{z_2} + e^{z_3}}$$

$$y_3 = \frac{e^{z_3}}{e^{z_1} + e^{z_2} + e^{z_3}}$$

$$z_3 = w_{03} + w_{13} x_1 + w_{23} x_2 + w_{33} x_3 + w_{43} x_4$$

(b) softmax回归——单层神经网络

图 4-5 逻辑回归和 softmax 回归

示,逻辑回归可以看作最简单的神经网络感知机,能够实现线性二分类的任务。softmax 回归也可以看作一个输出层有多个神经元的单层神经网络,能够实现多分类的任务。

下面用神经网络的思想来实现对鸢尾花的分类,程序实现过程和 softmax 回归几乎是完全一样的,只是从设计和实现神经网络的角度来重新描述这个过程。

首先要设计神经网络的结构,也就是确定神经网络有几层,每层中有几个节点,节点之间如何连接,使用什么激活函数及损失函数等。如图 4-6 所示,这里使用没有隐藏层的单层前馈型神经网络来实现对鸢尾花的分类。在神经网络中,输入层节点的个数由属性的个数决定,鸢尾花数据集中一共有 4 个属性,所以在输入层设计 4 个节点。输出层的节点个数由分类的类别数来决定,鸢尾花被分为 3 类,所以输出层设计 3 个节点分别对应不同的种类。采用 softmax 函数作为激活函数,标签值使用独热编码来表示,使用交叉熵损失函数来计算误差。

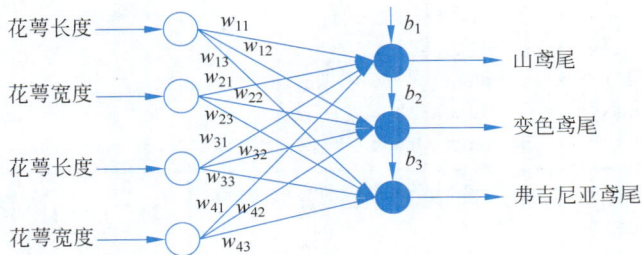

图 4-6　单层神经网络结构

神经网络是一种数学模型,节点之间的连接可以用数学运算描述,通过多维数组的数学运算实现神经网络的功能。在鸢尾花数据集的训练集中,一共有 120 个样本,每个样本有 4 个属性,神经网络的输入数据 X 就是一个形状为(120,4)的二维数组,标签值转化为独热编码后,输出层 Y 就是一个形状为(120,3)的二维数组。经过神经网络运算后 softmax 输出的值,是每个样本属于不同类别的概率。输入层和输出层之间连接的权值构成的权值参数矩阵 W,形状是(4,3),输出层中的每一个功能神经元还有一个偏置项 b,可以把它们表示为一个一维数组 B,它和 W 共同构成了神经网络的模型参数。输入数据 X、模型参数 W 和输出数据 Y 之间的运算关系可以简洁地表示为 Y＝XW＋B。下面列出完整的程序实现。

第一步,导入需要的库。

```
import tensorflow as tf
import pandas as pd
import numpy as np
import matplotlib.pyplot as plt
```

第二步,加载数据。分别导入鸢尾花训练数据集和测试数据集,读取 CSV 文件并把它们转换为 numpy 数组。

```
TRAIN_URL = "http://download.tensorflow.org/data/iris_training.csv"
train_path = tf.keras.utils.get_file(TRAIN_URL.split('/')[-1],
TRAIN_URL)
TEST_URL = "http://download.tensorflow.org/data/iris_test.csv"
test_path = tf.keras.utils.get_file(TEST_URL.split('/')[-1], TEST_URL)
```

```
df_iris_train = pd.read_csv(train_path, header = 0)
df_iris_test = pd.read_csv(test_path, header = 0)
iris_train = np.array(df_iris_train)
iris_test = np.array(df_iris_test)
```

第三步,数据预处理。分别将训练集和测试集中的样本属性值和标签值分开,分别放在数组 X 和数组 Y 中,对属性值进行中心化处理,使得均值为 0。鸢尾花数据集中的属性值和标签值都是 64 位浮点数,使用 cast()函数把属性值转换为 32 位浮点数,最后使用 one_hot()函数把标签值转换为独热编码的形式。

```
x_train = iris_train[:, 0:4]
y_train = iris_train[:, 4]
x_test = iris_test[:, 0:4]
y_test = iris_test[:, 4]x_train = x_train − np.mean(x_train, axis = 0)
x_test = x_test − np.mean(x_test, axis = 0)
X_train = tf.cast(x_train, tf.float32)
Y_train = tf.one_hot(tf.constant(y_train, dtype = tf.int32),3)
X_test = tf.cast(x_test, tf.float32)
Y_test = tf.one_hot(tf.constant(y_test, dtype = tf.int32),3)
```

第四步,设置超参数和显示间隔,这里设置学习率为 0.6,迭代次数为 100,显示间隔为 20。

```
learn_rate = 0.6
iter = 100
display_step = 20
```

第五步,设置模型参数初始值。分别设置权值参数矩阵 W 和偏置项 B 的初值:W 是 4 行 3 列的二维 Tensor 张量,取正态分布的随机值作为初始值;B 是长度为 3 的一维 Tensor 张量,这里初始值为 0。

```
np.random.seed(1015)
W = tf.Variable(np.random.randn(4, 3), dtype = tf.float32)
B = tf.Variable(np.zeros([3]), dtype = tf.float32)
```

第六步,训练模型。

首先定义 4 个列表,分别用来记录训练集和测试集的准确率和交叉熵损失。

```
acc_train = []
acc_test = []
cee_train = []
cee_test = []
```

然后开始迭代学习模型参数。

```
for i in range(iter + 1):
    with tf.GradientTape() as tape:
        PRED_train = tf.nn.softmax(tf.matmul(X_train,W) + B)
        Loss_train = tf.reduce_mean(tf.keras.losses.categorical_
crossentropy(y_true = Y_train,y_pred = PRED_train))
```

```
        PRED_test = tf.nn.softmax(tf.matmul(X_test,W) + B)
        Loss_test = tf.reduce_mean(tf.keras.losses.categorical_
    crossentropy(y_true = Y_test,y_pred = PRED_test))
        accuracy_train = tf.reduce_mean(tf.cast(tf.equal(tf.argmax
    (PRED_train.numpy(), axis = 1), y_train), tf.float32))
        accuracy_test = tf.reduce_mean(tf.cast(tf.equal(tf.argmax
    (PRED_test.numpy(), axis = 1), y_test), tf.float32))
        acc_train.append(accuracy_train)
        acc_test.append(accuracy_test)
        cce_train.append(Loss_train)
        cce_test.append(Loss_test)
        grads = tape.gradient(Loss_train,[W,B])
        W.assign_sub(grads[0] * learn_rate)
        B.assign_sub(grads[1] * learn_rate)
        if i % display_step == 0:
            print("i:% i,TrainACC:% f,TrainLoss:% f,TestAcc:% f,TestLoss:% f" % (i,accuracy_
    train,Loss_train,accuracy_test,Loss_test))
```

　　单层神经网络模型的代码用 tf.nn.softmax()实现,因此,训练集数据通过神经网络后的输出是 tf.nn.softmax(tf.matmul(X_train,W)+B),测试集数据通过神经网络后的输出是 tf.nn.softmax(tf.matmul(X_test,W)+B)。

　　交叉熵损失使用 tf.keras 中自带的损失函数 tf.keras.losses.categorical_crossentropy(y_true,y_pred)来实现,其中的第一个参数是表示独热编码形式的标签值,第二个参数是 softmax 函数的输出张量,交叉熵损失函数的结果是一个一维张量,其中的元素是每个样本的交叉熵损失,最后使用 reduce_mean()求平均交叉熵损失。

　　因为只使用训练集的梯度更新模型参数,因此测试集的运算代码放在了梯度带 GradientTape 函数的 with 语句之外。后面分别计算了训练集和测试集上的准确率,然后通过 append()函数把训练集和测试集上的准确率和损失分别追加到相应的列表中,便于后面绘制曲线。

　　接着,通过 tape.gradient(Loss_train,[W,B])获得训练集的交叉熵损失函数对 W 和 B 的偏导数,得到的 grads 是一个长度为 2 的列表。列表中的第一个元素是损失函数对 W 的偏导数,是一个形状为(4,3)的二维张量;列表中的第二个元素是损失函数对 B 的偏导数,是一个长度为 3 的一维张量。最后,分别更新模型参数 W 和 B,打印显示训练集和测试集上的准确率和损失,运行结果如图 4-7 所示。

```
i:0,TrainACC:0.775000,TrainLoss:0.603535,TestAcc:0.666667,TestLoss:0.738648
i:20,TrainACC:0.875000,TrainLoss:0.295982,TestAcc:0.933333,TestLoss:0.361167
i:40,TrainACC:0.916667,TrainLoss:0.232015,TestAcc:0.966667,TestLoss:0.270563
i:60,TrainACC:0.941667,TrainLoss:0.195994,TestAcc:0.966667,TestLoss:0.221396
i:80,TrainACC:0.950000,TrainLoss:0.172197,TestAcc:0.966667,TestLoss:0.189588
i:100,TrainACC:0.958333,TrainLoss:0.155225,TestAcc:0.966667,TestLoss:0.167181
```

图 4-7　单层神经网络仿真结果

　　可以看到,训练 100 轮之后,训练集的准确率达到了 95.8%,测试集的准确率达到了 96.7%,训练集和测试集的交叉熵损失都在持续下降。

　　下面的代码可以把结果做可视化展示。

```
plt.figure(figsize=(10,4))
plt.subplot(121)
plt.plot(cce_train, color="blue",label="train")
plt.plot(cce_test, color="red",label="test")
plt.xlabel("Iteration")
plt.ylabel("Loss")
plt.legend()
plt.subplot(122)
plt.plot(acc_train, color="blue",label="train")
plt.plot(acc_test, color="red",label="test")
plt.xlabel("Iteration")
plt.ylabel("Accuracy")
plt.legend()
plt.show()
```

绘制得到训练集和测试集的损失曲线如图4-8所示，橙色的是训练集，蓝色的是测试集，可以看到随着迭代次数的增加，测试集的损失下降更快一些。绘制训练集和测试集的准确率曲线，可以看到在迭代次数较少时，训练集和测试集的准确率相差不大，在迭代15轮之后，测试集的准确率更高。

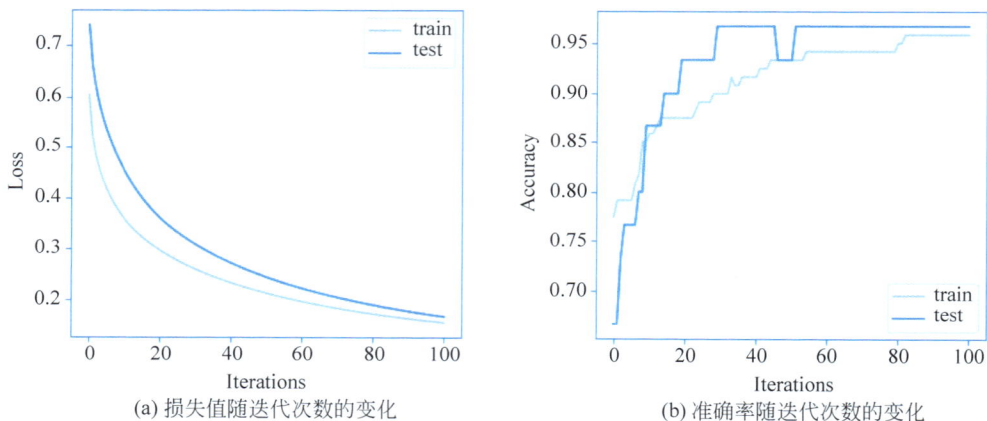

(a) 损失值随迭代次数的变化　　　　　(b) 准确率随迭代次数的变化

图 4-8　损失值、准确率随迭代次数的变化

4.3　深度学习

Geoffrey Hinton 将误差反向传播算法引入多层神经网络训练，解决了训练多层神经网络训练的关键难题，并给含有更多隐藏层的神经网络的学习能力描述为"深度学习"。深度学习试图模仿人类神经网络机理：每一层的每个神经元都接收至上一层的信息，当一个神经元处理完一个信息之后，信息就会传导到其他神经元，其传导关系的强弱如何转换，就是神经网络中需要通过学习并确认的权重大小。随着增加的神经元的层数，学习能力更加真实反映现实世界的复杂现象，更加逼近人类的智能。

4.3.1　多层神经网络

使用 softmax 回归实现的单层神经网络能够实现多分类问题，但是它是线性分类器，只能够处理线性分类的问题。更多的实际问题使用线性不可分的数据集，需要弯曲的分界线才能够将它们区分开。这种弯曲的分界线可以看作多条直线组合的结果，只要有足够多的直线拼在一起，就能够表示出各种复杂的边界，其中每一条直线可以通过一个感知机来实现，在每个感知机后面再连接一个神经元，把这些直线组合起来，就可以实现对非线性问题的分类了。因此为了解决线性不可分的问题，如图 4-9 所示，可以在输入层和输出层之间增加隐藏层。与输出层一样，隐藏层也是具有计算能力的功能神经元，这种增加了隐藏层的神经网络称为多层神经网络，它能处理非线性分类问题。

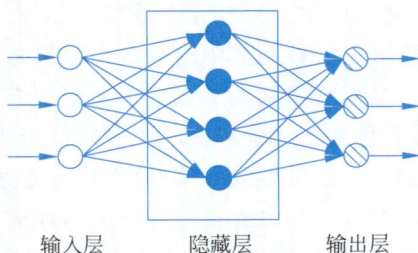

图 4-9　多层神经网络结构示意图

在理论上，只要神经网络中有足够多的隐藏层，每个隐藏层中有足够多的神经元，神经网络就可以表示任意复杂的函数或者空间分布。神经网络的层数和每层中神经元的个数是比较灵活的，通常根据经验大致确定隐藏层的层数和每层中神经元的个数，然后使用训练数据集通过迭代算法，自动地去寻找使得网络性能最佳的权值。如果训练效果不好，可以改变隐藏层的层数，或者改变其中的神经元个数，再进行训练，直到得到满意的结果为止。因此，神经网络和深度学习就像一个黑盒子，只需要把数据送进去，并且告诉它预期的正确结果，它就会根据学习算法自动更新所有连接上的权值，尝试去拟合期望的正确输出，整个神经网络最后就实现了一个复杂的函数来完成任务。

常见的神经网络都是前馈型神经网络，如图 4-10 所示，在这种网络结构中，神经元分层排列，每层神经元只与前一层的神经元相连，接收前一层的输出作为本层的输入，同一层的神经元之间互相没有连接，层间信息的传送只沿着一个方向进行，各层之间没有反馈，也不存在跨层的连接。此外，每一层中的任何一个节点都和它后面

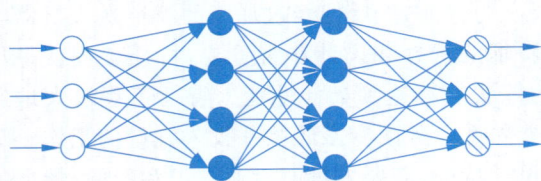

图 4-10　全连接前馈型神经网络示意图

一层中的所有节点连接，这种网络结构称作全连接网络。在设计神经网络时，可以先设计为全连接网络，经过数据训练之后，其中不重要的连接权值就会接近于 0，等同于删去了没必要的连接。

全连接前馈型神经网络模拟了生物神经网络，单个神经元功能简单、无法处理复杂任务，而神经网络的强大之处就在于神经元之间的连接，连接受到刺激重复次数越多，神经元之间的连接就越强，不再受到刺激的神经元连接则会被删除。生物神经网络正是通过神经元之间复杂的连接、反馈和相互作用，使得生物能够产生意识，进行推理和执行动作。人类的大脑经历了数千万年的进化，大约有 860 亿个神经元、百万亿的突触，它们之间的连接错综复杂。人工神经网络无法完全模拟或者替代人类的大脑，只是借鉴了生物神经网络中最基本的特征即神经元及神经元之间的连接而设计的一种能够通过计算机处理和优化的数学

模型。

在前馈型神经网络中,使用多层隐藏层不仅能够表示非连续的函数或者空间区域,还能够有效地减少泛化误差,增加隐藏层层数的同时,可以减少每层神经元的数量,从而可能减少模型的参数,降低训练神经网络所需的时间开销。一般来说,神经网络中的隐藏层越多,隐藏层中的神经元个数越多,所表达的函数就越复杂,分类的能力也就越强。神经网络中隐藏层层数和其中的节点个数都是超参数,超参数的取值不是通过学习算法学习出来的,通常是根据经验人工设定并且通过实验调整的。包括训练模型时使用的学习率和迭代次数,都是基于经验和多次实验尽可能找到最佳的取值。如果同时有多个超参数时,可以对所有的超参数可能的取值进行组合,通过实验来确定超参数。为了评估模型的泛化性能,更加规范的方法是将数据集拆分成训练集、验证集和测试集。首先使用训练集训练模型确定模型参数,然后使用验证集确定超参数,最后使用测试集观察所筛选出来的模型在新的数据集上的表现,评估模型的泛化能力。

4.3.2 机器学习与深度学习对比

机器学习就是通过学习算法从数据中学习到模型的过程。例如,学习鸢尾花的数据,可以得到一个鸢尾花分类模型,然后用模型对新的鸢尾花数据进行分类。然而,数据中往往存在一些无用的、冗余的信息,它们在模型训练中的贡献很小,却会占用大量的训练时间,甚至还会使得模型学习到一些不相干的特征,影响到模型的性能。因此,传统机器学习需要根据专业经验,从原始的数据信息中选出一些对预测结果影响大的特征,来训练模型。即使对于同样的数据,实现不同的任务,好的特征的选择也是不同的。例如,一个学生的原始信息有年龄、性别、各科的考试成绩、身高、体重、体质数据等。如果要筛选参加学科竞赛的学生,那么考试成绩是最重要的,其他都是多余的数据,可以把它们从特征中剔除掉。如果要筛选体育健儿,那么体质数据就是重要特征了。原始数据通常描述的是低层次的特征,有时候为了得到更好的预测效果,需要提取或构建更高层次的特征,然后把经过加工的特征送入机器学习算法中去训练模型。因此,在机器学习中,特征的选择和设计非常重要,特征工程就是尽可能选择和构建出好的特征,使得机器学习的算法能够达到最佳性能。特征工程极大地影响机器学习的效果,甚至决定任务的成败,需要熟悉业务的专家经验并投入大量的工作。

传统的特征工程依靠人工的方式提取和设计特征,需要大量的专业知识和经验,特征的好坏在很大程度上依靠经验和运气,而且和具体的任务密切相关。深度学习就是有多个隐藏层的深度神经网络,通过隐藏层来自动地从数据中学习特征,从而取代了手工设计特征,它使得人工智能变成一个数据驱动的过程,当数据量大到一定程度,机器就可能在这件事情上超越人类。在神经网络中,隐藏层的作用就是提取特征,每经过一层隐藏层都可以看作一次特征转换,因此隐藏层也被称为特征层,随着层数的增加,提取出的特征越来越抽象,表达能力也越好,预测效果就越好。神经网络模型参数的初始值是随机选取的,此时提取出的特征也是不确定的,但是在每次训练之后都会逐层反向传播误差,自动调整神经网络中的模型参数,这样经过多轮训练之后,提取出的特征就越来越好,使得预测的结果更准确。

在深度学习中,特征工程就没那么重要了,只需要对原始数据做些必要的预处理,就可以直接输入神经网络中。深度学习能够自动地从数据中学习到与任务相关的特征,自动地调整权值,使得预测的结果与标签值相符,这种方式称为端到端学习。在一个训练好的深度神经网络中,低层隐藏层的输出是更接近原始输入数据的低层特征。随着层数的增加,提取出的特征越来越抽象,表达能力也越好,因此神经网络中隐藏层层数越多,效果就越好。深度学习模型通过多层次的抽象逐步提取数据特征,这个过程涉及大量的非线性变换和抽象表示,使得最终输出的解释变得非常困难。不像手工设计特征那样有明确的意义,深度学习可以看成对人脑分层机制的模仿。大脑就是一个深层架构,认知的过程就是将原始的低级信号逐层向高层抽象的过程,高层特征是低层特征的组合,越到高层,特征就越抽象,越能表现明确的语义。

简单来说,机器学习就是让计算机从数据中自动学习并改进,以实现特定的任务。这种学习是通过训练模型来实现的,模型能够自动地找到数据中的规律,并据此进行预测、分类等任务。常用的算法包括决策树、支持向量机、k-均值聚类、逻辑回归等。深度学习则是机器学习的一个子集,它是基于人工神经网络的机器学习方法,模仿人类大脑的结构和工作原理,通过构建和训练多层神经网络来提取和学习数据的特征,从而实现对数据的有效表示和分析,学习到数据中的复杂特征和非线性关系。

视频讲解

4.3.3 误差反向传播算法

神经网络中的模型参数包括神经元之间的连接权重及每个功能神经元的阈值。这些模型参数必须通过算法自动学习和更新,与机器学习算法一样,神经网络的训练就是给定训练集,通过学习算法确定模型参数的过程,可以使用梯度下降法对神经网络进行训练得到最优解,但是使用梯度下降法需要计算损失函数的梯度。单层神经网络可以通过计算直接得到梯度。在多层神经网络中,上一层的输出是下一层的输入,要在网络中的每一层计算损失函数的梯度会非常的复杂。为了解决这个问题,Rumelhart 等在 1986 年提出利用链式求导法则反向传播损失函数的梯度信息。只要从后往前遍历一遍神经网络,就可以计算出损失函数对网络中所有参数的梯度,这种方法被称为误差反向传播算法。

下面介绍反向传播算法的工作机制,先从一个简单例子开始,这里有一个含有 3 个变量的简单函数:

$$f(x,y,z) = (x+y)z \tag{4-3}$$

使用反向传播算法来计算该函数的输出 f 对于任意一个输入变量(x,y,z)的偏导数,即函数的梯度。首先,使用计算图将该函数以图的形式表示出来,如图 4-11 所示,这个简单函数只有两个节点,一个"$+$"节点,一个"$*$"节点表示矩阵乘法。然后,对这个网络进行前向传播,假设给定每个输入变量的值 $x=-2$,$y=5$,$z=-4$,将这些输入变量的值代入,通过计算图可以计算得到中间值,第一个计算节点"$+$"的输出为 3,第二个节点"$*$"的输出为 -12,即函数的最终输出,前向传播的输入变量以及中间变量取值使用绿色字体在计算图中对应变量位置处标明。前向传播完成后,使用链式法则回传梯度。令中间变量 $q=x+y$,

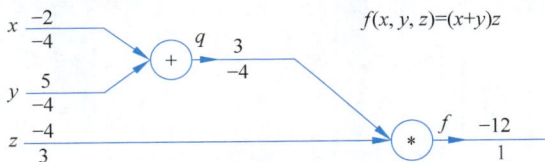

图 4-11 反向传播原理举例

那么输出变量可以表示为 $f=q*z$，这里将这两个节点的输出关于其本身的输入的梯度都写出，q 对两个输入 x 和 y 的梯度都为 $1\left(\frac{\partial q}{\partial x}=1,\frac{\partial q}{\partial y}=1\right)$，$f$ 对两个输入的梯度互为彼此，对 q 的梯度是 z，对 z 的梯度是 q，这是因为这个节点进行的是乘法运算。而最终的目标是获得 f 对于 x、y 和 z 的梯度 $\left(\frac{\partial f}{\partial x},\frac{\partial f}{\partial y},\frac{\partial f}{\partial z}\right)$，与前向传播不同，反向传播是递归使用链式法则从后往前计算所有梯度，此处将损失函数关于所有变量（包括中间变量和输入变量）的梯度用红字写在计算图中相关变量的下方。首先，计算最后一个节点输出（即函数输出）变量关于输入变量的梯度，最后一个节点的输入为 q 和 z，因为 $f=q*z$，所以 $\frac{\partial f}{\partial q}=z$，$\frac{\partial f}{\partial z}=q$。在前向传播中已经得到 $q=3$，那么 $\frac{\partial f}{\partial z}=3$，因此很容易得到函数输出变量关于 z 的梯度为 3，同理可得 $\frac{\partial f}{\partial q}=-4$。继续沿着计算图向后求取 $\frac{\partial f}{\partial y}$，变量 y 与函数输出变量 f 并没有直接的关系，y 是通过中间变量 q 与 y 联系在一起的，y 是"+"节点的输入，q 为"+"节点的输出，所以使用链式法则可得 $\frac{\partial f}{\partial y}=\frac{\partial f}{\partial q}*\frac{\partial q}{\partial y}=z*1=z=-4$，同样可得 f 关于 x 的梯度 $\frac{\partial f}{\partial x}=\frac{\partial f}{\partial q}*\frac{\partial q}{\partial x}=z*1=z=-4$。可以发现，函数输出变量对于输入变量的梯度是从后向前，各节点输出变量是相关输入变量的梯度的累乘。在前向传播中，输入变量 x 流经的节点为"+"节点和"*"节点，而输入变量 z 仅流经"*"节点。对于 x，反向传播算法按照从后向前的方向，将两个流经节点的输出变量关于输入变量的梯度 $\frac{\partial f}{\partial q}$（"*"节点）和 $\frac{\partial q}{\partial x}$（"+"节点）进行相乘得到输出变量 f 关于 x 的梯度。

通过上述例子可以理解反向传播算法的基本原理。对于计算图中的所有节点，每个节点只关心与它直接相连的节点，每个节点都有相应的输入，也就是流入该节点的值，节点的输出可能作为下一节点的输入，也可能直接作为最终的输出。任意给定网络中的一个计算节点，如图 4-12 所示，图中节点输入为 x 和 y，输出是 z，只要知道该节点代表的运算操作就可以计算出 $\frac{\partial z}{\partial x}$，$\frac{\partial z}{\partial y}$，称为该节点的局部梯度，是该节点的输出关于输入的梯度，因为这是该节点的一个局部运算，不涉及其他节点，所以对于任何一个节点，可以在前向传播时同时计

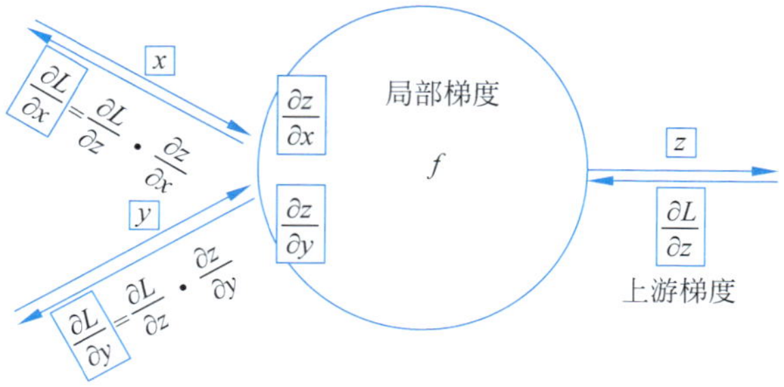

图 4-12　计算图中的一个节点

算出节点输出值(本例为 z)和它的局部梯度 $\left(\dfrac{\partial z}{\partial x},\dfrac{\partial z}{\partial y}\right)$。当运用反向传播算法时,从计算图的后面向前的过程不断相乘梯度,每当到达计算图中的一个节点时,该节点都会得到一个从上游返回的梯度,这个梯度是函数输出对这个节点输出的求导,如果在反向传播中到达这个节点,就已经通过相乘之前节点的梯度值计算出了最终的损失 L(函数输出)关于 z(节点输出)的梯度 $\dfrac{\partial L}{\partial z}$。现在需要做的就是继续往下传播,找到损失函数关于该节点输入的梯度,即在 x 方向和 y 方向上的梯度。按照链式法则,损失函数关于 x 的梯度就是 L 关于 z 的梯度乘以 z 在 x 方向上的局部梯度,也就是把上游回传的梯度值 $\left(\dfrac{\partial L}{\partial z}\right)$ 乘以局部梯度值 $\left(\dfrac{\partial L}{\partial x}\right)$ 从而得到关于节点输入的梯度值。L 关于 y 的梯度也是采用相同的方式,使用链式法则,用 L 关于 z 的梯度乘以 z 关于 y 的梯度得到。计算出这些结果,就可以把结果传递给前面直接连接的节点,作为前面节点上游回传的梯度值,然后与前面节点的局部梯度相乘,得到损失函数关于前面节点输入的梯度。反向传播就是采用这样的方式,计算每一个节点上关于其输入的局部梯度,接收上游传回来的梯度值,使用这个值乘以局部梯度,然后作为前面直接相连节点从上游传递回来的梯度值,这样不断递归使用链式法则,将不同节点的局部梯度值相乘,直至到达网络的最前端,最终就可以得到损失函数对函数输入的梯度。注意每一个节点在进行反向传播时,都只考虑与其直接相连的节点。

可以想象,随着网络层数的加深及每层中神经元个数的增加,误差反向传播算法的计算也会越来越复杂。好在 TensorFlow 提供了自动计算梯度的功能,在编程时是不需要这样手工推导公式并且编写代码的。

多层神经网络的训练是通过梯度下降法进行的,其中梯度的计算是通过误差反向传播算法完成的。模型训练的过程可以这样描述:首先,在输入层输入样本特征 X,经过神经网络逐层传递,直到在输出层得到预测值;然后,将神经网络输出的预测值与标签值比较,计算损失,根据损失使用梯度下降法更新最后一层神经元的参数;最后,反向传播梯度信息,逐层后退,更新每层模型的参数,完成一轮训练。参数调整后的网络再次根据样本特征正向计算预测值、反向传播误差、调整模型参数,通过这样不断迭代训练优化模型。

4.3.4 激活函数

生物神经元能够接收来自其他多个神经元的输入,当这些输入累积超过一定的阈值时,这个神经元就被激活产生输出。人工神经网络借鉴了这个特点,使用一个函数来模拟这个过程。如果使用线性函数,每一层的输出都是对上一层的输入进行线性组合,那么无论有多少个隐藏层,输出层都是对输入特征的线性组合,无法完成复杂的任务。因此,科学家们在设计人工神经网络时,将神经元的计算分为两步:

第一步,对所有输入进行线性组合。

$$z = \sum_{i=1}^{m} w_j x^j + w_0 = \boldsymbol{W}^{\mathrm{T}} \boldsymbol{X} \tag{4-4}$$

第二步,使用一个非线性的激活函数得到输出值。

$$y = f(z) = f(\boldsymbol{W}^{\mathrm{T}} \boldsymbol{X}) \tag{4-5}$$

视频讲解

　　激活函数是只有一个自变量的简单非线性函数,尽管每一个神经元的计算都非常简单,但是通过一层一层地堆叠级联就可以实现各种复杂的函数或者空间分布,解决复杂的问题。同时,激活函数应该是连续可导的,这样就可以使用梯度下降法来更新网络参数。其次,激活函数应该是单调的,这样才能够保证单层神经网络的损失函数是凸函数,学习算法更容易收敛。下面介绍几种在神经网络中常用的激活函数。

1. Sigmoid

　　早期的神经网络普遍采用 Sigmoid 函数,其曲线如图 4-13 所示,它能够把输入的负无穷大到正无穷大之间的连续输入变换为(0,1)范围的输出,且连续可导。当输入值趋近于正负无穷大时,函数的导数逐渐趋近 0,称为两端饱和。两端饱和特性在多层网络训练时会产生梯度消失的问题,而且 Sigmoid 函数不以 0 为中心的特点会使得后面一层神经元的输入发生偏移,可能导致梯度下降的收敛速度变慢。

2. tanh

　　tanh 函数曲线如图 4-14 所示,看起来与 Sigmoid 函数十分相像,因此也存在两端饱和导致的梯度消失问题,不同之处在于 tanh 函数将输入转换至(−1, 1)范围,以 0 为中心的优势,使得 tanh 函数要比 Sigmoid 函数在实践中更受欢迎。

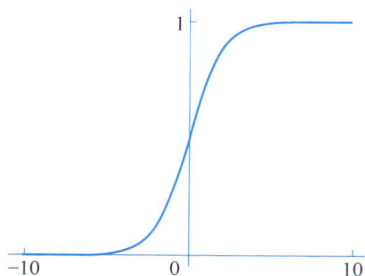

图 4-13　Sigmoid 函数曲线

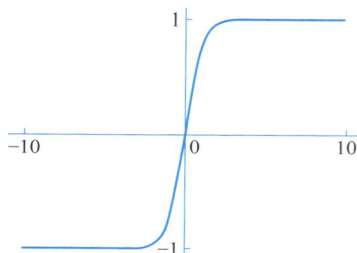

图 4-14　tanh 函数曲线

3. ReLU

　　ReLU(Rectified Linear Unit)函数是近几年十分受欢迎的一个激活函数,因为它从生物学角度而言更为合理。2012 年的 ImageNet 大赛冠军模型 AlexNet 就使用了这个激活函数,之后被大量运用。ReLU 函数的形式为

$$f(x) = \max(0, x) \tag{4-6}$$

　　可以看到这是阈值函数的一种,如果输入是负数输出为 0,如果输入为正数则原样输出,函数曲线如图 4-15 所示,可以看到在图像的负半轴还是存在饱和现象,但是正半轴不存在饱和现象。采用 ReLU 函数作为激活函数,神经元只需要判断输入是否大于 0,计算速度非常快,而且由于输入大于 0 时的导数恒等于 1,因此在误差反向传播时,训练模型的收敛速度也很快。如果输入小于 0,激活函数的输出是 0,梯度也是 0,会导致参数无法更新,在以后的训练中永远无法激活,这称为"ReLU 神经元死亡"。

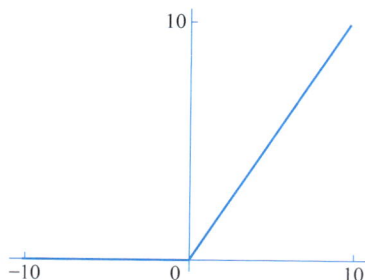

图 4-15　ReLU 函数曲线

4. Leaky ReLU

为了解决"ReLU 神经元死亡"问题,人们提出了 Leaky ReLU 函数,数学表达式如下:

$$f(x) = I(x < 0)(\sigma x) + I(x \geq 0)(x) \tag{4-7}$$

其中,σ 是一个很小的常量,是一个超参数,需要人工调整。如图 4-16 所示,其函数曲线跟 ReLU 看上去很相似,只是在负区间中不再恒等于 0,而是保持一个很小的梯度来更新参数,从而避免了"神经元死亡"的问题。同时,Leaky ReLU 函数具有线性的特点,使用它作为隐藏层的激活函数,神经网络的计算和训练速度都比 Sigmoid 函数快得多。但是有研究指出这个激活函数的效果并不是很稳定,Kaiming He 等在 2015 年发表的论文中介绍

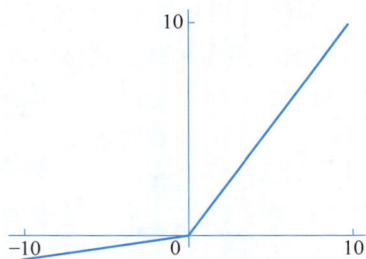

图 4-16　Leaky ReLU 函数曲线

了一种新方法 PReLU:$f(x) = \max(\alpha x, x)$,也叫参数整流器,它与 Leaky ReLU 很像,负轴上是一个倾斜的区域,但是不再采用指定的方法,而是将负区间上的斜率 σ 当作每个神经元中的一个可训练参数,可以通过反向传播学习更新,这给了它更多的灵活性。

5. ELU

还有一种叫作指数线性单元(Exponential Linear Unit)的激活函数,简称 ELU,函数的数学表达式为

$$f(x) = \begin{cases} x & , x > 0 \\ \alpha(e^{-x} - 1) & , x \leq 0 \end{cases} \tag{4-8}$$

函数曲线如图 4-17 所示,ELU 具有 ReLU 的所有优点,通过改进负区间的特性和输出均值,ELU 使得模型能够更快地收敛并达到更高的性能。在负区间引入指数函数,确保所有神经元都有梯度,输出均值更接近 0,有助于加速神经网络的学习过程。在负区间的输出是连续且光滑的,有助于提高模型的稳定性和收敛速度。与 Leaky ReLU、PReLU 相比较,ELU 没有在负区间倾斜,实际上是在建立一个负饱和机制,一个具有争议性的观点是这样会使得模型对噪声具有更强的鲁棒性,然后得到更鲁棒的反激活状态,详情可以参考 Clevert 等在 2015 年发表的论文,给出了这样做的很多

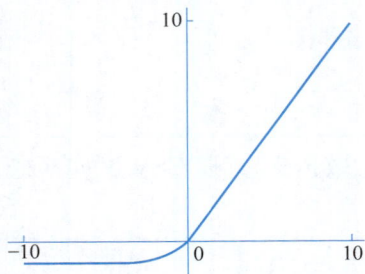

图 4-17　ELU 函数曲线

理由。从某种意义上说,这是一种介于 Leaky ReLU 和 ReLU 之间的形式,具有 Leaky ReLU 所具有的曲线形状,使输出均值更接近 0,但是它也有一些比 ReLU 更饱和的行为。

6. Maxout "Neuron"

与上面几种激活函数不同,Maxout "Neuron"具有不同的形式,对于权重和数据的内积的输出结果,不再使用函数 $f(w^T x + b)$ 的形式。而是从两组使用不同权重对数据进行加权的线性函数中选择取值最大的一个,公式为

$$f(x) = \max(w_1^T x + b_1, w_2^T x + b_2) \tag{4-9}$$

式中,w_1 和 w_2 是不同的权重,b_1 和 b_2 是不同的偏置,所以 Maxout "Neuron"做的是在这两个线性函数中取最大值。Maxout 是对 ReLU 和 Leaky ReLU 的一般化归纳,ReLU 和

Leaky ReLU 都是式(4-9)的特殊情况(例如,当 w_1 与 b_1 均为 **0** 时,就是 ReLU 函数)。

4.4 实例:深度学习模型完成分类任务

下面使用多层神经网络实现对鸢尾花的分类。在 4.2 节介绍的单层神经网络结构中,增加一层隐藏层,设计一个如图 4-18 所示的两层神经网络。输入层接收 4 个属性数据(花瓣长度、花瓣宽度、花萼长度、花萼宽度),输入层与隐藏层之间的权值矩阵为 W_1;隐藏层设置 16 个神经元,神经元的偏置项是 B_1,采用 ReLU 函数作为激活函数,输出是 $H = \text{ReLU}(XW_1 + B_1)$。因为隐藏层中有 16 个节点,所以 B_1 的长度就是 16,因为输入层有 4 个节点,因此 W_1 的形状就是(4,16)。鸢尾花有 3 种类别,所以输出层中有 3 个神经元,隐藏层与输出层的权值矩阵为 W_2,形状是(16,3),输出层中的神经元的偏置项是 B_2,长度就是 3。因为是多分类问题,所以输出层的激活函数采用 softmax 函数,输出是 $Y = \text{softmax}(HW_2 + B_2)$。

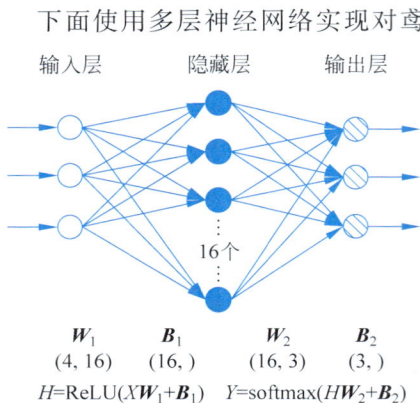

图 4-18 多层神经网络的设计

使用 TensorFlow 编程实现图 4-18 设计的两层神经网络,程序如下,多数代码和单层神经网络相同。

第一步,导入需要的库。

```
import tensorflow as tf
import pandas as pd
import numpy as np
import matplotlib.pyplot as plt
```

第二步,加载数据。分别导入鸢尾花训练数据集和测试数据集,读取 CSV 文件并把它们转换为 numpy 数组。

```
TRAIN_URL = "http://download.tensorflow.org/data/iris_
training.csv"
train_path = tf.keras.utils.get_file(TRAIN_URL.split('/')[-1],
TRAIN_URL)
TEST_URL = "http://download.tensorflow.org/data/iris_test.csv"
test_path = tf.keras.utils.get_file(TEST_URL.split('/')[-1], TEST_URL)
df_iris_train = pd.read_csv(train_path, header = 0)
df_iris_test = pd.read_csv(test_path, header = 0)
iris_train = np.array(df_iris_train)
iris_test = np.array(df_iris_test)
```

第三步,数据预处理。将训练集和测试集中的样本属性值和标签值分开,分别放在数组 X 和数组 Y 中,对属性值进行中心化处理,使得均值为 0。鸢尾花数据集中的属性值和标签值都是 64 位浮点数,使用 cast()函数把属性值转换为 32 位浮点数,最后使用 one_hot()函数把标签值转换为 TensorFlow 独热编码的形式。

```
x_train = iris_train[:, 0:4]
y_train = iris_train[:, 4]
x_test = iris_test[:, 0:4]
y_test = iris_test[:, 4]x_train = x_train - np.mean(x_train, axis = 0)
x_test = x_test - np.mean(x_test, axis = 0)
X_train = tf.cast(x_train, tf.float32)
Y_train = tf.one_hot(tf.constant(y_train, dtype = tf.int32), 3)
X_test = tf.cast(x_test, tf.float32)
Y_test = tf.one_hot(tf.constant(y_test, dtype = tf.int32), 3)
```

第四步,设置超参数和显示间隔,这里设置学习率为 0.6,迭代次数为 100,显示间隔为 20。

```
learn_rate = 0.6
iter = 100
display_step = 20
```

第五步,设置模型参数初始值。分别设置隐藏层的权值参数矩阵 W1 和偏置项 B1 的初值,W1 是 4 行 16 列的二维 Tensor 张量,即形状是(4,16),取正态分布的随机值作为初始值,B1 是长度为 16 的一维 Tensor 张量,初始化为 0;再分别设置隐藏层与输出层之间的权值矩阵 W2 和偏置项 B2 的初值,W2 是 16 行 3 列的二维 Tensor 张量,即形状是(16,3),取正态分布的随机值作为初始值,B2 是长度为 3 的一维 Tensor 张量,初始化为 0。

```
np.random.seed(1015)
W1 = tf.Variable(np.random.randn(4, 16), dtype = tf.float32)
B1 = tf.Variable(tf.zeros([16]), dtpe = tf.float32)
W2 = tf.Variable(np.random.randn(16, 3), dtype = tf.float32)
B2 = tf.Variable(tf.zeros([3]), dtype = tf.float32)
```

第六步,训练模型。

首先定义 4 个列表,分别用来记录训练集和测试集的准确率和交叉熵损失。

```
acc_train = []
acc_test = []
cce_train = []
cce_test = []
```

然后定义网络结构,开始迭代学习模型参数。

```
for i in range(iter + 1):
    with tf.GradientTape() as tape:
        Hidden_train = tf.nn.relu(tf.matmul(X_train, W1) + B1)
        PRED_train = tf.nn.softmax(tf.matmul(Hidden_train, W2) + B2)
        Loss_train = tf.reduce_mean(tf.keras.losses.
categorical_crossentropy(y_true = Y_train, y_pred = PRED_train))
        Hidden_test = tf.nn.relu(tf.matmul(X_test, W1) + B1)
        PRED_test = tf.nn.softmax(tf.matmul(Hidden_test, W2) + B2)
        Loss_test = tf.reduce_mean(tf.keras.losses.
categorical_crossentropy(y_true = Y_test, y_pred = PRED_test))
```

```
    accuracy_train = tf.reduce_mean(tf.cast(tf.equal(tf.argmax
(PRED_train.numpy(),axis=1), y_train), tf.float32))
    accuracy_test = tf.reduce_mean(tf.cast(tf.equal(tf.argmax
(PRED_test.numpy(),axis=1), y_test), tf.float32))
    acc_train.append(accuracy_train)
    acc_test.append(accuracy_test)
    cce_train.append(Loss_train)
    cce_test.append(Loss_test)
    grads = tape.gradient(Loss_train,[W1, B1, W2, B2])
    W1.assign_sub(grads[0] * learn_rate)
    B1.assign_sub(grads[1] * learn_rate)
    W2.assign_sub(grads[2] * learn_rate)
    B2.assign_sub(grads[3] * learn_rate)
    if i % display_step == 0:
        print("i: % i,TrainAcc:% f, TrainLoss:% f, TestAcc:% f, TestLoss:% f" % (i,accuracy_
train,Loss_train,accuracy_test,Loss_test))
```

其中，两层神经网络的代码为

```
Hidden_train = tf.nn.relu(tf.matmul(X_train, W1) + B1)
PRED_train = tf.nn.softmax(tf.matmul(Hidden_train, W2) + B2)
```

隐藏层采用 ReLU 函数作为激活函数，输出层采用 softmax 函数作为激活函数。

交叉熵损失使用 tf.keras 中自带的损失函数来实现，交叉熵损失函数的结果是一个一维张量，其中的元素是每个样本的交叉熵损失，最后使用 reduce_mean() 求平均交叉熵损失。后面分别计算了训练集和测试集上的准确率，然后通过 append() 函数把训练集和测试集上的准确率和损失分别追加到相应的列表中，便于后面绘制曲线。

接着，通过 grads = tape.gradient(Loss_train,[W1, B1, W2, B2]) 获得训练集的交叉熵损失函数对 W1、B1、W2、B2 的偏导数，得到的 grads 是一个长度为 4 的列表。列表中的第一个元素是损失函数对 W1 的偏导数，列表中的第二个元素是损失函数对 B1 的偏导数，第三个元素是损失函数对 W2 的偏导数，第四个元素是损失函数对 B2 的偏导数。最后，使用这些偏导数更新模型参数 W1、B1、W2、B2。打印显示训练集和测试集上的准确率和损失，运行结果如图 4-19 所示。

```
i: 0,TrainAcc:0.408333, TrainLoss:3.264833, TestAcc:0.366667, TestLoss:2.375680
i: 20,TrainAcc:0.941667, TrainLoss:0.160744, TestAcc:1.000000, TestLoss:0.140296
i: 40,TrainAcc:0.958333, TrainLoss:0.091606, TestAcc:1.000000, TestLoss:0.067889
i: 60,TrainAcc:0.966667, TrainLoss:0.072132, TestAcc:1.000000, TestLoss:0.050578
i: 80,TrainAcc:0.983333, TrainLoss:0.061381, TestAcc:1.000000, TestLoss:0.044889
i: 100,TrainAcc:0.991667, TrainLoss:0.054212, TestAcc:0.966667, TestLoss:0.044119
```

图 4-19 深度学习仿真结果

可以看到在第 20 轮时，训练集上的准确率达到了 94.1%，测试集上的准确率达到了 100%。对照 4.2 节中的运行结果可知，在同样的学习率下，两层神经网络的性能优于单层神经网络。

使用如下的代码可以把训练结果做可视化展示。

```
plt.figure(figsize=(10,4))
plt.subplot(1,2,1)
```

```
plt.plot(cce_train, color = "orange", label = 'train')
plt.plot(cce_test,color = "blue", label = 'test')
plt.xlabel("Iterations")
plt.ylabel("Loss")
plt.legend()
plt.subplot(1,2,2)
plt.plot(acc_train, color = "orange", label = 'train')
plt.plot(acc_test, color = "blue", label = 'test')
plt.xlabel("Iterations")
plt.ylabel("Accuracy")
plt.legend()
plt.show()
```

绘制的训练集和测试集的损失曲线和准确率曲线如图 4-20 所示,橙色的是训练集,蓝色的是测试集,可以看到随着迭代次数的增加,训练集和测试集的损失都在下降且相差不大,在迭代 20 轮之后,测试集的准确率更高。

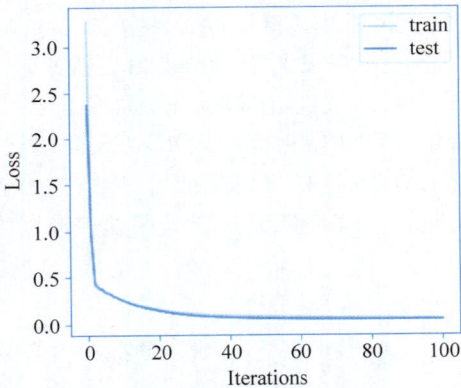

(a) 损失值随迭代次数的变化　　　　　(b) 准确率随迭代次数的变化

图 4-20　损失值、准确率随迭代次数的变化

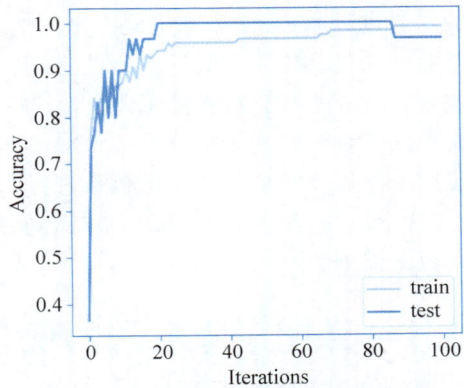

彩色图片

本章小结

神经网络与深度学习为现代人工智能的发展奠定了基础。通过感知机、单层和多层神经网络的详细介绍,本章介绍了如何通过数学模型模拟生物神经元的计算过程,以及深度学习如何自动提取数据特征,进而有效解决复杂的分类和预测问题。

第5章 深度神经网络的训练方法

本章将详细介绍深度神经网络训练过程中的相关细节和实践中经常使用的方法和技巧。神经网络的训练实质上是一个优化问题,5.1节和5.2节将详细介绍各种优化算法,并比较各种优化算法的优劣,帮助读者在实践中选择合适的优化算法。首先,对梯度下降算法存在的问题进行阐述,然后基于此引出其他改进的优化算法。这些改进的算法主要从两个方面对原始随机梯度下降算法进行改进,其中一大类优化算法旨在调整参数更新方向,优化训练速度;而另一大类算法旨在调整学习率,即对步长做改进,使得优化更加稳定。5.3节介绍常见的几种参数初始化方法,如 Xavier 初始化、He 初始化等。另外,还会介绍逐层进行批量归一化操作然后使用小随机数进行初始化的方法,这样可以降低对参数初始化的要求,在实践中取得了不错的效果。最后,通过 Sequential 模型搭建并训练深度神经网络,实现手写数字识别。

5.1 梯度下降算法的优化

本节介绍梯度下降算法的优化。首先,分析梯度下降算法的问题,然后介绍改进的优化策略,目的是调整参数更新方向,优化训练速度,包括基于动量的更新二阶优化算法、共轭梯度。

5.1.1 梯度下降算法的问题

在第2章中已经提到,模型表现是通过损失函数衡量的,需要找到让损失函数取得最小值的参数矩阵 W,这一过程是一个优化问题,通常使用迭代优化方法来找到最优解。需要注意的是,对于深度神经网络,由于其高度非线性特性,优化的目标函数是一个非凸函数,因此神经网络的优化是一个非凸优化问题,策略上与凸优化问题有些不同。第2章提到了梯度下降算法,以及应对大数据量高计算成本的解决方案——小批量梯度下降算法和随机梯度下降算法,它们分别使用全部训练集样本、小批量训练集样本和一个样本求解损失和梯度。小批量梯度下降算法和随机梯度下降算法是对实际损失和梯度的估计。实际应用中,可以根据数据量和参数量,以及精度和计算量之间的权衡,任意选取其中一种方式。梯度下降算法是最简单的一种参数更新策略,但其存在许多问题。

(1)"z"字形下降:当损失函数具有高条件数时会发生这种情况。也就是说,当损失函数对不同方向的参数变换敏感程度不同时,运行梯度下降算法参数会产生"z"字形下降。图 5-1 所示为损失函数等高线图,对于该损失函数只有两个参数 W_1 和 W_2,如果改变其中之一,如在水平方向改变 W_1 值,则损失函数变化非常慢,而在垂直方向对 W_2 进行相同程度的改动,损失值变化则非常快。对于这样的损失函数,在其上运行随机梯度下降算法会产生"z"字形下降,原因是这类目标函数的梯度方向与最小值方向不一致,当计算梯度并沿着梯度前进时,在敏感方向变化较大,而在不敏感方向变化较小,可能会一遍遍跨过等高线,"z"字形前进或者后退,在敏感度较低的维度前进速度非常慢,在敏感度较高的维度上进行"z"字形运动,使得参数更新效率低下,这个问题在高维空间更加普遍。

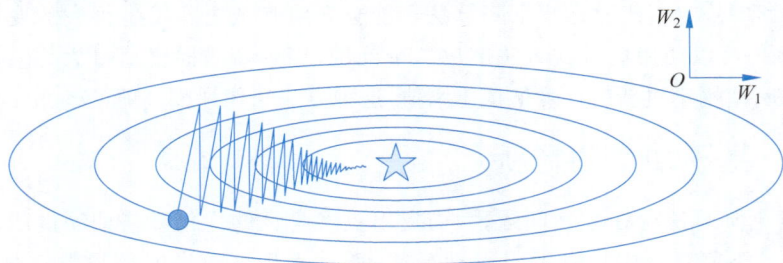

图 5-1 二维损失函数等高线

(2)局部极小值(可辨识性问题)、鞍点和平坦区域:如图 5-2 所示的一维损失函数,损失函数中间有一段凹陷,运行梯度下降算法会出现参数更新"卡"在凹陷处的现象,最终得到一个局部极小点而非全局最小点。因为局部极小点处梯度为 0,梯度下降算法在此处不执行更新。可以通过合理选择参数的初始值远离局部最小点来解决这个问题。实际上,局部极小值问题在低维空间更加严重,在高维空间并不是一个很大的问题。对于一个含有一亿个参数的高维空间,要求一个点对于一亿个维度的点都是局部极小的,向任何一个方向前进较小的一步损失都会变大,这种情况非常稀少。如果一个点在某一维度上是局部极小点的概率为 p,那么在整个参

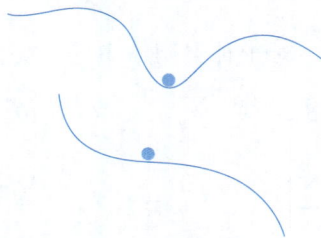

图 5-2 局部极小点和鞍点

数空间(假设有一亿个参数),该点是局部极小点的概率为 p^{10^8},随着网络规模的增加,陷入局部极小值的可能性大大降低。

高维空间中更为突出的一个问题是鞍点,鞍点处梯度也为零。不同于局部极小点或者局部极大点在任何维度上都是局部极大点或者局部极小点,鞍点在某些维度上是局部极大点,在某些维度上是局部极小点。图 5-2 中下面的曲线是二维情形中鞍点的示意图,可以看到,鞍点在水平维度上为局部极小点,而在垂直维度上为局部极大点。鞍点是高维空间中的难点,如果在一个一亿个维度的参数空间,鞍点部分维度上为局部极小点的概率远远大于局部极小点。因此,高维空间中大部分梯度为 0 的点都是鞍点,并非局部极小点。鞍点使得基于梯度下降的优化算法会在此处停滞,难以从鞍点处"逃离"。在高维空间中,这是一个亟待解决的问题。

另外,还可能存在恒值的宽阔平坦区域。因为深度神经网络的参数数量极大,具有一定的冗余性,每一个参数对损失函数的贡献很小,这就导致损失函数的这种特殊"地形",在平坦区域内梯度接近于 0,若该区域又恰好是"高原"地带(即损失值很高的区域),也会导致非常差的优化结果。

（3）随机性：随机性是随机梯度下降的另一个问题。损失函数是在整个训练集的所有样本上定义的，如果训练集有 N 个样本，那么损失即这 N 个样本损失的和。出于提升效率的考虑，实际中通过使用小批量样本来对损失和梯度进行近似估计。也就是说，在每一次更新中没有使用真实的梯度，而是使用带噪声的梯度估计来执行参数更新，这会导致参数更新比较曲折，从而需要很长的时间达到收敛状态。

另外一个在循环神经网络中比较常见的问题是，当损失函数呈现悬崖结构时，在悬崖结构附近梯度非常大，使用普通梯度下降算法可能会导致参数更新发生很大的变化，从而出现梯度爆炸现象。可以使用启发式方法解决这个问题，当更新的梯度值过大，超过规定的阈值时，就进行截断，使用于更新的梯度值低于阈值，这种方法叫作梯度裁剪（Gradient Clipping）。

5.1.2　基于动量的更新

由于梯度下降算法存在较多问题，因而提出更多高级的优化策略。动量法（Momentum Method）在梯度下降算法的基础上引入动量项，通过累积之前梯度的指数衰减加权移动平均代替当前的梯度作为参数的更新方向，实现迭代更新，更新公式如式（5-2）所示，其中 $\boldsymbol{v}$ 由式（5-1）给出。

$$\boldsymbol{v} \leftarrow \rho \boldsymbol{v} - \alpha \nabla_{\boldsymbol{\theta}} f(\boldsymbol{\theta}) = \rho \boldsymbol{v} - \alpha \boldsymbol{g} \tag{5-1}$$

$$\boldsymbol{\theta} \leftarrow \boldsymbol{\theta} + \boldsymbol{v} \tag{5-2}$$

对于神经网络中的损失函数，即需要优化的目标函数，本章统一使用函数 $f(\boldsymbol{\theta})$ 表示，$f(\boldsymbol{\theta}) = \dfrac{1}{m} \sum_{i=1}^{m} L(f(\boldsymbol{x}^{(i)}; \boldsymbol{\theta}), \boldsymbol{y}^{(i)})$，$f(\boldsymbol{x}^{(i)}; \boldsymbol{\theta})$ 指神经网络学习得到的函数，$\dfrac{1}{m} \sum_{i=1}^{m} L(f(\boldsymbol{x}^{(i)}; \boldsymbol{\theta}), \boldsymbol{y}^{(i)})$ 为数据损失。有时需要优化的目标函数不仅仅为数据损失，有可能包含正则项，由于 5.1 节和 5.2 节涉及的优化方法不需要目标函数的具体表达式，因此可简单使用 $f(\boldsymbol{\theta})$ 表示。另外，优化方法常用到目标函数关于参数的梯度，为方便将其表示为 $\boldsymbol{g}$，即 $\boldsymbol{g} = \nabla_{\boldsymbol{\theta}} f(\boldsymbol{\theta})$。符号 $\boldsymbol{\theta}$ 表示需要优化的参数，既包括权重 $\boldsymbol{W}$，也包括偏置 $\boldsymbol{b}$。

$\boldsymbol{v}$ 表示速度，是参数在参数空间移动的方向和速率，$\boldsymbol{v}$ 一般初始化为 0。在第 k 次迭代时，首先使用梯度信息更新速度，然后使用更新后的速度进行参数更新，当前速度实质上是以往累积梯度的移动平均。这与梯度下降算法不同，梯度下降算法直接使用梯度信息对参数进行更新。α 为学习率，与梯度下降算法中含义相同。ρ 为动量因子，根据经验，ρ 一般设置为 0.5、0.9、0.95 和 0.99 中的一个值。与学习率类似，一般将 ρ 设置为随时间变化的值能够改善优化性能，初始值一般设置为一个较小的数值，随后慢慢变大。ρ 决定了前一时刻的速度对当前时刻速度预测的贡献。ρ 越大，代表之前时刻累积的梯度对现在梯度方向的影响越大，而 α 代表当前时刻梯度对参数更新方向的重要性。完整的基于动量的梯度下降算法或者称为动量法的算法流程如算法 5-1 所示。

算法 5-1　基于动量的随机梯度下降（动量法）
1. **Input**：初始参数 $\boldsymbol{\theta}$，初始速度 $\boldsymbol{v}_0$
2. **While** 没有达到停止准则 **do**
3. 　　从训练集中采集包含 m 个样本的小批量 $\langle \boldsymbol{x}^{(1)}, \cdots, \boldsymbol{x}^{(m)} \rangle$，对应目标为 $\boldsymbol{y}^{(i)}$。

4. 计算梯度估计：$g \leftarrow \dfrac{1}{m}\nabla_{\boldsymbol{\theta}}\sum\limits_{i=1}^{m}L(f(\boldsymbol{x}^{(i)};\boldsymbol{\theta}),y^{(i)})$

5. 计算速度更新：$\boldsymbol{v} \leftarrow \rho\boldsymbol{v} - \alpha\boldsymbol{g}$

6. 应用更新：$\boldsymbol{\theta} \leftarrow \boldsymbol{\theta} + \boldsymbol{v}$

7. **End while**

物理学中，一个物体的动量指该物体在它的运动方向上保持运动状态的趋势，动量表示为物体质量与速度的乘积。在动量法中，将参数的更新看作粒子的运动，并且假定粒子的质量为单位质量，所以粒子的动量值等同于粒子的速度值。设想一个具有单位质量的小球从一个小坡上滑下。首先，小球有一个初始速度$\boldsymbol{v}_0$，然后小球由于力的作用向着下坡的方向滚动。在动量法中，力正比于损失函数的负梯度，根据公式$\boldsymbol{F} = m\boldsymbol{a}$，力给小球一个加速度，使得小球速度改变。传统的梯度下降算法中，梯度直接改变位置；动量法使用梯度改变速度，速度再改变位置。超参数ρ可以看作摩擦系数，能够有效地抑制粒子的速度，降低粒子动能，使粒子最终能够停下来。

动量法可以帮助解决梯度下降算法存在的问题。尽管在局部极小点和鞍点附近梯度为0，但小球有累积的速度，这个速度可以帮助小球越过梯度为0的点，而不至于陷入这些点无法继续更新。另外，当损失函数对不同方向的参数变换敏感程度差异较大时，运行普通梯度下降算法会出现"z"字形下降，使用动量法可以很好地进行改善，因为每个参数的更新不仅取决于当前的梯度，还取决于之前累积的梯度加权平均。如果一段时间内的梯度方向一致，那么参数更新的幅度将大于仅使用当前梯度进行更新的幅度，这会起到加速作用，这对应于参数不敏感的方向，在这些方向上更新步幅会增大，从而在这些方向获得加速；相反地，如果一段时间内的梯度方向不一致，可以很快地抵消"z"字形梯度更新的情况，有效减少参数敏感方向步进的数量。因此，使用动量法可以有效提升效率，加速学习进程。同时，动量法可以获得一系列随时间变换的速度，估计梯度时可抵消部分噪声，与随机梯度下降算法相比，能够更加平稳地接近最小值点。图5-3可视化了参数的更新过程，黑点代表不同迭代参数的大小，虚线箭头代表当前参数值处损失函数关于参数的梯度，实线代表使用动量法执行更新的过程。可以看到，动量法参数更新方向实质上与真实梯度方向有偏差，减小了在参数敏感方向的震荡，加速了收敛过程。

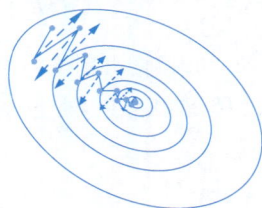

图 5-3 动量法参数更新过程

图5-4中，将动量法的每一步更新用向量化的形式表示出来，黑点为当前参数的位置，"梯度"向量表示负梯度或者对当前位置梯度估计的负方向。当使用动量法进行更新时，实际上是对"梯度"向量和"速度"向量两者进行加权平均进行步进。

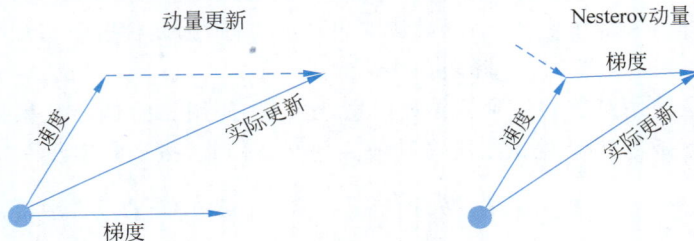

图 5-4 动量法与 Nesterov 动量的比较

另一种改进的动量法为 Nesterov 加速梯度（Nesterov Accelerated Gradient，NAG），也称为 Nesterov 动量（Nesterov Momentum）。在动量法中，先获取当前位置的梯度，然后使用梯度和速度的加权平均进行更新。而 Nesterov 动量中，需要根据当前的速度方向预先前进一步，在这个新的位置求取梯度，然后再回到起始位置，根据速度和新位置的梯度的加权平均实现更新。NAG 的速度更新公式如式(5-3)所示，参数更新公式与式(5-2)相同，算法流程见算法 5-2。

$$\boldsymbol{v} \leftarrow \rho \boldsymbol{v} - \alpha \nabla_{\boldsymbol{\theta}} f(\boldsymbol{\theta} + \rho \boldsymbol{v}) \tag{5-3}$$

算法 5-2　基于 Nesterov 动量的随机梯度下降算法

1. **Input**：学习率 α，动量因子 ρ
2. **Input**：初始参数 $\boldsymbol{\theta}$，初始速度 $\boldsymbol{v}_0$
3. **While** 没有达到停止准则 **do**
4. 　从训练集中采集包含 m 个样本的小批量 $\{\boldsymbol{x}^{(1)}, \cdots, \boldsymbol{x}^{(m)}\}$，对应目标为 $\boldsymbol{y}^{(i)}$。执行临时更新：$\tilde{\boldsymbol{\theta}} \leftarrow \boldsymbol{\theta} + \rho \boldsymbol{v}$
5. 　计算梯度估计：$\boldsymbol{g} \leftarrow \dfrac{1}{m} \nabla_{\boldsymbol{\theta}} \sum_{i=1}^{m} L(f(\boldsymbol{x}^{(i)}; \tilde{\boldsymbol{\theta}}), \boldsymbol{y}^{(i)})$
6. 　计算速度更新：$\boldsymbol{v} \leftarrow \rho \boldsymbol{v} - \alpha \boldsymbol{g}$
7. 　应用更新：$\boldsymbol{\theta} \leftarrow \boldsymbol{\theta} + \boldsymbol{v}$
8. **End while**

实际两者的差别在于梯度的计算，动量法在当前位置计算梯度，NAG 施加速度后在新的位置计算梯度。可以这样解释：既然速度向量最终会将小球带到虚线箭头指向的位置，那与其在现在的位置计算梯度，不如向前看一步，用未来位置计算梯度。实验证明，NAG 收敛速度会更快。

5.1.3　二阶优化方法

以上介绍的几种方法都是一阶优化方法，因为仅使用梯度信息。对于想要优化的目标函数 $f(\boldsymbol{\theta})$，在点 $\boldsymbol{\theta}_0$ 处进行一阶泰勒公式展开可得

$$f(\boldsymbol{\theta}) \approx f(\boldsymbol{\theta}_0) + (\boldsymbol{\theta} - \boldsymbol{\theta}_0)^{\mathrm{T}} \boldsymbol{g} \tag{5-4}$$

其中，$\boldsymbol{g}$ 为 $f(\boldsymbol{\theta})$ 的梯度在 $\boldsymbol{\theta}_0$ 处的值，通过计算点 $\boldsymbol{\theta}_0$ 处的梯度可以得到目标函数在 $\boldsymbol{\theta}_0$ 局部区域的线性近似，如图 5-5 所示。使用近似函数代替原始函数计算梯度更新，即在原始函数的梯度方向上前进较小的一步。由于该近似仅在局部小区域内成立，在更大的范围内并不成立，因此不能在该方向前进太多，这就是一阶优化方法使用梯度的原因。对目标函数进行一阶近似后，将下降方向选择为下降最快的负梯度方向，因此梯度下降法也被称为最速下降法。

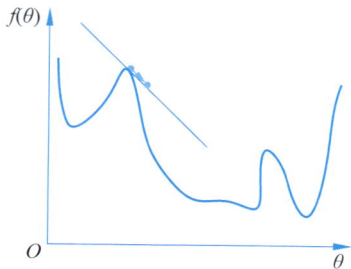

图 5-5　损失函数的一阶线性近似

一阶优化方法使用函数的一阶偏导数信息，也存在使用二阶偏导数来指导搜索的二阶优化方法。将目标函数在 $\boldsymbol{\theta}_0$ 处做二阶泰勒公式展开，得到 $f(\boldsymbol{\theta})$ 的近似式为

$$f(\boldsymbol{\theta}) \approx f(\boldsymbol{\theta}_0) + (\boldsymbol{\theta} - \boldsymbol{\theta}_0)^{\mathrm{T}} \cdot \boldsymbol{g} + \frac{1}{2}((\boldsymbol{\theta} - \boldsymbol{\theta}_0)^{\mathrm{T}} \boldsymbol{H}(\boldsymbol{\theta} - \boldsymbol{\theta}_0)) \tag{5-5}$$

其中，$\boldsymbol{g}$ 仍为 $f(\boldsymbol{\theta})$ 的梯度在 $\boldsymbol{\theta}_0$ 处的值，$\boldsymbol{H}$ 是 $\boldsymbol{\theta}_0$ 点的 Hessian 矩阵，Hessian 矩阵为 $f(\boldsymbol{\theta})$ 二

阶偏导数组成的矩阵,其定义如下:

$$H(f)(\theta)_{i,j} = \frac{\partial^2}{\partial\theta_i\partial\theta_j}f(\theta) \tag{5-6}$$

基于二阶近似,目标函数可以通过一个二次函数来局部近似,如图 5-6 所示。不同于一阶近似的线性函数,可以通过近似二次函数的最小值点,不断迭代找到原始目标函数的最小值点,这就是二阶优化的思想。对于该近似二次函数的最小值点θ^*,可以通过解析方法求出。

$$\theta^* = \theta_0 - H(f)(\theta_0)^{-1}\nabla_\theta f(\theta_0) \tag{5-7}$$

此方法也被称为牛顿法。计算 Hessian 矩阵,即二阶偏导数的矩阵,然后求逆,可以直接得到对原始目标函数进行二次近似后的最小值。Hessian 矩阵也被称为牛顿步长,它等价于一阶优化方法中的超参数 α(也叫步长或者学习率)。实际上,二阶优化方法的好处就在于没有学习率,不用通过交叉验证确定学习率的值,相较于一阶优化方法,这是一个巨大的优势。由于神经网络中需要优化的目标函数通常不是二次函数,因此需要多次对原目标函数进行近似并使用公式(5-7)得到近似函数的最小值。综上所述,牛顿法先基于二阶泰勒公式展开式近似θ_0处附近的 $f(\theta)$,然后使用以下更新公式:

图 5-6 损失函数的二阶近似

$$\theta_k = \theta_{k-1} - H(f)(\theta_{k-1})^{-1}\nabla_\theta f(\theta_{k-1}) \tag{5-8}$$

直接得到近似函数的最小值,再在新的位置对损失函数进行二阶泰勒公式展开,这样不断迭代更新近似函数。式(5-8)中θ_k表示第 k 轮迭代更新后的参数,θ_{k-1}为上一轮迭代的参数。经证明,该方法能够比梯度下降法更快地达到临界点。

Hessian 矩阵利用了二阶偏导数信息,从而使得参数更新更加高效,它描述了损失函数的局部曲率,使得在曲率小时能大步长更新,曲率大时小步长更新,这可以解决梯度下降算法中的"z"字形下降问题。牛顿法在选择方向时,不仅考虑梯度还考虑梯度的变化。梯度下降法每次前进时选择坡度最陡峭的方向(即梯度方向),而牛顿法不仅考虑当前坡度是否足够大,还会进一步考虑迈出一步后坡度是否变得更大。因此,牛顿法比梯度下降法更具全局思想,所以收敛速度更快。

对于牛顿法而言,鞍点是一个突出问题,如果没有适当地改进,牛顿法就会陷入鞍点。在深度神经网络中,其高度非线性导致优化的目标函数通常是一个非凸问题,这种情形下,牛顿法就会被吸引到鞍点。换句话说,由于非凸性导致 Hessian 矩阵非正定,在靠近鞍点处,牛顿法实际上会朝错误的方向进行更新。高维空间中鞍点数量激增,这是牛顿法不能代替梯度下降法用于训练大型神经网络的一个原因。有部分研究者提出了无鞍点牛顿法(Saddle-free Newton Method),或许可以帮助二阶优化方法扩展到大型神经网络。另外,对 Hessian 矩阵求逆带来存储和计算负担,Hessian 矩阵元素个数是参数数量 N 的平方,对于一个包含 100 万个参数的神经网络模型,Hessian 矩阵大小为 $1\,000\,000^2$,占用将近 3725GB 的内存。牛顿法需要求解这个 $N \times N$ 矩阵的逆矩阵,计算复杂度为 $O(N^3)$。每次迭代更新都要重新计算新位置的 Hessian 矩阵的逆矩阵,导致更新速度非常慢,因此牛顿法只适用于具有少量参数的网络。为解决 Hessian 矩阵求逆的复杂度问题,提出一系列拟牛顿法,旨在对 Hessian 矩阵的逆矩阵进行近似来代替 Hessian 矩阵进行更新,可使用正定矩阵来近

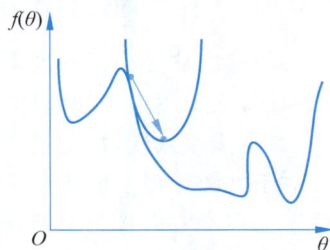

似 Hessian 矩阵的逆矩阵。正定矩阵能保证每一步搜索方向是向下的,可降低运算复杂度。比较常用的两种拟牛顿法为 DFP(Davidon-Fletcher-Powell)算法和 BFGS(Broyden-Fletcher-Goldfarb-Shanno)算法,以及为解决 BFGS 高存储代价的无存储的 L-BFGS(Limited-memory BFGS)算法。

5.1.4 共轭梯度

共轭梯度法是介于梯度下降法和牛顿法之间的一种方法,它既克服了梯度下降法收敛慢的问题,又不用像牛顿法那样使用 Hessian 矩阵的逆矩阵,它仅利用一阶导数信息,存储量小,具有步收敛性,稳定性高,并且不需要任何外部参数。

对于共轭梯度法的研究来源于对梯度下降法缺点的研究,梯度下降法每次迭代都将当前位置的梯度方向作为更新方向,使用学习率参数确定在该更新方向上前进的步长。有几种不同的步长选择方式,通常的方式是选择一个小的常数,并随迭代次数衰减。还有一种被称为线搜索的策略,该策略在每一个搜索方向(即梯度方向)上选取能使得目标函数 $f(\boldsymbol{\theta} - \alpha \nabla_{\boldsymbol{\theta}} f(\boldsymbol{\theta}))$ 最小的步长 α,可以保证在每个线搜索方向上都能找到该方向上的极小

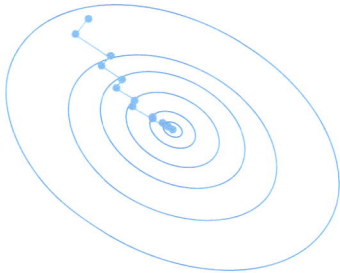

图 5-7　二次目标函数使用随机梯度
下降的参数更新路线

值,将线搜索迭代地应用于与梯度相关的方向直至找到目标值。实际上,这是一种相当低效的方式。如图 5-7 所示,对于二维的二次目标函数,运用梯度下降算法更新路线,在每个更新方向执行线搜索,因此每次迭代使用的是最优步长 α,可以看到梯度下降路线呈现锯齿形,收敛速度很慢。尽管这种方法比使用固定学习率更优,但是算法朝最优目标值前进的路线非常曲折。因为每一个由梯度给出的线搜索方向都与上一个线搜索方向正交,下面给出线搜索方向正交性的数学证明:在迭代点 $\boldsymbol{\theta}_k \in \mathbf{R}^n$ 处,沿梯度方向 $\boldsymbol{d}_k$ 执行线搜索,搜索满足式(5-9)的步长 α_k,将 $f(\boldsymbol{\theta}_k + \alpha \boldsymbol{d}_k)$ 关于 α 求导可得式(5-10)。

$$\alpha_k = \mathrm{argmin} f(\boldsymbol{\theta}_k + \alpha \boldsymbol{d}_k) \tag{5-9}$$

$$\boldsymbol{d}_k^{\mathrm{T}} \times \nabla f(\boldsymbol{\theta}_{k+1}) = 0 \quad (\text{其中}, \boldsymbol{\theta}_{k+1} = \boldsymbol{\theta}_k + \alpha_k \boldsymbol{d}_k) \tag{5-10}$$

由于 $\nabla f(\boldsymbol{\theta}_{k+1}) = \boldsymbol{d}_{k+1}$,所以方向 $\boldsymbol{d}_k$ 与 $\boldsymbol{d}_{k+1}$ 是正交的,因此上一次线搜索方向并不会影响下一次线搜索的方向,在当前梯度方向执行线搜索下降到极小值,再在新的位置重新确定搜索方向,这相当于放弃了之前线搜索方向上取得的进展,共轭梯度法则试图解决这个问题。

共轭梯度法最早由 Hastiness 和 Stiefle 提出,是一种旨在求解线性方程组 $\boldsymbol{Ax} = \boldsymbol{b}$ 的迭代方法,其中 $\boldsymbol{A}$ 为实对称正定矩阵。求解线性方程组 $\boldsymbol{Ax} = \boldsymbol{b}$ 实际上可以转换为求解式(5-11),其中 $\boldsymbol{b}^{\mathrm{T}}\boldsymbol{b}$ 项对最小值点没有影响,因此可以等价转化为求二次规划问题式(5-12)。

$$\min \| \boldsymbol{Ax} - \boldsymbol{b} \|_2^2 = \min(\boldsymbol{x}^{\mathrm{T}}\boldsymbol{A}^{\mathrm{T}}\boldsymbol{Ax} - \boldsymbol{b}^{\mathrm{T}}\boldsymbol{Ax} + \boldsymbol{b}^{\mathrm{T}}\boldsymbol{b}) \tag{5-11}$$

$$\min \| \boldsymbol{Ax} - \boldsymbol{b} \|_2^2 = \min(\boldsymbol{x}^{\mathrm{T}}\boldsymbol{A}^{\mathrm{T}}\boldsymbol{Ax} - \boldsymbol{b}^{\mathrm{T}}\boldsymbol{Ax}) \tag{5-12}$$

因此,对于标准目标函数

$$\min_{\boldsymbol{\theta}} f(\boldsymbol{\theta}) = \frac{1}{2} \boldsymbol{\theta}^{\mathrm{T}}\boldsymbol{Q}\boldsymbol{\theta} + \boldsymbol{q}^{\mathrm{T}}\boldsymbol{\theta} \tag{5-13}$$

其中，$Q \in \mathbf{R}^{n \times n}$ 为对称正定矩阵，$q \in \mathbf{R}^n$，由于矩阵 Q 正定，目标函数的 Hessian 矩阵 $\dfrac{\partial^2 f(\boldsymbol{\theta})}{\partial \boldsymbol{\theta} \partial \boldsymbol{\theta}^{\mathrm{T}}} = Q > 0$，故该问题实际上是一个凸优化问题。对于 n 维优化问题 $\boldsymbol{\theta} \in \mathbf{R}^n$，共轭梯度法最多 n 次迭代就可以准确找到最优解。

首先介绍共轭的概念，对于向量 $\boldsymbol{d}_1, \cdots, \boldsymbol{d}_m \in \mathbf{R}^n$，以及对称正定矩阵 $Q \in \mathbf{R}^{n \times n}$，若满足 $\boldsymbol{d}_i^{\mathrm{T}} Q \boldsymbol{d}_j = 0, i \neq j$，则称 $\boldsymbol{d}_1, \cdots, \boldsymbol{d}_m$ 关于 Q 相互共轭，向量组 $\boldsymbol{d}_1, \cdots, \boldsymbol{d}_m$ 称为 Q-共轭向量组，并且 $\boldsymbol{d}_1, \cdots, \boldsymbol{d}_m$ 线性无关。共轭梯度法旨在寻找一组共轭向量作为每次迭代的搜索方向，然后在这些方向上执行线搜索取得在该方向上的极小值。与梯度下降法不同，每一次搜索方向不仅由当前梯度方向得到，也与前一次搜索方向有关，当沿着当前搜索方向求极小值的时候，不会影响在之前方向取得的极小值，即不会舍弃之前方向上的进展。对于第 k 次迭代，搜索方向 $\boldsymbol{d}_k$ 满足

$$\boldsymbol{d}_k = \nabla f(\boldsymbol{\theta}_k) + \beta_k \boldsymbol{d}_{k-1} \tag{5-14}$$

其中，系数 β_k 用于控制先前方向对当前方向的贡献，可以证明当前搜索方向 $\boldsymbol{d}_k$ 与先前所有的搜索方向 $\boldsymbol{d}_0, \cdots, \boldsymbol{d}_{k-1}$ 是满足两两共轭的，因此由当前迭代点梯度 $\nabla f(\boldsymbol{\theta}_k)$ 和上一次搜索方向 $\boldsymbol{d}_{k-1}$ 来确定新的搜索方向是可行的，一旦确定了每一次迭代的搜索方向就可以在这些方向上执行线搜索确定每一次迭代的步长。下面详细说明搜索方向 $\boldsymbol{d}_k$ 和最优步长 α_k 的确定方法。

1. 线搜索方向的确定

根据式(5-14)，每次求新的搜索方向需要先求解系数 β_k，由于当前搜索方向与前一搜索方向共轭，因此 $\boldsymbol{d}_{k-1}^{\mathrm{T}} Q \boldsymbol{d}_K = 0$，将式(5-14)代入可得

$$\beta_k = \frac{\boldsymbol{d}_{k-1}^{\mathrm{T}} Q \nabla f(\boldsymbol{\theta}_k)}{\boldsymbol{d}_{k-1}^{\mathrm{T}} Q \boldsymbol{d}_{K-1}} \tag{5-15}$$

可以看到，直接使用该方法求解每一次迭代的线搜索方向 $\boldsymbol{d}_k$ 时需要求解参数 β_k，而该参数的求解需要计算 Hessian 矩阵，为了避免应用 Hessian 矩阵的运算，对原始的共轭梯度法进行修正，使得不需要推导计算 Hessian 矩阵也能求得这些共轭的搜索方向。常用的两种方法为 Fletcher-Reeves 共轭梯度修正方法和 Polak-Ribière 共轭梯度修正方法，参数 β_k 的计算公式如式(5-16)和式(5-17)所示。

1) Fletcher-Reeves

$$\beta_k = \frac{\nabla_{\boldsymbol{\theta}} f(\boldsymbol{\theta}_k)^{\mathrm{T}} \nabla_{\boldsymbol{\theta}} f(\boldsymbol{\theta}_k)}{\nabla_{\boldsymbol{\theta}} f(\boldsymbol{\theta}_{k-1})^{\mathrm{T}} \nabla_{\boldsymbol{\theta}} f(\boldsymbol{\theta}_{k-1})} \tag{5-16}$$

2) Polak-Ribière

$$\beta_k = \frac{(\nabla_{\boldsymbol{\theta}} f(\boldsymbol{\theta}_k) - \nabla_{\boldsymbol{\theta}} f(\boldsymbol{\theta}_{k-1}))^{\mathrm{T}} \nabla_{\boldsymbol{\theta}} f(\boldsymbol{\theta}_k)}{\nabla_{\boldsymbol{\theta}} f(\boldsymbol{\theta}_{k-1})^{\mathrm{T}} \nabla_{\boldsymbol{\theta}} f(\boldsymbol{\theta}_{k-1})} \tag{5-17}$$

2. 最优步长的确定

确定了每次迭代的搜索方向，便可以在此方向上执行线搜索，确定每次迭代的最优步长。根据定义将式 $f(\boldsymbol{\theta}_k + \alpha \boldsymbol{d}_k)$ 关于 α 求导，得到 α_k，详细步骤如下：

令

$$\frac{\mathrm{d} f(\boldsymbol{\theta}_k + \alpha \boldsymbol{d}_k)}{\mathrm{d} \alpha} \Big|_{\alpha = \alpha_k} = 0$$

得

$$d_k^{\mathrm{T}} \times \nabla f(\boldsymbol{\theta}_{k+1}) = 0$$

其中，$\nabla f(\boldsymbol{\theta}_{k+1}) = Q\boldsymbol{\theta}_{k+1} + \boldsymbol{q} = Q(\boldsymbol{\theta}_{k+1} - \boldsymbol{\theta}_k) + \nabla f(\boldsymbol{\theta}_k)$，代入上式，得

$$d_k^{\mathrm{T}} \times (Q(\boldsymbol{\theta}_{k+1} - \boldsymbol{\theta}_k) + \nabla f(\boldsymbol{\theta}_k)) = 0$$

$$d_k^{\mathrm{T}} \times (Q(\alpha_k \boldsymbol{d}_k) + \nabla f(\boldsymbol{\theta}_k)) = 0$$

$$\alpha_k = -\frac{\boldsymbol{d}_k^{\mathrm{T}} Q \nabla f(\boldsymbol{\theta}_k)}{\boldsymbol{d}_k^{\mathrm{T}} Q \boldsymbol{d}_k} \tag{5-18}$$

共轭梯度法详细流程见算法 5-3。

算法 5-3 共轭梯度法

对于凸二次优化问题式(5-13)：

1. 任意选择初始点 $\boldsymbol{\theta}_0$，初始更新方向 $\boldsymbol{d}_0 = \nabla f(\boldsymbol{\theta}_0)$

2. 判断 $\nabla f(\boldsymbol{\theta}_k)$ 的值：若等于 0，$\boldsymbol{\theta}_k$ 即为最优值，返回 $\boldsymbol{\theta}_k$ 并停止迭代；否则进行更新 $\boldsymbol{\theta}_{k+1} = \boldsymbol{\theta}_k + \alpha_k \boldsymbol{d}_k$，$\alpha_k$ 由式(5-18)确定

3. 根据式(5-14)更新下一次搜索方向，其中 β_k 见式(5-16)和式(5-17)

重复步骤 2，3 直至找到最优解

通过共轭梯度法的算法步骤可以看出，其只需要计算和存储目标函数的梯度值，与牛顿法 $\boldsymbol{d}_k = -\boldsymbol{H}_k \boldsymbol{g}_k$（其中 $\boldsymbol{H}_k$ 是 Hessian 矩阵在 $\boldsymbol{\theta}_k$ 处的值）相比，共轭梯度法存储量大大减小，因此适合求解大规模问题。同时，对于梯度下降法收敛速度慢以及锯齿现象也有很大改善，但其收敛速度仍然显著慢于牛顿法或拟牛顿法。

以上对于共轭梯度法的讨论都是基于目标函数是凸二次函数的情况，是用于求解线性方程组的线性共轭梯度方法。对于深度神经网络或者其他深度学习模型，其目标函数远比二次函数复杂得多，共轭梯度法仍然适用，但是需要做一些修改。Fletcher 和 Reeves 最早将线性共轭梯度法的思想用于求解非线性最优化问题。非线性共轭梯度法求解无约束极小化问题 $\min f(\boldsymbol{\theta})$，其中 $f: \mathbf{R}^n \rightarrow \mathbf{R}$ 连续可微。不同的非线性共轭梯度法求解 β_k 的算法不同，例如上文提到的 Fletcher-Reeves 方法和 Polak-Ribière 方法，实际上还有很多其他方法，在此不展开介绍。需要注意的是，当目标函数是凸二次函数，并且步长 α_k 由精确搜索得到（精确搜索要求步长 α_k 根据式(5-9)求得，实际上还有其他搜索策略，例如 Armijo 搜索和 Wolfe 搜索以及满足 Goldstein 条件的非精确搜索），并且第一个搜索方向是梯度方向时，非线性共轭梯度法等价于标准的线性共轭梯度法。当采用精确线搜索时，所有的共轭梯度法都是下降算法，即保证每一个搜索方向都是下降方向。而采用非精确线性搜索时则不满足这样的性质，某些非线性共轭梯度法不能保证每一步都是下降方向。因此，非线性共轭梯度算法执行过程中可能需要重设参数，在执行若干步后沿负梯度方向重新开始并采取精确线搜索。实践表明，可以使用非线性共轭梯度算法训练神经网络，使用随机梯度下降迭代若干步来初始化参数效果会更好。

5.2 自适应学习率算法

视频讲解

本节介绍调整学习率的优化算法，主要包括 AdaGrad、RMSprop、AdaDelta 和 Adam 算法，并对这几种优化方法进行比较。

5.2.1　学习率衰减

学习率表示每次更新的幅度，是深度学习中最重要的超参数，必须谨慎设置。学习率太大会导致损失函数爆炸，容易在目标值周围剧烈震荡，不能收敛到目标值；而学习率太小则导致收敛速度过慢，效率不高。选择合适的学习率需要一定的技巧。实践中，将学习率随时间进行衰减（学习率衰减也称学习率退火），训练开始时使用较大的学习率以保证收敛速度，迭代过程中逐渐衰减，在接近最优点附近时使用较小的学习率。因为在目标值附近，梯度已经很小了，维持原有的学习率将使得参数在最优点附近来回震荡，此时降低学习率损失函数会获得进一步的下降。

学习率随步数衰减的设置方式：根据经验人为设定，例如训练若干轮或迭代若干次后，将学习率进行衰减。具体何时进行衰减以及衰减多少依赖于具体问题和选择的模型。实践中的一种经验做法是，使用初始学习率训练，同时观察验证集上的错误率，当验证集上的错误率不再下降时，就乘以一个常数（例如 0.5）降低学习率。

（1）逆时衰减

$$\alpha_t = \alpha_0 \frac{1}{1+\beta t} \tag{5-19}$$

（2）指数衰减

$$\alpha_t = \alpha_0 \beta t \tag{5-20}$$

（3）自然指数衰减

$$\alpha_t = \alpha_0 \mathrm{e}^{-\beta t} \tag{5-21}$$

其中，α_0 为初始学习率，第 t 次迭代的学习率为 α_t，β 为衰减率，一般取值为 0.96。需要注意的是，上述学习率的调整方法对所有参数适用，即所有参数在每次迭代时使用的学习率是相同的，进行相同的衰减。但是，由于损失函数在每个参数维度上的收敛速度不同（如图 5-1 中的示例），因此有必要根据不同参数的收敛情况分别设置下学习率，根据不同的参数自适应地调整每个参数学习率的方法包括 AdaGrad、RMSprop、AdaDelta 等，这些方法为每个参数设置不同的学习率。下面将详细介绍这几种方法。

5.2.2　AdaGrad 算法

AdaGrad（Adaptive Gradient）是自适应学习率算法的一种，由斯坦福大学的 John Duchi 教授在其攻读博士期间提出，基本思想是使用 L^2 正则化对梯度进行调节，核心思想是训练过程中累加梯度平方和，如式（5-22）所示，g_k 表示第 k 次迭代的梯度值。在第 k 次迭代时，先累加之前所有迭代步骤的梯度的平方和（符号"$\odot$"表示逐元素进行乘积），然后更新参数向量时使用初始学习率除以该项，如式（5-23）所示，其中 α 为初始学习率，ε 是为了防止分式分母为 0 而设置的小常数，一般取值为 $\mathrm{e}^{-10} \sim \mathrm{e}^{-7}$，另外，分式中的加、除、开平方运算都是逐元素进行的。

$$G_k = \sum_{i=1}^{k} g_i \odot g_i \tag{5-22}$$

$$\Delta \boldsymbol{\theta}_k = -\frac{\alpha}{\sqrt{G_k + \varepsilon}} \odot g_k \tag{5-23}$$

  AdaGrad 算法对于 Hessian 矩阵高条件数的情况很有帮助,这种情况下目标函数对不同维度的参数敏感度不同,相对敏感的维度坡度比较陡峭,因此梯度较大,而不太敏感的维度坡度比较平缓,因此梯度较小,此种情形运行梯度下降算法会导致"z"字形下降,AdaGrad 算法可以很好地解决这个问题,对于小梯度方向,累加的梯度和是一个较小的数值,对此方向的学习率进行自适应调整,使用原始学习率除以该项,可以提升在该方向上的训练速度;而在大梯度方向会累加一个相对较大的梯度和,得到较大的除项,导致该方向的学习率下降,因此会相应地降低该方向上的训练速度。尽管调整后小梯度方向的学习率相对较大,大梯度方向的学习率相对较小,但整体上随着迭代次数的增加,累加的梯度和是单调递增的。因此,对于所有的维度,学习率都是逐渐减小的,这也导致了 AdaGrad 算法的一个问题:随着迭代步骤 k 的增加,更新的步长越来越小。对于凸函数,AdaGrad 算法表现良好,会在局部极小点附近慢下来并最终收敛;但对于非凸的目标函数,AdaGrad 算法可能会导致学习率过早和过量地减小,以至于算法还没有找到最优点就停滞不前了,很难再继续搜索最优点。

5.2.3 RMSProp 算法

  针对 AdaGrad 算法存在的问题,Geoffrey Hinton 提出另一种改进的自适应学习率的 RMSProp 算法,该方法以一种相对温和的方式调整学习率,从而改善了 AdaGrad 算法中因学习率单调下降导致的过早衰减问题。RMSProp 算法的大体思想与 AdaGrad 算法相同,只是将累加梯度平方和变为梯度平方指数加权的移动平均,如式(5-24)所示。其中,β 为衰减率,一般设置为 0.9。然后,使用原始学习率除以该项进行更新,如式(5-25)所示,α 为原始学习率。因此,相对于 AdaGrad 算法,RMSProp 算法给遥远的历史梯度的平方一个很小的权重,相当于舍弃遥远的历史值,参数的学习率不会呈衰减趋势,有可能变小也有可能变大。RMSProp 算法已经作为一种有效的优化算法用于训练深度神经网络,并成为广泛使用的优化算法之一。

$$G_k = \beta G_{k-1} + (1-\beta) g_k \odot g_k = (1-\beta) \sum_{i=1}^{k} \beta^{k-i} g_i \odot g_i \tag{5-24}$$

$$\Delta \theta_k = -\frac{\alpha}{\sqrt{G_k + \varepsilon}} \odot g_k \tag{5-25}$$

5.2.4 AdaDelta 算法

  AdaDelta 算法是对 AdaGrad 算法的另一种改进算法,由 Matthew D. Zeiler 提出。尽管 RMSProp 算法解决了 AdaGrad 算法存在的学习率衰减的问题,但是原始学习率仍然需要人为设置。AdaDelta 算法使用前后两次参数更新差值 $\Delta\theta$ 的平方指数衰减移动平均来代替原始学习率,仍然使用梯度平方的指数衰减移动平均来调整学习率。对于第 k 次迭代,RMSProp 算法根据历史迭代参数更新差 $\Delta\theta$ 的平方求移动平均,如式(5-26)所示。其中,$\Delta\theta_\tau (1 \leqslant \tau \leqslant k-1)$ 是前 $k-1$ 次迭代的更新差,ΔX_{k-1}^2 为前 $k-1$ 次迭代的参数差平方的移动平均,β_1 为衰减率。使用前 $k-1$ 次迭代求得的量 ΔX_{k-1}^2 开平方作为第 k 次迭代的未调整学习率。然后,与 RMSProp 算法的处理方式相同,对除以梯度平方的指数衰减进行调整,得到完整的第 k 次迭代的学习率,更新公式为式(5-27),此时可以计算出第 k 次迭代的更新差值,便可以再次使用式(5-26)计算下一次迭代的学习率了。可以看到,AdaDelta 算法将 RMSProp 算法中初始学习率 α 改为随迭代步骤动态计算的 $\sqrt{\Delta \boldsymbol{X}_{k-1}^2}$,这在一定程度上抑制了学习率的波动。

$$\Delta \boldsymbol{X}_{k-1}^2 = \beta_1 \Delta \boldsymbol{X}_{k-2}^2 + (1 - \beta_1) \Delta \boldsymbol{\theta}_{k-1} \odot \Delta \boldsymbol{\theta}_{k-1} \tag{5-26}$$

$$\Delta \boldsymbol{\theta}_k = -\frac{\sqrt{\Delta \boldsymbol{X}_{k-1}^2 + \varepsilon}}{\sqrt{\boldsymbol{G}_k + \varepsilon}} \boldsymbol{g}_k \tag{5-27}$$

AdaDelta 算法在训练的初期和中期具有不错的加速效果,但到训练后期,可能会陷入局部极小值,在局部较小值附近抖动。此时,若换作带动量的随机梯度下降算法并将学习率降低一个量级,会在验证集上获得 $2\% \sim 5\%$ 正确率的提升。

5.2.5　Adam 算法

自适应动量估计(Adaptive Moment Estimation,Adam)是由 Kingma D. P. 和 Ba J. 提出的另外一种自适应学习率算法,它融合了动量法和 RMSProp 算法的优势,既使用动量法中梯度的移动平均代替负梯度方向作为参数更新方向,同时对不同的参数自适应调整学习率。首先,与动量法相同,Adam 算法计算梯度的指数衰减移动平均作为新的更新方向,如式(5-28)所示。然后,与 RMSProp 算法相同,计算梯度平方的指数衰减移动平均来调整学习率,如式(5-29)所示,其中 β_1 和 β_2 是两个移动平均的衰减系数,一般 β_1 设为 0.9,β_2 设为 0.99。式(5-28)和式(5-29)可以看作对梯度一阶矩和二阶矩的估计。Adam 算法不是动量法和 RMSProp 算法的简单组合,还包括偏置修正,用来修正从原点初始化的一阶矩(均值)和非中心二阶矩(方差)的估计。因为如果将 $\boldsymbol{M}_0$ 和 $\boldsymbol{G}_0$ 都设置为 0,那么在迭代初期,$\boldsymbol{M}_k$ 和 $\boldsymbol{G}_k$ 的值会比真实的均值和方差要小,特别是当 β_1 和 β_2 都接近于 1 时,偏差会很大,因此需要对偏差进行修正,修正公式如式(5-30)和式(5-31)所示。更新一阶矩估计和二阶矩估计之后,构造无偏估计,修正之后的 Adam 算法参数更新公式如式(5-32)所示。同样地,初始学习率可以设置为 0.001,在迭代过程中也可以根据情况进行学习率衰减。Adam 算法是一种非常好的优化方法,不同的问题使用 Adam 算法都能得到比较不错的结果。

$$\boldsymbol{M}_k = \beta_1 \boldsymbol{M}_{k-1} + (1 - \beta_1) \boldsymbol{g}_k \tag{5-28}$$

$$\boldsymbol{G}_k = \beta_2 \boldsymbol{G}_{k-1} + (1 - \beta_2) \boldsymbol{g}_k \odot \boldsymbol{g}_k \tag{5-29}$$

$$\hat{\boldsymbol{M}}_k = \frac{\boldsymbol{M}_k}{1 - \beta_1^k} \tag{5-30}$$

$$\hat{\boldsymbol{G}}_k = \frac{\boldsymbol{G}_k}{1 - \beta_2^k} \tag{5-31}$$

$$\Delta \boldsymbol{\theta}_k = -\frac{\alpha}{\sqrt{\hat{\boldsymbol{G}}_k + \varepsilon}} \hat{\boldsymbol{M}}_k \tag{5-32}$$

5.2.6　几种常见优化算法的比较

本章介绍了多种适用于深度神经网络的优化算法,本节对不同的优化算法进行比较,帮助读者在实践中根据需要选择合适的优化算法。优化算法是通过迭代的方法寻找目标函数的最优解,每次迭代目标函数值不断变小,不断逼近最优解,因此优化问题的重点在于如何进行迭代,即迭代公式如何选择。

将目标函数进行一阶泰勒公式的近似,通过数学分析可知参数更新方向为负梯度方向时下降速度最快,因此梯度下降法也被称为最速下降法。确定更新方向后,步长的选择有多种方式,可以人为选定也可以在选择的方向执行线搜索寻找最优步长。对于梯度下降法,每次迭代求梯度需要遍历整个训练集,从而导致巨大的计算量和存储代价,提出了梯度下降法的改进方法批量梯度下降法和随机梯度下降法,分别采用小批量和单独的样本进行梯度估计,从而降低了计算量。针对梯度下降法及其改进方法存在的缺陷,提出更多的改进优化算法。这些算法主要从两个方面对原始随机梯度下降算法进行改进,其中一大类优化算法旨在调整参数更新方向,优化训练速度;而另一大类算法旨在调整学习率,即对步长进行改进,使得优化更加稳定。

同样也可以使用二阶优化方法,与一阶优化方法相比,二阶优化方法使用二阶导数。最广泛使用的二阶优化方法是牛顿法。牛顿法没有学习率这个超参数,收敛速度也更快,但在深度神经网络中,百万级的参数量使得 Hessian 矩阵的逆矩阵求解困难,Hessian 矩阵的逆矩阵的存储也是一个问题。因此,通过构造近似矩阵代替 Hessian 逆矩阵的拟牛顿法被提出,本章介绍了其中两种算法:DFP 算法和 BFGS 算法,以及能够降低 BFGS 存储代价的L-BFGS 算法。虽然 L-BFGS 算法能够解决存储空间的问题,它的一个巨大劣势是需要对整个训练集进行计算,而整个训练集一般包含几百万个样本。和小批量梯度下降法不同,在小批量上应用 L-BFGS 算法需要一定的技巧,这也是研究热点。实践中,深度神经网络并不常用例如 L-BFGS 算法这种二阶方法,反而是基于动量更新的梯度下降算法更加常用,因为它们更加简单并且容易扩展。

另外,还有一种特殊的优化方法——共轭梯度法,它介于梯度下降法和牛顿法之间,仅利用一阶导数信息,收敛速度比梯度下降法快,同时不需要存储和计算 Hessian 矩阵的逆矩阵,也不需要任何外部参数。其特点是,一系列搜索方向是共轭的。

实际应用中,Adam 算法在很多情况下是一个比较好的选择,如果能够进行整个训练集的更新,并且要解决的问题没有太大的随机性,那么 L-BFGS 算法也是一个很好的选择。带动量的随机梯度下降算法、RMSProp 算法和 Adam 算法都是使用度比较高的优化算法,读者可以根据自己对算法的熟悉程度进行选择。

5.3 参数初始化

本节介绍常见的几种参数初始化方法,包括随机初始化、Xavier 初始化、He 初始化等。另外,还会介绍逐层进行批量归一化操作并使用小随机数进行初始化的方法。最后,介绍神经网络的一种有效训练方式——预训练。

5.3.1 合理初始化的重要性

由于深度神经网络的复杂性,其优化问题不具有解析解,只能通过迭代优化的方式在有限时间内收敛到一个可以接受的解。迭代优化算法需要有一个初始点,而训练结果的好坏很大程度上受选择的初始点的影响,因此,对于初始点的选择必须谨慎。初始点不仅决定算法是否收敛,也能决定收敛速度的快慢以及收敛点的损失大小。即使收敛点的损失相差不大,对于训练集以外的数据点,泛化误差也可能不同,因此初始点也能影响泛化性能。由于迭代优化是一种局部优化方式,只能利用局部信息而不具有全局概念,因此其性能总是受初始点的影响。如图 5-8 所示的二维函数,如果选择初始点为 w_0 并在此处运行梯度下降算法,算法最终会收敛到 w_1 这个局部极小值处,而不是真正的最优解 w^*,这种情况下算法永远找不到最优解。好的初始化策略应该是怎样的呢?本节将介绍几种实践中表现较好的初始化策略,例如随机初始化、Xavier 初始化、He 初始化以及批量归一化和小随机数初始化。本节介绍的方法主要是针对权重矩阵 W 的初始化,对于偏置,一般情况直接将其初始化为 0。也有部分研究人员在使用 ReLU 函数作为激活函数时,将偏置初始化为类似 0.01 这样的小数

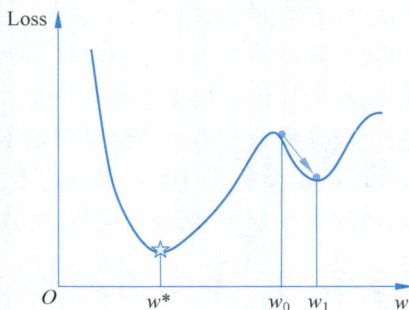

图 5-8 不合适的初始值使得损失函数
       陷入局部极小值

值,目的是使所有的 ReLU 单元在一开始时就能被激活并进行梯度传递,但将偏置初始化为 0 的情况更为常见。

5.3.2 随机初始化

目前,对于参数初始化的明确指导是需要打破不同单元之间的对称性。在神经网络的训练中,一般希望数据和参数的均值都为 0。数据经过合适的归一化处理,能够保证参数初始化的均值也为 0,正负参数的数量大致相等。一个似乎合理的想法是把所有的参数都初始化为 0。对于如图 5-9 所示的标准的双层神经网络,每一条实线代表不同单元之间的连接权重,将这些不同的连接权重全都设置为 0,然后运行梯度下降算法,会发生什么呢?所有神经元将会执行相同的操作,由于初始权重都为 0,给定任意输入,每个隐藏层神经元都会对输入数据做相同的运算,得到相同的激活值,并且输出层单元也会输出相同的结果。这里假设隐藏层内的神经元类型相同,输出层神经元类型相同。同样地,在运行反向传播时,也会得到相同的梯度,然后使用相同的方式进行更新,最终会得到完全相同的神经元,这将导

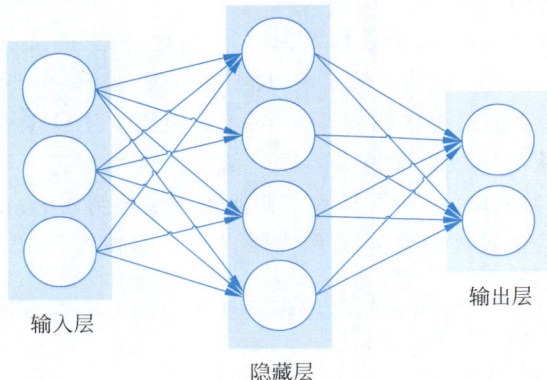

图 5-9 双层神经网络示意图

致神经元之间没有可区分性,而实际上我们期望不同的神经元学习不同的知识。

为了打破参数之间的对称性,不能使用全 0 或者其他相同的数值去初始化所有参数。一种比较好的方式是对每个参数进行随机初始化,使得不同神经元之间的区分性更好。因此,更为合理的一种方式是采用小随机数进行初始化,将参数初始化为随机且不相等的小数值,神经网络中的不同神经元就可以得到不同的更新,可以学到数据中不一样的知识。其实现方式是从一个概率分布中抽样。例如,基于一个零均值的高斯分布生成随机数,使用该分布中随机抽样值对权重进行初始化,也可以使用均匀分布生成随机数。实践证明,采用哪种方法生成随机数对算法的结果影响不大。但是,并不是采用小随机数进行初始化就圆满顺利,并不一定会得到好的结果。将生成随机数的高斯分布的方差设置为 0.01,使用 tanh 激活函数创建一个 10 层神经网络,并进行初始化,使得每层参数都服从高斯分布。

5.3.3 Xavier 初始化

一些研究表明,参数初始化的一个较好的方式是 Xavier 初始化,这是 Xavier Gorton 等作者在 2010 年发表的论文中提出的。其核心思想是要求输入的方差等于输出的方差,在满足这一条件的前提下,推导出参数的值并进行初始化。

可以通过数学推导证明其合理性,使用小随机数进行参数初始化时,网络输出数据分布的方差会随着输入神经元个数而改变,关于状态梯度的方差会随着输出神经元的个数而改变。

Xavier 初始化实际上有两种具体的形式,分别对应于高斯分布的 Xavier 初始化和均匀分布的 Xavier 初始化。高斯分布的 Xavier 初始化更简单,直接根据每层输入参数数量对高斯分布的方差进行缩放即可。如果该层输入参数数量较少,那么就要除一个较小的数以得到较大的方差,随机采样得到的参数值就会较大。这是符合直观的想法的,因为输入参数数量少,则必须让参数足够大,才能保证输出的方差与输入相同。反之亦然,如果输入参数数量较大,就会得到较小的参数使输出也得到相同的扩展。考虑反向传播,同时使用输入参数数量和输出值的数量对方差进行调整。对每层参数都计算出相应的高斯分布的方差,并从分布中随机采样对参数进行初始化。实践证明,Xavier 初始化在使用 tanh 函数和 Sigmoid 函数作激活函数的神经网络中表现不错。

5.3.4 He 初始化

He 初始化也称为 Kaiming 初始化和 MSRA 初始化,由 Kaiming He 提出。He 初始化考虑了非线性激活函数 ReLU 对输入的影响,ReLU 函数会消除一半的神经元,即将这一半神经元的参数设置为 0,会使得得到的方差减半,因此使用 ReLU 函数时,开始时表现良好,层数加深方差会变小,从而导致越来越多的输出值集中在 0 附近。可以这样理解 He 初始化:对于使用 ReLU 函数的网络,如果与使用其他激活函数例如 tanh 函数的网络的输入相同,因为有一半神经元的参数被设置为 0,相当于只有一半输入,所以需要将 Xavier 方法中方差的规范化分母 $\sqrt{n}$ 变为 $\sqrt{\dfrac{n}{2}}$。这样,能够保证状态值的分布在深度网络的每一层都表现良好。

因此,实际中如果使用 ReLU 函数作为激活函数,最好使用 He 初始化方法,将参数初始化为高斯分布或者均匀分布的较小随机数。选择高斯分布对初始化参数进行采样时，每层神经元应满足高斯分布 $N\left(0,\dfrac{2}{n^{l-1}}\right)$，考虑反向传播时，应满足高斯分布 $N\left(0,\dfrac{4}{n^{l-1}+n^{l}}\right)$；如果使用均匀分布进行采样，应为 $U\left(-\sqrt{\dfrac{6}{n^{l-1}}},\sqrt{\dfrac{6}{n^{l-1}}}\right)$。

5.3.5　批量归一化

批量归一化(Batch Normalization，BN)是 Sergey Ioffe 等于 2015 年提出的一种用于训练深度神经网络的方法。BN 并不是一种参数初始化方法，而是一种训练深度神经网络的技巧，一种对每层神经元进行数据处理的方法。使用 BN 可以减少网络对参数初始尺度的依赖，降低合理初始化参数的难度，使用 BN 的网络仅使用小随机数进行初始化就能得到不错的效果。

实践证明，使用 BN 能带来很多训练优势，例如极快的训练速度，以及解决了深度神经网络中梯度消失的问题，还可以提升模型训练精度，对参数初始化要求低，使得训练深度网络模型更加容易和稳定。因此，BN 已经成为训练深度神经网络的一种标准处理方法。

BN 的核心思想是，将每一层神经元输入数据进行归一化处理，使其为高斯分布，从而保证每一层神经网络的输入参数具有相同分布。此处所说"每一层神经元的输入"为该层神经元激活函数之前的输入，即该层的状态值，是由上一层神经元的输出和本层权重计算得到的。对于深度神经网络，由于中间任意一层神经元的输入都由上一层神经元的输出得到，因此使用反向传播进行参数更新时，前层参数的变化会导致后层输入的分布发生较大的变化，引起后面每一层神经元参数的分布发生改变，由于累积效应，网络层次越深，这种变化越严重。这种在训练过程中网络中间层输入分布发生改变的现象叫作内部协变量偏移(Internal Covariate Shift)。这种现象使得深层输入分布发生改变，通常是整体分布逐渐向非线性激活函数的线性区间的上下限靠近，导致反向传播时底层神经网络产生梯度消失问题，使得模型收敛过慢。为了提升训练速度，需要减小内部协变量的偏移，因此考虑对神经网络的每一层都进行归一化处理，而不仅仅对模型的输入进行归一化处理。这样使得中间层的输入分布保持稳定，即保持同一分布。通过 BN 处理，使得输入值落入非线性激活函数对输入参数比较敏感的区域，在期望的高斯分布区域内保持激活状态，这样可以使梯度保持在较大的水平，加快学习和收敛的速度。

BN 相当于在每一层都进行一次数据预处理，因此可以看作在网络每一层输入前插入一个 BN 层，对输入参数分布进行调整后再输入网络的下一层。此处的"输入"依旧指激活函数之前的数据，因此 BN 层实际上是放在每层激活函数之前。

关于 BN 层的使用位置，通常是在全连接层和卷积层使用批量归一化处理，并且要在激活函数之前使用。使用批量归一化有很多好处，例如可以改进整个网络的梯度流，避免饱和型激活函数导致的"梯度消失"问题，使网络具有更高的鲁棒性；能够在更广范围的学习率和不同的初始值下进行工作，使得参数初始化问题不再棘手，使用批量归一化会使训练变得容易；实践证明，使用批量归一化可以提升训练速度，加快模型收敛。另一点需要指出的是，BN 也可以看作一种正则化的方法，因为每层神经元的输出都源于输入以及同一批量样本中被采样的其他样本，给定的训练样本不再对网络提供确定性的输入值，输入值由随机采样确定的批量决定,因此就像在输入中添加一些噪声从而实现正则化的效果。

5.3.6　预训练

预训练是早期训练深度神经网络的一种有效方式,是由 Hinton 基于深度信念网络提出的一种针对训练深层网络的可行方法。首先,使用自动编码器进行逐层贪婪无监督预训练,然后进行微调。主要分为以下两个阶段。

(1) 预训练阶段:先将深层网络的输入层和第一个隐藏层取出,为网络添加与输入层同等数量的输出层构造自动编码器,优化自动编码器,使得输入和输出保持一致,这样得到的中间层表示可以看作对输入的特征表示。因此,优化自动编码器的过程实质上就是在寻找输入的其他特征表示。首先,将输出层去掉,仅保留输入层和第一个隐藏层作为深度神经网络的前两层,由此得到输入层到第一个隐藏层的初始化参数;然后,将第一个隐藏层和第二个隐藏层取出构造自动编码器;将第一个隐藏层作为自动编码器的输入,添加额外的输出层使之与第一个隐藏层保持一致。优化完成可以得到第一个隐藏层和第二个隐藏层之间的连接权重,再将其应用于深层网络。这样不断对深度神经网络训练的每一层进行相同的操作,最终可以得到所有层间的连接权重,将这些权重作为网络的初始化参数。

(2) 微调阶段:将神经网络视为一个整体,使用预训练阶段得到的参数初始值和原始训练数据对模型进行调整。在这一过程中,参数被进一步更新,形成最终的模型。

目前,随着数据量的增加和计算能力的提升,深度神经网络已经很少采用自动编码器进行预训练这种方式了,而是直接使用训练数据对网络整体进行训练。但是,在计算资源或者时间有限的情况下,如果不想重新训练一个新的神经网络模型,一种简便并且十分有效的方法是,选择一个已经在其他任务上训练完成的且表现良好的模型(称为 Pre-trained Model),将其参数作为新任务的初始化参数并根据新任务进行调整。例如,有一个任务是分辨图片场景,这是一个图像识别问题,对于该问题,可以从头开始基于搜集的数据集构建一个性能优良的图像识别算法,这可能需要花费数年的时间。如果使用 Google 公司在 ImageNet 训练集上得到的 VGG 模型作为预训练模型,基于该模型进行参数初始化,在场景分辨任务上对模型进行调整训练并且进行微调,具体怎样进行微调需要根据不同的任务确定。这种方法可以大大减少训练时间,提升在新任务上的训练速度。

5.4　Sequential 模型搭建和训练神经网络

TensorFlow 2.0 提供的 tf. keras 是一个高阶 API,通过它可以快速搭建和训练神经网络模型。keras 主要的数据结构是模型,常用的是 Sequential 模型,它是一种神经网络框架,可以被认为是一个容器,封装了神经网络的结构。Sequential 模型只有一组输入和一组输出,各层之间按照先后顺序堆叠,前面一层的输出就是后面一层的输入,通过不同层的堆叠来构建神经网络。使用 Sequential 模型搭建、训练、评估和应用神经网络可以分为如下6 步。

第一步,建立 Sequential 模型。

下面这条语句表示建立一个 Sequential 模型,并给它起名 model。

```
Model = tf.keras.Sequential()
```

之后可以使用 model 模型对象的 model.add()方法逐层添加神经网络中的各个层,搭建神经网络,这也是 Sequential 模型的核心操作。也可以用 keras 内置的 layers 类中的函数添加神经网络中常见的层,如全连接层、卷积层、池化层等。例如,用下面这条语句添加全连接层:

```
tf.keras.layers.Dense(
        inputs          ♯输入该网络层的数据
        activation      ♯激活函数
        input_shape     ♯输入数据的形状 )
```

其中,Dense 表示全连接层,参数 inputs 表示这个层中神经元的个数,参数 activation 是激活函数,以字符串的形式给出,如 relu 和 softmax,参数 input_shape 是输入数据的形状,全连接神经网络中的第一层接收来自输入层的数据,必须要指明形状,后面的层接收前面一层的输出,不用再指明输入数据的形状。

例如,下面这段代码使用 Sequential 模型构建一个 3 层的神经网络。其中,输入层中有 8 个节点,第一个隐藏层中有 16 个神经元,第二个隐藏层中有 16 个神经元,输出层中有 10 个神经元。因为输入层没有计算能力,所以不用单独添加这层,只需作为第一个隐藏层的输入就可以了。两个隐藏层中的所有神经元都采用 relu 激活函数,输出层中的 10 个神经元采用 softmax 激活函数,对应十分类任务。注意:只有第一条语句设置了参数 input_shape,因为后面的层接收前面一层的输出,因此不用设置参数 input_shape。

```
model = tf.keras.Sequential()
model.add(tf.keras.layers.Dense(16,activation = "relu",input_shape = (8,)))
model.add(tf.keras.layers.Dense(16,activation = "relu"))
model.add(tf.keras.layers.Dense(10,activation = "softmax"))
```

第二步,检查神经网络模型的摘要信息。

搭建完神经网络结构之后,可以使用 Model 对象的 summary()方法查看神经网络的结构和参数信息。

```
Model.summary()
```

运行上面这条语句,可以看到返回信息如图 5-10 所示。

Model: "sequential"

Layer (type)	Output Shape	Param #
dense (Dense)	(None, 16)	144
dense_1 (Dense)	(None, 16)	272
dense_2 (Dense)	(None, 10)	170

Total params: 586 (2.29 KB)
Trainable params: 586 (2.29 KB)
Non-trainable params: 0 (0.00 B)

图 5-10　模型参数返回信息

可以看到,dense 表示全连接,dense_1 和 dense_2 是系统根据创建层的顺序自动加上的,还能看到每一层输出的形状及每一层中的模型参数。最后显示的是整个神经网络的模型参数个数,它们都是可训练参数。可以验证,神经网络结构和参数个数与之前的设计一致。

第三步,使用 compile 方法配置模型的训练方法。

神经网络搭建完成之后,可以使用如下模型对象的 compile()方法来配置模型训练方法:

```
Model.compile(loss,optimizer,metrics)
```

其中,参数 loss 是损失函数,optimizer 是优化器,metrics 是模型训练时统计的评测指标。

表 5-1 是 tf.keras 中常用的损失函数,包括均方差损失函数、二分类交叉熵损失函数、多分类交叉熵损失函数。在使用时可以用字符串形式,也可以用函数形式。在多分类任务中,当标签值采用独热编码表示时,使用函数 tf. keras. losses. CategoricalCrossentropy();当标签值采用自然顺序码表示时,使用函数 tf. keras. losses. SparseCategoricalCrossentropy()。交叉熵损失函数中有一个参数 from_logits = False,表示神经网络在输出前已经使用 softmax 函数将预测结果变换为概率分布,所有的输出之和为 1。如果神经网络在输出前并没有经过 softmax 转换,就需要将这个参数的值设置为 from_logits = True。

表 5-1　常用的损失函数

函　　数	字符串形式	函数形式
均方差损失函数	'mse'	tf. keras. losses. mean. squared. error()
多分类交叉熵损失函数	'categorical_crossentropy'	tf. keras. losses. CategoricalCrossentropy()
	'spares_categorical_ crossentropy'	tf. keras. losses. SparseCategoricalCrossentropy()
二分类交叉熵损失函数	'binary_crossentropy'	tf. keras. losses. BinaryCrossentropy()

表 5-2 是 tf. keras 中训练神经网络的各种优化器,它们都是 optimizers 的子类,在使用时可以用字符串的形式,也可以使用函数形式。使用函数形式时,可以设置学习率 lr、动量 momentum 等超参数。

表 5-2　常用优化器

字符串形式	函数形式
'sgd'	tf. keras. optimizers. SGD(lr,momentum)
'adagrad'	tf. keras. optimizers. Adagrad(lr)
'adadelta'	tf. keras. optimizers. Adadelta(lr)
'adam'	tf. keras. optimizers. Adam(lr,beta_1 = 0.9,beta_2 = 0.999)

tf. keras. metrics 类中预定义了各种模型性能评测指标,表 5-3 是常用的准确率(accuracy)指标,可以用字符串形式或函数形式。在二分类任务中,标签值是数值,预测值是概率值,此时使用 binary_accuracy 函数参数 threshold 指定阈值,默认为 0.5,如果模型预测出的概率大于 0.5 时属于 1 类,如果模型预测出的概率小于 0.5 时属于 0 类。

表 5-3　常用的准确率指标

分　　类		字符串形式	函 数 形 式
	标签值：数值 预测值：数值	'accuracy'	tf. keras. metrics. Accuracy()
二分类	标签值：数值 预测值：概率	'binary_accuracy'	tf. keras. metrics. binary_accuracy(threshold=0.5) tf. keras. metrics. BinaryAccuracy(threshold=0.5)
多分类	标签值：独热编码 预测值：独热编码	'categorical_accuracy'	tf. keras. metrics. categorical_accuracy() tf. keras. metrics. CategoricalAccuracy()
多分类	标签值：数值 预测值：独热编码	'sparse_categorical_accuracy'	tf. keras. metrics. sparse_categorical_accuracy() tf. keras. metrics. SparseCategoricalAccuracy()

例如，使用如下 compile 语句配置模型的训练方法，参数全部采用字符串形式。

```
model.compile(optimizer = 'adam',
              loss = 'sparse_categorical_crossentropy',
              metrics = ['sparse_categorical_accuracy'])
```

第四步，使用 fit() 方法训练模型。

在 Sequential 模型中，通过 fit() 方法训练模型，使用时的参数设置语句如下：

```
model.fit(训练集的输入特征,训练集的标签,
          batch_size = 批量大小,
          epochs = 迭代次数,
        shuffle = 是否每轮训练之前打乱数据,
          validation_data = (测试集的输入特征,测试集的标签),
          validation_split = 从训练集划分多少比例给测试集,
          validation_freq = 测试频率
        verbose = 日志显示形式
          )
```

其中，首先指定训练集的输入特征和输出标签，然后指定小批量的大小和迭代次数，参数 shuffle 说明是否在每轮训练之前都打乱数据，默认值为 true。在训练过程中，可以使用 validation 计算测试集数据在模型上的评价指标，使用 validation_data 参数可以直接给出测试集数据，使用 validation_split 参数则是从训练集中抽取一部分作为测试集数据，取值为 0~1 范围的小数，表示抽取一定比例的数据不参与训练而是测试模型的准确率等评测指标。两种测试集配置是二选一的，如果同时给出，则使用指定的测试集数据。参数 validation_freq 用来指定测试频率，就是每隔多少轮训练、使用测试集计算并输出一次评测指标，默认值为 1。参数 verbose 用来控制输出信息显示的方式，默认值为 1。

例如，使用如下 fit 语句可以训练模型，参数 train_x 是训练集的属性，train_y 是训练集的标签，批量大小为 32，训练 5 轮，测试数据的比例为 0.2，未设置的参数就是采用默认值。

```
model.fit(train_x, train_y, batch_size = 32, epochs = 5, validation_split = 0.2)
```

第五步，使用 evaluate 方法评估模型的性能，执行下面的语句：

```
model.evaluate(test_x, test_y, batch_size = 32, verbose = 2)
```

使用 (test_x，test_y) 测试集来评估模型，第一个返回值是损失，第二个返回值是在

compile()方法中指定的评测指标 metrics。

第六步,使用 predict()方法应用模型

训练好模型之后就可以用它来进行分类了,使用 predict 方法的代码如下:

```
model.predict(x,batch_size,verbose)
```

提供数据的属性值,就可以得到分类结果。可以批量输入数据,程序会根据 batch_size 的大小分批进行分类判断,这样比每次预测一个样本更快。

5.5 实例:深度神经网络实现手写数字识别

下面使用 Sequential 模型搭建深度神经网络,实现对 MNIST 手写数字数据集的识别。

如图 5-11 所示,MNIST 数据集是一个包含了手写数字图片及其对应标签的数据集,是计算机视觉领域广泛使用的一个基准测试数据集。它由 Yann LeCun 等创建,数据集分为训练集和测试集,包含 60 000 条训练样本和 10 000 条测试样本,用于训练和评估深度学习模型。每个图片是一个 28×28 像素的灰度图像,每个像素点对应一个 0～255 的整数,表示像素的灰度值,数据存储在 28×28 的二维数组中。

图 5-11　MNIST 数据集手写体数字实例

首先设计神经网络的结构。如图 5-12 所示,每张手写数字图片都是 28×28 的像素灰度值,在使用图片作为神经网络的输入时,通常把它拉成一个一维张量输入神经网络,因此输入层中有 784 个节点。设计有一个隐藏层的全连接网络来实现手写数字识别,隐藏层设计 128 个神经元,使用 relu 函数作为激活函数。因为输出是 0～9 的十分类,所以输出层设计 10 个神经元,使用 softmax 函数作为激活函数,输出就是当前图片分别属于每个数字的概率。

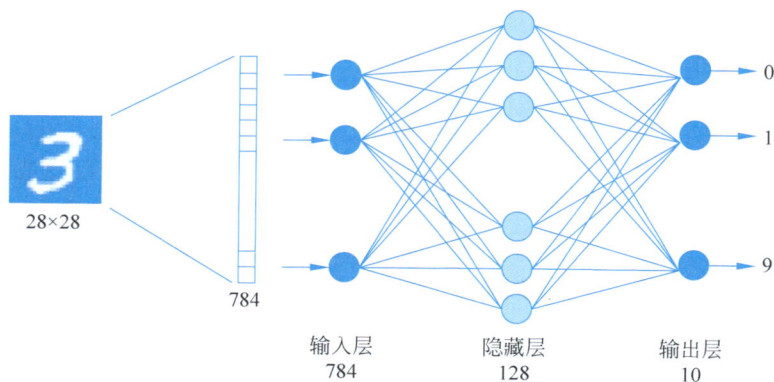

图 5-12　神经网络结构

在这个神经网络中,输入层和隐藏层之间有 784×128 个权值和 128 个阈值,一共 100 480 个参数。在隐藏层和输出层之间有 128×10 个权值和 10 个阈值,一共 1290 个参数。因此,这个神经网络的可训练参数总共有 101 770 个。下面使用 Sequential 模型编程实现这个神经网络。

第一步,导入需要的库。

```
import tensorflow as tf
import numpy as np
import matplotlib.pyplot as plt
```

第二步,加载数据。keras 中集成了 MNIST 数据集,在编程时可以直接使用数据集的名称来加载和使用。下面的代码就能直接加载训练集和测试集,训练集中有 60 000 条数据,测试集中有 10 000 条数据,它们都是 numpy 数组,每条数据的属性就是图片中各个像素的灰度值,存放在一个 28×28 的二维数组中,因此所有数据的属性需要一个三维数组来存放。数组中的每个元素值就是像素的灰度值,取值范围为 0~255,图像标签是数字 0~9。

```
mnist = tf.keras.datasets.mnist
(train_x,train_y),(test_x,test_y) = mnist.load_data()
```

第三步,数据预处理。为了加快迭代速度,通过下面的代码对属性值进行归一化,使它的取值范围在 0~1,同时把属性值转换为 tensor 张量,数据类型是 32 位浮点数,把标签值也转换为 tensor 张量,数据类型是 16 位整数。

```
X_train,X_test = tf.cast(train_x/255.0,tf.float32),tf.cast(test_x/255.0,tf.float32)
y_train,y_test = tf.cast(train_y,tf.int16),tf.cast(test_y,tf.int16)
```

第四步,搭建神经网络。

```
model = tf.keras.Sequential()
model.add(tf.keras.layers.Flatten(input_shape = (28,28)))
model.add(tf.keras.layers.Dense(128,activation = "relu"))
model.add(tf.keras.layers.Dense(10,activation = "softmax"))
```

使用 tf.keras 中的 Sequential 模型建立 model,然后使用 add 方法添加层。首先添加一个 Flatten 层,实现对输入数据的形状转换,把每条数据的属性值从 28×28 的二维数组转换为长度为 784 的一维数组。继续使用 add 方法添加隐藏层和输出层,前一层的输出是下一层的输入,因此后面添加的层中不用再说明输入数据。全连接的隐藏层中有 128 个神经元,使用 relu 激活函数,全连接的输出层中有 10 个神经元,使用 softmax 激活函数。

搭建完成后,可以使用 summary() 方法查看网络结构和参数信息,运行下面的语句:

```
model.summary()
```

返回结果如图 5-13 所示。

检查一下,可以看到输入层中有 784 个节点,参数个数为 0;隐藏层中有 128 个节点,参数个数是 100 480;输出层中有 10 个节点,参数个数是 1290;整个网络的参数总数是 101 770,和前面的计算结果是一致的。

```
Model: "sequential"
```

Layer (type)	Output Shape	Param #
flatten (Flatten)	(None, 784)	0
dense (Dense)	(None, 128)	100,480
dense_1 (Dense)	(None, 10)	1,290

```
Total params: 101,770 (397.54 KB)
Trainable params: 101,770 (397.54 KB)
Non-trainable params: 0 (0.00 B)
```

图 5-13　网络结构和参数信息

第五步，配置模型的训练方法。优化器使用 adam，损失函数使用交叉熵，评测指标使用准确率。

```
model.compile(optimizer = 'adam',
              loss = 'sparse_categorical_crossentropy',
              metrics = ['sparse_categorical_accuracy'])
```

第六步，训练模型。

```
model.fit(X_train, y_train, batch_size = 64, epochs = 5, validation_split = 0.2)
```

训练数据集有 60 000 条数据，从中划分出 20% 作为测试数据，只使用训练数据集中的 48 000 条数据训练模型，其余的 12 000 条数据用来在每轮训练之后评估模型的性能。每个小批量使用 64 条数据，一共训练 5 轮。训练情况输出如图 5-14 所示。

```
Epoch 1/5
750/750 ━━━━━━━━━━━━━━━━ 3s 3ms/step - loss: 0.5626 - sparse_categorical_accuracy: 0.8413 - val_loss: 0.1773 - val_sparse_categorical_accuracy: 0.9507
Epoch 2/5
750/750 ━━━━━━━━━━━━━━━━ 2s 2ms/step - loss: 0.1632 - sparse_categorical_accuracy: 0.9528 - val_loss: 0.1370 - val_sparse_categorical_accuracy: 0.9603
Epoch 3/5
750/750 ━━━━━━━━━━━━━━━━ 2s 2ms/step - loss: 0.1097 - sparse_categorical_accuracy: 0.9684 - val_loss: 0.1141 - val_sparse_categorical_accuracy: 0.9674
Epoch 4/5
750/750 ━━━━━━━━━━━━━━━━ 2s 2ms/step - loss: 0.0813 - sparse_categorical_accuracy: 0.9770 - val_loss: 0.1029 - val_sparse_categorical_accuracy: 0.9696
Epoch 5/5
750/750 ━━━━━━━━━━━━━━━━ 2s 2ms/step - loss: 0.0608 - sparse_categorical_accuracy: 0.9837 - val_loss: 0.0945 - val_sparse_categorical_accuracy: 0.9717
```

图 5-14　测试及训练准确率

可以看到，在训练过程中，测试集和训练集上的损失都在持续降低，而准确率都在持续升高。第 5 轮训练之后，测试集和训练集的准确率分别达到 98% 和 97%。

第七步，评估模型。可以使用 MNIST 本身的测试集来评估模型，得到的结果和训练结束时差不多，说明模型具备比较好的泛化能力。

```
model.evaluate(X_test, y_test, verbose = 2)
```

输出如图 5-15 所示。

```
313/313 - 0s - 1ms/step - loss: 0.0837 - sparse_categorical_accuracy: 0.9752
```

图 5-15　输出结果

第八步，应用模型。可以应用上面训练好的模型来识别手写数字了。

用 MNIST 测试集中的第 1 条数据试一试模型，可以查看一下第 1 条数据的标签值 y_test[0] 是数字 7。使用 predict() 方法识别第一张图片。

```
np.argmax(model.predict([[X_test[0]]]))
```

其中，argmax()函数得到这个数组中数值最大的数的索引，也就是预测值，运行后的返回值是 7，识别结果和标签值是一致的。

可以取出测试集中的前 6 条数据进行识别，并可视化应用效果，代码如下：

```
y_pred = np.argmax(model.predict(X_test[0:6]),axis = 1)
for i in range(6):
    plt.subplot(1,6,i + 1)
    plt.axis("off")
    plt.imshow(test_x[i],cmap = 'gray')
    plt.title("y = " + str(test_y[i]) + "\ny_pred = " + str(y_pred[i]))

plt.show()
```

首先把前 6 条数据的预测值都放在数组 y_pred 中，然后用循环语句依次取出测试集中的前 6 条数据，显示每张图片，最后将标签值和预测值组合起来作为子图的标题就可以，并在每张图片的上方分别显示对应的标签值和预测值。运行结果如图 5-16 所示，可以看到这些预测值和标签值都是一致的，手写数字都被正确地识别出来了。

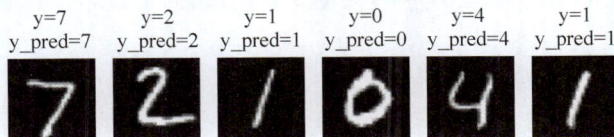

图 5-16　预测值和标签值

第九步，保存模型。由于神经网络的损失函数是一个复杂的非凸函数，使用梯度下降法只能是尽可能地去逼近全局最小值点，而且每次训练随机生成的初始值不同，经过的路径不同，因此结果也会有所不同。训练好的模型参数是放在内存中的，训练结束后如果关闭程序就全部丢失了，下次打开程序就需要重新训练模型，这显然不合理。最好把训练好的模型参数保存在磁盘文件中，在需要的时候读取出来，直接使用这个训练好的神经网络。

使用 Sequential 模型的 save_weights()方法可以保存神经网络的模型参数，语句如下：

```
model.save_weights("mnist_weights.h5")
```

在保存模型参数之后，下次运行时就可以使用 load_weights()方法直接从磁盘文件中读取和加载已经训练好的模型参数，而不必重新训练模型。加载模型参数的语句如下：

```
model.load_weights("mnist_weights.h5")
```

要注意的是，save_weights()方法仅保存了神经网络的模型参数，并没有保存网络的结构和训练方法，因此在使用 load_weights()方法加载模型参数之前，需要先定义一个结构和配置完全相同的神经网络模型，否则就会出现模型没有定义的错误提示。也就是说，使用 load_weights()方法加载模型参数，只是替代了原来的 fit()方法训练，不需要再重新训练模型，而程序中其他部分保持不变。

如果要将整个神经网络的所有信息全部保存下来，可以使用 save()方法，语句如下：

```
model.save("mnist_model.h5")
```

这条语句可以将神经网络的结构模型、参数的值、使用的优化器和损失函数等配置信息以及优化器当前的状态信息等全部完整地保存下来,下次使用时可以直接加载整个模型,而无须再重新创建配置和训练神经网络了。加载整个模型的语句如下:

```
model = tf.keras.models.load_model('mnist_model.h5')
```

加载之前保存的模型之后,可以查看摘要,神经网络的结构和参数应该都与之前的模型完全一样,测试模型结果也和之前的模型完全相同,可以直接使用这个模型继续工作。

◼ 本章小结 ◆

本章详细介绍了神经网络的训练方法。因为使用梯度下降法从理论上无法保证一定可以收敛于最小值点,只能尽量改进训练方法、调整参数、优化算法,使它尽可能收敛于全局最小值点。小批量梯度下降算法是训练大规模数据集的首选算法,小批量的样本数、梯度方向、学习率和初始化方法都是影响小批量梯度下降法性能的主要因素。最后,通过 Sequential 模型搭建并训练深度神经网络,实现手写数字识别的编程,可以帮助读者进一步提升对相关知识的理解。

第6章 卷积神经网络

在深度学习成为解决计算机视觉问题的主流之前，传统图像处理的核心问题是图像特征的提取，针对不同的视觉任务设计不同的颜色特征、形状特征、纹理特征，曾出现过很多优秀的图像特征，如 SIFT、Hog、SURF、Harris 等特征。特征工程不仅需要大量的专业知识和经验，而且和具体的任务密切相关。有时，两幅图像有相似的颜色、纹理、形状等视觉特征，却有不同的语义。有时，两幅图像具有同样的语义，视觉特征却相差很大。语义鸿沟的存在给图像识别带来很大的挑战。

深度学习采用端到端的学习方法，避免了特征工程这项令人头疼的工作。这个过程与人类大脑的学习过程相似，在教小孩认识动物时，只需要给他看很多动物照片并告诉他是哪类，见得多了就可以识别了，不用给他描述各种动物的外观特征，大脑会自动学习。随着认知神经科学的发展，我们对大脑的工作机制有了进一步了解，对人工智能的发展起到了推波助澜的作用。在动物的视觉系统中，瞳孔采集到的原始像素信号成像在视网膜上，视网膜把光学信号转换成电信号，传递到大脑的视觉皮层。视觉皮层是大脑中负责处理视觉信号的部分，视觉皮层的信息处理是分层的，首先经过 V1 区提取各种方向和边缘特征，再到 V2 区识别基本形状或局部信息，再传至高层的 V4 区识别颜色和整体目标，最后到更高层的前额叶皮层进行分类判断等。深度神经网络可以看成是对人脑分层机制的模仿，它通过多层隐藏层不断组合低层特征，形成越抽象的高层特征。神经网络中的隐藏层越多，提取出的特征就越抽象，表达能力也就越好。

卷积神经网络在计算机视觉领域取得了巨大成功，广泛应用在图像分类、目标检测、图像分割、自动驾驶和人脸识别等任务中。本章介绍卷积神经网络的基本概念和几种典型的卷积神经网络结构，并给出卷积神经网络应用的实例。

6.1 计算机视觉问题

计算机视觉是一门研究如何训练机器使其学会识别和理解图像和视频中内容的科学。深度学习在计算机视觉领域有 4 个基本的任务，包括图像分类、目标定位、目标检测和图像分割。图 6-1 是 4 个基本任务的示例图。

图 6-1   计算机视觉领域的 **4** 个基本任务

6.1.1   图像分类

图像分类任务的目标是判断输入图像属于哪一类别。常用的数据集有 3 种。

（1）MNIST 数据集是用于手写数字识别的数据集，包含 60 000 张训练图片和 10 000 张测试图片，每张样本图片是 28×28 的灰度图。

（2）CIFAR 数据集是用于普通物体识别的数据集，训练集样本数与测试集样本数的比例是 5∶1，包括两种数据集：CIFAR-10 和 CIFAR-100。CIFAR-10 由包含 10 个类别的 60 000 张大小为 32×32 的彩色图片组成，每个类别有 6000 张图片。CIFAR-100 由包含 100 个类别的 60 000 张大小为 32×32 的彩色图片组成，每个类别有 600 张图片，CIFAR-100 又分为 20 个大类，每个大类包含 5 个小类。

（3）ImageNet 数据集有 1400 多万张图片，涵盖两万多个类别，其中超过百万张的图片类别标注和图像中物体位置的标注。著名的 ImageNet 大规模视觉识别挑战赛（ILSVRC）就是在这个数据集上进行的，大赛涌现了大量的优秀算法，包括 AlexNet、VGGNet、GoogLeNet、ResNet。

6.1.2   目标定位

目标定位任务需要在图像分类的基础上，找到目标对象在图像中的位置，并用边界框圈定目标对象。一般使用 ImageNet 数据集，目标定位任务的评判指标是交并比（Intersection over Union，IoU），即模型预测的边界框和标记的边界框交集的面积除以这两个边界框并集的面积，取值范围为[0，1]。交并比度量了模型预测的边界框和真实边界框的接近程度，交并比越大，两个边界框的重叠程度越高。

目标定位的一种思路是多任务学习，即网络在得到最终的特征图后，有两个输出分支。如图 6-2 所示，一个分支用于做图像分类，常用的模型是在全连接网络之后加上 softmax 函数判断目标类别。和单纯图像分类任务的区别在于，这里还需要在多分类的基础上添加一个“背景”类，即 N 分类变为 N+1 分类。另一个分支用于判断目标位置，常用的模型是在全连接层之后加上回归层。当分类分支判断目标不是“背景”类时，输出 4 个参数的值（如目标左上角的横纵坐标和边框的长宽）用于标记边界框的位置。

在目标定位模型中，常用“滑动窗口”方法，其思想是在图像不同的位置多次运行“分类＋定位”，每一个位置都会得到分类概率值和边界框。最后，聚合不同位置的分类概率值和边界框，不断进行修正。在 ILSVRC 定位项目中，2012 年到 2015 年的冠军分别是 AlexNet、

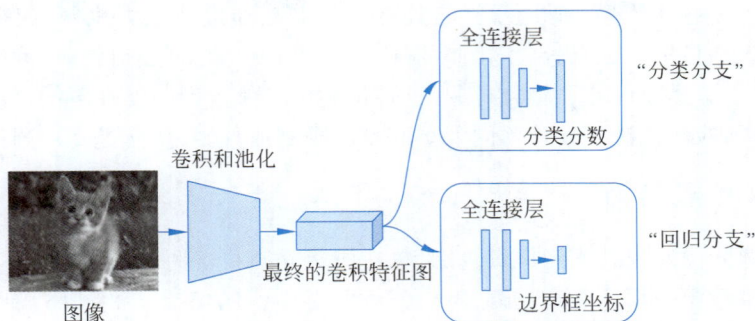

图 6-2 "分类+定位"的网络结构示意图

OverFeat、VGGNet 和 ResNet，Top-5 定位错误率从 34.2% 降至 9%。到了 2016 年，一些顶尖队伍已经将错误率控制在了非常低的水平，如公安部第三研究所选派的"搜神"(Trimps-Soushen)代表队在 2016 年取得了 7% 的错误率。2021 年谷歌研究团队开发的 ViT(Vision Transformer)则进一步降低了错误率。此外，目标定位技术也在不断拓展其应用场景。在自动驾驶、智能监控、人机交互等领域，目标定位技术发挥着越来越重要的作用。例如，在自动驾驶中，准确的目标定位可以帮助车辆识别道路、行人和其他车辆，从而做出正确的驾驶决策；在智能监控中，目标定位技术可以用于检测异常行为或人员流动情况，提高公共安全水平；在人机交互中，目标定位技术可以实现更加精准的手势识别或物体交互，提升用户体验。

6.1.3 目标检测

目标检测任务相较于目标定位任务更具挑战性，可以看作图像分类和目标定位的结合。图像中出现的目标种类和数目都不确定，目标检测的任务是要用边界框框出图像内所有目标类别和位置。目标检测任务的评判指标是平均准确率(mean Average Precision，mAP)，取值为[0,100]。常用的数据集有两种。

(1) PASCAL VOC 挑战赛的数据集，包含 4 个大类和 20 个小类，约 55 000 张图片，可应用于图像识别中目标分类、目标检测、目标分割、人体布局、动作识别等方面的应用。

(2) MS COCO 是微软于 2014 年出资标注的一个数据集，每张图片的标注信息包括类别、位置信息、语义文本描述。与 PASCAL VOC 数据集相比，COCO 中的图片背景比较复杂，目标数量比较多，目标尺寸更小，更具挑战性。MS COCO 数据集包含 91 个类别，每个类别的实例数量超过 10 000 个。2017 年 ILSVRC 停办后，COCO 竞赛成为计算机视觉领域重要的标杆，比赛项目包括目标检测、图像语义分割、图像语义描述、人体关键点检测等。

目标检测过程中有很多不确定因素，如图像中目标种类和数目不确定，目标有不同的外观、形状、姿态，加之物体成像时会有光照、遮挡等因素的干扰，导致检测算法有一定的难度。深度学习中的目标检测模型发展主要有两个方向：基于候选区域的 CNN(如 R-CNN 系列)和基于直接回归的目标检测算法(如 YOLO、SSD 等)。两者的主要区别在于，基于区域的 CNN 需要先生成一个有可能包含待检测目标的候选区域，然后进行细粒度的目标检测。而基于直接回归的目标检测算法会直接在网络中提取特征来预测目标分类和位置。

近几年，注意力机制开始在目标检测中发挥着重要作用，它能够帮助模型更好地关注重要的目标区域。一些新的算法通过引入自注意力机制或通道注意力机制，使得模型能够更准确地定位和识别目标，从而提高了检测的准确性。另外，为了应对目标尺度变化带来的挑战，一些算法引入了多尺度特征融合机制，这种机制可以使模型能够在不同尺度上更好地感知目标，使得目标检测算法在处理不同大小的目标时更加鲁棒，从而提高检测性能。

6.1.4　图像分割

图像分割将图像处理具体到像素级别，包括语义分割和实例分割。

语义分割将图像中每个像素分配到某个对象类别。2015 年，加州大学伯克利分校的 Long 等提出的完全卷积网络（FCN）推广了卷积神经网络结构，主要创新点是全连接层卷积化、反卷积和跳跃连接，使得分割图谱可以生成任意大小的图像。2016 年，Cambridge 提出了编码器-解码器结构的语义分割深度网络 SegNet，它是一个对称网络，先是编码器部分，使用多层卷积提取高维特征，并通过池化使图像变小；然后是解码器部分，包括反卷积与上采样，反卷积使得图像特征得以重现，上采样使图像变大；最后通过 softmax 函数输出每一个像素在所有类别中最大的概率，完成图像像素级别的分类。2017 年，谷歌和加州大学洛杉矶分校的研究人员提出了 DeepLab 系列深度卷积神经网络，创新性地提出了空洞卷积结构，空洞卷积去掉下采样过程的同时可以获得更大的感受野，有助于增加精度，并且可以减少一部分由于相乘得到的权值，从而减少计算量。相比原来的卷积，空洞卷积多了一个称为扩张率的超参数，指的是卷积核的间隔数量。近几年的语义分割技术取得了显著进展，主要体现在深度学习架构的优化、注意力机制的引入、多尺度特征融合技术的应用及边缘细化和细节恢复的研究等方面。深度学习架构方面，U-Net 模型通过改进网络结构，提高了分割的准确性和效率。注意力机制方面，为了提高模型对重要特征的关注度，注意力机制被广泛应用于语义分割模型中。空间注意力、通道注意力及自注意力机制等，均能有效提升分割性能，使模型能够更准确地捕捉图像中的关键信息。多尺度特征融合技术方面，该技术能够帮助模型捕获不同尺度的图像特征，从而提高分割的准确性。边缘细化和细节恢复方面，引入边缘检测分支或使用超分辨率技术来改善分割边缘的清晰度，这些技术使得分割结果更加准确和细致。2023 年提出的 Side Adapter Network（SAN）架构是一种基于 CLIP（Contrastive Language-Image Pre-Training）模型的新型轻量级开放词汇语义分割架构，降低了对大规模标注数据的依赖，提升了对未见过类别进行精确分割的能力，减少了模型参数量。2023 年 SeaFormer 是一种在移动端上用于语义分割的轻量级模型，它改进了 Transformer 的注意力机制，结合轴线压缩和局部信息增强，提高了在低分辨率下的性能。

实例分割融合了目标检测、语义分割和图像分类。其主要思路是先用目标检测方法将图像中的不同实例框出，再用语义分割方法在不同边界框内进行逐像素标记，并且对检测到的物体进行分类。卷积的平移不变性导致一个像素点只能对应一种语义，传统的 FCN 不适用于实例分割。而实例分割需要在区域级别上进行操作，相同的像素点在不同的区域中可能有不同的语义。2014 年，加州大学和安第斯大学的研究人员提出了一个用于实例分割的模型：同步检测和分割（Simultaneous Detection and Segmentation，SDS），其运行过程与卷积神经网络相似。首先，通过 MCG 算法为每幅图像生成 2000 个候选区域；然后，联合训练两个网络：把候选区域作为输入的边界框网络（Bounding Box Network）和把背景去除的候选区域作为输入的区域网络（Region Network）；最后，将两个网络提取的特征拼接级联，再基于支持向量机和掩码预测概率进一步细化分割结果。2015年,微软提出的Cascade模型获得了COCO实例分割比赛的冠军。2017年,何恺明等提出的Mask R-CNN模型沿用了Faster R-CNN框架,集成了目标检测和实例分割两大功能,并在COCO数据集上达到了当时最好的性能。2019年发表在ICCV上面的YOLACT是一个实时实例分割的模型,它设计了两个分支网络并行处理,一个分支生成候选框的类别置信度、位置信息和原型掩膜的系数,另一个分支为每张图片生成原型掩膜。这种方法在保证速度的同时,也达到了较高的分割精度。2020年提出的SOLO模型不是利用像素成对关系,而是在训练期间直接使用实例掩码注释进行学习,并且端到端地预测实例掩码,而无须进行分组后再处理。它连接到一个卷积主干,通常使用FPN(特征金字塔网络)来生成不同大小的特征图金字塔,每个级别具有固定数量的通道。这些特征图能够生成多个mask,用于分割不同的对象实例。2023年由Meta AI发布的SAM模型是一个能够根据文本指令等方式实现图像分割的先进模型,基于提示的视觉Transformer(ViT)构建,该模型在一个包含来自1100万幅图像的超过10亿个掩码的视觉数据集SA-1B上进行训练,因此能够分割给定图像上的任何目标。这种能力使得SAM成为视觉领域的基础模型,被誉为计算机视觉新里程碑。近几年,实例分割模型在精度和速度上都有了显著的提升,也为实际应用提供了更加高效、准确的解决方案。例如,在自动驾驶技术中,实例分割系统可以帮助车辆识别行人、车辆等障碍物,从而实现安全驾驶。

6.2 图像卷积及卷积神经网络

    传统的全连接神经网络不适合进行图像识别,如在CIFAR-10数据集中,图像的尺寸是$32 \times 32 \times 3$(宽高均为32像素,3个颜色通道)。因此,对应的常规神经网络的第一个隐藏层中,由于采用全连接的方式,每一个神经元就包含$32 \times 32 \times 3 = 3072$个权重。随着图像尺寸的增加,参数量会大规模增长。例如,一幅尺寸为$248 \times 400 \times 3$的图像,会让一个神经元包含$248 \times 400 \times 3 = 297\,600$个权重。另一个问题是神经网络中有众多神经元,这会导致神经网络参数量巨大,显然无法高效率训练全连接网络,并且容易导致网络过拟合。

    卷积神经网络与全连接神经网络不同,它的特点是:局部连接、权值共享和下采样。一般来说,图像中距离近的像素之间通常是高度相关的,而距离远的像素之间相关性较弱,因此隐藏层中的神经元不用接收输入图片中的每一个像素值,而只需要对局部区域进行感知,然后在更高层将这些局部的信息综合起来。局部连接能极大地减少模型参数的个数。让卷积核在整个图像中从左到右,从上到下滑动,一个卷积核能提取一种特征,同时使用多个卷积核就可以提取多种不同的特征,每个卷积核就是一组权值共享的神经元。另外,通过对图像进行下采样(Subsampling)或者降采样(Downsampling),将语义上相似的特征合并起来,不影响语义信息,而且提高泛化能力。下面分别做介绍。

6.2.1 图像卷积

    卷积神经网络将输入通过一系列中间层变换为输出,完成操作的中间量不再是神经网络中的向量,而是立体结构。例如CIFAR-10中一张大小为$32 \times 32 \times 3$的图像,分别表示图像的宽、高和深度,整个计算过程中需要保持这些三维特征。假设有一个大小为$5 \times 5 \times 3$的

视频讲解

卷积核,在输入数据体的空间维度上做滑动运算,在每一个位置卷积核和图像做点乘,得到输出称为特征图,这个过程称为卷积运算。可以将这个卷积核看作神经网络的权重 w,对于一个大小为 $5\times5\times3$ 的卷积核有 75 个权重。与神经网络相似,点乘运算结果是 $w^{\mathrm{T}}x+b$,其中 x 指的是与卷积核做运算的输入数据体中大小为 $5\times5\times3$ 的区域,b 是偏置。卷积运算如图 6-3 所示。

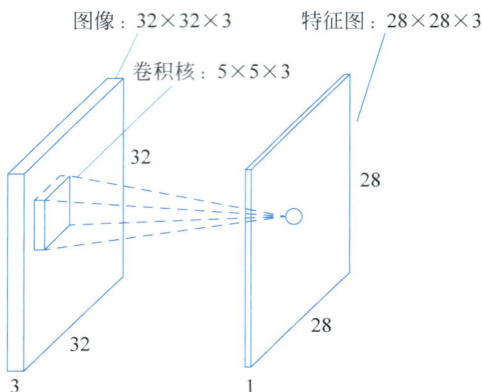

图 6-3　卷积运算

上面假设只有一个卷积核,现在假设有 6 个大小为 $5\times5\times3$ 的卷积核,它们同样地在输入数据体上进行滑动,得到相应的特征图。每个卷积核的计算过程都是独立的,它们分别负责提取输入的一种特征。最后得到 6 个大小为 28×28 大小的特征图,它们沿着深度的方向存储在一起,称为一组大小为 $28\times28\times6$ 的特征图组,如图 6-4 所示。

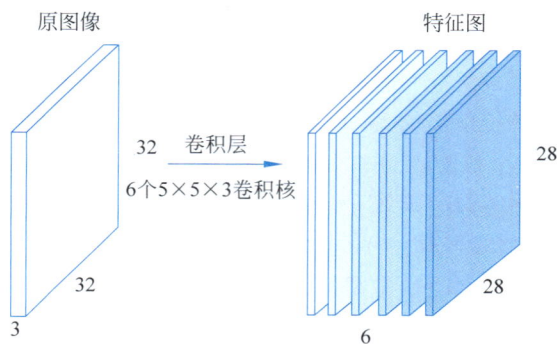

图 6-4　多个卷积核进行卷积运算

卷积层的作用是用大小为 $28\times28\times6$ 的图组重新构造了这幅大小为 $32\times32\times3$ 的图像,特征图作为后续卷积层的输入。如图 6-5 所示,得到大小为 $28\times28\times6$ 的特征图组后,需要一组深度为 6 的卷积核对其进行操作。对于每一个卷积层,都是对上一个输入的三维数据做卷积,只有第一层卷积层能接收到原始图像。

图 6-6 将卷积神经网络的各部分特征可视化。可以看出,第一层可视化的结果是边缘、斑点和颜色信息。第二个卷积层的工作是把第一层小的那些图像块组合成更大的特征块,可以得到图像中的一个圆圈、一组平行线等纹理特征。随着网络层数的深入,基本构建了有区别性的特征,如蜂巢、轮胎、鸟嘴等。这个结果与 Hubel 和 Wiesel 实验中猜想是类似的,

简单的单元得到图像中某个位置特定方向的条状特征等。然后构建这些特征的层级结构，在空间上组合这些特征，得到对物体更加复杂的响应。

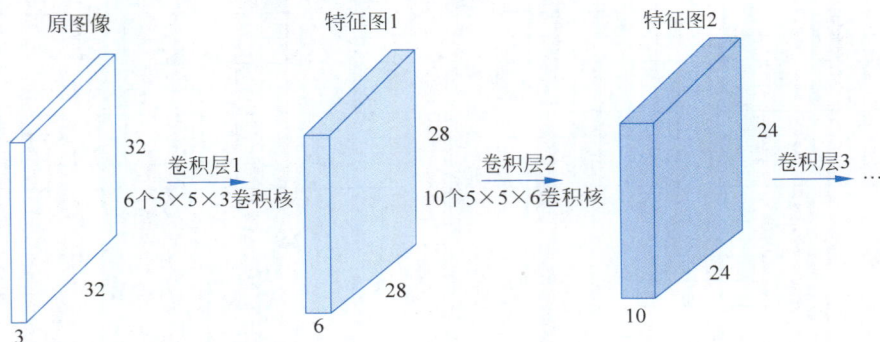

图 6-5　多层卷积运算

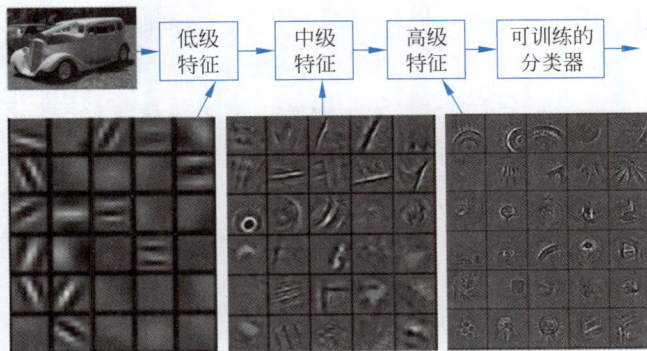

图 6-6　CNN 可视化

下面将给出卷积中的超参数定义，并从图像空间和卷积核大小等方面具体分析卷积运算如何操作。卷积层中有 4 个超参数。

（1）卷积核个数 K：在每个卷积层上使用的卷积核个数。

（2）卷积核大小 F：卷积核的宽度和高度方向像素数目（卷积核深度与输入数据体深度一致）。

（3）步长 S：每一次卷积核在输入数据体上移动的像素位移。

（4）扩充数量 P：对输入数据体的边缘扩充像素的数量。

假设 3×3 的卷积核在 7×7 的输入图像上滑动，即在每一个位置做卷积运算。在这一部分，展示的是图像和卷积核的俯视图，所以不考虑深度，只关注空间尺寸（即宽度和高度）。如图 6-7(a) 所示，设置滑动步长为 1，卷积核在一行中会经过 5 个不重复的位置，此时输出数据体的矩阵维度是 5×5。当把滑动步长设置为 2 时，卷积核在一行中经过 3 个不重复的位置，此时输出的矩阵维度是 3×3，如图 6-7(b) 所示。当把滑动步长设置为 3 时，这在 7×7 图像中是不允许的，根据公式输出尺寸等于 $(N-F)/S+1$，当 $N=7$、$F=3$ 时输出尺寸不是整数，所以滑动步长不能大于 2。

为了保持卷积输出的图像尺寸与原图尺寸一致，可以采用扩充（Padding）方法，如图 6-8 所示，扩充了一个像素的边缘，这些像素的值都是 0，用 0 扩充是因为不会对输出有贡献。

图像与步长为1的卷积核进
行卷积的部分过程

图像与步长为2的卷积核进
行卷积的部分过程

(a) 滑动步长为1的卷积

(b) 滑动步长为2的卷积

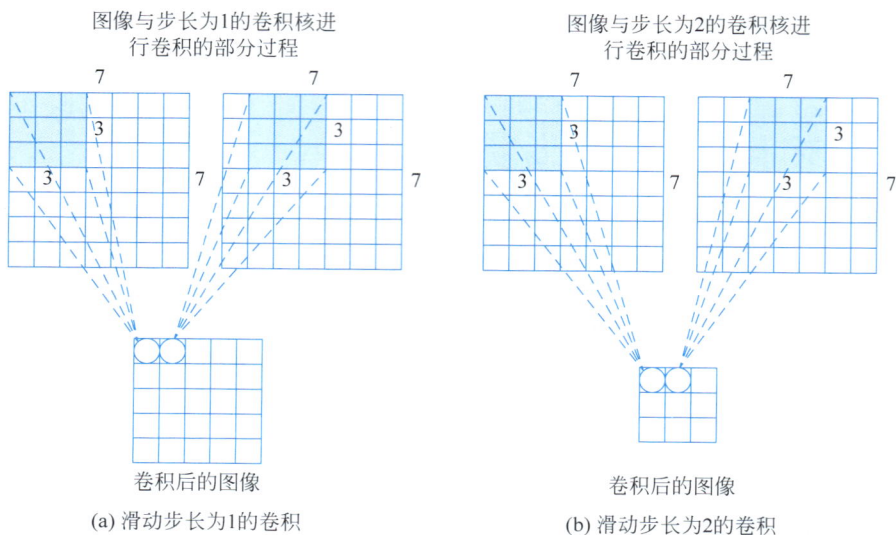

图 6-7　不同步长的池化操作

图 6-8　使用扩充的图像

加上一圈像素为 0 的边缘扩充后,输入空间为 9×9,使用滑动步长为 1 的 3×3 卷积核,输出尺寸是 7×7,可以发现输出尺寸和原输入尺寸(无扩充时)一样大,所以扩充的作用是保持输入输出空间大小不变,需要的扩充圈数与卷积核大小有关,为 $(F-1)/2$,如卷积核为 5×5 时,需要的扩充数是 2,卷积核为 7×7 时,需要的扩充数是 3。如果不做扩充,空间尺寸随着不断地进行卷积迅速变小,在卷积神经网络中通常有几十层至上百层卷积层,扩充可以让卷积操作不会将输入数据体的空间尺寸缩小。

通过上述参数,可以计算输出尺寸,设输入尺寸为 $W_1\times H_1\times D_1$,输出尺寸为 $W_2\times H_2\times D_2$,其中 $W_2=(W_1-F+2P)/S+1$,$H_2=(H_1-F+2P)/S+1$,$D_2=K$,每个卷积核包含 $F\cdot F\cdot D_1$ 个权重,对于有 K 个卷积核的卷积层包含 $F\cdot F\cdot D_1\cdot K$ 个权重和 K 个偏置。在输出数据体中,第 d 个深度的大小为 $W_2\times H_2$ 部分,是步长为 S 的第 d 个卷积核在输入数据体上滑动并与第 d 个偏置相加的结果。为计算方便,K 通常是 2 的指数,因为在某些库中,当遇到 2 的指数,会进入一种特殊且高效的计算流程。奇数大小的卷积核有更好的表示,3 是卷积核的最小尺寸。

下面将从神经元的角度分析卷积层是如何作用的。卷积核在图像上滑动并在每一个位置做点乘的过程与神经元的连接十分相似。神经元的输入是权重 W 的转置和输入数据 X 的点乘加 b,卷积核在这个位置的输出可以解释为一个在固定位置的神经元,它刚好看到了图像的一部分,并且做了以下计算:卷积核的值 W 的转置和输入图像的一部分 X 进行点乘并加上 b。卷积的两个重要特性是局部连接和共享参数。卷积核和图像的连接是一小部分,而不和图像中的其他部分有连接,称为局部连接。这些神经元的接受域大小为 5×5,指的是一个神经元能看到输入数据体的大小。当滑动卷积核时,权重 W 是不变的。对于特征图,可以把它看作排列成 28×28 的神经元网络,每个神经元的接受域大小为 5×5。但是神经元共享所有的参数,因为所有的神经元输出都是使用同样权重的卷积核计算出来的,即所有的神经元都有同样的权重,称为共享参数。神经元在一个激活映射中共享相同的权重,但是不同的卷积核权重不同,假设有 5 个卷积核,从整体上看,它们是排列在 3 维空间中的神经元体,在深度方向上,它们是 5 个权重不同的神经元关注着输入数据体的同一个区域。在进行卷积运算时,不会在空间上缩小数据的尺寸,空间尺寸的减小通常会在池化层进行。

6.2.2　池化和感受野

　　池化一般跟在卷积层和激活函数之后。池化是指将输入数据体通过下采样在空间上进行压缩,降低特征图的空间分辨率。下采样在每个特征图中独立地进行,假设输入维度是 $224 \times 224 \times 64$,经过下采样,图像的宽和高均变为原来的 1/2,变成 $112 \times 112 \times 64$,而深度方向没有变化。最常见的下采样是最大池化(Max Pooling)。假设输入数据体的长度和宽度大小是 4×4,采用 2×2 的卷积核,步长取 2,做最大池化,即取 2×2 小方块中的最大数字作为输出,第一个格子得到的是 6。以此类推,结果如图 6-9 所示,所有特征图的空间尺寸减半。此外平均池化(Average Pooling)是对每一个不同颜色格子数据取平均值作为输出。池化的目的是使用某一位置的相邻输出的总

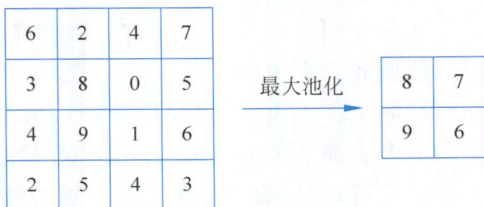

图 6-9　最大池化操作

体统计特征代替网络在该位置的输出,从而通过减少网络参数来减小计算量以防止过拟合问题。使用池化可以实现对输入数据体的平移不变性,该操作只关心某个特征是否出现而不关心它出现的具体位置。例如,当网络判定一幅图像中是否包含汽车时,并不需要知道轮胎的精确像素位置,只需要知道至少有一只轮胎即可。

　　池化有两个超参数。

　　(1) 卷积核大小 F:下采样在输入数据体上取样的宽和高大小。

　　(2) 步长 S:每一次卷积核在输入数据体上移动的像素位移。

　　通过上述参数,可以计算输出尺寸,设输入尺寸为 $W_1 \times H_1 \times D_1$,输出尺寸为 $W_2 \times H_2 \times D_2$,其中 $W_2 = (W_1 - F)/S + 1$,$H_2 = (H_1 - F)/S + 1$,$D_2 = D_1$。池化操作可以让数据体的深度保持不变。

　　感受野(Receptive Field)是卷积神经网络中每一层输出的特征图上的像素点在原始图像上映射的区域大小。神经元之所以无法对原始图像的所有信息进行感知,是因为在这些网络结构中普遍使用卷积层和池化层,在层与层之间均为局部连接。神经元的感受野值越大表示其能接触到的原始图像范围就越大,也意味着可能蕴含全局化、语义层次更高的特征;而值越小则表示其所包含的特征越趋向于局部和细节。因此感受野的值可以大致用来判断每一层的抽象层次。如图 6-10 所示:图像 2 的每一个单元所能看到的原始图像 1 范围是 3×3;由于图像 3 的每个单元都由 3×3 范围的图像 2 构成,因此回溯到原始图像 1,能够看到 5×5 图像范围;同时图像 3 的每个单元都由 3×3 范围的图像 3 构成,因此回溯到原始图像 1,能够看到 7×7 图像范围。所以使用两个 3×3 卷积层堆叠(没有空间池化)形成 5×5 的有效感受野;三个 3×3 卷积层堆叠形成 7×7 的有效感受野。

图 6-10   感受野

6.2.3   基本网络结构

卷积神经网络是一种多层的前馈型神经网络,如图 6-11 所示,从结构上它可以分为特征提取阶段和分类识别阶段。特征提取阶段通常由多个特征层堆叠而成,每个特征层又由卷积层和池化层组成。网络前端的特征层用来捕捉图像局部细节信息,网络后端的特征层捕捉图像中更加抽象的信息。分类识别阶段通常是一个简单的分类器,例如,全连接网络或者支持向量机,它接收最后一个特征层的输出,完成识别和分类任务。

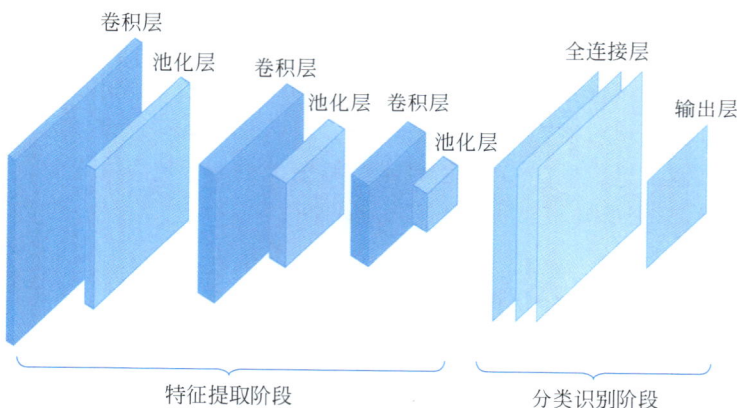

图 6-11   卷积神经网络结构

卷积层也叫作特征提取层,使用卷积核提取图像中的特征。一个卷积核在整张图片上提取到的特征构成特征图,一个卷积层中往往包含多个卷积核,用来提取图像中的不同特征,每个卷积核都输出一张特征图。在卷积核中的神经元一般使用 ReLU 函数作为激活函数。

池化层也称为特征映射层。池化是一种下采样运算,可以在减少数据量的同时保留有用的信息,如图片尺寸为 6×6,对它进行最大池化,池化窗口的尺寸是 2×2,步长为 2,就是把它按照 2×2 的小区域进行分块,把每个块合并成一个像素,取每个块中的最大值作为合并后的像素值。图 6-12 是 MNIST 数据集中的手写数字,原始图片尺寸是 28×28 的,进行最大池化,池化窗

图 6-12   最大池化操作前后对比

口为 4×4，步长为 4，池化后得到的结果图片尺寸是 7×7 的。

可以看到，最大池化就是在缩小图像的同时，对每个块中最亮的像素采样，可以得到图像的主要轮廓。因此池化相当于又进行了一次特征提取，从而更进一步获取更高层、更抽象的信息，使得网络能够对输入的微小变化，如少量平移、旋转以及缩放等产生更大的容忍，提高了泛化能力，防止过拟合。

在网络前端的卷积层中，每个神经元只连接输入图像中很小的一个范围，感受野比较小，能够捕获图像中局部的细节信息。而经过多层卷积层和池化层的堆叠，后面的卷积层中神经元的感受也逐层加大，可以捕获图像中更高层、更抽象的信息，从而得到图像在各个不同尺度上的抽象表示。

卷积神经网络是一种监督学习的神经网络，训练过程与第 5 章讲述的方法一样。首先从训练集中取出样本输入网络，经过逐级变换传送到输出层，计算输出层与样本标签之间的误差，反向传播误差，采用梯度下降法更新权值，以最小化损失为优化目标，反复迭代，在网络收敛或达到预期的准确率时，结束训练。保存网络模型和参数，之后就可以直接使用这个训练好的模型进行分类或者识别。

6.3　实例：卷积神经网络实现手写数字识别

下面使用 TensorFlow 中的 keras 构建和训练卷积神经网络，实现手写数字识别。

首先设计一个卷积神经网络结构，如图 6-13 所示，输入是手写数字图片，图片数据可以表示为 28×28 的二维张量，灰度图的通道数为 1。特征提取阶段包含两个特征提取层，卷积核的尺寸均为 3×3，池化层均采用最大池化，池化窗口的尺寸均为 2×2。第一个卷积层中有 16 个卷积核，每个卷积核提取图像中的一种特征，卷积前做扩充，使得卷积后仍然得到 28×28 的尺寸，16 个卷积核做卷积运算得到 16 张特征图，表示为 $28\times28\times16$ 的三维张量，第一个池化层使用 2×2 的池化窗口做最大池化，使得 16 张特征图的尺寸都缩小为 14×14，构成一个 $14\times14\times16$ 的三维张量。池化层 1 的输出可以看成是有 16 个通道的大小为 14×14 的图像。第二个卷积层使用 32 个卷积核得到 32 个特征图，卷积前做扩充，使得卷积后仍然得到 14×14 的尺寸。这里要注意的是，由于上一步输出的结果有 16 个通道，因此这里的每个卷积核都是 $3\times3\times16$ 的立体卷积核。经过池化层 2 得到 32 个 7×7 的特征图，依然是一个三维张量。特征提取阶段结束，进入分类识别阶段，由于全连接网络只能接收一

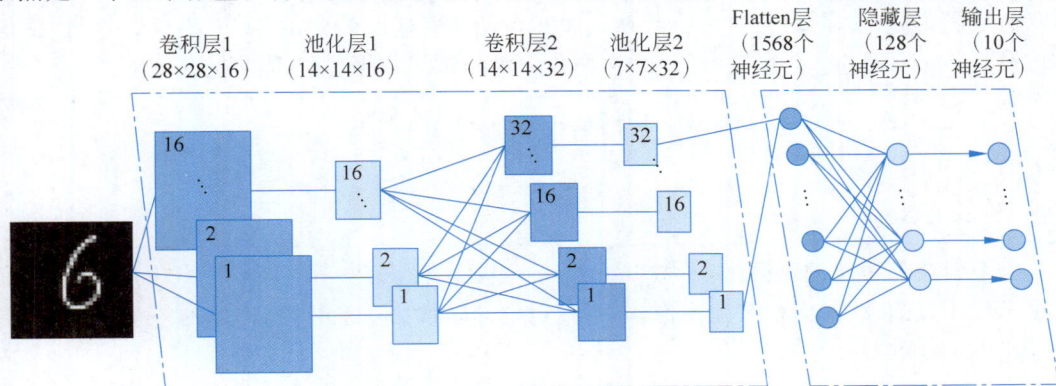

图 6-13　手写数字识别神经网络结构图

维张量的输入,因此需要先使用一个 Flatten 层,将池化层 2 输出的 $7 \times 7 \times 32$ 的三维张量转换为一维张量,再传递给后面的隐藏层。隐藏层中有 128 个神经元,手写数字识别是一个十分类的任务,因此输出层中有 10 个节点,分别对应 0~9 这 10 个数字。

下面使用 keras 构建这个卷积神经网络,在 keras 中使用这个函数来创建卷积层:

```
tf.keras.layer.Conv2D(
        filters,
        kernel_size,
        padding,
        activation,
        input_shape)
```

其中,参数 filters 表示卷积核的数量;参数 kernel_size 表示卷积核大小;参数 padding 表示扩充图像边界的方式,取值可以是 same 和 valid,same 表示用 0 来扩充图像边界,valid 输出特征图尺寸会缩小;参数 activation 用来设置激活函数;参数 input_shape 表示输入卷积层的数据形状,它是一个 4 维张量,表示样本数、行数、列数和通道数,样本数由 batch_size 自动指定,通常只需要给出行数、列数和通道数。

在 keras 中使用这个函数来创建最大池化层,由参数 pool_size 指定池化窗口的大小。

```
tf.keras.layers.MaxPool2D(pool_size)
```

下面是搭建和训练卷积神经网络的完整代码。

第一步,导入需要的库。

```
import tensorflow as tf
import pandas as pd
import numpy as np
import matplotlib.pyplot as plt
```

第二步,加载数据。keras 中集成了 MNIST 数据集,编程时直接使用数据集的名称来加载和使用,训练集有 60 000 条数据,测试集中有 10 000 条数据。

```
mnist = tf.keras.datasets.mnist
(train_x, train_y), (test_x, test_y) = mnist.load_data()
```

第三步,数据预处理。为了加快迭代速度,通过下面的代码对属性值进行归一化,使它的取值范围为 0~1,同时把属性值转换为 tensor 张量,数据类型是 32 位浮点数,把标签值也转换为 tensor 张量,数据类型是 32 位整数。对测试集数据也进行同样的处理。

```
X_train, X_test = tf.cast(train_x, dtype = tf.float32)/255.0,
tf.cast(test_x, dtype = tf.float32)/255.0
Y_train, Y_test = tf.cast(train_y, dtype = tf.int32),
tf.cast(test_y, dtype = tf.int32)
```

由于创建卷积层的函数中,参数 input_shape 要求输入是一个 4 维张量,最后一维是通道数,而 MNIST 数据集是灰度图像,如下代码把它转换为 4 维数组,即增加一个通道维度,通道数为 1。

```
X_train = tf.reshape(X_train, (60000, 28, 28, 1))
X_test = tf.reshape(X_test, (10000, 28, 28, 1))
```

第四步,搭建神经网络模型。

```
model = tf.keras.Sequential([
    #unit 1
    tf.keras.layers.Conv2D(16, kernel_size = (3, 3), padding = "same", activation = tf.nn.
relu, input_shape = (28, 28, 1)),
    tf.keras.layers.MaxPool2D(pool_size = (2, 2)),
    #unit 2
    tf.keras.layers.Conv2D(32, kernel_size = (3, 3), padding = "same", activation = tf.nn.
relu),
    tf.keras.layers.MaxPool2D(pool_size = (2, 2)),
    #unit 3
    tf.keras.layers.Flatten(),
    #unit 4
    tf.keras.layers.Dense(128, activation = "relu"),
    tf.keras.layers.Dense(10, activation = "softmax")
])
```

首先创建一个 Sequential 对象 model,之后的代码为:

```
tf.keras.layers.Conv2D(16, kernel_size = (3, 3), padding = "same", activation = tf.nn.relu,
input_shape = (28, 28, 1)),
tf.keras.layers.MaxPool2D(pool_size = (2, 2)),
```

创建了第一层卷积层,参数设置如下:卷积核数量为 16 个,每个卷积核的大小是 3×3 的,在进行卷积运算时使用全 0 扩充图像边界,保持输出图像大小不变,采用 ReLU 函数作为激活函数,输入图像的形状是 28×28、通道数为 1。紧接着,创建了尺寸为 2×2 的最大池化层。

如下的代码添加了第二层卷积层和池化层:

```
tf.keras.layers.Conv2D(32, kernel_size = (3, 3), padding = "same", activation = tf.nn.relu),
tf.keras.layers.MaxPool2D(pool_size = (2, 2)),
```

卷积核数量为 32 个,每个卷积核的大小是 3×3 的,使用全 0 扩充图像边界,采用 ReLU 函数作为激活函数。由于直接接收上一层的输出,这里无须对输入形状进行设置。紧接着,创建了尺寸为 2×2 的最大池化层。这样,特征层提取阶段就构建完成了。

后面的代码添加了 Flatten 层,将池化层输出的三维张量转化为一维张量,最后再添加一个全连接的隐藏层和一个输出层,隐藏层中有 128 个节点,采用 ReLU 激活函数,输出层中有 10 个节点,采用 softmax 激活函数。

采用 summary 方法查看网络结构和参数信息:

```
model.summary()
```

输出信息如图 6-14 所示,可以看到每一层的名称、输出形状、参数个数。其中,卷积层参数个数=(卷积核的长×宽×通道数+1)×卷积核个数,如第一层卷积层中,参数个数=

$(3×3×1+1)×16=160$。第二层卷积层中，参数个数$=(3×3×16+1)×32=4640$。池化层的操作只是比较大小，没有新的参数，个数为 0。全连接层参数个数$=(输入数据维度+1)×$神经元个数，如在隐藏层中有$(1568+1)×128=200\ 832$个参数，输出层中有$(128+1)×10=1290$个参数。

```
Model: "sequential"
```

Layer (type)	Output Shape	Param #
conv2d (Conv2D)	(None, 28, 28, 16)	160
max_pooling2d (MaxPooling2D)	(None, 14, 14, 16)	0
conv2d_1 (Conv2D)	(None, 14, 14, 32)	4,640
max_pooling2d_1 (MaxPooling2D)	(None, 7, 7, 32)	0
flatten (Flatten)	(None, 1568)	0
dense (Dense)	(None, 128)	200,832
dense_1 (Dense)	(None, 10)	1,290

```
Total params: 206,922 (808.29 KB)
Trainable params: 206,922 (808.29 KB)
Non-trainable params: 0 (0.00 B)
```

图 6-14 手写数字卷积神经网络结构和参数信息

第五步，配置训练方法。模型构建好之后就可以使用模型对象的 compile() 方法来配置模型训练方法，optimizer 是优化器，loss 是损失函数，metrics 是模型训练时输出的评测指标。

```
model.compile(optimizer = 'adam',
              loss = 'sparse_categorical_crossentropy',
              metrics = ['sparse_categorical_accuracy'])
```

第六步，训练模型。在配置好模型的训练方法后就可以使用 fit 方法训练模型。

```
history = model.fit(X_train, Y_train, batch_size = 64,
epochs = 5, validation_split = 0.2)
```

设置训练集的属性和标签值，小批量的大小为 64，迭代次数为 5，验证数据比例为 20%。运行 fit() 方法返回一个 history 对象，记录了在整个训练过程中性能指标的变化情况，把 fit 函数的返回值放在变量 history 中，返回值是一个字典，包含 4 个字典元素，分别是训练集的损失值和准确率及验证集的损失值和准确率，放在变量 history 中，后面方便绘制折线图。如果参数 validation_split 使用默认值 0，则训练集中全部 60 000 条数据都被作为训练数据来使用，不再划分验证数据，那么 history 中就只有训练数据的损失值和准确率。

运行结果如图 6-15 所示，包括训练集的损失值和准确率及验证集的损失值和准确率。

```
Epoch 1/5
750/750 ──────── 7s 8ms/step - loss: 0.4537 - sparse_categorical_accuracy: 0.8642 - val_loss: 0.0891 - val_sparse_categorical_accuracy: 0.9721
Epoch 2/5
750/750 ──────── 6s 8ms/step - loss: 0.0727 - sparse_categorical_accuracy: 0.9788 - val_loss: 0.0544 - val_sparse_categorical_accuracy: 0.9832
Epoch 3/5
750/750 ──────── 5s 7ms/step - loss: 0.0432 - sparse_categorical_accuracy: 0.9861 - val_loss: 0.0500 - val_sparse_categorical_accuracy: 0.9845
Epoch 4/5
750/750 ──────── 5s 7ms/step - loss: 0.0315 - sparse_categorical_accuracy: 0.9901 - val_loss: 0.0488 - val_sparse_categorical_accuracy: 0.9857
Epoch 5/5
750/750 ──────── 5s 7ms/step - loss: 0.0280 - sparse_categorical_accuracy: 0.9909 - val_loss: 0.0470 - val_sparse_categorical_accuracy: 0.9870
```

图 6-15 训练集与验证集的损失值和准确率

模型的损失值在测试集和验证集上一直在下降,模型的准确率在测试集和验证集上一直在上升,可以继续进行训练。

第七步,评估模型。如果 fit()方法没有划分测试数据,可以使用 evaluate()方法评估模型在测试集上的性能,输入 MNIST 数据集提供的 10 000 条测试集数据,每一轮输出一行记录。

```
model.evaluate(X_test,Y_test,verbose = 2)
```

模型评估输出信息如图 6-16 所示,可以看到模型在测试集上的损失是 0.0360,在测试集上的准确率是 0.9879。

```
313/313 - 1s - 2ms/step - loss: 0.0360 - sparse_categorical_accuracy: 0.9879
```

图 6-16 使用测试进行集模型评估的损失值和准确率

第八步,保存训练的日志文件并绘制训练曲线。前面的 history 变量保存着各轮训练的结果,通过关键字分别从字典中取出训练集和测试集的损失和准确率,绘制折线图。

```
loss = history.history['loss']
val_loss = history.history['val_loss']
acc = history.history['sparse_categorical_accuracy']
val_acc = history.history['val_sparse_categorical_accuracy']
```

```
plt.figure(figsize = (10, 3))
plt.subplot(1, 2, 1)
plt.plot(loss,color = "orange",label = "train")
plt.plot(val_loss,color = "blue",label = "test")
plt.ylabel("loss")
plt.legend()
plt.subplot(1, 2, 2)
plt.plot(acc,color = "orange",label = "train")
plt.plot(val_acc,color = "blue",label = "test")
plt.ylabel("accuracy")
plt.legend()
plt.show()
```

得到的结果如图 6-17 所示,其中可以看到损失稳步下降,准确率稳步上升。

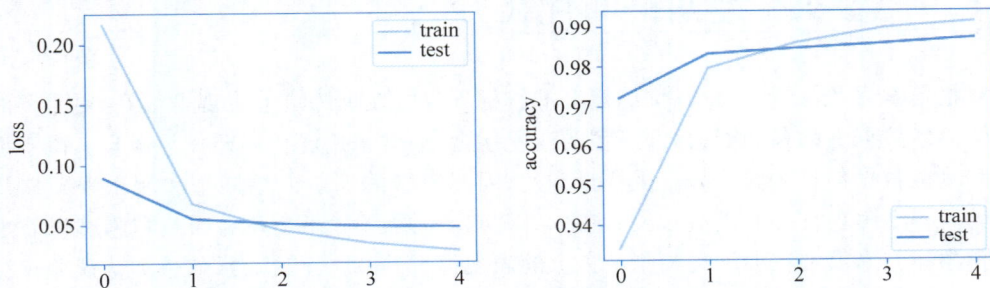

图 6-17 训练集与测试集的损失值和准确率数据可视化曲线

第九步，通过 save_weights() 方法将训练好的模型保存在本地，以后可以通过 load_weights() 方法直接加载模型。

```
model.save_weights("mnist.weights.h5")
model.load_weights("mnist.weights.h5")
```

最后，可以用训练好的模型随机识别 10 个手写数字，下面是执行识别并可视化识别结果的代码。

```
plt.figure()
for i in range(10):
    num = np.random.randint(0,100)
    plt.subplot(2,5,i+1)
    plt.axis('off')
    plt.imshow(test_x[num],cmap = 'gray')
    demo = tf.reshape(test_x[num], (1, 28, 28, 1))
    y_pred = np.argmax(model.predict(demo))
    plt.title("标签值:" + str(test_y[num]) + "\n 预测值:" + str(y_pred))
plt.show()
```

运行上述代码，使用模型进行手写数字识别的实际效果如图 6-18 所示，随机识别的 10 个手写数字，标签值与预测值全部一致，准确率达 100%。

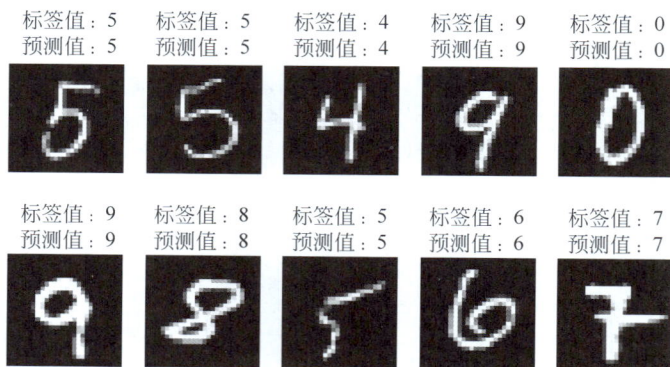

图 6-18　手写数字识别结果可视化

6.4　卷积神经网络的优化方法

在机器学习和深度学习中，训练模型的目标不仅是在训练集上表现得很好，更重要的是在未知的新数据上的预测能力，即模型的泛化能力，通常采用泛化误差作为衡量。由于训练数据和测试数据都是从同一分布采样得到的，因此模型的训练误差期望和测试误差期望是相同的。一个表现良好的模型必须具备以下两点：训练误差低；训练误差和测试误差之间的差距小。如果模型在训练集和测试集上的表现都很差，就是欠拟合；如果训练误差和测试误差之间的差距过大，就会产生过拟合现象。图 6-19 给出了欠拟合、刚好拟合及过拟合的情形。

欠拟合说明模型不能很好地拟合数据，即模型在训练集和测试集上的表现都很差。这

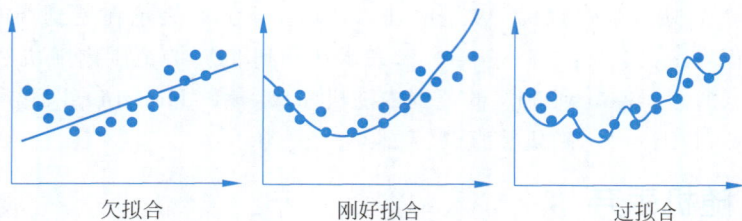

图 6-19 欠拟合、刚好拟合及过拟合示意图

通常是因为模型过于简单，或者提供给模型的特征太少，无法捕捉到数据中的关键特征和模式，也可能是模型训练时间不足或训练次数不够，导致模型未能充分学习数据。解决欠拟合的方法包括：增加新的特征或构建组合特征；使用更复杂的模型结构，如增加神经网络的层数或节点数；延长训练时间或增加迭代次数。

如果模型比较复杂、参数很多，而训练样本又相对比较少，那么训练出的模型很容易出现过拟合的问题。具体表现在：模型在训练数据集上损失逐渐减小，但是在测试数据集上损失却逐渐增大。避免过拟合常用的优化方法包括：数据增强、随机丢弃（Dropout）、级联卷积、集成学习、正则化等。

6.4.1 数据增强

众所周知，深度学习依靠大数据驱动才得以迅速发展。对于相同的网络模型，数据集越大，数据种类越丰富，训练出的模型性能就会越好。但是，实际能采集到的数据样本往往是比较有限的，这时可以利用数据增强技术在一定程度上扩充数据集。数据增强技术是指利用现有的数据，通过各种变化产生更多新数据，从而增加训练样本的数量和多样性，提高模型的泛化能力和鲁棒性。对于图像数据，常用的数据增强的方法有几何变换法和像素变换法。几何变换法就是对现有的图像进行平移、旋转、缩放、裁剪、镜像等操作。像素变换法就是给图像加入各种噪声，调整亮度、对比度、饱和度、白平衡等处理。对于文本数据，常用的数据增强方法有随机删除、打乱词序、同义词替换等。语音数据的增强方法主要是加入噪声。近年来，生成对抗网络也是一个很好的数据增强选择。

keras 提供了图像生成器 ImageDataGenerator 类，可以高效地实现图像旋转、缩放、剪裁等22种数据增强方式，在每次训练时随机生成不同的增强数据，并实时自动地导入模型中参加训练。ImageDataGenerator 类是 tensorflow. keras. preprocessing. image 中的一个模块，使用前首先要从这里导入，然后创建一个 ImageDataGenerator 对象。如下代码是使用 ImageDataGenerator 进行图像数据增强的一个例子。

```
From tensorflow.keras.preprocessing.image import ImageDataGenerator
Datagen = ImageDataGenerator(
Rotation_range = 20
Width_shift_range = 0.3
Height_shift_range = 0.3
Zoom_range = 0.3
Horizontal_flip = True
Vertical_flip = True)
```

代码中使用了6种数据增强方法，并设置了对应的参数。参数 Rotation_range＝20，表示在正负 20 度之间随机旋转,参数 Width_shift_range＝0.3,表示在 0 到 30％的范围内随机水平偏移,参数 Height_shift_range＝0.3,表示在 0 到 30％的范围内随机竖直偏移,参数 Zoom_range＝0.3,表示在 0 到 30％的范围内随机缩放,参数 Horizontal_flip 表示随机水平翻转,参数 Vertical_flip 表示随机竖直翻转。

6.4.2　随机丢弃

Dropout 是一种简单却极其有效的正则化方法,它在训练神经网络时,以一定概率丢弃部分神经元。其显著优点是计算方便,只需在每次迭代时随机抽样生成 n 个二值掩码与神经元相乘,如图 6-20 所示,神经网络使用 Dropout 前后结构对比。对于含有 n 个隐藏单元的神经网络,通过 Dropout 方法生成的子网络总共有 2^n 个,所有的子网络都共享参数设定,最终经过 Dropout 训练得到的网络可以视为所有子网络的集成模型,带来集成学习的效果。

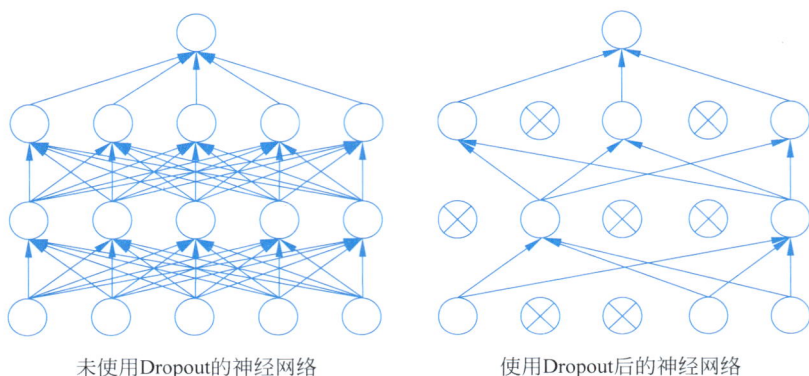

未使用Dropout的神经网络　　　　　使用Dropout后的神经网络

图 6-20　神经网络使用 Dropout 前后对比

Dropout 还可以进行扩展,不仅能以任意概率对神经元进行丢弃,还可以对神经元之间的部分连接或者神经网络中的某些层进行随机丢弃,分别称为 DropConnect 方法和随机深度方法,DropConnect 方法在前向传播时随机将权重矩阵中的某些值设置为零,随机深度在训练时随机丢弃神经网络的部分层,而在测试的时候使用完整的网络。从实际应用来看,Dropout 方法在大多数使用梯度下降算法训练的神经网络模型上表现良好。

模型训练完成以后,为消除训练时引入的随机性,在测试阶段并不使用随机丢弃,因为测试阶段对样本的预测需要给出一个确定的结果,如果保留这种随机性,那么使用同一测试样本进行两次测试,模型可能会给出不一样的结果。实际上批量归一化方法(Batch Normalization)也是类似于 Dropout 这种正则化的策略,在训练阶段为网络添加随机性或者噪声以防止过拟合训练数据,而在测试阶段消除这种随机性来提高泛化能力。

在 TensorFlow 中集成了 dropout 函数,每次迭代时会按照指定的比例,随机将神经元设置为 0,使用方法如下:

```
Tf.layers.dropout(inputs,
    Rate,
    Seed = None,
    Training = False,
    Name = None)
```

其中,参数 inputs 是输入的张量,rate 是 0~1 范围的小数,设定神经元每次随机被丢弃的比例,seed 是产生随机数的种子值,training 用来指示当前是处于训练阶段还是测试阶段,name 表示 dropout 层的名称。

6.4.3　级联卷积

视频讲解

在卷积神经网络中,通过卷积核提取图像中的特征,输出特征图的感受野就是指特征图中每一个点对应输入图像上的区域,使用一层卷积核时,感受野就是卷积核的大小。如图 6-21 所示,如果使用 3×3 的卷积核,特征图中每一个点能看到原始图像中 3×3 的范围,即感受野是 3×3,卷积核的参数个数是 9。如果要增大感受野,就需要加大卷积核的尺寸,例如使用 5×5 的卷积核就可以得到 5×5 的感受野,此时卷积核的参数个数增加为 25。一般来说,感受野越大,特征提取的效果就越好,但是模型参数成倍增加,会影响神经网络的训练速度。

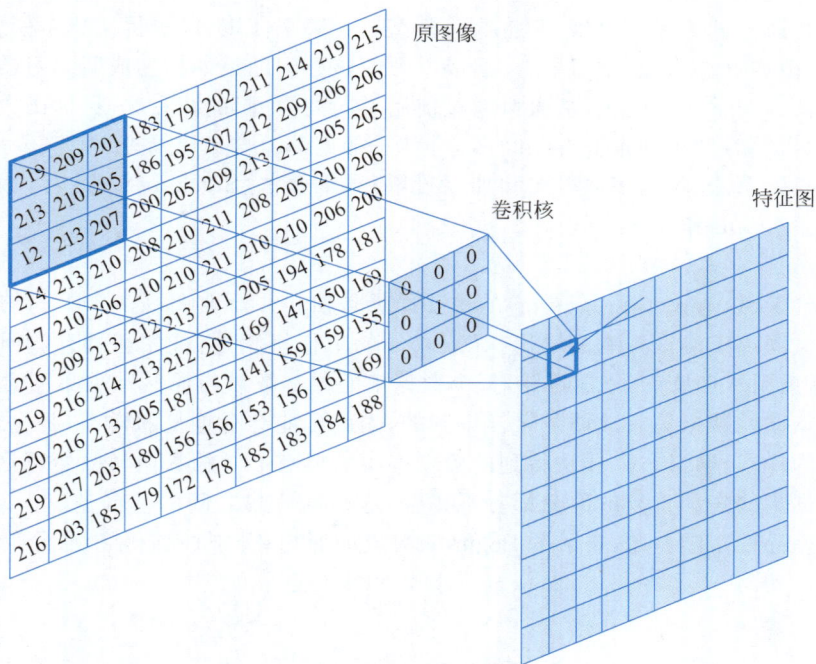

图 6-21　卷积神经网络的感受野

使用级联卷积核可以在加大感受野的同时尽量减少模型参数。如图 6-22 所示,对于输入图像中 5×5 的一块区域,经过第一次 3×3 的卷积运算后,在特征图 1 上得到一个 3×3 的区域,再经过第二次 3×3 的卷积运算后,在特征图 2 上得到一个像素点,这个像素点能看到原始图像中 5×5 的区域,即感受野是 5×5。使用两个 3×3 的卷积核级联和使用一个 5×5 的卷积核,它们具有相同大小的感受野,但使用两个 3×3 的卷积核级联总共需要 18 个参数,而使用一个 5×5 的卷积核需要 25 个参数,堆叠多级小卷积核能够在增大感受野的同时,减少参数量,而且卷积层数越多,特征提取就越细致,加入的非线性变换也越多,使得模型的非线性表达能力更好。因此,近些年的卷积神经网络都使用了非常多的卷积层进行特征提取。

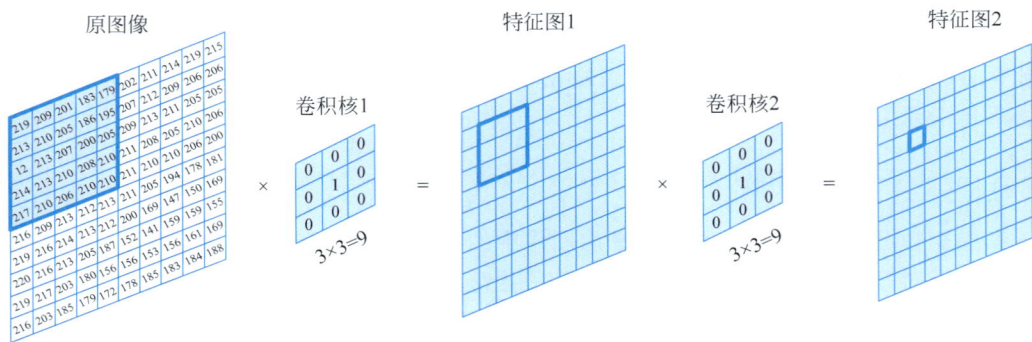

图 6-22   级联卷积示意图

6.4.4 集成学习

集成学习作为一种在机器学习和深度学习中常用的技巧,实践中总能稳定提升模型性能。集成学习通过训练多个模型,并将这些模型组合起来使用,以取得比单个模型更好的性能,其中多个模型被称为"弱学习器"。集成学习的核心问题是如何生成弱学习器,以及如何组合弱学习器。弱学习器的生成,可以通过使用不同的模型、训练算法、目标函数等,并且使得弱学习器尽量满足"预测精准性"和"多样性"。常见的组合策略有平均法(包括算术平均和加权平均)、投票法(包括多数投票和加权投票)和堆叠法(Stacking)。具有代表性的集成学习方法是 Bagging 和 Boosting。

1. Bagging

Bagging(Bootstrap Aggregating)的主要思想是独立并行地训练多个不同的学习器,所有的学习器共同决定测试样本的输出。Bagging 的工作机制是:首先通过有放回的采样,构造 N 个数据集用于训练 N 个学习器,每个数据集的样本数量与原始数据集一致,因为每个数据集都是从原始数据集有放回的采样得到的,因此可能会有重复的样本,并且缺少部分原始训练集中的样本,通过自采样法得到的数据集中大概有 2/3 的数据与原始数据集一致,并且不同的数据集缺失和重复的部分都各不相同,这种训练集之间的差异造就了训练出的学习器之间的差异性。图 6-23 展示了 Bagging 集成的思想,分别训练得到 N 个学习器以后,

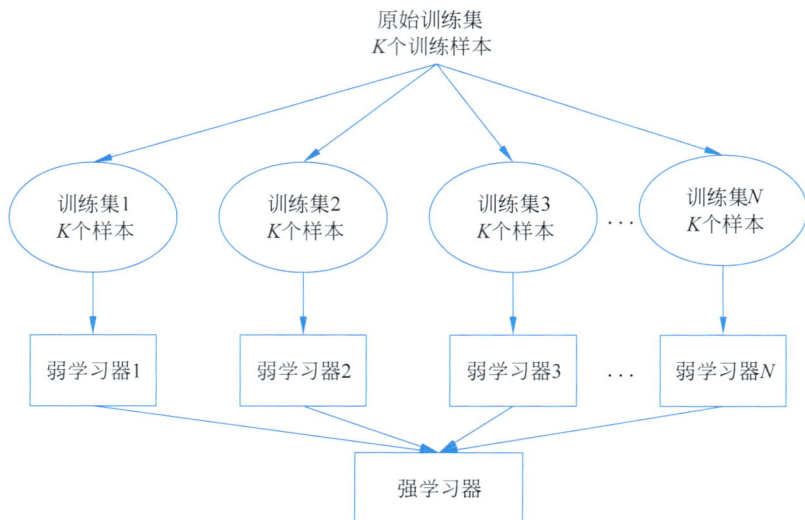

图 6-23   Bagging 实现示意图

Bagging 的结合策略是：如果是分类任务，则根据 N 个学习器的结果进行投票后输出；如果是回归问题，则取 N 个学习器的结果进行算术平均后输出。随机森林算法就是采用 Bagging 思想的一个常用模型。

2. Boosting

与 Bagging 各个弱学习器之间互相独立不同，Boosting 中的弱学习器之间存在强依赖关系，各弱学习器通过串行级联产生输出。Boosting 的工作机制是：首先使用初始训练集训练一个弱学习器，然后根据这个弱学习器的表现，对之前的模型进行调整，这样重复 N 次就可以生成 N 个弱学习器，每一个弱学习器都比前一个弱学习器有一些性能上的提升，因此这些弱学习器必须顺序生成，无法并行化。Boosting 框架将这些模型进行加权组合产生强学习器，弱学习分类器既可以使用同质模型也可以使用异质模型。Boosting 系列算法比较著名的有 AdaBoost（Adaptive Boosting）、GBDT（Gradient Boosting Decision Tree）算法。AdaBoost 在每次生成新的弱学习器时，将之前的弱学习器发生错误的训练样本的权重增大，使得这些错误样本在后续训练时受到更多的关注，最后将这些弱学习器进行加权组合，并且根据弱学习器的准确率赋予相应的权重，使得准确率较高的弱学习器权重更高，每一轮中需要关注的是样本权重和弱学习器权重的更新。GBDT 通过计算负梯度来改进模型，每一轮训练关注的重点是预测残差，使得下一轮输出的残差变小，因此每一轮会向损失函数减小的梯度方向变化。GBDT 算法指利用了一阶的导数信息，改进算法 XGBoost（EXtreme Gradient Boosting）对损失函数进行了二阶泰勒公式展开，并添加了正则项以避免过拟合。

3. 神经网络模型集成

神经网络中的集成方法可以看作一种正则化方法。通过训练多个独立的模型，然后对多个模型的预测结果进行加权平均，该方法在实践中能够提升神经网络的性能。有多种集成方法可以实现正则化，如使用同一神经网络进行不同的初始化，通过不同的初始条件使得模型多样化；或者设置不同的超参数，然后使用交叉验证寻找最优超参数配置，取性能较好的几组配置训练多个模型，实现模型的多样性。有时也可以不用特意训练不同的模型，而是在训练过程的不同时刻保留模型的快照，在做集成时把多个快照的预测结果做加权平均。也可以对训练过程中不同时刻的模型参数计算指数衰减平均值，从而得到网络训练过程中一个比较平滑的集成模型。

6.5　实例：卷积神经网络识别 CIFAR-10 数据

下面用 TensorFlow 编程实现优化的卷积神经网络，实现对 CIFAR-10 彩色图像的分类。CIFAR-10 包含 10 个类别的 60 000 张大小为 32×32 的 RGB 彩色图片，训练集是 50 000 张，测试集是 10 000 万张。每个类别有 6000 张图片，其中 1000 张是测试集、5000 张是训练集。

首先设计一个卷积神经网络结构，如图 6-24 所示，RGB 彩色图片的通道数为 3，所以输入是 $32 \times 32 \times 3$ 三维张量。特征提取阶段包含两个特征提取层，其中每个特征提取层中包含有两组 3×3 的级联卷积和一个 2×2 的最大池化层。分类识别阶段采用含有一个隐藏层的全连接网络。

卷积层 1-1 使用 16 个 $3 \times 3 \times 3$ 的立体卷积核，使用全 0 扩充，每个卷积核输出的特征

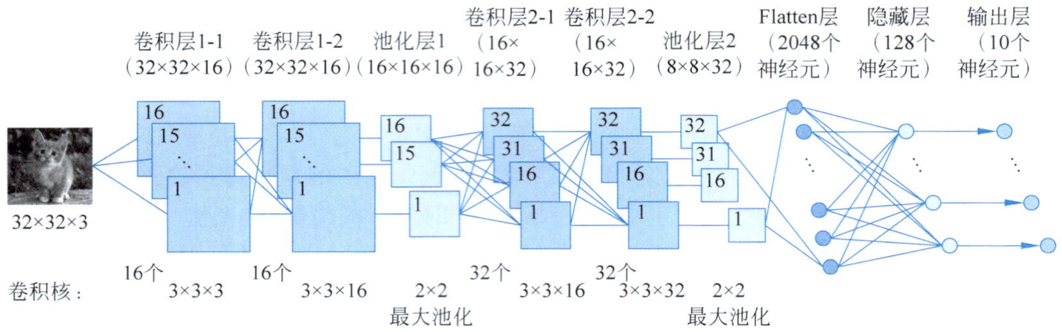

图 6-24　卷积神经网络结构

图尺寸保持为 32×32 的,输出的 16 张特征图构成 32×32×16 的三维张量。卷积层 1-2 使用 16 个 3×3×16 的立体卷积核,使用全 0 扩充,每个卷积核输出的特征图尺寸保持为 32×32,输出的 16 张特征图构成 32×32×16 的三维张量。池化层 1,使用 2×2 最大池化对特征图进行下采样,每个特征图被缩小为原来的 1/4,得到 16×16×16 的三维张量,送入第二个特征提取层。

卷积层 2-1 使用 32 个 3×3×16 的立体卷积核,使用全 0 扩充,每个卷积核输出的特征图尺寸保持为 16×16 的,输出的 32 张特征图构成 16×16×32 的三维张量。卷积层 2-2 使用 32 个 3×3×32 的立体卷积核,使用全 0 扩充,每个卷积核输出的特征图尺寸保持为 16×16,输出的 32 张特征图构成 16×16×32 的三维张量。池化层 2,使用 2×2 最大池化对特征图进行下采样,每个特征图被缩小为原来的 1/4,得到 8×8×32 的三维张量。至此,特征提取阶段结束,进入分类识别阶段。

首先使用 Flatten 层把 8×8×32 的三维张量转换为长度是 2048 的一维张量传递给隐藏层,隐藏层中有 128 个神经元,因为 CIFAR-10 是十分类任务,所以输出层中有 10 个神经元,并使用 softmax 函数作为激活函数。网络中所有的卷积层和隐藏层均使用 ReLU 函数作为激活函数。

下面使用 TensorFlow 编程过程。

第一步,导入需要的库。

```
import tensorflow as tf
import numpy as np
import matplotlib.pyplot as plt
from tensorflow.keras import layers,Sequential
```

第二步,加载数据。CIFAR-10 也是 keras 中集成的数据集,可以直接使用 keras 中的 datasets 模块访问数据集。

```
cifar10 = tf.keras.datasets.cifar10
(x_train,y_train),(x_test,y_test) = cifar10.load_data()
```

第三步,数据预处理。将训练集和测试集进行归一化处理。

```
x_train,x_test = tf.cast(x_train,dtype = tf.float32)/255.0,
tf.cast(x_test, dtype = tf.float32)/255.0
```

```
y_train,y_test = tf.cast(y_train,dtype = tf.int32),
tf.cast(y_test, dtype = tf.int32)
```

第四步,建立 Sequential 模型,查看模型摘要。

```
model = Sequential([
    # 特征提取层 1
    layers.Conv2D(16,kernel_size = (3,3), padding = "same", activation = tf.nn.relu, input_
    shape = x_train.shape[1:]),
    layers.Conv2D(16,kernel_size = (3,3),padding = "same",activation = tf.nn.relu),
    layers.MaxPooling2D(pool_size = (2,2)),
    layers.Dropout(0.2),
    # 特征提取层 2
    layers.Conv2D(32,kernel_size = (3,3),padding = "same",activation = tf.nn.relu),
    layers.Conv2D(32,kernel_size = (3,3),padding = "same",activation = tf.nn.relu),
    layers.MaxPooling2D(pool_size = (2,2)),
    layers.Dropout(0.2),
    # 全连接层
    layers.Flatten(),
    layers.Dropout(0.2),
    layers.Dense(128,activation = "relu"),
    layers.Dropout(0.2),
    layers.Dense(10,activation = "softmax")
    ])
```

两个特征提取层的代码相似,包括 2 个卷积层、1 个最大池化层、1 个 Dropout 操作。全连接层的代码先后执行 Flatten 层转换、Dropout 操作、隐藏层、Dropout 操作、输出层。使用 summary()方法可以查看网络结构和参数信息:

```
model.summary()
```

输出信息如图 6-25 所示,可以检查一下,在卷积层 1-1 中,有 16 个 3×3×3 的卷积核,参数个数为 448。卷积层 1-2 有 16 个 3×3×16 的卷积核,参数个数为 2320。卷积层 2-1 中,有 32 个 3×3×16 的卷积核,参数个数为 4640。卷积层 2-2 中有 32 个 3×3×32 的卷积核,参数个数为 9248。隐藏层接收 2048 个输入,有 128 个神经元,参数个数为 262 272。输出层有 10 个神经元,接收隐藏层 128 个输出,参数个数是 1290,整个卷积神经网络一共有 280 218 个模型参数。

第五步,配置模型的训练方法。优化器使用 adam,损失函数使用稀疏分类交叉熵损失,使用稀疏分类准确率函数作为评价指标。

```
model.compile(optimizer = 'adam',
              loss = 'sparse_categorical_crossentropy',
              metrics = ['sparse_categorical_accuracy']
              )
```

第六步,训练模型。

```
history = model.fit(x_train,y_train,batch_size = 64,
epochs = 10,validation_split = 0.2)
```

使用训练集中的 50 000 条数据,其中 20%作为验证数据,所以有 40 000 条数据用来训

```
Model: "sequential"
```

Layer (type)	Output Shape	Param #
conv2d (Conv2D)	(None, 32, 32, 16)	448
conv2d_1 (Conv2D)	(None, 32, 32, 16)	2,320
max_pooling2d (MaxPooling2D)	(None, 16, 16, 16)	0
dropout (Dropout)	(None, 16, 16, 16)	0
conv2d_2 (Conv2D)	(None, 16, 16, 32)	4,640
conv2d_3 (Conv2D)	(None, 16, 16, 32)	9,248
max_pooling2d_1 (MaxPooling2D)	(None, 8, 8, 32)	0
dropout_1 (Dropout)	(None, 8, 8, 32)	0
flatten (Flatten)	(None, 2048)	0
dropout_2 (Dropout)	(None, 2048)	0
dense (Dense)	(None, 128)	262,272
dropout_3 (Dropout)	(None, 128)	0
dense_1 (Dense)	(None, 10)	1,290

```
Total params: 280,218 (1.07 MB)
Trainable params: 280,218 (1.07 MB)
Non-trainable params: 0 (0.00 B)
```

图 6-25　识别 CIFAR-10 卷积神经网络结构和参数信息

练模型,在每轮训练之后使用 10 000 条验证数据来评估模型的性能。每个小批量使用 64 条数据,一共训练 10 轮,训练情况如图 6-26 所示。

```
Epoch 1/10
625/625 ——————— 6s 9ms/step - loss: 1.8921 - sparse_categorical_accuracy: 0.2984 - val_loss: 1.3235 - val_sparse_categorical_accuracy: 0.5287
Epoch 2/10
625/625 ——————— 5s 8ms/step - loss: 1.3259 - sparse_categorical_accuracy: 0.5220 - val_loss: 1.1065 - val_sparse_categorical_accuracy: 0.6091
Epoch 3/10
625/625 ——————— 5s 8ms/step - loss: 1.1571 - sparse_categorical_accuracy: 0.5846 - val_loss: 1.0085 - val_sparse_categorical_accuracy: 0.6456
Epoch 4/10
625/625 ——————— 5s 9ms/step - loss: 1.0447 - sparse_categorical_accuracy: 0.6258 - val_loss: 0.9967 - val_sparse_categorical_accuracy: 0.6422
Epoch 5/10
625/625 ——————— 6s 9ms/step - loss: 0.9883 - sparse_categorical_accuracy: 0.6523 - val_loss: 0.8993 - val_sparse_categorical_accuracy: 0.6836
Epoch 6/10
625/625 ——————— 6s 9ms/step - loss: 0.9210 - sparse_categorical_accuracy: 0.6726 - val_loss: 0.8359 - val_sparse_categorical_accuracy: 0.7072
Epoch 7/10
625/625 ——————— 6s 9ms/step - loss: 0.8599 - sparse_categorical_accuracy: 0.6953 - val_loss: 0.8110 - val_sparse_categorical_accuracy: 0.7152
Epoch 8/10
625/625 ——————— 6s 9ms/step - loss: 0.8375 - sparse_categorical_accuracy: 0.7030 - val_loss: 0.7833 - val_sparse_categorical_accuracy: 0.7237
Epoch 9/10
625/625 ——————— 6s 9ms/step - loss: 0.8021 - sparse_categorical_accuracy: 0.7128 - val_loss: 0.7762 - val_sparse_categorical_accuracy: 0.7297
Epoch 10/10
625/625 ——————— 6s 9ms/step - loss: 0.7916 - sparse_categorical_accuracy: 0.7180 - val_loss: 0.7473 - val_sparse_categorical_accuracy: 0.7360
```

图 6-26　训练集与验证集的损失值和准确率

可以看到,训练集和验证集的损失都在下降,准确率都在上升,其实可以进一步进行训练,继续提高准确率。

第七步,评估模型。使用 CIFAR-10 中的测试集数据评估模型性能。

```
model.evaluate(x_test,y_test, verbose = 2)
```

模型评估输出信息如图 6-27 所示,可以看到模型在测试集上的损失是 0.7591,在测试集上的准确率是 0.7349。

```
313/313 - 1s - 2ms/step - loss: 0.7591 - sparse_categorical_accuracy: 0.7349
```

图 6-27 使用测试进行集模型评估的损失值和准确率

可以看到,模型在测试集上的准确率达到了 73.49%。

第八步,保存模型,并可视化结果。

通过 save()方法保存整个模型:

```
model.save('CIFAR10_CNN_weights.h5')
```

绘制训练集和测试集的损失和准确率曲线,如图 6-28 所示,将结果可视化的代码如下:

```
print(history.history)
loss = history.history['loss']
acc = history.history['sparse_categorical_accuracy']
val_loss = history.history['val_loss']
val_acc = history.history['val_sparse_categorical_accuracy']
plt.figure(figsize = (10,3))
plt.subplot(1,2,1)
plt.plot(loss,color = 'orange',label = 'train')
plt.plot(val_loss,color = 'blue',label = 'test')
plt.ylabel('loss')
plt.legend()
plt.subplot(1,2,2)
plt.plot(acc,color = 'orange',label = 'train')
plt.plot(val_acc,color = 'blue',label = 'test')
plt.ylabel('accuracy')
plt.legend()
```

```
{'loss': [1.6571171283721924, 1.2839293479919434, 1.1271907091140747, 1
.0309942960739136, 0.9700242280960083, 0.9175177812576294, 0.8692039847373962,
0.8344298005104065, 0.8143368363380432, 0.7891488671302795],
'sparse_categorical_accuracy': [0.3930000066757202, 0.538100004196167, 0
.5962250232696533, 0.6324750185012817, 0.6559000015258789, 0.673675000667572,
0.6920499801635742, 0.7050250172615051, 0.7114999890327454, 0.7194749712944031],
'val_loss': [1.3234599828720093, 1.1064574718475342, 1.0085071325302124, 0
.9967157244682312, 0.8993324041366577, 0.8358820080757141, 0.8110191226005554,
0.7833120822906494, 0.7762125730514526, 0.7473111748695374],
'val_sparse_categorical_accuracy': [0.5286999940872192, 0.6090999841690063,
0.6456000208854675, 0.6421999931335449, 0.6836000084877014, 0.7071999907493591,
0.7152000069618225, 0.7236999869346619, 0.7297000288963318, 0.7360000014305115]}
```

图 6-28 训练集和测试集的损失值和准确率

可视化的结果如图 6-29 所示。

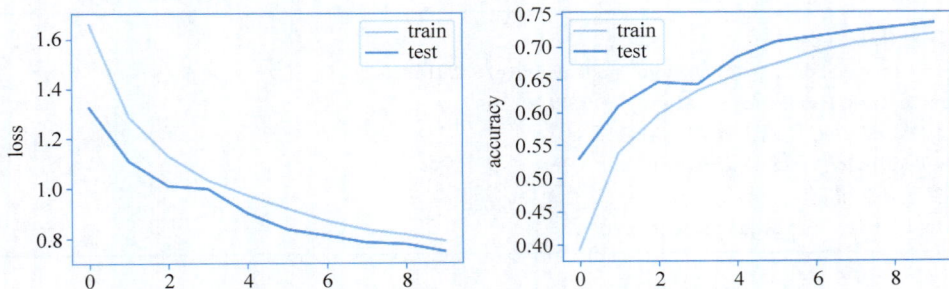

图 6-29 训练集和测试集的损失值和准确率数据可视化曲线

第九步，应用模型。可以从 10 000 张测试集中随机选择 10 张图片，以 2 行 5 列的方式排列显示，并在每张图像的上方显示标签值和预测值，将结果可视化的代码如下：

```
plt.figure()
for i in range(10):
    num = np.random.randint(0,10000)
    plt.subplot(2,5,i+1)
    plt.axis('off')
    plt.imshow(x_test[num],cmap='gray')
    demo = tf.reshape(x_test[num],(1,32,32,3))
    y_pred = np.argmax(model.predict(demo))
    plt.title('标签值：' + str((y_test.numpy())[num,0]) + '\n 预测值：' + str(y_pred))
plt.show()
```

运行上述代码，使用模型做图像识别的实际效果如图 6-30 所示，随机识别的 10 张图片中，7 张图片的标签值与预测值一致，3 张图片的标签值与预测值不同，准确率为 70%。

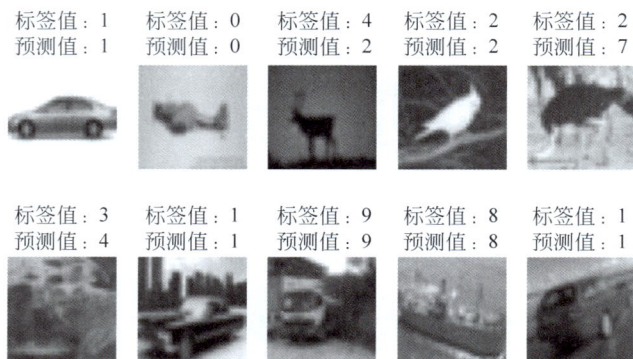

图 6-30　识别 CIFAR-10 可视化结果

6.6　实例：基于 DeepLab-V3＋模型的轨道图像分割

轨道图像分割属于语义分割问题。这里给出一个基于 PaddlePaddle 框架的项目来实现一个基于 DeepLab-V3＋模型的卷积神经网络以解决轨道图像分割问题。

如图 6-31 所示，轨道图像分割问题是将图片中轨道的两条钢轨进行标注，以对后续的轨道入侵检测提供依据。轨道图像分割项目包括以下步骤。

1）PaddleSeg 安装

```
# 下载 paddleseg
!git clone https://github.com/PaddlePaddle/PaddleSeg
!unzip work/PaddleSeg-release-v0.1.0.zip
# 将 PaddleSeg 代码上移至当前目录
!mv PaddleSeg-release-v0.1.0/* ./
# 安装所需依赖项
!pip install -r requirements.txt
```

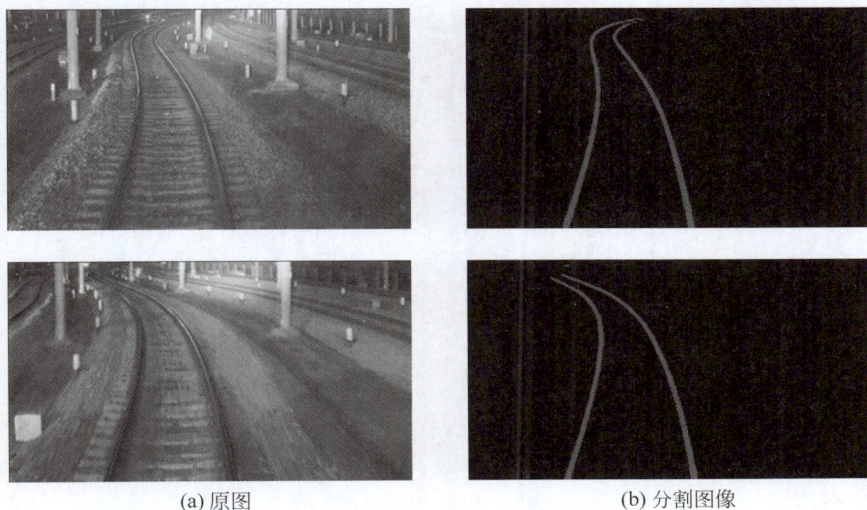

(a) 原图　　　　　　　　　　　　(b) 分割图像

图 6-31　轨道分割的可视化结果

2) 数据集下载

本项目中挂载了一个轨道分割数据 rail_dataset。运行下面命令将数据集放至 dataset 目录下。

```
!sh work/download_rail_dataset.sh
```

3) 训练

运行 pdseg/train.py 可以直接训练模型。其中--cfg 是 yaml 文件配置参数,许多参数都在相应的 yaml 文件中进行了配置。--use_gpu 是指开启 GPU 进行训练。

```
!python ./pdseg/train.py -- cfg work/rail_dataset.yaml -- use_gpu
```

4) 测试

运行 pdseg/eval.py 可以直接对模型进行效果评估。

```
!python ./pdseg/eval.py -- cfg work/rail_dataset.yaml -- use_gpu
```

本章小结

卷积神经网络已成为处理图像和计算机视觉任务的核心工具。通过卷积层提取图像的局部特征、池化层简化特征图尺寸,卷积神经网络能够有效地适应图像分类、目标检测等复杂任务。本章详细阐述了卷积神经网络在图像处理中的基本结构和原理,并通过实际应用展示了其在计算机视觉领域的巨大潜力。未来,随着数据和计算能力的提升,卷积神经网络有望在更广泛的场景中实现更高效的应用,为人工智能的发展提供更强有力的支持。

第7章 典型的深度神经网络模型

随着深度学习的不断发展,许多典型的神经网络模型诞生。本章详细介绍其中有广泛影响力的几种深度神经网络模型,包括 LeNet、AlexNet、VGGNet、GoogLeNet、ResNet、循环神经网络(RNN),并给出一些深度神经网络模型的实例。

7.1　卷积神经网络的发展

卷积神经网络(CNN)的演化发展如图 7-1 所示,基于早期的神经元认知机,1989 年 LeCun 利用反向传播算法训练了多层神经网络,直到 1998 年成功搭建了 LeNet,奠定了卷积神经网络的基础,但当时并未引起关注,主要原因是当时计算能力有限,其他机器学习算法(如支持向量机)也能达到相同的效果。

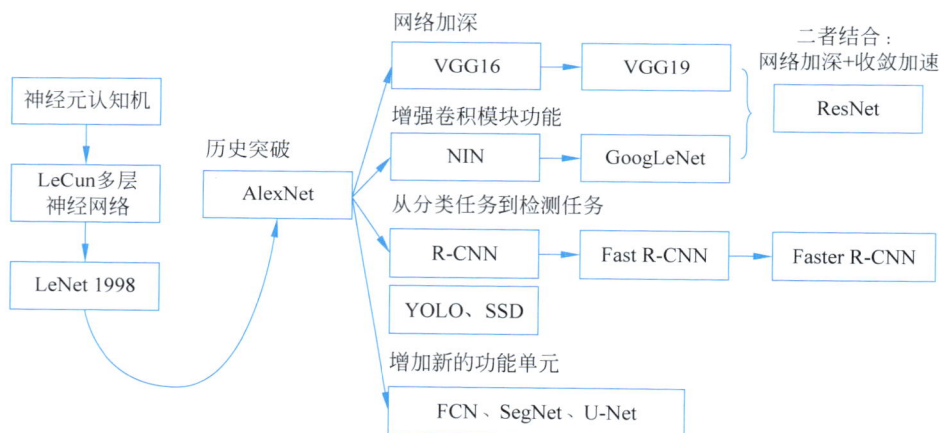

图 7-1　卷积神经网络的演化发展

随着计算能力的提升和大数据时代的来临,2012 年出现的 AlexNet 网络获得历史突破,在 ILSVRC 大赛中以遥遥领先的成绩夺得冠军。AlexNet 网络结构在整体上类似于 LeNet,但是更为复杂,包含 5 层卷积层和 3 层全连接网络,首次使用 ReLU 激活函数,采用了 Dropout 和数据增强,利用了多个 GPU 进行并行训练。VGGNet 探究了更深的网络结构在模型性能上的提升,通过反复堆叠 3×3 的小卷积核和 2×2 的最大池化层,VGGNet 成功地构筑了 VGG16 至 VGG19 这种很深的网络结构,获得了 2014 年 ILSVRC 分类项目的亚军和定位项目的冠军。

以下正则表达式总结了一些经典的用于图像处理的卷积神经网络架构：

输入层→[（卷积层）×N→池化层×L]×M→（全连接层）×K→输出层

上述表达式中，N 表示卷积层的级联数，大部分卷积神经网络最多连续使用 5 个级联卷积。L 表示池化层的数目，有研究证明调整卷积层的步长也能够实现池化功能，所以有些最新的卷积神经网络中没有池化层。在经过 M 轮卷积层和池化层之后（M 可以很大），通常会出现全连接层，最后是输出。

虽然增加网络层数、扩展网络宽度可以提升网络性能，但是会导致网络复杂、参数变多，容易出现过拟合问题。NIN 网络在每一个卷积层的输出特征图后，增加了一个与特征图的通道数量相同的 1×1 卷积层，实现了通道之间的特征融合。GoogLeNet 借鉴了 NIN 的思想，在原先卷积过程附加 1×1 的卷积核，加上 ReLU 激活，不仅增加了网络的宽度和深度，提升了网络的非线性表达能力，而且通过 1×1 的卷积进行了降维，减少了更新的参数量。

然而，随着网络的加深，会产生退化（Degradation）问题，即准确率先上升后饱和，持续增加深度甚至会导致准确率下降。为了解决这个问题，Kaiming He 等提出了采用稀疏网络结构的 ResNet 网络，其层数超过百层。ResNet 的主要思想是，在网络中引入一个所谓的恒等快捷连接，允许保留之前网络层一定比例的输出，原始输入信息经过一个或多个层直接传到后面的层中，这样就能有选择地做之后的卷积结果。

针对目标检测任务，相继出现了一些经典的基于候选区域的卷积神经网络，如 R-CNN、Fast R-CNN 和 Faster R-CNN，这些模型的核心思想是将目标检测任务分解为两个步骤：候选区域生成和目标分类。首先，使用传统的计算机视觉技术，特别是选择性搜索算法，生成有可能包含待检测目标的候选区域。然后，对于每个候选区域，使用深度卷积神经网络提取特征，进行细粒度的目标分类。然而，这些多阶段模型在计算效率方面存在局限，特别是在实时应用中难以实现端到端的训练。随后，基于直接回归的单阶段模型，如 YOLO 系列模型和 SSD 模型，通过直接从图像中提取特征并预测边界框和类别概率，大大简化了检测流程，提高了速度，它们一次性的检测方式和高效的性能，迅速成为事实上的目标检测标准之一。

针对图像分割和语义分割问题，也出现了很多经典网络结构，如全卷积网络（FCN）、SegNet、U-Net 等，FCN 使用 1×1 的卷积代替了 VGG 等预训练网络模型的全连接层，直接学习像素到像素的映射，输出仍为一张图片，可以直接生成分割之后的图像。因为卷积神经网络的池化操作会压缩图像尺寸，所以研究人员想到利用反卷积层进行上采样，通过上采样可以扩大图像尺寸，实现图像由小分辨率到大分辨率的映射。SegNet 和 U-Net 均采用了"编码器-解码器"结构，编码器用于提取图像特征，解码器用于恢复图像分辨率。

下面从 LeNet 网络开始，详细介绍几种广泛应用的卷积神经网络模型，包括 AlexNet、VGGNet、GoogLeNet 以及 ResNet。

7.2　经典网络 LeNet

7.2.1　LeNet 结构

LeNet 是 LeCun 等于 1998 年提出的模型，用于对信封上手写数字的识别，是最早的卷

视频讲解

积神经网络模型。虽然结构简单,但是包含卷积神经网络的所有基本组成部分,如卷积层、池化层和全连接层等。LeNet 的整体结构是卷积-池化-卷积-池化-全连接。图 7-2 是 LeNet 结构。

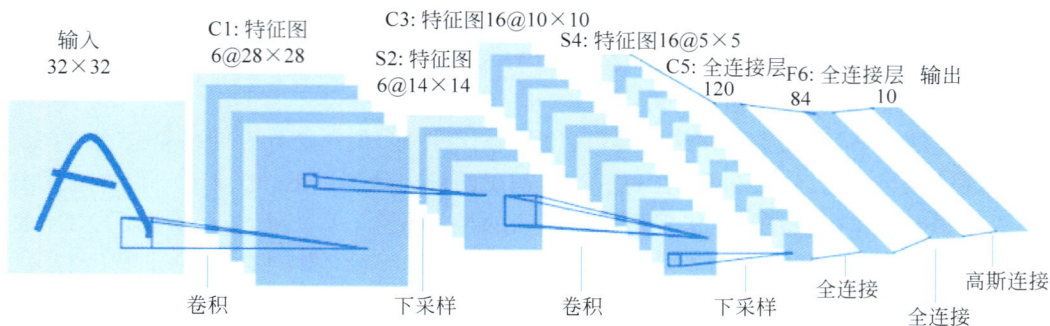

图 7-2 LeNet 结构

1)输入层

输入图像是大小为 32×32 的灰度图。

2)卷积层 1

这一层有 6 个大小为 5×5 的卷积核对图像进行卷积操作、不做扩充、步长为 1,得到 $28 \times 28 \times 6$ 的特征图 C1。本层有 $(5 \times 5 + 1) \times 6 = 156$ 个参数。

3)池化层 1

本层的输入是 $28 \times 28 \times 6$ 的特征图 C1,进行 2×2 大小、步长为 2 的下采样后,图像大小减小为 14×14,得到 $14 \times 14 \times 6$ 的特征图 S2。

4)卷积层 2

本层的输入是 $14 \times 14 \times 6$ 的特征图 S2,经过 16 个 5×5 大小的卷积核进行卷积操作、不做扩充、步长为 1,得到 $10 \times 10 \times 16$ 的特征图 C3。本层共有 $(5 \times 5 \times 6 + 1) \times 16 = 2416$ 个参数。

5)池化层 2

本层输入是 $10 \times 10 \times 16$ 的特征图 C3,通过 2×2 大小、步长为 1 的卷积核进行下采样后,图像大小变为 5×5,得到 $5 \times 5 \times 16$ 的特征图 S4。

6)卷积层 3 和全连接层 1

本层输入是 $5 \times 5 \times 16$ 的特征图 S4,使用的是 5×5 大小的卷积核,由于 S4 大小与卷积核大小相同,卷积后形成的大小为 1×1,所以 S4 和 C5 之间也是全连接层。这里使用了 120 个卷积核,得到 120 维的向量 C5。本层有 $(5 \times 5 \times 16 + 1) \times 120 = 48\ 120$ 个参数。

7)全连接层 2

本层是全连接层,输入神经元个数为 120,隐藏层神经元个数为 84,参数个数为 $120 \times 84 + 84 = 10\ 164$。

8)输出层

本层的输出是 10 个数字类别(分别代表数字 0 到 9)的概率,输出层神经元个数为 10,参数个数为 $84 \times 10 + 10 = 850$。

7.2.2 实例：搭建 LeNet 模型实现数字识别

下面使用 keras 库来搭建 LeNet 模型，并完成对手写数字的识别。

第一步，导入 TensorFlow 库和 MNIST 数据集，并对数据进行预处理：

```
import tensorflow as tf
mnist = tf.keras.datasets.mnist
(train_x, train_y), (test_x, test_y) = mnist.load_data()
X_train,X_test = (tf.cast(train_x,dtype = tf.float32)/255.0,
                  tf.cast(test_x,dtype = tf.float32)/255.0)
y_train,y_test = (tf.cast(train_y,dtype = tf.int32),
                  tf.cast(test_y,dtype = tf.int32))
X_train = train_x.reshape(60000,28,28,1)
X_test = test_x.reshape(10000,28,28,1)
```

第二步，搭建 LeNet 模型。

```
model = tf.keras.Sequential()
model.add(tf.keras.layers.Conv2D(filters = 6,kernel_size = 5,padding = "same",activation =
"sigmoid",input_shape = (28,28,1)))
model.add(tf.keras.layers.MaxPool2D(pool_size = 2, strides = 2))
model.add(tf.keras.layers.Conv2D(filters = 16,kernel_size = 5,padding = "valid",activation =
"sigmoid"))
model.add(tf.keras.layers.MaxPool2D(pool_size = 2, strides = 2))
model.add(tf.keras.layers.Conv2D(filters = 120,kernel_size = 5,padding = "valid",activation =
"sigmoid"))
model.add(tf.keras.layers.Flatten())
model.add(tf.keras.layers.Dense(units = 84,activation = "sigmoid"))
model.add(tf.keras.layers.Dense(units = 10,activation = "softmax"))
```

其中，添加的卷积层 1 中有 6 个卷积核，每个卷积核的大小是 5×5。需要注意的是：LeNet 的输入图像是大小为 32×32 的灰度图，但是 MNIST 数据是 28×28 的灰度图，所以这里的 padding 设置为 same，表示用全 0 扩充，使得卷积后每张特征图的尺寸保持在 28×28。采用 sigmoid 函数作为激活函数。因为这是模型中的第一层，所以需要说明输入数据的形状。卷积层 1 之后，使用 Maxpool2D 函数添加最大池化层 1，池化区域为 2×2，步长为 2。

然后，添加的卷积层 2 中有 16 个卷积核，每个卷积核的大小是 5×5，padding 设置为 valid，表示不做扩充、卷积后每张特征图的尺寸缩小为 10×10。采用 Sigmoid 函数作为激活函数。再添加最大池化层 1，池化区域为 2×2，步长为 2。

之后，添加的卷积层 3 中有 120 个卷积核，每个卷积核的大小是 5×5，采用 Sigmoid 函数作为激活函数。padding 设置为 valid，表示不做扩充、卷积后每张特征图的尺寸缩小为 1×1，即输出是一个形状为 (1,1,120) 的三维数组，紧接着使用 Flatten 函数把它拉平，转换为长度是 120 的一维数组。

最后，使用 Dense 函数创建全连接层，隐藏层中有 84 个神经元，采用 Sigmoid 激活函数；输出层有 10 个神经元，采用 softmax 激活函数输出 10 种分类的概率。

模型搭建完成之后，可以采用 summary() 方法查看网络结构和参数信息：

```
model.summary()
```

运行结果如图 7-3 所示,显示了模型每一层的名称、输出形状及参数数量,模型总的参数有 61 706 个,都是可训练变量。

Model: "sequential"

Layer (type)	Output Shape	Param #
conv2d (Conv2D)	(None, 28, 28, 6)	156
max_pooling2d (MaxPooling2D)	(None, 14, 14, 6)	0
conv2d_1 (Conv2D)	(None, 10, 10, 16)	2,416
max_pooling2d_1 (MaxPooling2D)	(None, 5, 5, 16)	0
conv2d_2 (Conv2D)	(None, 1, 1, 120)	48,120
flatten (Flatten)	(None, 120)	0
dense (Dense)	(None, 84)	10,164
dense_1 (Dense)	(None, 10)	850

```
Total params: 61,706 (241.04 KB)
Trainable params: 61,706 (241.04 KB)
Non-trainable params: 0 (0.00 B)
```

图 7-3　LeNet 模型网络结构和参数

第三步,配置训练方法。

```
model.compile(optimizer = 'adam',
              loss = 'sparse_categorical_crossentropy',
              metrics = ['accuracy'])
```

第四步,训练模型。

```
model.fit(X_train, y_train, epochs = 5, validation_split = 0.2)
```

运行之后,输出每轮训练之后,在训练集和验证集上的损失值和准确率。如图 7-4 所示,在第 2 轮训练之后,模型在训练集上的准确率就上升到了 0.9648,在验证集上的准确率就上升到了 0.9765,效果不错,后面继续训练提高得就比较缓慢了。

```
Epoch 1/5
1500/1500 ━━━━━━━━━━ 4s 2ms/step - accuracy: 0.6274 - loss: 1.1566 - val_accuracy: 0.9626 - val_loss: 0.1311
Epoch 2/5
1500/1500 ━━━━━━━━━━ 3s 2ms/step - accuracy: 0.9648 - loss: 0.1200 - val_accuracy: 0.9765 - val_loss: 0.0773
Epoch 3/5
1500/1500 ━━━━━━━━━━ 3s 2ms/step - accuracy: 0.9755 - loss: 0.0796 - val_accuracy: 0.9766 - val_loss: 0.0718
Epoch 4/5
1500/1500 ━━━━━━━━━━ 3s 2ms/step - accuracy: 0.9814 - loss: 0.0620 - val_accuracy: 0.9740 - val_loss: 0.0843
Epoch 5/5
1500/1500 ━━━━━━━━━━ 3s 2ms/step - accuracy: 0.9821 - loss: 0.0555 - val_accuracy: 0.9847 - val_loss: 0.0548
```

图 7-4　手写数字识别数据集和验证集的损失值和准确率

第五步,使用测试集对模型进行评估。

```
model.evaluate(X_test,y_test, verbose = 1)
```

运行结果如图 7-5 所示,显示模型在测试集上的准确率为 0.9833,损失值为 0.0542。

```
313/313 ─────────── 0s 982us/step - accuracy: 0.9833 - loss: 0.0542
```

图 7-5 测试集的损失值和准确率

最后,将训练好的模型保存下来,方便下次进行调用。

```
model.save_weights("mnist.weights.h5")
```

至此,就完成了 LeNet 模型的搭建,并完成了对 MNIST 手写数字集的识别。

7.2.3 实例:搭建 LeNet 模型实现 CIFAR-10 识别

下面使用 keras 库来搭建 LeNet 模型,并完成对 CIFAR-10 数据的识别。

第一步,导入 TensorFlow 库和 CIFAR-10 数据集,并对数据进行预处理,将标签转换为一维的独热编码。

```
import tensorflow as tf
cifar10 = tf.keras.datasets.cifar10
(x_train, y_train), (x_test, y_test) = cifar10.load_data()
y_train = tf.keras.utils.to_categorical(y_train, 10)
y_test = tf.keras.utils.to_categorical(y_test, 10)
```

第二步,搭建一个通用的 LeNet 模型。下面创建一个通用的 LeNet 模型,并封装为函数 LeNet(input_shape,padding),函数的输入参数包括输入数据的形状和第一个卷积层的扩充方式,使得这个 LeNet 模型可以接收不同形状的输入数据,方便在其他程序中进行调用。

```
def LeNet(input_shape,padding):
    model = tf.keras.Sequential()
    #卷积层 1 最大池化层 1
    model.add(tf.keras.layers.Conv2D(filters = 6, kernel_size = 5, padding = padding,
activation = "sigmoid",input_shape = input_shape))
    model.add(tf.keras.layers.MaxPool2D(pool_size = 2, strides = 2))
    #卷积层 2 最大池化层 2
    model.add(tf.keras.layers.Conv2D(filters = 16, kernel_size = 5, padding = "valid",
activation = "sigmoid"))
    model.add(tf.keras.layers.MaxPool2D(pool_size = 2, strides = 2))
    #卷积层 3
    model.add(tf.keras.layers.Conv2D(filters = 120, kernel_size = 5, padding = "valid",
activation = "sigmoid"))
    model.add(tf.keras.layers.Flatten())
    #全连接层
    model.add(tf.keras.layers.Dense(units = 84,activation = "sigmoid"))
    #输出层
    model.add(tf.keras.layers.Dense(units = 10,activation = "softmax"))
    return model
```

视频讲解

这个函数的返回值就是 model，之后就可以直接调用这个 LeNet 函数了。例如，当输入图像是大小为 28×28 的灰度图时，调用 LeNet 函数的代码如下，其中的 padding 值设置为 same，表示用全 0 扩充，使得卷积后每张特征图的尺寸保持在 28×28。

```
model = LeNet((28,28,1),"same")
```

因为 CIFAR-10 数据集的图像大小为 32×32 的 RGB 彩色图像，调用 LeNet 函数的代码如下，其中的 padding 值需要设置为 valid，表示不做扩充，卷积后每张特征图的尺寸缩小为 28×28。

```
model = LeNet((32,32,3),"valid")
```

第三步，配置训练方法。

```
model.compile(optimizer = 'adam',
              loss = 'categorical_crossentropy',
              metrics = ['accuracy'])
```

第四步，训练模型。

```
model.fit(x_train,y_train,epochs = 5,validation_split = 0.2)
```

运行之后，会显示每轮训练之后，模型在训练集和验证集上的损失值和准确率，如图 7-6 所示，在测试集上的准确率只有 0.4962，在验证集上的准确率只有 0.5102，可以尝试改变某些训练参数值，进一步训练模型。

```
Epoch 1/5
1250/1250 ——————————— 4s 2ms/step - accuracy: 0.2016 - loss: 2.1050 - val_accuracy: 0.3725 - val_loss: 1.6973
Epoch 2/5
1250/1250 ——————————— 3s 2ms/step - accuracy: 0.3909 - loss: 1.6540 - val_accuracy: 0.4366 - val_loss: 1.5368
Epoch 3/5
1250/1250 ——————————— 3s 2ms/step - accuracy: 0.4438 - loss: 1.5276 - val_accuracy: 0.4374 - val_loss: 1.5717
Epoch 4/5
1250/1250 ——————————— 3s 2ms/step - accuracy: 0.4719 - loss: 1.4572 - val_accuracy: 0.4765 - val_loss: 1.4483
Epoch 5/5
1250/1250 ——————————— 3s 2ms/step - accuracy: 0.4962 - loss: 1.4036 - val_accuracy: 0.5102 - val_loss: 1.3776
```

图 7-6　CIFAR-10 识别数据集和测试集的损失值和准确率

第五步，使用测试集对模型进行评估。

```
model.evaluate(x_test,y_test, verbose = 1)
```

运行之后，结果如图 7-7 所示，显示模型在测试集上的准确率是 0.5068，损失值是 1.3637。

```
313/313 ——————————— 0s 1ms/step - accuracy: 0.5068 - loss: 1.3637
```

图 7-7　CIFAR-10 测试集的损失值和准确率

最后，将训练完的模型保存下来。

```
model.save_weights("cifar10.weights.h5")
```

7.3　AlexNet 模型

7.3.1　AlexNet 结构

在深度学习成为主流之前,解决视觉问题需要设计特定任务的特征,很难设计出能够应对多种图像识别任务的通用特征,因此图像识别一直以来都是一项极具挑战性的任务。2012 年,Hinton 和他的学生 Alex Krizhevsky 设计的 AlexNet 模型获得了 ILSVRC 大赛中图像分类项目的冠军,Top-5 的错误率仅为 15.3%,远远小于使用传统图像算法的第二名 26.2% 的错误率,证明了神经网络自动学习到的特征可以超越人工设计的特征,一举打破了计算机视觉研究的现状。

AlexNet 结构在整体上类似于 LeNet,但是更为复杂,扩展到了很深很宽的网络,包括 6000 万个参数和 65 万个神经元、五层卷积层和三层全连接层。AlexNet 结构如图 7-8 所示,网络结构有两条线的原因是当时 GPU 内存还不够大,所以需要用到两个 GPU 分开处理这些卷积层。

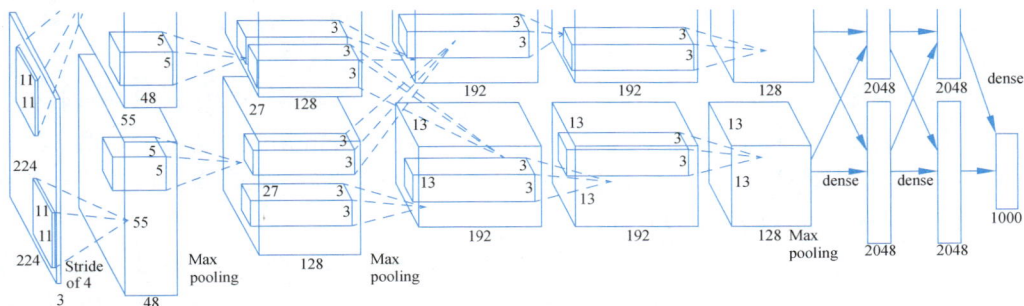

图 7-8　AlexNet 结构

（1）卷积层 1（在 AlexNet 结构中,不单独列出池化层,其包含在卷积层中）的输入是 227×227×3,使用 96 个 11×11×3 的卷积核进行步长为 4 的卷积操作,不进行 padding,得到大小为 55×55×96 的特征图,采用 ReLU 激活函数和局部响应归一化(LRN)。之后,经过大小为 3×3、步长为 2 的最大池化后尺寸减小,得到大小为 27×27×96 的特征图。这层模型参数的个数是 $(11×11×3+1)×96 = 34\ 944$。

（2）卷积层 2 的输入是 27×27×96 的特征图,使用 256 个 5×5×96 的卷积核进行步长为 1 的卷积操作,用全 0 扩充使得输出图像保持大小为 27×27,共 256 张特征图,采用 ReLU 激活函数和局部响应归一化(LRN)。之后,经过大小为 3×3、步长为 2 的最大池化后尺寸减小,得到大小为 13×13×256 的特征图。这层模型参数的个数是 $(5×5×96+1)×256 = 614\ 656$。

（3）卷积层 3 的输入是 13×13×256 的特征图,使用 384 个 3×3×256 的卷积核进行步长为 1 的卷积操作,用全 0 扩充使得输出图像保持大小为 13×13,共 384 张特征图,采用 ReLU 激活函数。这层模型参数的个数是 $(3×3×256+1)×384 = 885\ 120$。

（4）卷积层 4 的输入是 13×13×384 的特征图,再次使用 384 个 3×3×384 的卷积核进行步长为 1 的卷积操作,用全 0 扩充使得输出图像保持大小为 13×13,共 384 张特征图,采用 ReLU 激活函数。这层模型参数的个数是 $(3 \times 3 \times 384 + 1) \times 384 = 1\ 327\ 488$。

（5）卷积层 5 的输入是 $13 \times 13 \times 384$ 的特征图，使用 256 个 $3 \times 3 \times 384$ 的卷积核进行步长为 1 的卷积操作，用全 0 扩充使得输出图像保持大小为 13×13，共 256 张特征图，采用 ReLU 激活函数。之后，经过大小为 3×3、步长为 2 的最大池化后尺寸减小，得到大小为 $6 \times 6 \times 256$ 的特征图。这层模型参数的个数是 $(3 \times 3 \times 384 + 1) \times 256 = 884\ 992$。

（6）全连接层 1 的输入为 $6 \times 6 \times 256$，拉平为 9216 个节点后与 4096 个神经元进行全连接，采用 ReLU 激活函数和 Dropout。这层模型参数的个数是 $9216 \times (4096 + 1) = 37\ 752\ 832$。

（7）全连接层 2 的输入是 4096 个节点，与 4096 个神经元进行全连接，采用 ReLU 激活函数和 Dropout。这层模型参数的个数是 $4096 \times (4096 + 1) = 16\ 781\ 312$。

（8）全连接层 3 的输入是 4096 个节点，与 1000 个神经元进行全连接。因为 ImageNet 数据集是 1000 分类的，所有采用 softmax 激活函数后输出 1000 个分类的概率。这层模型参数的个数是 $4096 \times 1000 + 1000 = 4\ 097\ 000$。

整个 AlexNet 模型的参数总数等于卷积层参数与全连接层参数之和，即 62 378 344 个参数，其中绝大部分的参数集中在 3 个全连接层上。

AlexNet 包含几个比较新的技术点，也在 CNN 中成功应用了 ReLU、Dropout 和 LRN 等技巧。

（1）使用 ReLU 激活函数。在浅层神经网络中引入激活函数，可以增强神经网络的泛化能力，使得神经网络更加强健。但是，在深层网络中使用 tanh 函数作为激活函数，会增加大量的计算，使得训练变慢。AlexNet 网络引入 ReLU 作为激活函数，大大减少了计算量，提高训练速度；并且可以减缓深度网络中梯度衰减的现象。

（2）在多个 GPU 上进行训练。为了支持大规模网络结构并提高运行速度，AlexNet 采用双 GPU 的设计模式，并且规定 GPU 只能在特定的层进行通信交流，每一个 GPU 负责一半的运算处理。

（3）局部响应归一化。这种设计对局部神经元的活动创建竞争机制，使得其中响应比较大的值变得相对较大，并抑制其他反馈较小的神经元，增强了模型的泛化能力。

（4）覆盖池化（Overlapping Pooling）。一般的池化层没有重叠覆盖，池化所用的卷积核大小 F 和步长 S 相等。但是，当 $S < F$ 时，就会产生重叠覆盖的池化，这种操作类似于卷积操作。实验证明，在训练 AlexNet 模型过程中，采用覆盖池化可以更好地防止过拟合，将 Top-1 和 Top-5 的准确率分别提高了 0.4% 和 0.3%。

为了减少过拟合，AlexNet 模型采用了 Dropout 和数据增强。

（1）Dropout 是有效的模型集成学习方法。在测试 AlexNet 时，以 0.5 的概率将隐藏层神经元设置输出为 0，虽然每一次输入的神经网络结构不同，但这些结构共享一个参数，减少了神经元适应的复杂性，解决了过拟合问题。

（2）数据增强是对原始的数据集进行合适的变换，以得到更多有差异的数据集，防止过拟合。数据增强的方法包括在不改变图片核心元素（例如图片的分类）的前提下对图片进行一定的变换，例如，在垂直和水平方向进行一定的位移和翻转；改变图片颜色；对训练集加入噪声；等等。AlexNet 的数据增强使用了两种方法：第一种是从原图像中随机提取 224×224 的图像和其水平方向的映射；第二种是改变训练图像中 RGB 颜色通道的强度。

2013 年 ILSVRC 比赛分类项目的冠军是 ZFNet，它是基于 AlexNet 构建，并进行了一些调整。ZFNet 的作者发现，AlexNet 的第一层卷积层使用的卷积核滑动步长太大，容易跳过图像上细节信息，所以推荐使用步长为 2、大小为 7×7 的卷积核代替原来步长为 4、大小为 11×11 的卷积核，可以针对原始图像做更密集的计算。相比于 AlexNet，为了提取更多的特征，卷积层 3～5 使用了更多数量的卷积核。ZFNet 在 ImageNet 上的 Top-5 错误率降低至 11.2%。

7.3.2 实例：搭建 AlexNet 模型实现图片分类

下面使用 keras 库来搭建 AlexNet 模型，并完成对图片的识别。

第一步，导入 TensorFlow 库和需要的其他库。这里省略 ImageNet 数据集的下载、处理、加载函数的编写，直接使用 torchvision.datasets.ImageFolder 加载处理好的数据集。

```
import tensorflow as tf
import torch
import torchvision
import torchvision.transforms as transforms
import torchvision.datasets as datasets
dataset = torchvision.datasets.ImageFolder(root = data_dir, transform = transforms)
x_train, y_train, x_test, y_test = dataset
x_train, x_test = x_train/255, x_test/255
y_train = tf.keras.utils.to_categorical(y_train, 1000)
y_test = tf.keras.utils.to_categorical(y_test, 1000)
```

第二步，搭建 AlexNet 模型。

```
model = tf.keras.Sequential()
#卷积层 1,池化层 1
model.add(tf.keras.layers.Conv2D(96, kernel_size = (11, 11), strides = 4, padding = 'valid',
activation = 'relu',input_shape = (227, 227, 3)))
model.add(tf.keras.layers.MaxPool2D(pool_size = (3, 3), strides = 2))
#卷积层 2,池化层 2
model.add(tf.keras.layers.Conv2D(256, kernel_size = (5, 5), strides = 1, padding = 'same',
activation = 'relu'))
model.add(tf.keras.layers.MaxPool2D(pool_size = (3, 3), strides = 2))
#卷积层 3,4,5,池化层 3
model.add(tf.keras.layers.Conv2D(384,kernel_size = (3,3), strides = 1, padding = 'same',
activation = 'relu'))
model.add(tf.keras.layers.Conv2D(384, kernel_size = (3,3), strides = 1, padding = 'same',
activation = 'relu'))
model.add(tf.keras.layers.Conv2D(256, kernel_size = (3,3), strides = 1, padding = 'same',
activation = 'relu'))
model.add(tf.keras.layers.MaxPool2D(pool_size = (3, 3), strides = 2))
```

其中，卷积层 1 的输入是 $227\times227\times3$，使用 96 个尺寸为 $11\times11\times3$ 的立体卷积核，步长为 4，padding 设置为 valid，表示不扩充，采用 ReLU 激活函数。之后，经过大小为 3×3、步长为 2 的最大池化。卷积层 2 使用 256 个尺寸是 $5\times5\times96$ 的立体卷积核，步长为 1，padding 设置为 same，表示用全 0 扩充，采用 ReLU 激活函数。之后，经过大小为 3×3、步长为 2 的最大池化。卷积层 3、卷积层 4 和卷积层 5 类似，都使用 3×3 的卷积核，步长为 1，用全 0 扩充，采用 ReLU 激活函数。之后，经过大小为 3×3、步长为 2 的最大池化。

特征提取阶段结束，进入全连接网络的搭建：

```
♯Flatten 层
model.add(tf.keras.layers.Flatten())
♯全连接层 1,Dropout 层
model.add(tf.keras.layers.Dense(4096, activation = 'relu'))
model.add(tf.keras.layers.Dropout(0.5))
♯全连接层 2,Dropout 层
model.add(tf.keras.layers.Dense(4096, activation = 'relu'))
model.add(tf.keras.layers.Dropout(0.5))
♯全连接层 3
model.add(tf.keras.layers.Dense(1000, activation = 'softmax'))
```

其中,使用 Flatten 层把上一步输出的大小为 $6 \times 6 \times 256$ 的特征图,拉平为 9216 个节点。之后,添加 4096 个神经元的隐藏层,采用 ReLU 激活函数,设置 50% 随机丢弃的 Dropout 操作。再次添加 4096 个神经元的隐藏层,采用 ReLU 激活函数,设置 50% 随机丢弃的 Dropout 操作。最后添加 1000 个神经元的输出层,采用 softmax 激活函数。

模型搭建完成之后,可以采用 summary()方法查看网络结构和参数信息:

```
model.summary()
```

运行结果如图 7-9 所示,显示了模型每一层的名称、输出形状以及参数数量,模型总的参数有 62 378 344 个,它们都是可训练变量。

Model: "sequential"

Layer (type)	Output Shape	Param #
conv2d (Conv2D)	(None, 55, 55, 96)	34,944
max_pooling2d (MaxPooling2D)	(None, 27, 27, 96)	0
conv2d_1 (Conv2D)	(None, 27, 27, 256)	614,656
max_pooling2d_1 (MaxPooling2D)	(None, 13, 13, 256)	0
conv2d_2 (Conv2D)	(None, 13, 13, 384)	885,120
conv2d_3 (Conv2D)	(None, 13, 13, 384)	1,327,488
conv2d_4 (Conv2D)	(None, 13, 13, 256)	884,992
max_pooling2d_2 (MaxPooling2D)	(None, 6, 6, 256)	0
flatten (Flatten)	(None, 9216)	0
dense (Dense)	(None, 4096)	37,752,832
dropout (Dropout)	(None, 4096)	0
dense_1 (Dense)	(None, 4096)	16,781,312
dropout_1 (Dropout)	(None, 4096)	0
dense_2 (Dense)	(None, 1000)	4,097,000

Total params: 62,378,344 (237.95 MB)
Trainable params: 62,378,344 (237.95 MB)
Non-trainable params: 0 (0.00 B)

图 7-9　AlexNet 模型网络结构和参数信息

可以看到,模型参数量与前面 7.3.1 节计算的参数个数是一致的,整个 AlexNet 模型的参数总数是 62 378 344 个,其中绝大部分的参数集中在最后 3 个全连接层上。

第三步,配置训练方法。

```
model.compile(optimizer = 'adam',
              loss = 'categorical_crossentropy',
              metrics = ['accuracy'])
```

第四步,训练模型。

```
model.fit(x_train, y_train, epochs = 5, validation_split = 0.2)
```

第五步,使用测试集对模型进行评估:

```
model.evaluate(x_test, y_test, verbose = 1)
```

7.4 VGGNet 模型

视频讲解

7.4.1 VGGNet 结构

VGGNet 是由牛津大学计算机视觉几何组(Visual Geometry Group)和 Google DeepMind 公司研发的卷积神经网络,目的是探究网络深度对大规模图像识别性能上的影响。VGGNet 将 ImageNet 上的 Top-5 错误率从 2013 年的 11.2% 降低至 7.3%,是 2014 年 ILSVRC 分类项目和定位项目的亚军和冠军。

VGGNet 固定了卷积核的大小和步长,整个网络结构中反复使用大小为 3×3、步长为 1、padding 扩充的卷积,以及大小为 2×2、滑动步长为 2 的最大池化,通过使用更多的小尺寸卷积核的级联,不断增加网络的深度来提升性能。小尺寸卷积核的级联不但能减少模型参数,而且能产生更多的非线性映射,从而增加网络的泛化和表达能力,使得卷积神经网络对特征的学习能力更强。

VGGNet 提供了一个网络框架,一共有 6 种不同的网络结构可供选择,可以根据实际应用的需要调整其中的卷积层数量和卷积核大小,从而实现网络规模和性能的平衡。每种结构都含有 5 组卷积模块,每组卷积都使用同样的卷积和池化,然后连接 3 个全连接层,最后经过 Softmax 层用来分类。值得注意的是,VGGNet 不使用局部响应归一化,因为实验发现 LRN 并不能在 ILSVRC 数据集上提升性能,并且会导致更多的内存消耗和计算时间。图 7-10 是使用得最多的 VGG-16 和 VGG-19 的网络结构,每一行表示一个卷积层,其中 conv3-64 表示 64 个 3×3 的卷积核,conv3-128 表示 128 个 3×3 的卷积核。在每组卷积模块之后都有一个最大池化层,之后是 3 个全连接层。可以看到,VGG-16 一共有 13 个卷积层,和 3 个全连接层,一共是 16 层;VGG-19 一共有 16 个卷积层,和 3 个全连接层,一共是 19 层;这里的层数不包括池化层和 Softmax 层。

VGGNet 选择采用 3×3 的卷积核,是因为该数值是最小的能够捕捉某像素周围上下左右 8 个邻域像素信息的卷积核尺寸。通过 3 个 3×3 卷积层的堆叠来替换单个 7×7 卷积,可以保持感受野不变,而减少参数的数量。在 VGGNet 的网络配置 C 中,还使用了更小的

VGG-16	VGG-19
16层	19层
输入(224×224)	
conv3-64 conv3-64	conv3-64 conv3-64
最大池化	
conv3-128 conv3-128	conv3-128 conv3-128
最大池化	
conv3-256 conv3-256 **conv3-256**	conv3-256 conv3-256 conv3-256 **conv3-256**
最大池化	
conv3-512 conv3-512 **conv3-512**	conv3-512 conv3-512 conv3-512 **conv3-512**
最大池化	
conv3-512 conv3-512 **conv3-512**	conv3-512 conv3-512 conv3-512 **conv3-512**
最大池化	
FC-4096	
FC-4096	
FC-1000	
Softmax	

图 7-10　**VGG-16 和 VGG-19 的网络结构**

$1×1$ 卷积核,其目的是增加决策函数非线性表达,而不影响卷积层感受野。$1×1$ 卷积能够在相同维度空间下对输入进行转变,使得输入和输出的通道数相同,在 NIN 架构中也得到了应用。

在训练 VGGNet 时,先训练级别简单(层数较浅)的配置 A,然后复用 A 网络的权重来初始化后面的复杂模型,加快训练的收敛速度。与 AlexNet 使用的数据增强方法相似,VGGNet 采用了多尺度(Multi Scale)方法做数据增强,将原始图像缩放到不同尺寸,然后再随机裁切出 $224×224$ 的图片,这样可以增加训练的数据量,防止模型过拟合。尽管 VGGNet 深度很大,但网络中权重数量并不大于具有更大卷积层宽度和感受野的较浅网络中权重数量。总体来说,VGGNet 并没有偏离 LeCun 等提出的经典卷积神经网络架构,但是通过大幅增加网络深度提高了模型性能。

可以计算一下 VGG-16 网络的参数。卷积层 1 的输入是 $224×224×3$ 的彩色图像。经过 padding 卷积运算后,保持图像尺寸不变,每个卷积核输出一个大小是 $224×224$ 的特征图,这层有 64 个 $3×3×3$ 的立体卷积核,卷积后输出特征图的形状是 $224×224×64$。加上每个卷积核的偏置项,可以计算卷积层 1 的参数个数是 $(3×3×3+1)×64=1792$。

卷积层 2 的输入是卷积层 1 的输出,是总共 64 张大小为 $224×224$ 的特征图,所以每个卷积核实际就是 $3×3×64$ 的立体卷积核,一共有 64 个卷积核,加上每个卷积核的偏置项,可以计算卷积层 2 的参数个数是 $(3×3×64+1)×64=36\,928$。

经过一个最大池化层,池化区域是 $2×2$,步长是 2,输出的 64 张特征图缩小为 $112×112$。传递给卷积层 3,一共有 128 个卷积核,同理可以计算参数个数是:$(3×3×64+1)×128=73\,856$。卷积层 4 的参数个数是 $(3×3×128+1)×128=147\,584$。卷积层 5 的参数个数是 $(3×3×128+1)×256=295\,168$。其他层的参数计算过程类似,随着网络层数的增加,模型参数也在不断增加。

7.4.2　实例:搭建 VGG-16 模型

下面使用 Sequential 对象来搭建 VGG-16 模型。

```
model = tf.keras.Sequential()
# 卷积层 1-2,池化层
model.add(tf.keras.layers.Conv2D(64,kernel_size = (3,3),padding = "same",activation = tf.nn.
relu,input_shape = (224,224,3)))
model.add(tf.keras.layers.Conv2D(64,kernel_size = (3,3),padding = "same",activation = tf.nn.
relu))
model.add(tf.keras.layers.MaxPool2D(pool_size = (2,2),padding = "same"))
# 卷积层 3-4,池化层
```

```
model.add(tf.keras.layers.Conv2D(128,kernel_size = (3,3),padding = "same",activation = tf.
nn.relu))
model.add(tf.keras.layers.Conv2D(128,kernel_size = (3,3),padding = "same",activation = tf.
nn.relu))
model.add(tf.keras.layers.MaxPool2D(pool_size = (2,2),padding = "same"))
#卷积层 5-7,池化层
model.add(tf.keras.layers.Conv2D(256,kernel_size = (3,3),padding = "same",activation = tf.
nn.relu))
model.add(tf.keras.layers.Conv2D(256,kernel_size = (3,3),padding = "same",activation = tf.
nn.relu))
model.add(tf.keras.layers.Conv2D(256,kernel_size = (3,3),padding = "same",activation = tf.
nn.relu))
model.add(tf.keras.layers.MaxPool2D(pool_size = (2,2),padding = "same"))
#卷积层 8-10,池化层
model.add(tf.keras.layers.Conv2D(512,kernel_size = (3,3),padding = "same",activation = tf.
nn.relu))
model.add(tf.keras.layers.Conv2D(512,kernel_size = (3,3),padding = "same",activation = tf.
nn.relu))
model.add(tf.keras.layers.Conv2D(512,kernel_size = (3,3),padding = "same",activation = tf.
nn.relu))
model.add(tf.keras.layers.MaxPool2D(pool_size = (2,2),padding = "same"))
#卷积层 11-13,池化层
model.add(tf.keras.layers.Conv2D(512,kernel_size = (3,3),padding = "same",activation = tf.
nn.relu))
model.add(tf.keras.layers.Conv2D(512,kernel_size = (3,3),padding = "same",activation = tf.
nn.relu))
model.add(tf.keras.layers.Conv2D(512,kernel_size = (3,3),padding = "same",activation = tf.
nn.relu))
model.add(tf.keras.layers.MaxPool2D(pool_size = (2,2),padding = "same"))
#Flatten 层
model.add(tf.keras.layers.Flatten())
#全连接层 1,Dropout 层
model.add(tf.keras.layers.Dense(4096,activation = "relu"))
model.add(tf.keras.layers.Dropout(0.5))
#全连接层 2,Dropout 层
model.add(tf.keras.layers.Dense(4096,activation = "relu"))
model.add(tf.keras.layers.Dropout(0.5))
#全连接层 3
model.add(tf.keras.layers.Dense(1000,activation = "softmax"))
```

模型搭建完成之后,可以采用 summary()方法查看网络结构和参数信息:

```
model.summary()
```

显示每一层的名称、输出形状以及参数数量如图 7-11 所示。模型参数量与前面计算的参数个数是一致的,整个 VGG-16 模型的参数总数是 138 357 544 个,其中绝大部分的参数集中在最后 3 个全连接层上。

```
Model: "sequential"
```

Layer (type)	Output Shape	Param #
conv2d (Conv2D)	(None, 224, 224, 64)	1,792
conv2d_1 (Conv2D)	(None, 224, 224, 64)	36,928
max_pooling2d (MaxPooling2D)	(None, 112, 112, 64)	0
conv2d_2 (Conv2D)	(None, 112, 112, 128)	73,856
conv2d_3 (Conv2D)	(None, 112, 112, 128)	147,584
max_pooling2d_1 (MaxPooling2D)	(None, 56, 56, 128)	0
conv2d_4 (Conv2D)	(None, 56, 56, 256)	295,168
conv2d_5 (Conv2D)	(None, 56, 56, 256)	590,080
conv2d_6 (Conv2D)	(None, 56, 56, 256)	590,080
max_pooling2d_2 (MaxPooling2D)	(None, 28, 28, 256)	0
conv2d_7 (Conv2D)	(None, 28, 28, 512)	1,180,160
conv2d_8 (Conv2D)	(None, 28, 28, 512)	2,359,808
conv2d_9 (Conv2D)	(None, 28, 28, 512)	2,359,808
max_pooling2d_3 (MaxPooling2D)	(None, 14, 14, 512)	0
conv2d_10 (Conv2D)	(None, 14, 14, 512)	2,359,808
conv2d_11 (Conv2D)	(None, 14, 14, 512)	2,359,808
conv2d_12 (Conv2D)	(None, 14, 14, 512)	2,359,808
max_pooling2d_4 (MaxPooling2D)	(None, 7, 7, 512)	0
flatten (Flatten)	(None, 25088)	0
dense (Dense)	(None, 4096)	102,764,544
dropout (Dropout)	(None, 4096)	0
dense_1 (Dense)	(None, 4096)	16,781,312
dropout_1 (Dropout)	(None, 4096)	0
dense_2 (Dense)	(None, 1000)	4,097,000

```
Total params: 138,357,544 (527.79 MB)
Trainable params: 138,357,544 (527.79 MB)
Non-trainable params: 0 (0.00 B)
```

图 7-11　VGG-16 模型的网络结构和参数信息

7.5 GoogLeNet 模型

GoogLeNet 是 Google 公司提出的模型,在 2014 年获得了 ILSVRC 分类项目的冠军。GoogLeNet 的深度有 22 层,其参数数量为 AlexNet 参数数量的 1/12,而当年的亚军——VGGNet 参数数量是 AlexNet 参数数量的 3 倍,因此在内存或计算资源有限时,GoogLeNet 是较好的选择。同时从模型使用效果来看,GoogLeNet 的性能更加优越,Top-5 错误率为 6.67%。

GoogLeNet 关键的创新点是引入了 Inception 模块,这是一种能够产生稠密数据的稀疏网络结构,从而减少网络计算资源的消耗,并且在不增加计算负载的情况下,增加网络的宽度和深度。Inception 模块如图 7-12 所示,其中图(a)是原始版本,在前一层的输入通过将 1×1 卷积、3×3 卷积、5×5 卷积、3×3 最大池化并行操作(通过使用不同的扩充,可以让不同的卷积、池化操作输出特征图的尺寸相同),在深度(通道)方向将这些结果相加。一方面增加了网络的宽度,另一方面也增加了网络对尺度的适应性。其中卷积层提取输入的每一个细节信息,同时 5×5 的卷积核也能够覆盖大部分接受层的输入。池化操作减少空间大小,降低过拟合。同时在每一个卷积层后都要加上 ReLU 函数,以增加网络的非线性特征。由于 GoogLeNet 包含 9 个 Inception 模块的级联,原始版本中所有的卷积核都与上一层深度很大的输出直接进行卷积,使用 5×5 的卷积操作需要巨大的计算量,为了避免这种情况,在 3×3 卷积前、5×5 卷积前、3×3 最大池化后分别加上了 1×1 卷积,以起到降低特征图维度和引入非线性激活函数 ReLU 的作用,这就是图(b)中维度减少的 Inception 模块。例如,上一层的输出为 $56 \times 56 \times 192$,经过具有 128 个步长为 1、扩充为 2 的 5×5 卷积核之后,输出大小为 $56 \times 56 \times 192$。其中,卷积层的参数个数为 $192 \times 5 \times 5 \times 128 = 614\ 400$。如果在 5×5 卷积操作之前加上 32 个 1×1 卷积核,输出数据大小保持不变,但卷积参数量已经减少为 $192 \times 1 \times 1 \times 32 + 32 \times 5 \times 5 \times 128 = 108\ 544$,与未加入 1×1 卷积相比,参数量减少为 1/6。

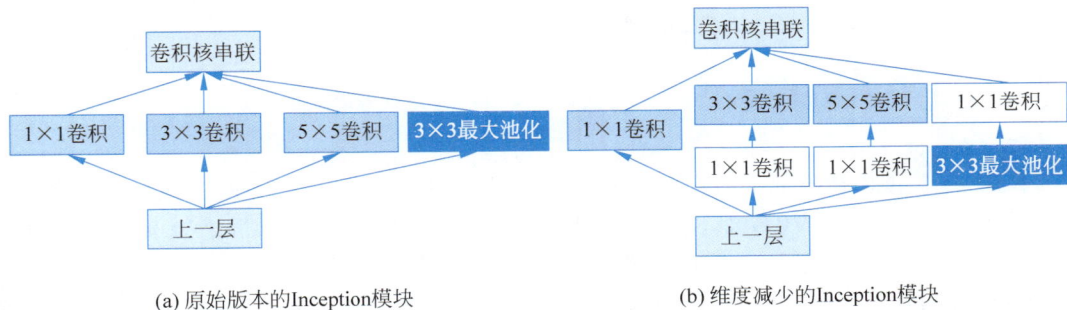

(a) 原始版本的Inception模块　　　　　(b) 维度减少的Inception模块

图 7-12　Inception 模块

GoogLeNet 的网络结构细节如表 7-1 所示,其中"#3×3 reduce""#5×5 reduce"代表在 3×3、5×5 卷积操作之前使用 1×1 卷积的数量。输入图像为 $224 \times 224 \times 3$,且都进行了零均值化的预处理操作,所有降维层也都使用了 ReLU 非线性激活函数。因为太深的网络反向传播时会出现梯度消失的问题,所以训练 GoogLeNet 网络时,额外增加了两个辅助的 softmax 函数用于向前传导梯度信号,称为辅助分类器。辅助分类器是将中间某一层的输出用作分类,并按一个较小的权重加到最终分类结果中,利用中间层特征进行模型融合;同时给网络增加了反向传播的梯度信号,也提供了额外的正则化,这有利于深度较大的网络的训练。网络最后采用了平均池化(Average Pooling)来代替全连接层,该想法同样来自NIN,可以将准确率提高 0.6%。在整个网络中,有 9 个堆叠的 Inception 模块,为了在高层能提取更抽象的特征,就要减少其空间聚集性,因此通过增加高层 Inception 模块中的 3×3、5×5 卷积数量,捕获更大面积的特征。

表 7-1 由 Inception 模块构成的 GoogLeNet 网络结构

类　　型	步长	输出尺寸	深度	♯1×1	♯3×3 reduce	♯3×3	♯5×5 reduce	♯5×5	pool proj	参数	操作量
convolution	7×7/2	112×112×64	1							2.7K	34M
max pool	3×3/2	56×56×64	0								
convolution	3×3/1	56×56×192	2		64	192				112K	360M
max pool	3×3/2	28×28×192	0								
inception(3a)		28×28×256	2	64	96	128	16	32	32	159K	128M
inception(3b)		28×28×480	2	128	128	192	32	96	64	380K	304M
max pool	3×3/2	14×14×480	0								
inception(4a)		14×14×512	2	192	96	208	16	48	64	364K	73M
inception(4b)		14×14×512	2	160	112	224	24	64	64	437K	88M
inception(4c)		14×14×512	2	128	128	256	24	64	64	463K	100M
inception(4d)		14×14×528	2	112	144	288	32	64	64	580K	119M
inception(4e)		14×14×832	2	256	160	320	32	128	128	840K	170M
max pool	3×3/2	7×7×832	0								
inception(5a)		7×7×832	2	256	160	320	32	128	128	1072K	54M
inception(5b)		7×7×1024	2	384	192	384	48	128	128	1388K	71M
avg pool	7×7/1	1×1×1024	0								
dropout(40%)		1×1×1024	0								
linear		1×1×1000	1							1000K	1M
softmax		1×1×1000	0								

7.6　ResNet 模型

ResNet 模型由微软亚太研究院的 Kaiming He 等提出,在 ImageNet 上进行了一个 152 层的残差网络实验,比 VGG 深 8 倍,但是具有较低的计算复杂度,取得了 3.57% 的 Top-5 错误率。ResNet 是 ILSVRC-2015 分类、检测和定位项目的冠军。

对于卷积神经网络,网络层数越多,能够提取到不同级别的特征越丰富。同时,网络深度越深,提取到的抽象特征越多,这些特征越具有语义信息。

然而随着网络层数增加,会出现梯度消失或者梯度爆炸问题,这可以通过归一化初始化和归一化中间层的方法解决。上述方法可以使网络开始收敛,但是会出现一个新的问题——退化问题,随着网络加深,在训练集上的准确率会变得饱和,然后开始下降,该问题与过拟合无关,因为过拟合在训练集上准确率方面表现很好。

ResNet 采用深度残差学习框架解决退化问题。若将输入设为 X,将某一有参网络层设为 $\mathcal{H}$,那么以 X 为输入的此层的输出将为 $\mathcal{H}(X)$。在 AlexNet 和 VGGNet 网络中,会直接通过训练学习出参数函数 $\mathcal{H}(\cdot)$ 的表达,从而直接学习 $X \to \mathcal{H}(X)$。如果深层网络之后的层是恒等映射(Identity Mapping)即 $Y=X$,那么模型就退化为一个浅层网络,可以让网络随深度增加而不退化。但是直接让一些层去拟合一个潜在的恒等映射函数比较困难。而在深度残差学习框架中,作者使用多个有参网络层来学习输入输出之间的参差 $\mathcal{H}(X)-X$ 即学习 $X \to (\mathcal{H}(X)-X)+X$,其中残差映射(Residual Mapping)为 $\mathcal{F}(X) := \mathcal{H}(X)-X$,只要 $\mathcal{F}(X)=0$,就构成了一个恒等映射 $\mathcal{H}(X)=X$,并且拟合残差更加容易。ResNet 的主要思想是在网络中引入一个所谓的恒等快捷连接(Identity Shortcut Connection),其来自 Highway Network 的思想,允许保留之前网络层的一定比例的输出,即允许原始输入信息跳过一个或多个层直接传到后面的层中。这种残差学习结构如图 7-13 所示,可以通过前向神经网络加上快捷连接实现。而且快捷连接相当于简单执行了恒等映射,不会产生额外的参数,也不会增加计算复杂度,整个网络可以依旧通过端到端的反向传播训练。根据实验,可以发现残差函数一般会有较小的响应波动,表明恒等映射提供了合理的前提条件。

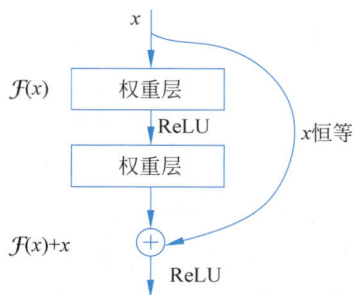

图 7-13　残差学习结构

一般用 $\mathcal{F}(X, \{W_i\})$ 表示残差映射,输出为 $Y=\mathcal{F}(X, \{W_i\})+X$。当输入、输出通道数相同时,直接将两者逐元素相加即可。但是输入、输出通道数目不同时,需要给 X 执行一个线性映射来匹配维度,即 $Y=\mathcal{F}(X, \{W_i\})+W_s X$,有两种恒等映射的方式:一种是简单地将 X 相对 Y 缺失的通道直接补零,另一种则是通过使用 1×1 卷积来表示 W_s 映射使得最终输入与输出的通道达到一致。值得注意的是用来学习残差的网络层数应当大于 1,否则退化为线性结构。

7.7　循环神经网络

20 世纪 80 年代,Rumelhart 等提出循环神经网络(Recurrent Neural Network,RNN),用于处理时序数据,如语音信号、气象数据或股票价格等。

7.7.1　RNN 结构

传统的神经网络模型,隐藏层的节点之间是无连接的,而循环神经网络中隐藏层的节点之间是有连接的。在 RNN 中,每个输入都包含上一时刻的输出结果,图 7-14 所示为循环神经网络及其展开结构。

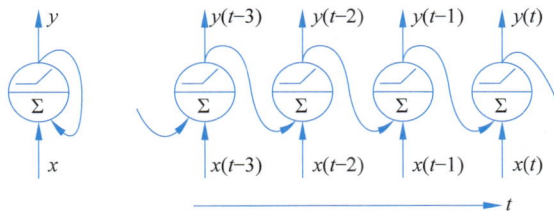

图 7-14　循环神经网络及其展开结构

也可以将几个神经元组成一层,即如图 7-15(a)所示的结构,它的展开结构如图 7-15(b)所示,这时输入是一个向量。

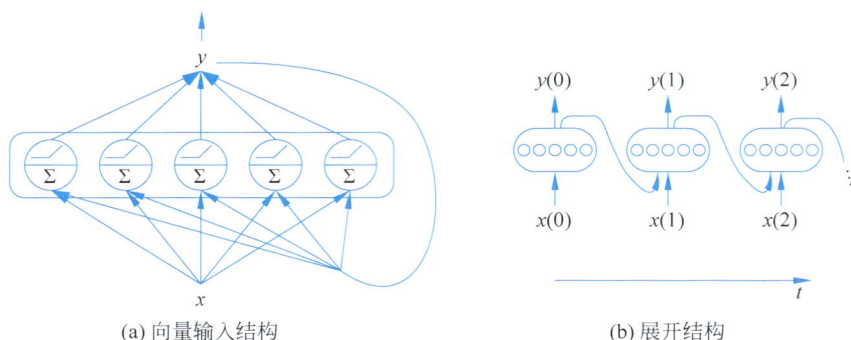

(a) 向量输入结构　　　　　　　　　　(b) 展开结构

图 7-15　向量输入结构及其展开结构

梯度计算过程包括一次前向传播和一次反向传播,并且不能通过并行计算来降低运行时间,因为前向传播图是固有循序的,只能进行顺序计算。必须保存前向传播的各个状态,直到反向传播时这些状态再次被使用。

7.7.2　实例:RNN 用于时序数据预测

在股票、气象或能源等领域,通常会产生大量和时间相关的数据,这些数据记录过去时刻某一种或几种变化量。传统的预测方法有自回归整合移动平均模型(AutoRegressive Integrated Moving Average,ARIMA)、线性模型或者基于机器学习的模型(决策树、SVM)。这些模型通常是有很大的局限性,如 ARIMA 和线性模型本质上只能捕捉线性关系,机器学习方法对异常值比较敏感并需要一定的先验知识。所以,基于深度学习尤其是以 RNN 为代表的时序预测模型表现出了强大的适用性和准确性。时序数据预测代码如下。

```python
import pandas as pd
import numpy as np
import tensorflow as tf
import matplotlib.pyplot as plt

HIDDEN_SIZE = 30
NUM_LAYERS = 2

TIMESTEPS = 10
TRAINING_STEPS = 20000
TESTING_EXAMPLES = 1000
BATCH_SIZE = 32

def generate_train_data(): #
    f = open('data_train.csv')
    df = pd.read_csv(f)
    data_train = df.iloc[:, 0].values
    data_train_01 = (data_train - data_train.min())/(data_train.max() - data_train.min())
    data_train_list = data_train_01.tolist()
    train_X = []
```

```
    train_y = []
    for i in range(len(data_train_list) - TIMESTEPS):
        train_X.append([data_train_list[i: i + TIMESTEPS]])
        train_y.append([data_train_list[i + TIMESTEPS]])
    return np.array(train_X, dtype = np.float32), np.array(train_y, dtype = np.float32)


def generate_test_data():
    f = open('data_test.csv')
    df = pd.read_csv(f)
    data_test = df.iloc[:, 0].values
    data_test_01 = (data_test - data_test.min())/(data_test.max() - data_test.min())
    data_test_list = data_test_01.tolist()
    test_X = []
    test_y = []
    for i in range(len(data_test_list) - TIMESTEPS):
        test_X.append([data_test_list[i: i + TIMESTEPS]])
        test_y.append([data_test_list[i + TIMESTEPS]])
    return np.array(test_X, dtype = np.float32), np.array(test_y, dtype = np.float32)


def lstm_model(X, y, is_training):
    cell = tf.nn.rnn_cell.MultiRNNCell([
        tf.nn.rnn_cell.BasicLSTMCell(HIDDEN_SIZE)
        for _ in range(NUM_LAYERS)])
    outputs, _ = tf.nn.dynamic_rnn(cell, X, dtype = tf.float32)
    output = outputs[:, - 1, :]
    predictions = tf.contrib.layers.fully_connected(output, 1, activation_fn = None)

    if not is_training:
        return predictions, None, None

    loss = tf.losses.mean_squared_error(labels = y, predictions = predictions)

    train_op = tf.contrib.layers.optimize_loss(loss, tf.train.get_global_step(), optimizer =
"Adam", learning_rate = 0.1)
    return predictions, loss, train_op


def train(sess, train_X, train_y):
    ds = tf.data.Dataset.from_tensor_slices((train_X, train_y))
    ds = ds.repeat().shuffle(1000).batch(BATCH_SIZE)
    X, y = ds.make_one_shot_iterator().get_next()

    with tf.variable_scope("model"):
        predictions, loss ,train_op = lstm_model(X, y, True)

    sess.run(tf.global_variables_initializer())
    LOSS = []
    for i in range(TRAINING_STEPS):
        _, l = sess.run([train_op, loss])
        if i % 100 == 0:
            LOSS.append(l)
            print("train step: " + str(i) + ", loss: " + str(l))
```

```
    # plt.figure()
    # plt.plot(np.array(LOSS[10:]).squeeze(), label = 'loss', color = 'b')


def run_eval(sess, test_X, test_y):
    ds = tf.data.Dataset.from_tensor_slices((test_X, test_y))
    ds = ds.batch(1)
    X, y = ds.make_one_shot_iterator().get_next()

    print("start run eval")
    with tf.variable_scope("model", reuse = True):
        prediction, _, _ = lstm_model(X, [0.0], False)
    predictions = []
    labels = []
    for i in range(TESTING_EXAMPLES):
        p, l = sess.run([prediction, y])
        predictions.append(p)
        labels.append(l)
    predictions = np.array(predictions).squeeze()
    labels = np.array(labels).squeeze()
    rmse = np.sqrt(((predictions - labels) ** 2).mean(axis = 0))
    print("Mean Square Error is: %f" % rmse)
    plt.figure()
    plt.plot(np.sqrt(((predictions - labels) ** 2)), label = 'rmse', color = 'g')


    # plt.plot(predictions, label = 'predictions', color = 'b')
    # plt.plot(labels, label = 'real', color = 'r')
    # plt.legend(['prediction', 'real'], loc = 'upper right')
    # print("plt start")
    # plt.legend()
    plt.show()
    print("plt over")


with tf.Session() as sess:
    train_X, train_y = generate_train_data()
    test_X, test_y = generate_test_data()
    train(sess, train_X, train_y)
    run_eval(sess, test_X, test_y)
```

■ 本章小结 ◆

    本章主要介绍了几种经典的神经网络模型的发展与应用。首先，卷积神经网络从LeNet 开始，逐步发展到 AlexNet、VGGNet、GoogLeNet 和 ResNet 等模型，这些模型在深度和宽度上不断优化，适应性与表达能力逐渐增强。例如，AlexNet 引入了 ReLU 激活函数和 Dropout 方法，VGGNet 通过小卷积核的深层堆叠提升性能，而 GoogLeNet 采用Inception 模块来提高网络效率。之后介绍的 ResNet 通过残差网络结构解决了网络退化问题。最后介绍了适用于时序数据的循环神经网络，进一步展示了神经网络在不同任务上的广泛应用。

第8章 强化学习算法

本章介绍强化学习的基本概念、模型框架以及主要算法。首先,介绍有模型的马尔可夫决策以及使用动态规划寻找最优策略的方法;然后,详细介绍无模型的强化学习算法,包括基于值函数的强化学习算法和基于策略梯度的强化学习算法;最后给出强化学习算法的编程实现案例。

8.1 强化学习综述

强化学习是机器学习中的一个领域,强调如何基于环境而行动,以取得最大化的预期利益。强化学习的基本问题可以描述为一个基本框架,即与环境不断交互从而达到学习目标。学习和决策者称为智能体,与智能体交互的对象为环境。如图 8-1 所示,强化学习由智能体和环境两部分组成。

从图 8-1 可以看出,强化学习是智能体和环境不断交互的过程。智能体执行操作,环境对这些操作做出响应并向智能体呈现新情况。与此同时,环境也会产生回报。随着时间的推移,智能体会不断试错和改进,使最终获得的奖励总额最大化。一般而言,动作可以是学习时做出的任何决定,而状态可以是所知道的任何可能对决策有用的信息。

强化学习可以看作状态、动作和奖励三者的时间序列。时间序列代表智能体的经验,该经验是用于强化学习的数据。强化学习聚焦于该数据来源(即数据流)。

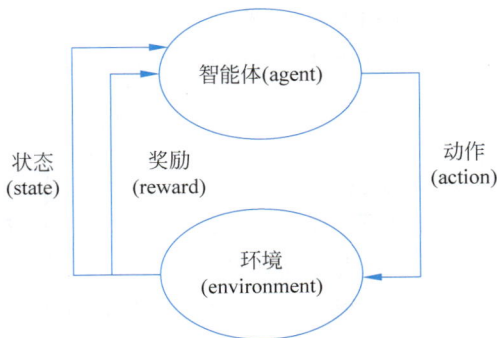

图 8-1 强化学习基本框架

状态可以分为三种:环境状态、智能体状态和信息状态。其中,环境状态对智能体而言并不总是可见的,可以根据环境状态对智能体是否可见,将强化学习分为基于模型的和无模型的,环境状态主要用于选择下一状态或者获得回报数据。智能体状态主要包括智能体目前得到了什么、预计采取何种行动等。信息状态则包含历史的所有有用信息,一般指马尔可夫状态。在马尔可夫状态中,当前状态只与前一个状态有关,一旦当前状态已知,就会舍弃历史信息,只保留当前状态。

强化学习是一个抽象的目标导向的学习与互动过程。任何学习问题都可以简化为一个数据交互过程,在这个过程中,智能体通过动作与环境进行交互,在交互中智能体逐渐改变行为,从而获得更高的回报。该学习框架可能不足以有效地表示所有的决策学习问题,但已被证明是广泛适用的。

8.1.1　目标、单步奖励与累积回报

在强化学习中,智能体的目标是最大化它所能得到的奖励,这一奖励不是即时回报而是长期的累积回报(return)。可以将这种非正式的想法表述为奖励假说。

奖励假说:所有目标都可以被看作所接收的标量信号(奖励)累积和的期望值的最大化。

利用奖励信号使目标的概念形式化是强化学习最显著的特征之一。如果智能体的目标是在长期过程中最大化所获得的累积奖励,那么应该如何定义呢?如果步长 T 后的奖励序列为 $R_{t+1},R_{t+2},R_{t+3},\cdots$,那么期望最大化该序列的哪一方面呢?一般情况下,期望收益的最大化。其中,收益 G_t 定义为奖励序列的某个特定函数,称为累积回报。简单而言,累积回报是单步奖励的总和,如式(8-1)所示。

$$G_t = R_{t+1} + R_{t+2} + R_{t+3} + \cdots + R_T \tag{8-1}$$

其中,T 是最后一个时间步长。将智能体与环境交互的过程自然地分解为子序列,这种方法是有意义的。例如,游戏中的重复交互。每一回合以一种被称为"结束状态"的特殊状态结束,然后重置为标准启动状态,或从标准启动状态分布中获取样本。即使每一回合都有不同的结局,例如一场比赛的输赢,但是下一回合的开始与前一回合的结局无关。因此,所有事件都可以被认为以相同的最终状态结束,不同的结果有不同的回报。在许多情况下,智能体与环境交互不能被自然地分解为多个可识别的事件,而是无限地持续下去。

智能体根据折扣因子(Discount Factor)试图选择相应的行动,使其在未来收到的折扣奖励的总和最大化。具体而言,就是选择一个动作来使累积收益最大化,公式如下:

$$G_t = R_{t+1} + \gamma R_{t+2} + \gamma^2 R_{t+3} + \cdots = \sum_{k=0}^{\infty} \gamma^k R_{t+k+1} \tag{8-2}$$

式中,参数 γ 为折扣因子且 $0 \leqslant \gamma \leqslant 1$。

折扣因子主要用于确定未来奖励。如果 $\gamma = 0$,则智能体"近视",只关心即时回报,即只关注如何学习选择动作从而最大化 R_{t+1}。如果每个行为主体的行为都只影响即时回报,而不影响未来回报,那么近视的行为主体可以通过分别最大化每个即时回报来最大化 G_t。但总体上,最大化即时回报的行为会减少对未来回报的获取,因此未来回报可能会减少。而当 γ 接近 1,则考虑了未来的回报,智能体将会更有远见。

某些决策问题中,决策者仅作一次决策即可,这类决策方法称为单阶段决策。从初始状态开始,每个时刻做出最优决策后又会产生一些新情况,接着观察下一步出现的状态,收集新的信息,然后再做出新的最优决策。这样,决策、状态、决策……,就构成一个序列,这就是序贯决策。序贯决策是指按时间顺序做出的各种决策(策略)。这种在时间上有先后的多阶段决策方法,也称为动态决策法。多阶段决策的每一个阶段都需要做出决策,从而使整个过程达到最优。序贯决策问题可基于马尔可夫模型解决,主要研究的对象是运行系统的状态和状态的转移。根据变量的现时状态及其发展趋势,预测它在未来可能出现的状态,以做出正确决策。解决序贯决策问题的算法可以分为基于模型的动态规划方法和无模型的强化学

习算法,如图 8-2 所示。

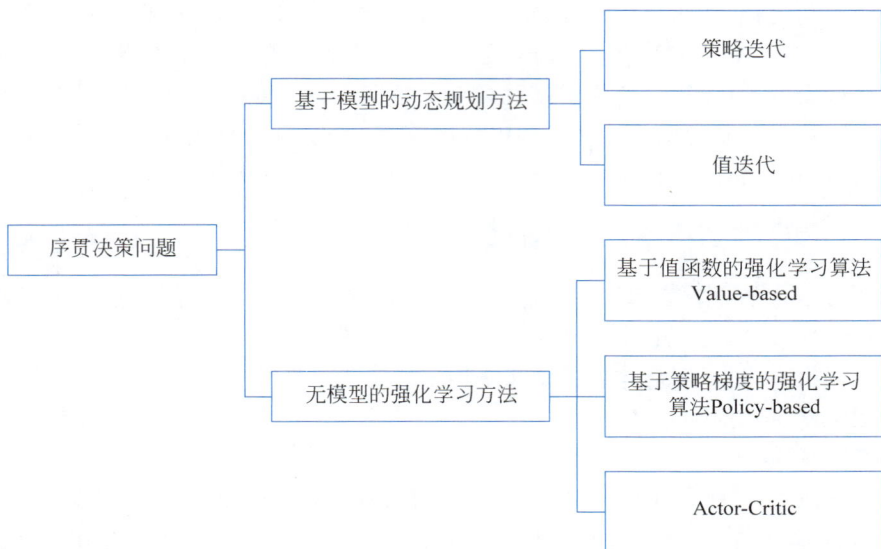

图 8-2 强化学习方法

8.1.2 马尔可夫决策过程

本节介绍马尔可夫性、马尔可夫过程、马尔可夫决策过程的数学描述和定义。

1. 马尔可夫性

马尔可夫性指下一个状态只与当前状态有关,与之前的状态无关。马尔可夫性的定义:状态 s_t 是马尔可夫性的,当且仅当 $P[s_{t+1}|s_t] = P[s_{t+1}|s_1, s_2, \cdots, s_t]$。

从上面的定义可以看出,某个状态是马尔可夫的,即该状态从历史中捕获了所有信息。因此,一旦得到了该状态,就可以舍弃历史信息了。换句话说,当前状态是未来的充分统计量。在强化学习中,状态 s 可以看作未来的充分统计量,指状态 s 包含了足够多的历史信息,来描述未来所有的回报。

2. 马尔可夫过程

马尔可夫过程的定义:随机变量序列中的每个状态都是马尔可夫的,是一个二元组 (S,P),S 为有限状态集,P 是状态转移概率。

对于马尔可夫状态 s 和它的后继状态 s',定义状态转移概率为

$$P_{ss'} = [s_{t+1} = s' | s_t = s] \tag{8-3}$$

状态转移矩阵 $\boldsymbol{P}$ 定义了所有由状态 s 到后继状态 s' 的转移概率,即

$$\boldsymbol{P} = \begin{bmatrix} p_{11} & \cdots & p_{1n} \\ \vdots & \ddots & \vdots \\ p_{n1} & \cdots & p_{nn} \end{bmatrix} \tag{8-4}$$

3. 马尔可夫决策过程

马尔可夫决策过程(Markov Decision Process,MDP)由五元组 $\langle S, A, P, R, \gamma \rangle$ 组成。其中,S 为有限的状态集;A 为有限的动作集;P 为状态转移概率;R 为回报函数;γ 为折

扣因子,用于计算累积回报。

强化学习的目标是,给定一个 MDP,寻找最优策略。这里的策略指从状态到行动的映射,即 $\pi(a|s)=P[A_t=a|S_t=s]$,含义为:策略 π 在每一个状态 s 下指定一个动作概率,如果是一个确定的动作,该策略为确定性策略。事实上,强化学习的策略一般是随机策略,智能体通过不断尝试其他动作从而找到更好的策略,所以引入概率因素。既然策略是随机的策略,那么状态变化序列也可能不同,因此累积回报也是随机的。

8.1.3 值函数与最优值函数

几乎所有强化学习算法都涉及评估状态值函数(或者称为动作值函数),用于评估给定状态下(或者在给定状态下做出的动作)智能体"有多好",智能体"有多好"这一概念在此处指的是预期回报。当然,智能体期待的未来回报取决于采取什么样的动作。因此,价值函数是根据特定策略定义的。

1. 状态值函数

在给定的策略 π 的作用下,可以计算累积回报 G_t,见式(8-2)。如果从某一状态 s_1 出发,可以得到不同的序列,进而得到不同的累积回报值。为了评估策略 π 作用下状态 s 的价值,可将其期望定义为状态值函数,为

$$v_{\pi}(s)=E_{\pi}\left[\sum_{k=0}^{\infty}\gamma^k R_{t+k+1}\mid S_t=s\right] \tag{8-5}$$

式(8-5)的含义是,在策略 π 的作用下,状态 s 所有回报的加权和的均值。

2. 动作值函数

在 MDP 中,往往是评估在策略 π 和状态 s 下的行为 a 的价值,定义为动作值函数,表示为

$$q_{\pi}(s,A)=E_{\pi}\left[\sum_{k=0}^{\infty}\gamma^k R_{t+k+1}\mid S_t=s,A_t=a\right] \tag{8-6}$$

式(8-6)的含义是,在策略 π 的作用下,状态 s 下采取动作 a 的所有回报加权和的均值。

贝尔曼方程的核心思想是对价值函数进行递归分解,将回报分为当前回报和后继回报,状态值函数的贝尔曼方程推导如下:

$$\begin{aligned}
v_{\pi}(s)&=E_{\pi}\left[\sum_{k=0}^{\infty}\gamma^k R_{t+k+1}\mid S_t=s\right]\\
&=E_{\pi}\left[R_{t+1}+\gamma R_{t+2}+\cdots\mid S_t=s\right]\\
&=E_{\pi}\left[R_{t+1}+\gamma(R_{t+2}+\gamma R_{t+3}+\cdots)\mid S_t=s\right]\\
&=E_{\pi}\left[R_{t+1}+\gamma G_{t+1}\mid S_t=s\right]\\
&=E_{\pi}\left[R_{t+1}+\gamma v(S_{t+1})\mid S_t=s\right]
\end{aligned} \tag{8-7}$$

同理可得,状态动作值函数的贝尔曼方程如下:

$$q_{\pi}(s,A)=E_{\pi}\left[R_{t+1}+\gamma q(S_{t+1},A_{t+1})\mid S_t=s,A_t=a\right] \tag{8-8}$$

3. 状态值函数与动作值函数的关系

状态值函数和动作值函数之间的关系是什么呢?可以通过一个简单的例子进行讲解,如图 8-3 所示。

状态 s 处的状态值函数,等于在状态 s 处采用策略 π 的所有状态-动作值函数的总和,

公式如下：

$$v_\pi(s) = \sum_{a \in A} \pi(a \mid s) q_\pi(s, A) \qquad (8\text{-}9)$$

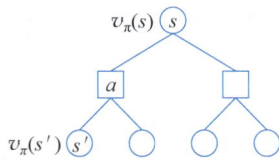

图8-3　状态值函数与动作值
函数的关系

在状态 s 采用动作 a 的状态值函数，即在状态 s 处的动作值函数，等于当前回报加上后续状态值函数，公式如下：

$$q_\pi(s, A) = R_s^a + \gamma \sum_{s' \in S} P_{ss'}^a v(s') \qquad (8\text{-}10)$$

将式(8-10)代入式(8-9)，可得

$$v_\pi(s) = \sum_{a \in A} \pi(a \mid s) \left(R_s^a + \gamma \sum_{s' \in S} P_{ss'}^a v(s') \right) \qquad (8\text{-}11)$$

也就是说，在状态 s 处的值函数 $v_\pi(s)$，可以利用后续状态的值函数 $v(s')$ 来表示。

强化学习的过程就是不断寻找最优策略的过程，贝尔曼最优方程就是要寻找最优策略，即通过对动作值函数执行贪婪法得到。贝尔曼方程并不是线性方程，它引入了 max 函数，所以只能通过迭代的方式求解。

在所有的策略中，使得值函数最大的策略称为最优策略，同时对应最优状态值函数和最优动作值函数，表示如下：

$$v^*(s) = \max_\pi v_\pi(s) \qquad (8\text{-}12)$$

$$q^*(s, A) = \max_\pi q_\pi(s, A) \qquad (8\text{-}13)$$

可以得到最优状态值函数和最优动作值函数的贝尔曼方程，表示如下：

$$v^*(s) = \max_a R_s^a + \gamma \sum_{s' \in S} P_{ss'}^a v^*(s') \qquad (8\text{-}14)$$

$$q^*(s, A) = R_s^a + \gamma \sum_{s' \in S} P_{ss'}^a \max_{a'} q^*(s', a') \qquad (8\text{-}15)$$

如果知道最优动作值函数，最优策略 $\pi^*(a|s)$ 可以直接由最大化 $q^*(s, A)$ 确定，即

$$\pi^*(a \mid s) = \begin{cases} 1, & a = \mathrm{argmax}_a q^*(s, a) \\ 0, & \text{其他} \end{cases} \qquad (8\text{-}16)$$

这一策略称为贪婪策略，仅仅考虑当前最优。贪婪策略可以看作确定性策略，即只有在使得动作值函数 $q^*(s, a)$ 最大的动作处取概率1，选择其他动作的概率为0。

8.2　动态规划方法

动态规划(Dynamic Programming)方法指的是一类算法，其中"动态"指该问题是时间序贯的，"规划"指的是优化一个策略。动态规划通常分为三步：将问题分解为子问题；求解子问题；合并子问题的解。

并不是所有的问题都可以用动态规划方法求解，使用动态规划方法求解的问题包含两个性质：最优子结构和重叠子问题。最优子结构保证问题能够使用最优性原则，使问题的最优解可以分解为子问题最优解；重叠子问题是指子问题重复出现多次，可以缓存并重用子问题的解。马尔可夫决策问题符合使用动态规划的两个条件，因此动态规划可以用于计算 MDP 已知模型的最优策略。

实际上,动态规划的核心也是找到最优值函数,而值函数的计算过程前面已经介绍过,公式如下:

$$v_\pi(s) = \sum_{a \in A} \pi(a \mid s) \left(R_s^a + \gamma \sum_{s'} P_{ss'}^a v_\pi(s') \right) \tag{8-17}$$

由式(8-17)可以看出,状态 s 处的值函数 $v_\pi(s)$ 可以利用后继状态的值函数 $v_\pi(s')$ 来表示,由于后继状态的值函数也是未知的,那么如何求解当前状态的值函数呢?引入 Bootstrapping 算法。Bootstrapping 算法并不使用真实的反馈,而是使用自己的估计反馈,将自己的价值函数作为目标,用已估计的价值函数进行更新。

在强化学习中,要求具备一个完全已知的环境模型,所谓"完全已知"指 MDP 的五元组全部已知。这种学习方式就是基于模型的学习(Model-based Learning),由于假设了一个完全已知的模型并且计算代价很高,所以在强化学习中作用有限,但动态规划仍然为理解值迭代和策略迭代两个方法提供了一个必要的基础。

8.2.1 策略迭代

从一个初始化的策略出发,先进行策略评估,然后进行策略改进;评估当前的策略,再进一步改进策略;经过不断迭代更新,直至策略收敛,这种算法被称为策略迭代。

1. 策略评估

策略评估就是计算任意策略的状态值函数 v_π,即在当前策略下计算出每个状态的状态值,也将其称为预测问题。

策略评估指 $\pi(a|s)$,即在 s 状态下选取 a 的可能性。可以用图 8-4 中的简单例子来进行说明。

如图 8-4 所示,有 2×2 的网格,每个格子代表一个状态编号 $\{1, 2\}$。图 8-4 右图中状态 1 表示陷阱,状态 2 表示奖励;动作空间为 $\{$上,下,左,右$\}$,将 v_{k+1} 初始化为 -1 和 1。然后根据每个状态 s 分别对当前状态下可选取的动作获得的回报进行预估,选择其中获得回报最大的动作保留,即增加动作被选择的概率,迭代过程如图 8-5 所示。

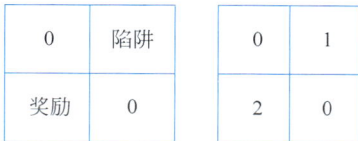

0	陷阱
奖励	0

0	1
2	0

图 8-4　2×2 网格

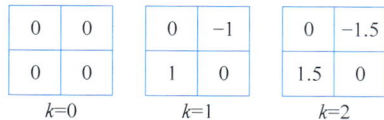

0	0
0	0

$k=0$

0	-1
1	0

$k=1$

0	-1.5
1.5	0

$k=2$

图 8-5　迭代过程

用高斯-塞德尔迭代算法进行求解,即

$$v_{k+1}(s) = \sum_a \pi(a \mid s) \left(R_s^a + \gamma \sum_{s' \in S} P_{ss'}^a v_k(s') \right) \tag{8-18}$$

进一步说明从状态 $k=1$ 到 $k=2$ 的计算过程,以状态 1 处的计算为例,由式(8-18)可得

$$v_2(1) = 0.25 \times (-1-1) + 0.25 \times (-1-1) + 0.25 \times (-1+0) + 0.25 \times (-1+0)$$

保留一位小数,可得 $v_2(1) = -1.5$,所有计算方法相同,这里不一一列举。计算值函数的目的是利用值函数找到最优策略,已知当前策略的值函数时,在每个状态采用贪婪策略对当前策略进行改进。

2. 策略改进

计算策略的价值函数的目的是帮助找到更好的策略。通过策略评估得到了上一个策略的每个状态的状态值，接下来就要根据这些状态值对策略进行改进，计算新的策略。

在每个状态 s，对每个可能的动作 a 都计算采取这个动作后到达的下一个状态的期望价值。哪个动作可以到达的状态的期望价值函数最大，就选取哪个动作，以此进行更新。计算公式如下：

$$q_\pi(s,a) = \sum_{s',r} P(s',r \mid s,a)(r + \gamma v_\pi(s')) \tag{8-19}$$

改进策略公式如下：

$$\pi'(s) = \arg\max_a q_\pi(s,a) \tag{8-20}$$

计算改进后更新状态值：

$$v_{\pi'}(s) = \max_a \sum_{s',r} P(s',r \mid s,a)(r + \gamma v_{\pi'}(s')) \tag{8-21}$$

如图 8-6 所示，策略迭代算法包括策略评估和策略改进两个步骤。在策略评估中，给定策略，通过数值迭代不断计算该策略下每个状态的值函数 v_π，利用该值函数和贪婪策略进行策略改进，进而得到新的策略 π'，如此循环最终找到最优策略。值得注意的是，在进行策略改进之前，需要得到收敛的值函数，而值函数收敛往往需要多次迭代。在进行策略改进之前一定得等待策略值函数收敛吗？实际上是不需要的，接下来介绍的值迭代就能很好地解决这一问题。

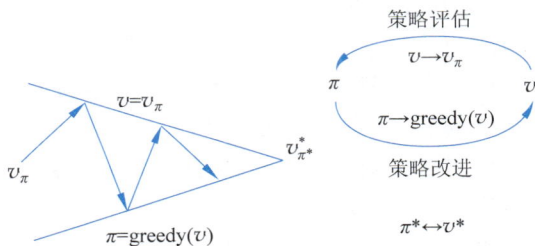

图 8-6　策略迭代

8.2.2　值迭代

如果说策略迭代是基于贝尔曼方程和贪婪法的，那么值迭代就是基于贝尔曼最优方程的。

首先介绍最优性原理，最优性原理可以理解为：对于某一个最优决策序列，不论初始状态如何，对于之前决策造成的某一状态而言，其后各阶段的决策序列必须构成最优策略。

对每一个当前状态 s，对每个可能的动作 a 都计算采取该动作后到达的下一个状态的期望价值。哪个动作可以到达的状态的期望价值函数最大，就将这个最大的期望价值函数作为当前状态的价值函数 $v(s)$，循环执行这个步骤，直到价值函数收敛。

期望值计算公式如下：

$$v_{k+1}(s) = \max_a \sum_{s',r} P(s',r \mid s,a)(r + \gamma v_k(s')) \tag{8-22}$$

与策略迭代不同的是，值迭代根据状态期望值选择动作，策略迭代是根据概率选择动作。

与策略迭代类似，值迭代最终也同样收敛到最优值函数，但是值迭代没有显式的策略，它通过贝尔曼最优方程,隐式地实现了策略改进这一步。值得注意的是,中间过程的值函数可能并不对应任何策略。实际上,值迭代就是在已知策略和 MDP 模型的情况下,根据策略获得最优值函数和最优策略。

与贝尔曼期望方程相比,贝尔曼最优方程将期望操作变为最大操作,即隐式地实现了策略改进这一步,但是它没有采用其他策略改进方法,仅仅采用贪婪法,而通过贪婪法得到的策略通常为确定性策略。

8.3 基于值函数的强化学习算法

序贯决策问题是基于马尔可夫模型进行求解的,MDP 又可以分为基于模型的动态规划方法和无模型的强化学习算法。动态规划既可以用于预测也可以用于控制,但是需要预先知道环境模型。实际中多数情况下,智能体面对的环境是未知的,需要在未知环境寻找最优解决方案,就需要无模型的强化学习算法。无模型的强化学习算法主要包括蒙特卡洛方法和 TD-Learning,下面分别进行介绍。

8.3.1 基于蒙特卡洛的强化学习算法

蒙特卡洛(Monte Carlo,MC)方法又称为统计模拟方法,它使用随机数(或伪随机数)来求解计算问题,是一类重要的数值计算方法。该方法的名字来源于世界著名的赌城蒙特卡洛。蒙特卡洛方法是以概率为基础的方法。

用一个简单的例子解释蒙特卡洛方法。假设需要计算一个不规则图形的面积,那么图形的不规则程度和分析性计算(例如积分)的复杂程度是成正比的。采用蒙特卡洛方法是怎样计算的呢?首先,把图形放到一个已知面积的方框内,假设有一些米粒,把米粒均匀地撒在这个方框内,数这个图形内有多少颗米粒,再根据图形内外米粒的比例来计算面积。米粒数目越小,但图形内米粒越多,结果就越精确。

与动态规划不同,蒙特卡洛方法不需要关于环境的信息,不需要理解环境,仅仅需要经验就可以求解最优策略。计算状态值函数和动作值函数实际上是计算返回值的期望,动态规划方法是利用模型计算期望,蒙特卡洛方法则是利用经验平均代替随机变量的期望。因此,需要理解经验和平均。

经验就是训练样本。例如,在初始状态 s,遵循策略 π,经过一个完整的实验(episode)最终获得总回报 R,这就是一个样本。如果有许多这样的样本,就可以估计在状态 s 下,遵循策略 π 的期望回报,即状态值函数 $v_\pi(s)$。平均指平均值,蒙特卡洛方法就是依靠样本的平均回报来解决强化学习问题的。

尽管蒙特卡洛方法和动态规划方法存在诸多不同,但是蒙特卡洛方法借鉴了很多动态规划中的思想。动态规划方法中,首先进行策略估计,计算特定策略 π 对应的 v_π 和 q_π,然后进行策略改进,最终形成策略迭代。这些想法同样在蒙特卡洛方法中应用。

1. 蒙特卡洛策略估计

考虑使用蒙特卡洛方法来学习状态值函数 $v_\pi(s)$,估计 $v_\pi(s)$ 的一个方法是对于所有达到过该状态的回报取平均值。考虑一个问题,如果在某个实验中状态 s 出现了两次,分别在 t_1 时刻和 t_2 时刻,那么计算状态 s 的值时是只用第一个还是两个都用呢?这里有两种对应的方法，First-Visit MC Method 和 Every-Visit MC Method。First-Visit MC Method 是指，在计算状态 s 处的值函数时，只利用每次实验中第一次访问到状态 s 时的返回值，公式如下：

$$v(s) = \frac{G_{11}(s) + G_{21}(s) + \cdots}{N(s)} \tag{8-23}$$

Every-Visit MC Method 是指，在计算状态 s 处的值函数时，利用所有访问到状态 s 时的返回值，公式如下：

$$v(s) = \frac{G_{11}(s) + G_{12}(s) + \cdots + G_{21}(s) + \cdots}{N(s)} \tag{8-24}$$

根据大数定律，当 $N(s) \to \infty$ 时，$v(s) \to v_\pi(s)$。

现在只考虑 First-Visit MC Method，即在一个实验内，只记录 s 的第一次访问，并对它取平均回报。假设有如下一些样本，取折扣因子 $\gamma = 1$，即直接计算累积回报，如图 8-7 所示。

根据 First-Visit MC Method，对出现过状态 s 的实验的累积回报取均值，有 $v_\pi(s) \approx (3-1+2+1)/4 = 1.25$。容易知道，当经过无穷多个实验后，$v_\pi(s)$ 的估计值将收敛于其真实值。

无论是 First-Visit MC Method 还是 Every-Visit MC Method，在计算回报均值时，都是用总回报除以状态 s 的总访问次数。那么能否对均值进行递增性求取呢？可以通过式（8-25）将一般的均值求取转变为增量式均值求取。

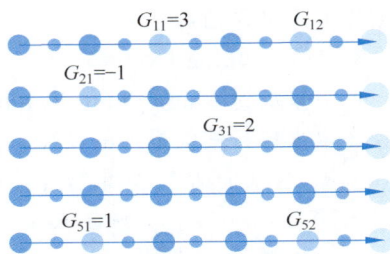

图 8-7 蒙特卡洛算法中的经验

$$
\begin{aligned}
v_k(s) &= \frac{1}{k} \sum_{j=1}^{k} G_j(s) = \frac{1}{k}\left(G_k(s) + \sum_{j=1}^{k-1} G_j(s) \right) \\
&= \frac{1}{k}\left(G_k(s) + (k-1)v_{k-1}(s) \right) \\
&= v_{k-1}(s) + \frac{1}{k}\left(G_k(s) - v_{k-1}(s) \right)
\end{aligned} \tag{8-25}
$$

根据递增的思想，可以把蒙特卡洛算法中的求经验均值的公式进行类似的转化。用 T 步的反馈总和 G_t 与上一次均值 $v(S_t)$ 的偏差对当前的 $v(S_t)$ 进行更新。具体公式如下：

$$N(S_t) \leftarrow N(S_t) + 1$$

$$v(S_t) \leftarrow v(S_t) + \frac{1}{N(S_t)}(G_t - v(S_t)) \tag{8-26}$$

在一些动态问题上，可以用固定步长 α 取代 $1/N(S_t)$，让整个估计值向偏差项的方向以恒定步长移动。算法思想不变，可以得到一个很有用的更新规则，为

$$v(S_t) \leftarrow v(S_t) + \alpha(G_t - v(S_t)) \tag{8-27}$$

2. 蒙特卡洛策略改进

在状态转移概率 $P(s' | a, S)$ 已知的情况下，进行策略估计后将得到新的值函数，可以

据此进行策略改进,只需要看哪个动作能获得最大的期望累积回报。然而,在没有准确的状态转移概率矩阵的情况下,这种方法是不可行的。因此,需要估计动作值函数 $q_\pi(s,A)$。$q_\pi(s,A)$ 的估计方法与前面介绍的类似,不再关注对状态的访问,而是关注对状态动作对的访问,即在状态 s 下采用动作 a,遵循策略 π 获得的期望累积回报,仍然采用平均回报进行估计。得到 $q_\pi(s,A)$,就可以进行策略改进了,公式如下:

$$\pi'(s) = \arg\max_a q_\pi(s,A) \tag{8-28}$$

值函数 $q_\pi(s,A)$ 的估计值需要在无穷多次实验后才能收敛到其真实值。这样导致策略迭代必然是低效的。在动态规划中,使用了值迭代算法,即每次都不采用完整的策略估计,仅使用值函数的近似值进行迭代,这里也采用了类似的思想。每次使用策略的近似值来更新得到一个近似的策略,并最终收敛到最优策略,这一思想被称为广义策略迭代,如图 8-8 所示。

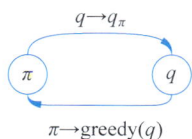

图 8-8 广义策略迭代

具体到蒙特卡洛算法,就是在每个实验后重新估计动作值函数(尽管不是真实值),然后根据近似的动作值函数进行策略更新。

3. Maintaining Exploration

接下来探讨 Maintaining Exploration 的问题。前面讲到,通过一些样本来估计 q 和 v,并且在未来执行估值最大的动作。这里存在一个问题,假设在某个确定状态 s_0 下,能执行 a_0, a_1, a_2 这三个动作,如果智能体已经估计了两个 q 函数值,例如 $q(s_0,a_0)$、$q(s_0,a_1)$,且 $q(s_0,a_0) > q(s_0,a_1)$,那么未来它将只执行一个确定的动作 a_0。这样导致无法更新 $q(s_0,a_1)$ 的估值和获得 $q(s_0,a_2)$ 的估值,无法保证 $q(s_0,a_0)$ 就是 s_0 下最大的 q 函数。

Maintaining Exploration 的思想很简单,就是用 Soft Policy 替换确定性策略,使所有的动作都有可能被执行。其中一种方法是 ε-Greedy Policy,即在所有的状态下,以 ε 的概率执行当前的最优动作 a_0,以 $1-ε$ 的概率执行其他动作。这样就可以获得所有动作的估计值,然后通过缓慢增加 ε 值,最终使算法收敛,并得到最优策略。在下面蒙特卡洛算法中,使用 Exploring Exploration,即仅在第一步令所有的 a 都以一定的概率被选中。

探索性初始化蒙特卡洛算法如算法 8-1 所示。

算法 8-1 探索性初始化蒙特卡洛算法

1. 初始化:对于所有 $s \in S, a \in A(s)$,令 $q(s,a)$ 为任意值,令 $\pi(s)$ 为任意值,令 $R(s,a)$ 为空列表
2. 循环:
3.   随机选择状态和动作 $s_0 \in S, a_0 \in A(s_0)$
4.   从 s_0, a_0 开始,以策略 π 生成一个实验
5.   对于每一个出现的状态动作对 (s,a):
        $G = (s,a)$ 第一次出现的回报
        将回报 G 附加到 $R(s,a)$ 中
6. $q(s,a) = R(s,a)$ 的平均值
7.   对于实验中的每一个状态 s
8. $\pi(s) \leftarrow \arg\max_a q(s,a)$

算法 8-1 中,第一步,初始化所有状态和动作,保证每次实验的初始状态和动作都是随机的;第二步,随机选择 $s_0 \in S, a_0 \in A(s)$,从 (s_0, a_0) 开始以策略 π 生成一个实验,对实验中出现的状态和动作对进行策略评估;第三步,在一个实验中出现 (s_0, a_0) 后,将状态和动

作对的回报 G 附加到回报 $R(s,a)$ 上,然后对回报取均值;第四步,对实验中的每一个状态进行策略改进。

蒙特卡洛算法的一个显而易见的好处是不需要环境模型,不需要完整的环境信息,可以从经验中直接学习到策略。另一个好处是,它对所有状态的估计都是独立的,不依赖其他状态的值函数。很多情况下,不需要对所有状态值进行估计,此时蒙特卡洛算法就十分适用。

在强化学习中直接使用蒙特卡洛算法的情况比较少,大多数情况下采用时间差分(Temporal-Difference,TD)算法族。与动态规划类似,时间差分算法和蒙特卡洛算法也是强化学习的基础。

8.3.2 基于时间差分的强化学习算法

时间差分算法也属于无模型强化学习,本节介绍其中一种算法 TD-Learning。

1. TD-Learning 与蒙特卡洛算法及以动态规划算法的比较

TD-Learning 结合了动态规划和蒙特卡洛算法,是强化学习的核心思想。与蒙特卡洛算法类似,TD-Learning 从实验中学习;与动态规划算法类似,TD-Learning 使用后继状态的值函数更新当前状态的值函数,有句话总结得很好"TD Updates A Guess Towards A Guess."。

蒙特卡洛算法是模拟(或者经历)一段序列,在序列结束后,根据序列中各个状态的价值,来估计状态价值。TD-Learning 是模拟(或者经历)一段序列,智能体每次行动一步(或者几步),根据新状态的价值,估计执行前的状态价值。蒙特卡洛算法是利用经验平均估计状态值函数,存在的问题是,经验平均需要一个实验回合结束后才能出现,学习速度慢,学习效率不高。蒙特卡洛算法中状态值函数的更新方式如下:

$$v(s_t) \leftarrow v(s_t) + \alpha(G_t - v(s_t)) \tag{8-29}$$

其中,状态值函数要等一次实验结束后才出现。那么能否借鉴动态规划中的 Bootstrapping 算法,在试验未结束时就估计当前的值函数呢? 这就是 TD-Learning。TD-Learning 与蒙特卡洛算法最大的区别在于它将实际的回报替换成对回报的估计,这一估计称为 TD Target,其中状态值函数的更新方式如下所示。

$$v(s_t) \leftarrow v(s_t) + \alpha(R_{t+1} + \gamma v(s_{t+1}) - v(s_t)) \tag{8-30}$$

其中,$R_{t+1} + \gamma v(s_{t+1})$ 称为 TD Target,与式(8-29)中的 G_t 对应,此处将 G_t 写成递归的形式,这样每走一步都可以更新一次 v,蒙特卡洛算法需要经历一个完整的实验才得到 G_t。$R_{t+1} + \gamma v(s_{t+1}) - v(s_t)$ 称为 TD Error。TD Target 利用 Bootstrapping 算法估计当前值函数。Bootstrapping 即 TD Target $R_{t+1} + \gamma v(s_{t+1})$ 代替 G_t 的过程。

接下来用两张图简单对比蒙特卡洛算法和 TD-Learning。

图 8-9(a)中的树代表了整个状态与动作空间。对于蒙特卡洛算法,要更新一次价值函数,需要有一个完整的样本(图中粗实线 a 就是一个样本)。这条路径经过了 3 个状态,所以可以更新 3 个状态的 v 值。由于不知道模型情况,所以无法计算从 s_t 到下面 4 个节点的概率以及即时奖励,所以一次只能更新一条路径。如果重复次数足够多,就能覆盖所有路径,最后得到的结果才与动态规划相同。图 8-9(b)中粗实线 b 是 TD-Learning 每次更新所需要的,TD-Learning 每走一步就更新一步价值函数,并不需要等到一个实验回合的结束。对

(a) 蒙特卡洛算法

(b) TD-Learning算法

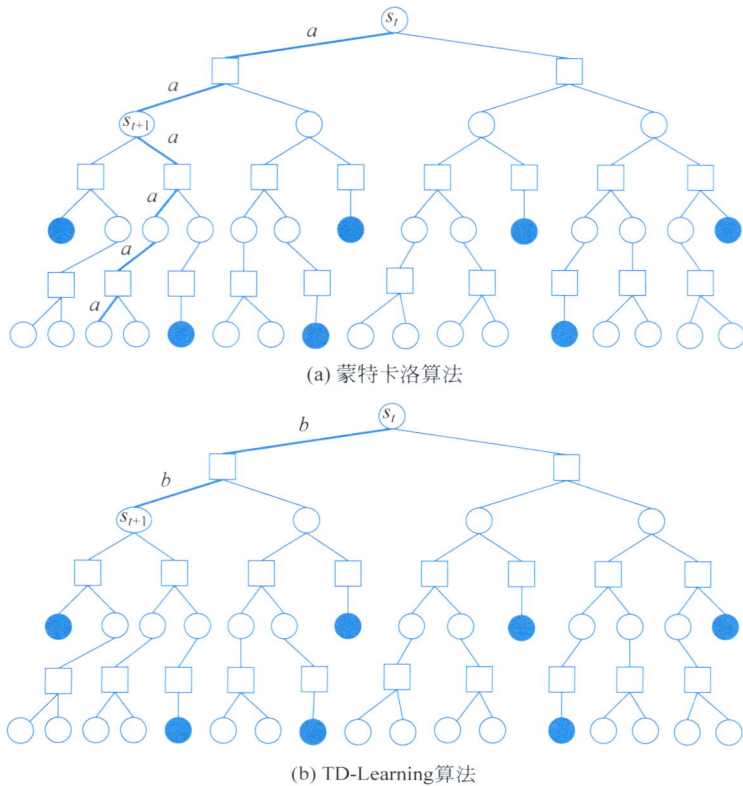

图 8-9　状态更新图

于蒙特卡洛算法和 TD-Learning，它们都是模型不可知的，所以只能通过尝试来近似真实值。

下面举例说明 TD-Learning 和蒙特卡洛算法的区别。日常生活中经常网上购物，可以对从下单到签收物品所花费的时间进行简单的预测，预测结果如表 8-1 所示。

表 8-1　快递接收时间预测

状　　态	已过去时间	预测还要多久	预测总时间
下单	0	30	30
发货	2	24	26
揽件	8	24	32
运输	24	12	36
派送	28	4	32
待取件	32	1	33
签收	34	0	34

从表中可以看出，第一列是快递的状态，第二列是已经过去的时间，第三列是预测还需要多久才能收到快递，第四列是从快递下单到收到快递需要花费的总时间。利用蒙特卡洛算法和 TD-Learning 对所需的总时间进行估计，如图 8-10 所示。

图 8-10 中，不带箭头的实线表示当前时刻对于时间的预测；虚线表示 Target，即更新时的参照物，对于蒙特卡洛算法来说是 G_t，对于 TD-Learning 算法来说是 Guess，即之前讲

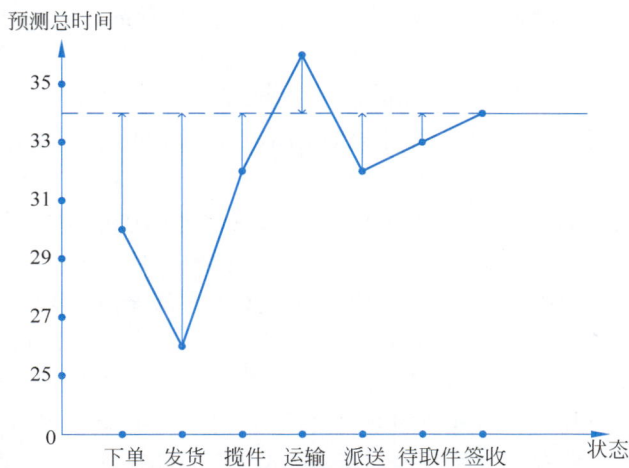

(a) 蒙特卡洛算法($A=1$)

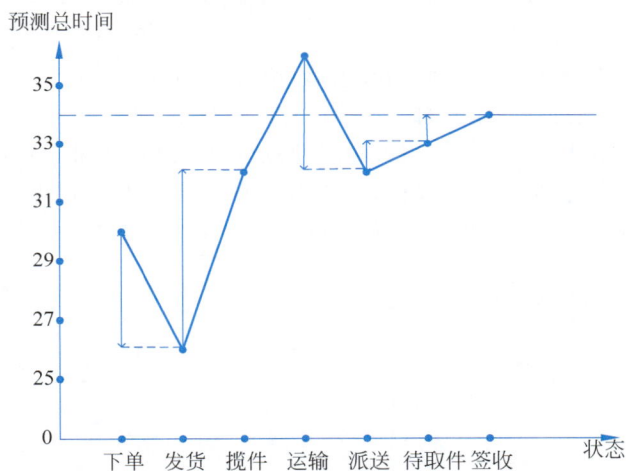

(b) TD-Learning算法($A=1$)

图 8-10 快递预测时间图

过的 TD Target；带箭头的实线则表示更新的方向。例如，在网上买了一件东西，下单的时候预测收到快递大约需要 30h。下单后发现 2h 后就发货了，这时预测还需要 24h 才能收到，加上已经过去的 2h，预测总时间为 26h。后来快递员揽件的时间用了 8h，依然预测还需 24h 的时间送达，预测总时间为 32h。快递运输花费了 24h 后，预测还要 12h 收到快递，预测总时间则为 32h。当显示待取件时，时间已经过去了 32h，这时大概 1h 内就会去快递柜把快递取回来，预测总时间为 33h。可是，在去取快递的路上遇到了一位朋友，于是开始聊天，由于聊天忘记了时间，不知不觉过去 2h，取到快递时，总时间已过去 34h。当然，这些不是关键，关键是理解蒙特卡洛算法和 TD-Learning 算法基于不同的目标更新值函数。蒙特卡洛算法学习预测和实际的时间差，TD-Learning 预测的是基于前序状态的偏差。TD-Learning 算法在知道结果之前进行学习，即在每一步之后都能在线学习，而蒙特卡洛算法必须等到回报值后才能学习。TD-Learning 算法通常比蒙特卡洛算法效率更高，其对初始值比较敏感，随着样本数量的增加，偏差数量减少且趋于 0。

如图 8-10(a)所示的蒙特卡洛算法,轨迹上的每一点显示的是总的预计时间,每一步都使用蒙特卡洛算法学习,都要向实际的结果更新,到达终点后,发现实际花费了 34h,然后才能更新每一个估计值。对于 TD-Learning,刚出发时估计要花费 30h,第一步操作完成后可能出现发货快等情况,就会立即改变估计值为 24h,不必等待其他事情的发生……直到真正到达终点时,也得到了最终的结果,即实验的结尾。

实际上,TD-Learning 利用了马尔可夫属性,通过含蓄地构建 MDP 结构来利用它,然后从 MDP 结构来求解问题。这意味着,在马尔可夫环境中,时间差分方法通常是有效的,因为它实际利用了马尔可夫属性,利用这些特性可以依据状态来理解环境。时间差分方法的第一步就是适应 MDP 然后解决 MDP,无论有什么信息,都会找到最相似的 MDP 模型,并找到解决方案来解释数据。然而,蒙特卡洛算法忽略了马尔可夫属性。若在非马尔可夫环境中,不能仅依赖已得到的状态,其他问题也要同时考虑,这时蒙特卡洛算法是一个不错的选择。蒙特卡洛算法在所有的时间步骤和所有实验片段中,只减少均方误差,并尽量减少价值函数和所观测的回报之间的差异,蒙特卡洛算法总能收敛到能最大限度减少均方误差的解决方案,找到最合适的实际反馈。

下面对动态规划算法和 TD-Learning 算法进行简单对比。如图 8-11 所示,动态规划算法进行了一步向前搜索但没有取样。利用贝尔曼方程进行全宽概率分布求解。TD-Learning 算法也利用了贝尔曼方程,主要做了几点改动:全宽备份变为样本备份,并去掉了期望符号。蒙特卡洛算法在环境中取样,不需要在环境中采取全宽度的穷举搜索;动态规划算法采取全宽度更新,即穷举考虑每一种可能,并一个一个备份。

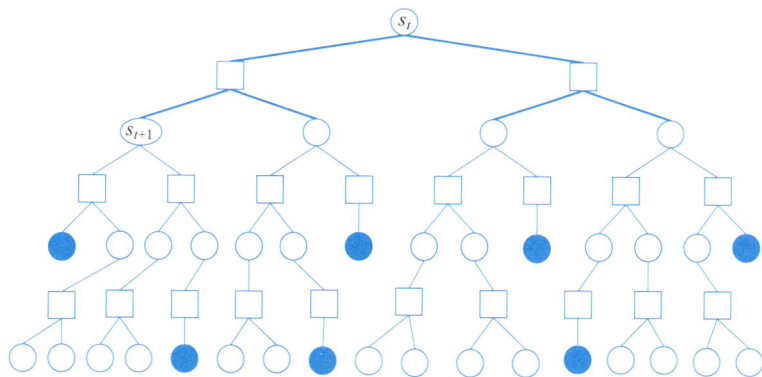

图 8-11　动态规划备份图

2. TD Prediction

TD-Learning 包括 TD Prediction 和 TD Control 两部分,TD-Learning 预测的基本算法如算法 8-2 所示。

算法 8-2　TD-Learning 预测
1. 输入:需要评估的策略 π
2. 初始化 $v(s)$ (例如,$v(s)=0$,$\forall s \in S^+$)
3. 循环(对于每个实验):
4. 　　初始化状态 s
5. 　　循环(对于实验中的每一步):

6. a ← 根据策略 π 在状态 s 得到动作
7.   执行动作 a，观察奖励 R，下一状态 s'
8. $v(s) ← v(s) + a\,[R + \gamma v(s') - v(s)]$
9. $s ← s'$
10. 直到状态 s 为终止状态

算法 8-2 中，第一步，对每个实验完成状态 s 的初始化；第二步，对实验中的每一步通过 $\pi(\cdot\,|s)$ 采样 a，执行动作 a 观测 R，s'；第三步，通过 Bootstrapping 对当前值函数进行估计进而更新。

在介绍 TD Control 之前先对 Greedy 和 ε-Greedy 进行简单的说明。

1) Greedy

Greedy 即贪婪算法，贪婪算法是什么意思？举个例子就很清楚了：有一张五元纸币需要换成零钱，零钱有两种更小面额的纸币，一种是一元纸币，另一种是两元纸币。其中，一元纸币有 5 张，两元纸币有 2 张，规定每次换钱必须选择同一种纸币，那么怎么置换才能获得更多零钱？当然，按照人类思维方式考虑是换五张一元纸币，刚好换完；但是，如果按贪婪算法，首先要选择纸币面额最大的，即选择 2 张两元纸币，但是并没有使得总额最大。

贪婪算法在求解问题时，总是做出当前时刻看来最好的选择。也就是说，不考虑整体最优，所得到的是某种意义上的局部最优解。

2) ε-Greedy

介绍 ε-Greedy 算法前不妨先介绍 EE 问题，什么是 EE 问题呢？这两个"E"，其中一个代表"Exploit"，中文可译作"利用"；另一个代表"Explore"，中文可译作"探索"。结合例子可能更方便对 EE 作一个简单的解释。

假设有 N 种彩票，每种彩票中奖的概率不一样，并且不清楚每种彩票中奖的概率分布。如果想要最大化收益，该怎么办呢？通常来说，直观上可能有两种好的决策：一种是找到某一种收益还不错的彩票，然后坚持买这种彩票；另一种是不断尝试探索新种类的彩票。在探索的过程中，可能发现更好的彩票，当然也要承担买到不好种类的彩票所带来损失的风险。显然，第一种对应的就是"Exploit"，第二种对应"Explore"。

ε-Greedy 算法是如何在"Exploit"和"Explore"之间实现权衡，以尽可能实现最大化收益的呢？首先，从算法的名称知道，这是一种贪婪算法。单纯的贪婪算法，在买彩票的场景中每次都选择当前最好的彩票，即使从长远看可能非常不好。那么，ε-Greedy 和 Greedy 的区别是什么呢？就像它的名字所展示的那样，区别就在这个"E"。"E"代表执行"探索"的概率。例如设置 ε = 0.1，就表示有 10% 的概率会进行"Explore"操作，而 90% 会进行"Exploit"操作，即买当前种类最好的彩票。如果用买彩票的次数来算，也就是每买 10 次彩票，仅有 1 次去进行探索来尝试其他种类的彩票。ε-Greedy 算法的定义如下：

$$\begin{cases} \arg\max_a q(a), & 1-\varepsilon \\ \text{其他}, & \varepsilon \end{cases} \tag{8-31}$$

简单介绍二者的区别，当 ε = 0 时，ε-Greedy 算法就可以看作 Greedy 算法。一般情况下，在 ε > 0 时，ε 设置得越小，找到最优策略的概率也就越大。而事实上，在 ε > 0 时，ε 设置得越小，收敛到最佳收益的速度越快。在一定范围内，ε 越小，随机探索的概率越大，越能更快地探索到最优策略，同时获得的平均回报也越多。为什么是在一定范围内呢？如果 ε 设置得过小，获得的平均回报不一定越来越高。当 $0.5 < \varepsilon < 0.9$ 时，ε 设置得越大，最终的平均收益越高。如果每次都以很大概率进行随机探索，就会有很多效果不好的情况发生，那么平均收益也必然会降低。

3. TD Control

TD-Learning 策略迭代包括策略评价和策略改善，也可以看作 TD Prediction 和 TD Control 两部分。其中，策略评价为 $q = q_\pi$，策略提升为 ε-Greedy。若策略评价与策略提升的策略更新方式相同，则为 On-Policy，否则为 Off-Policy。TD-Learning 方法包括 On-Policy 的 SARSA 和 Off-Policy 的 Q-Learning。

1）SARSA：On-Policy TD 优化

策略评价的策略跟策略提升使用的策略相同，典型算法为 SARSA。基于当前的策略直接执行一次动作选择，然后用这个样本更新当前的策略，因此生成样本的策略和学习时的策略相同，算法为 On-Policy 算法。该方法会遭遇 Exploration（探索）和 Exploitation（利用）的矛盾，只利用目前已知的最优选择，可能学不到最优解，收敛到局部最优，而加入探索又降低了学习效率。ε-Greedy 算法是这种矛盾下的折中，优点是直接快速，劣势是不一定找到最优策略。

SARSA 的更新迭代方式为

$$q(s_t, a_t) \leftarrow q(s_t, a_t) + \alpha \left[R_{t+1} + \gamma q(s_{t+1}, a_{t+1}) - q(s_t, a_t) \right] \tag{8-32}$$

SARSA 算法如算法 8-3 所示。

算法 8-3　SARSA：On-Policy TD Control 算法
1. 初始化 $q(s, a)$，$\forall s \in S, a \in A(s)$，设终止状态下 $q = 0$
2. 循环（对于每个实验）：
3. 　　初始化状态 s
4. 　　循环（对于实验中的每一步）：
5. 　　　　在状态 s 下根据 ε-Greedy 策略选择动作 a
6. 　　　　选择动作 a，得到回报 R 和下一个状态 s'
7. 　　　　在状态 s' 下根据 ε-Greedy 策略得到动作 a'
8. 　　　　$q(s, a) \leftarrow q(s, a) + \alpha \left[R + \gamma q(s', a') - q(s, a) \right]$
9. 　　　　$s \leftarrow s'; a \leftarrow a'$
10. 　　直到 s 为终止状态
11. 输出最终策略 $\pi(s) = \arg \max_a q(s, a)$

算法 8-3 中，第一步，初始化状态和动作值；第二步，给定起始状态 s，对于一个实验的每一步，在状态 s 下根据 ε-Greedy 策略选择动作 a，得到回报 R 和下一个状态 s'，在状态 s' 下根据 ε-Greedy 策略得到动作 a'，直到 s 为终止状态；第三步，输出最终策略 $\pi(s) = \arg \max_a q(s, a)$。

2）Q-Learning：Off-Policy TD 优化

策略评价的策略跟策略提升使用的策略不同，典型算法为 Q-Learning。更新下一状态时使用了 max 操作，直接选择最优动作，而当前策略并不一定能选择到最优动作，因此这里策略评价的策略和策略提升的策略不同，为 Off-Policy 算法。先产生某概率分布下的大量行为策略（Behavior Policy），旨在探索。从这些偏离（Off）最优策略的数据中寻求目标策略（Target Policy）。

当然，这么做是需要满足数学条件的：假设 π 是目标策略，μ 是行为策略，那么从策略

μ 学到策略 π 的条件是：$\pi(a|s)>0$，必然有 $\mu(a|s)>0$。两种学习策略的关系是：On-Policy 是 Off-Policy 的特殊情形，其目标策略和行为策略相同。

Q-Learning 的更新迭代方式为

$$q(s_t,a_t) \leftarrow q(s_t,a_t) + \alpha [R_{t+1} + \gamma \max_a (s_{t+1},a) - q(s_t,a_t)] \tag{8-33}$$

Q-Learning 算法如算法 8-4 所示。

算法 8-4　Q-Learning：Off-Policy TD Control 算法
1. 初始化 $q(s,a)$，$\forall s \in S, a \in A(s)$，设终止状态下 $q=0$
2. 循环（对于每个实验）：
3. 　　初始化状态 s
4. 　　循环（对于实验中的每一步）：
5. 　　　　在状态 s 下根据 ε-Greedy 策略选择动作 a
6. 　　　　选择动作 a，得到回报 R 和下一个状态 s'
7. 　　　　$q(s,a) \leftarrow q(s,a) + \alpha [R + \gamma \max_a q(s',a) - q(s,a)]$
8. 　　　　$s \leftarrow s'$
9. 　　直到 s 为终止状态
10. 输出最终策略 $\pi(s) = \arg\max_a q(s,a)$

算法 8-4 中，第一步，初始化状态和动作值；第二步，给定起始状态 s，在一个实验中的每一步，根据 ε-Greedy 策略在状态 s 下选择动作 a，得到回报 R 和下一个状态 s'，直到 s 为终止状态；第三步，输出最终策略 $\pi(s) = \arg\max_a q(s,a)$。

Q-Learning 与 SARSA 不同的是，SARSA 的行为策略和目标策略均选择 ε-Greedy 策略；而对于 Q-Learning，行动策略采取的是 ε-Greedy 策略，目标策略为 Greedy 策略。行为策略是具有探索性的策略，专门用于为实验积累经验；而目标策略为 Greedy 策略，它更具贪婪性，通过不断贪婪改进以达到最优。Q-Learning 在每一步时间差分中贪心的获取下一步最优的状态动作值函数。而 SARSA 则是 ε-Greedy 的选取时间差分中的下一个状态动作值函数。在这种情况下，Q-Learning 更倾向于找到一条最优策略，而 SARSA 则会找到一条次优的策略。这是由于 SARSA 在 TD Error 中随机地选取下一个状态动作值函数，这样可能会使整体的状态值函数降低。如果 ε-Greedy 的 ε 逐渐减小，则 SARSA 与 Q-Learning 的结果都近似收敛到最优解。

接下来用一个具体的例子来进行 SARSA 和 Q-Learning 的比较，突出 On-Policy（SARSA）和 Off-Policy（Q-Learning）方法之间的差异。如图 8-12 所示，River 是一条河流，上面的小方格表示可以走的道路。S 为起点，G 为终点。这是一项标准的情景性任务，这项任务具有开始和目标状态，以及向上、向下、向右和向左移动的常见动作。除掉进河流区域

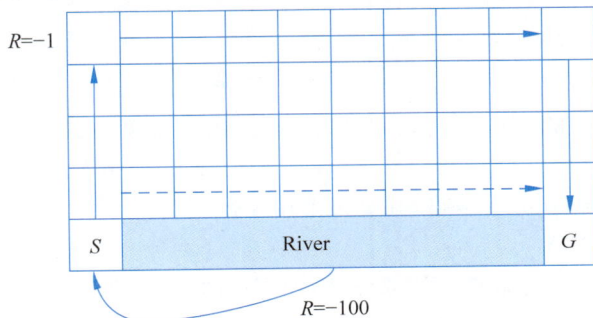

图 8-12　情景示例

外,所有的回报为－1。掉入河流将获得－200的回报,并立即将智能体送回起始位置。

图8-13显示了SARSA和Q-Learning算法的选择结果,其中 ε＝0.1。在初始状态之后,Q-Learning学习最优策略的值,即沿着河流边缘运行的值。所以,Q-Learning的最终选择结果为最优路径(Optimal Path),虚线部分即Q-Learning选择的最优路径,然而这将导致其偶尔因为 ε-Greedy 失足落水的行动选择。而在 SARSA 更新的过程中,如果在河流边缘处,随机选取下一个状态,可能会掉进河流,因此当前状态值函数会降低,使得智能体不愿意走靠近河流的路径。SARSA 将动作选择考虑在内,并学习通过网格上方的较长但更安全的路径,如图8-13中实线箭头所示路径为 SARSA 选择的安全路径。

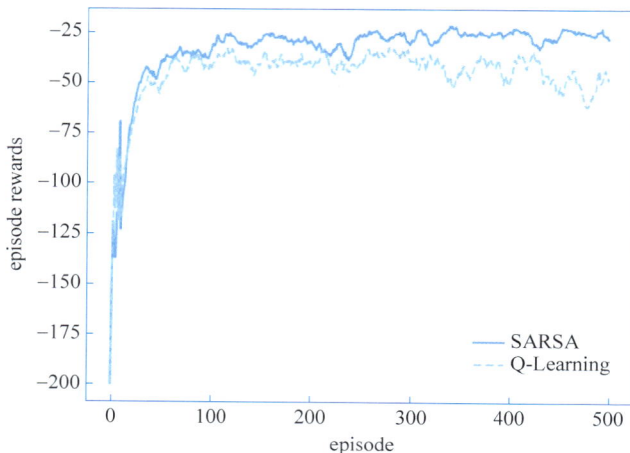

图8-13　仿真结果：累积回报

对 Q-Learning 和 SARSA 两种算法进行简单的比较。如图8-13所示,实线 SARSA 累积回报高于虚线 Q-Learning 部分,虽然 Q-Learning 实际学习的是最优策略的值,但其在线性能比学习迂回策略的 SARSA 差。相比于 Q-Learning,SARSA 会更保守。换句话说,Q-Learning 太过勇敢,所以增大了掉进河流的概率,虽然可以找到最优策略,但是在探索的过程也会有回报不高的情况。所以,总体而言 Q-Learning 的累积回报低于 SARSA。当然,如果 ε 逐渐减小,那么这两种方法将渐近收敛于最优策略。

通过两张图来更清晰地比较 Q-Learning 和 SARSA 状态更新过程,如图8-14所示。

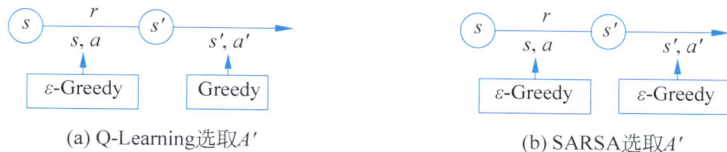

(a) Q-Learning选取A'　　　　　　　(b) SARSA选取A'

图8-14　算法比较

选择在新状态 s' 下的动作 a' 时,Q-Learning 使用贪心策略(Greedy),即选择值函数最大的 a',此时只是计算出哪个 a' 可以使 $q(s,a)$ 取到最大值,并没有真正采用这个动作 a';而 SARSA 则仍使用 ε-Greedy 策略,并真正采用了这个动作 a'。

3）Expected SARSA

Expected SARSA 只有策略评估部分,而没有策略改进部分。因此,不同的策略改进方法能够产生不同的 Expected SARSA,其中包括普通 SARSA(On-Policy)和 Q-Learning

(Off-Policy)。Expected SARSA 的策略评估部分表达式如下：

$$q(S_t, A_t) \leftarrow q(S_t, A_t) + a\left[R_{t+1} + \gamma E_\pi(q(S_{t+1}, A_{t+1}) \mid S_{t+1}) - q(S_t, A_t)\right]$$

$$= q(S_t, A_t) + a\left[R_{t+1} + \gamma \sum_a \pi(a \mid S_{t+1}) q(S_{t+1}, a) - q(S_t, A_t)\right] \tag{8-34}$$

如果采用 On-Policy 的思路，使用 ε-Greedy 进行策略改良，那么 Expected SARSA 将和普通 SARSA 非常类似，只是从一个确定性的 $q(S_{t+1}, A_{t+1})$ 换成了期望值；如果采用 Off-Policy 的思路，使用 ε-Greedy 生成数据，使用 Greedy 进行决策，那么 Expected SARSA 将和 Q-Learning 完全一样。当然，也可以把 Expected SARSA 用于其他策略改进，例如 softmax。

8.3.3　TD(λ)算法

前面介绍了蒙特卡洛算法以及 TD-Learning 算法，这一部分把蒙特卡洛算法和 TD-Learning(One-Step TD)统一起来。这两种算法都不可能永远是最好的，它们都是比较极端的形式。N-Step TD 算法解决了固定时间步骤的缺点。例如 One-Step TD 算法固定了每次选择动作和更新值的时间间隔。One-Step TD 属于单步自举(Bootstrapping)，固定更新时间间隔需要牺牲更新的速度和自举的优势。但是，N-Step TD 算法可以在多步后进行自举，属于 N 步自举，这就解决了固定一步时间间隔的缺点。选择多少步数作为一个较优的计算参数也是一个问题。于是，引入一个新的参数 Λ。通过这个新的参数，可以做到在不增加计算复杂度的情况下综合考虑所有步数的预测。

类似地，先介绍预测方法，然后介绍控制算法。

1) N-Step TD Prediction

蒙特卡洛算法根据一个完整的实验观察当前状态后所有状态的反馈，以对当前状态值函数进行更新。One-Step TD 算法确实基于下一步的反馈以及对一步后的状态的自举作为再往后状态的一个估计而用来更新值函数。这两种算法是否可以进行折中呢？可不可以用大于一步的反馈加上剩下的自举作为值更新的目标呢？事实上是可以的，可以采取例如两步 TD，可以用采取动作后的两个反馈值以及两步后的值函数作为更新目标，三步更新也类似。将它的备份图画出来如图 8-15 所示。

可以将 N-Step Return 考虑为从当前时间点，在未来方向考虑 N 步，预测自己在这 N 步中会得到多少回报，然后加上站在 N 步后的那个点可能得到的回报。用 $G_t^{(1)} = R_{t+1} + \gamma v(S_{t+1})$ 来表示 TD Target，利用第二步值函数来估计当前值函数，可表示为 $G_t^{(2)} = R_{t+1} + \gamma R_{t+2} + \gamma^2 v(S_{t+1})$。以此类推，利用第 N 步的值函数更新当前值函数可表示为

$$G_t^{(n)} = R_{t+1} + \gamma R_{t+2} + \gamma^2 R_{t+3} + \cdots + \gamma^{n-1} R_{t+n} + \gamma^n v(S_{t+n}) \tag{8-35}$$

从图 8-16 中的定义可以看出，这是综合了所有步数的情况，不直接选取一个具体的 N 步，然后忽略其他步数。而是利用 λ 来综合所有的步数。对所有的 N-Step Return 按指数分布进行加权，引入权重 $(1-\lambda)\lambda^{n-1}$，得

$$G_t^\lambda = (1-\lambda)G_t^{(1)} + (1-\lambda)\lambda G_t^{(2)} + \cdots + (1-\lambda)\lambda^{n-1}G_t^{(n)}$$

$$\approx \left[(1-\lambda) + (1-\lambda)\lambda + \cdots + (1-\lambda)\lambda^{n-1}\right]v(S_t)$$

$$= v(s_t) \tag{8-36}$$

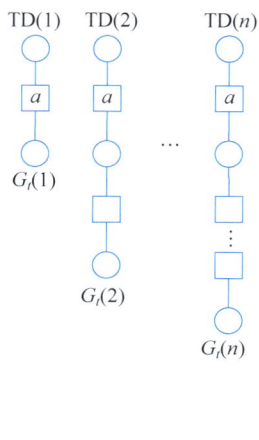

图 8-15　TD 算法备份图

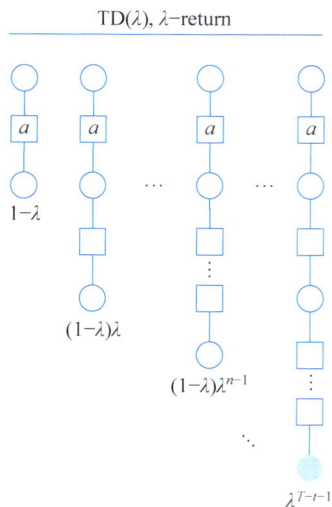

图 8-16　N-Step Return 加权

λ 的定义与上文的 γ 参数类似，是用于控制权重的。与 λ 有关的权重如图 8-17 所示。

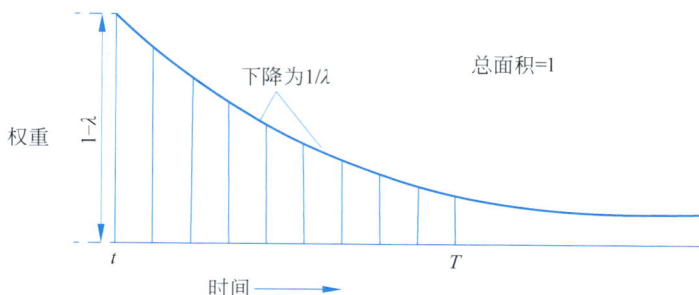

图 8-17　权重图

受 $(1-\lambda)\lambda^{n-1}$ 的作用，各个步数的权重如图 8-17 中这样衰减。相当于距离状态 s 越远的，权重就越小。这也符合一般的想法，离得远的作用小。利用 G_t^{λ} 更新当前状态的值函数的方法称为 TD(λ) 方法，一般可以从两个视角来理解 TD(λ)，分别为前向视角和后向视角。

（1）前向 TD(λ)。

引入 λ 后，要更新一个状态的值，必须有一个完整的实验。这和蒙特卡洛算法的要求一致。所以，前向 TD(λ) 在实际应用中也很少。

TD(λ) 的前向视角可以看作一个人坐在状态流上看向前方，前方是那些将来的状态。从 TD(λ) 的定义可以知道，估计当前状态的值函数需要用到将来时刻的值函数。

$$v(S_t) \leftarrow v(S_t) + a(G_t^{\lambda} - v(S_t))$$

$$G_t^{\lambda} = (1-\lambda)\sum_{n=1}^{\infty}\lambda^{n-1}G_t^{(n)} = v(S_t) \tag{8-37}$$

（2）后向 TD(λ)。

TD(λ) 的后向视角可以看作一个人坐在状态流上，面朝着已经过去的状态，获得当前回报,并利用下一个状态的值函数得到 TD Error 后,此人会告诉已经经历过的状态处的值函数需要利用当前时刻的 TD Error 进行更新。此时,过往的每个状态值函数更新的大小应该与距离当前状态的步数有关。假设当前状态为 S_t,TD Error 为 δ_t,那么 S_{t-1} 处的值函数更新应该乘以一个衰减因子 $\gamma\lambda$,状态 S_{t-2} 处的值函数更新应该乘以 $(\gamma\lambda)^2$,以此类推。

计算当前状态的 TD-Error:

$$\delta_t = R_{t+1} + \gamma v(S_{t+1}) - v(S_t) \tag{8-38}$$

更新 Eligibility Trace:

$$E_t(s) = \begin{cases} \gamma\lambda E_{t-1}, & s \neq S_t \\ \gamma\lambda E_{t-1} + 1, & s = S_t \end{cases} \tag{8-39}$$

得到后向 TD(λ) 的更新过程为

$$v(s) \leftarrow v(s) + a\delta_t E_t(s)$$

Eligibility Trace 的提出基于一个信用分配(Credit Assignment)问题,通过一个例子进行简单说明。如果跟别人下围棋,最后输了,那么中间下的哪一步棋应该负责呢? 或者说,每一步棋对于最后输掉比赛这个结果,分别承担多少责任? 这就是一个信用分配问题。在下棋的过程中失误了三次,其中前两次失误相同,究竟是第一种失误导致的失败,还是第二种失误导致失败的呢? 如果按照事件的发生频率来看,是第一种失误导致的;如果按照最近发生原则来看,那就是第二种失误导致的。但是,更合理的想法是,这三次失误共同导致了失败。于是为这两种失误事件分别分配权重,如果某个事件 S 发生,那么 S 对应的 Eligibility Trace 的值就增加 1。如果在某一段时间 S 未发生,则按照某个衰减因子进行衰减,这也是 Eligibility Trace 的计算方式。

假设在某个实验中,状态 s 在 K 时刻被访问了一次,按照上面的计算,可以知道当整个实验完成时,后向视角方法对于值函数 $v(s)$ 的增量等于 Λ-Return;如果状态 s 被访问了多次,那么 Eligibility Trace 就会累积,相当于累积了更多的 $v(s)$ 的增量。这直观地解释了前向视角和后向视角的等价性。

总的来说,前向视角方法是一种理论方法,更直观,更容易理解;后向视角方法是一种工程方法,更容易实现。因为前向视角方法总是要等到整个实验结束,而后向视角方法却可以在每一个时间步进行更新。

2) N-Step TD Control

对于 N-Step TD Control,主要介绍 N-Step SARSA 算法。N-Step SARSA 算法很自然地将 N 步反馈加入 SARSA 算法中,实现 N-Step SARSA。N-Step SARSA 算法主要是改变值函数的更新,其备份图如图 8-18 所示。与 N-Step TD 类似,只是起始状态和结束状态都变成了动作。

与一般的 TD-Learning 一样,可以定义 N-Step SARSA,N-Step SARSA 把 N 步后的回报作为目标,

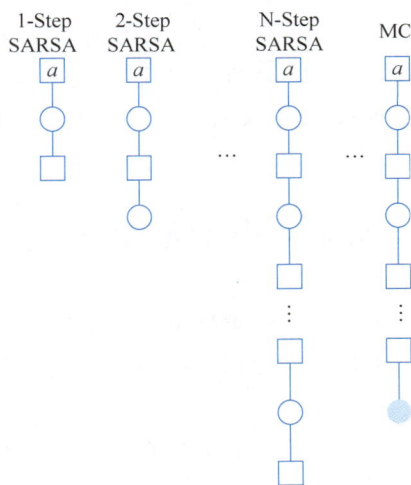

图 8-18　N-Step SARSA 算法备份图

意味着要用函数值的近似值选取一个状态下的行为,使其朝着 N 步后的目标移动更新。SARSA(λ)的算法如算法 8-5 所示。

算法 8-5　SARSA(λ)算法

1. 对于所有的状态-动作对 $s \in S, a \in A(s)$,初始化 $q(s,a)$
2. 循环(对于每个实验):
3. 　　对于所有的状态-动作对 $s \in S, a \in A(s), E(s,a)=0$,
4. 　　初始化状态和动作 s, a
5. 　　循环(对于实验中的每一步):
6. 　　　　选择动作 a,得到回报 R 和下一个状态 s'
7. 　　　　在状态 s' 下根据 E-Greedy 策略得到动作 a'
8. 　　　　$\Delta \leftarrow R + \gamma q(s',a') - q(s,a)$
9. 　　　　$E(s,a) \leftarrow E(s,a) + 1$
10. 　　　　对于所有的状态和动作 $s \in S, a \in A(s)$:
11. 　　　　　　$q(s,a) \leftarrow q(s,a) + A\Delta E(s,a)$
　　　　　　　　$E(s,a) \leftarrow \gamma \lambda E(s,a)$
12. 　　　　$s \leftarrow s'; a \leftarrow a'$
13. 　　直到 s 是终止状态
14. 输出最终策略 $\pi(s) = \arg\max_a q(s,a)$

SARSA(λ)算法是 SARSA 算法的改进版,二者的主要区别在于:在每次执行动作获得回报后,SARSA 算法只对前一步 $q(s,a)$ 进行更新,SARSA(λ)算法则会对获得回报之前的 λ 步进行更新。

从算法 8-5 可以看出,和 SARSA 算法相比,SARSA(λ)算法中多了一个表格 E(Eligibility Trace),用来保存在路径中所经历的每一步,因此在每次更新时也会对之前经历的步进行更新。

参数 λ 取值范围为 $[0,1]$,如果 $\lambda = 0$,SARSA(λ)算法将退化为 SARSA 算法,即只更新获取到回报前经历的最后一步;如果 $\lambda = 1$,则 SARSA(λ)算法更新的是获取到回报前的所有步。λ 可理解为脚步的衰变值,即离最终状态越近的步越重要,越远的步越不重要。

和 SARSA 算法相比,SARSA(λ)算法有如下优势:SARSA 算法虽然会边走边更新,但是在没有获得回报之前,当前一步的 q 值是没有任何变化的,直到获取回报后,才会对获取回报的前一步更新,而之前为了获取回报所走的所有步都被认为和获取回报没关系。SARSA(λ)算法则会对获取回报所走的步都进行更新,离奖励越近的步越重要,越远的则越不重要(由参数 λ 控制衰减幅度)。因此,SARSA(λ)算法能够更加快速有效地学到最优的策略。

8.4　基于策略梯度的强化学习算法

通常所说的策略是一种规则的集合,智能体根据策略在不同状态中决定采取的动作。策略可以是确定性的,μ 是一个确定的函数,输入状态 s_t,输出策略为确定性动作,即

$$a_t = \mu(s_t) \tag{8-40}$$

策略也可以是随机的,π 是一种概率分布,表示在状态 s_t 下可能采取动作的概率分布情况,即

$$a_t \sim \pi(\cdot \mid s_t) \tag{8-41}$$

而策略参数化(Parameterized Policy)方法,是将用于决策的策略表示为一个策略函数,通过一系列参数将策略计算出来,同时可以通过控制影响分配的参数以选择合适的行为,直接操纵策略。输出策略可以是确定性的,也可以是随机的,根据采取的方法而定。

8.4.1　何时应用基于策略的学习方法

基于策略的学习方法和基于价值的学习方法是对强化学习的一种分类方式,两者有相似之处,也存在各自的优势和缺点。

基于价值的强化学习算法通常是学习值函数(包括动作值函数和状态值函数),再根据所得的值选择动作。这种基于值函数估值进行动作选择的方法就称作基于价值的方法(Value-based Methods)。智能体多是以最大化累积回报为目标,选择最接近目标的动作。

广义的值函数方法包括策略评估和策略改善两个步骤,当值函数最优时,策略也是最优的,而此时的最优策略就是贪婪策略。贪婪策略指在状态 s 下,选择对应最大 q 值的动作,是一个状态空间向动作空间的映射,这种映射对应的是最优策略,策略是确定的。另一种常见的 ε-Greedy 策略,智能体会以 ε 的概率选择最大动作值函数对应的动作。

借鉴将值函数参数化的思路,将策略直接参数化,利用线性或者非线性对策略进行标识,寻找最优参数实现累积回报最大的目标,这种方法称作基于策略的方法(Policy-based Method)。

在基于价值的学习方法中,迭代计算的是值函数;而在基于策略的学习方法中,直接对策略的参数进行迭代计算,直到累积回报最大,此时参数对应的策略即最优策略。此时,值函数将被用来学习策略参数,不再是动作的选择。策略参数化的方法采用了不同的函数逼近方法,定义了行为分配的可能性。

同时,计算策略函数和值函数的方法又称作 Actor-Critic 算法,Actor 表示学习策略,Critic 表示学习值函数,具体内容会在之后的内容进行详细讲解。它们之间的关系如图 8-19 所示。

什么时候使用基于价值的方法,什么时候使用基于策略的方法,需要根据具体的问题特点来决定。基于策略的方法有更好的收敛特性,相较而言也更适应具有高纬度或连续的状态空间,同时能够学习一些随机策略,是对原本的基于价值的学习方法的很好补充优化。下面将通过例子帮助读者加深对基于策略的学习方法优势的理解。

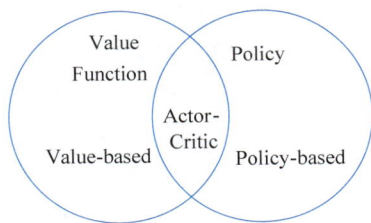

图 8-19　**Value-based** 和 **Policy-based** 的关系图

策略参数化的方法能够实现选择动作的随机策略,也就是对于动作任意分配概率。在某些问题中,如猜拳,随机策略在赢得游戏上更有优势,因为任何确定性策略都容易被探索。如果参与者按照某一种确定性策略出拳,那么很容易被对方抓住出拳的规律,一旦被对手知悉规律,就容易输掉比赛。所以,最好的策略是采用随机的方法任意出拳。但是,基于值函数的方法是不支持随机策略的,所以需要采用基于策略的方法。确定性策略指的是,在给定一个状态 s 的情况下,输出的动作 a 是确定的。而随机策略指的是,给定一个状态 s,输出的是在该状态下的动作的概率分布,因此即使在相同的状态下,采取的动作也可能存在差异。

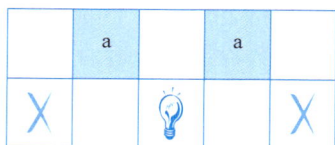

图 8-20　智能体所处环境

如图 8-20 所示,智能体需要尽量不进入标注"×"的方格,尽可能进入带有"灯泡"的方格。如果使用智能体的前进方向以及前进方向上是否有墙表示方格的状态,那么很容易发现两个区域 a 的格子的状态是相同的,智能体无法进行区分。

如果采用基于价值的方法,这种情况下得出最优策略时处于区域 a 的方格采取的动作应该是一致的,均向左或均向右,可能的情况如图 8-21 所示。这种情况下,智能体会被困在两个方格中间。如果均向右前进结果也是相同的。将这个简单的方格进行扩大,假设智能体处于一个巨大的迷宫中,且无法获取全局信息。那么在类似灰色方格的状态下智能体总会做出相同的判断,会有很大概率进行原地打转。事实上,很多现实问题尤其是对弈问题都有类似的特征,需要在相同特征的状态下做出不同的动作,例如围棋游戏中的开局。此时,基于价值的方法并不适用。

在刚才的问题中,最优策略应该是在左边区域 a 的方格向右走,在靠右的方格向左走。采用基于价值的方法产生的确定性策略是无法得出最优解的。如果采用基于策略的方法,即将策略进行参数化,可以产生随机策略,如图 8-22 所示,智能体在区域 a 方格中可以随机选择向左或者向右,就能避免在原地打转。而随机策略的结果优于采用基于价值的方法。

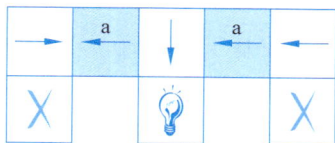

图 8-21　智能体所处环境和动作 1

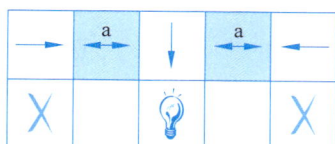

图 8-22　智能体所处环境和动作 2

基于策略的方法正是为了解决动作连续或者状态量完全决定策略但需要引入随机策略的问题而产生的。随机策略能够提供非确定的结果,但这种非确定的结果并不代表完全随意,而是服从某种概率分布。

除了需要随机策略的问题外,在有些难以计算价值函数的场景也可以优先考虑采用基于策略的方法。例如,小球下落的场景中,需要智能体通过左右移动接住小球。这种情况下,如果采用基于价值的学习方法,动作连续的情况下是很难给出值函数的具体值的,计算小球在某一个位置需要采取什么样的行动是十分困难的,如果采用基于策略的方法,只需要朝着小球落地的方向修改策略即可。

对连续的参数化策略,动作概率作为一种已学习参数可保持平稳变化。但是,在结合 ε-Greedy 的基于价值的学习方法中,针对估算的动作值的任意微小变化,动作概率是存在突变可能的,而这种变化对于策略的影响很大,直接影响被选择的动作。正是这个原因,参数化策略的方法有着更好的收敛特性。特别地,策略依赖于参数的连续性,使得该方法能够逼近梯度下降算法。一旦能够遵循梯度下降的策略,升级策略时会更稳定顺利,不会像基于价值的学习方法,容易受到动态摆动的影响。

另外,在某些问题中,策略参数化的近似函数更简单,更容易获取。问题的复杂度是根据其对应的策略和动作值函数变化的,对于某些问题而言,动作值函数会更简单且容易近似,但对于另外一些问题,策略更简单。对于这些问题,基于策略的方法能够学习得更快,并生成更优的渐近策略。在强化学习中,策略参数化使得在目标策略中添加先验知识成为可能,而这也是选择使用基于策略的方法的最重要原因之一。

8.4.2 策略梯度详解

在策略参数化的方法中,采用$\theta \in \mathbb{R}^{d'}$作为策略的参数因子,$A$表示动作,$S$表示状态,$t$表示时刻。参数$\theta$的策略函数在时刻$t$处于状态$s$,选择动作$a$的概率可以表示为

$$\pi(a \mid s, \theta) = P\{A_t = a \mid S_t = s, \theta_t = \theta\} \tag{8-42}$$

策略梯度是一种典型的基于策略的方法,它的基本原理是通过反馈来调整策略:如得到正向回报,则增加相应动作的概率;如得到负向回报,则降低相应动作的概率。这种方法避免了为了计算回报而需要维护的庞大的状态表。

1. 目标函数

无论是基于价值的方法还是基于策略的方法,都属于强化学习。强化学习的目标就是选择一个能够最大化累积回报的策略。假设智能体和环境交互后得到一个T步长的轨迹τ,τ经历的状态和动作可以表示为

$$\tau = \{s_0, a_0, s_1, a_1, \cdots, s_{T-1}, a_{T-1}\} \tag{8-43}$$

初始状态s_0服从分布$s_0 \sim p_0(\cdot)$。假设状态的转移和策略都是随机的,那么轨迹τ的概率为

$$p(\tau \mid \pi) = p_0(s_0) \prod_{t=0}^{T-1} \pi(a_t \mid s_t) p(s_{t+1} \mid s_t, a_t) \tag{8-44}$$

在基于策略的学习方法中,使用$J(\theta)$表示能够获得期望回报,即

$$J(\pi) = \int_\tau p(\tau \mid \pi) R(\tau) = E_{\tau, \pi}[R(\tau)] \tag{8-45}$$

算法的优化目标是找到最优的参数θ以最大化累积回报,即

$$\pi^* = \underset{\pi}{\arg\max} J(\theta) \tag{8-46}$$

对于带有参数θ的策略$\pi_\theta(s, a)$,如何判断其优劣?常使用的目标函数有三种。

1) 初始价值(Start Value)

在能够产生完整实验的环境中,即智能体能够通过有限步数到达终止状态,此时可以通过初始状态的价值来衡量整个策略的优劣。需要注意的是,初始价值是指智能体在一个实验期间从初始状态到终止状态获得的累积回报,为了简便,初始状态从某个特定状态s_1算起,则有

$$J_1(\theta) = V_{\pi_\theta}(s_1) = E_{\pi_\theta}[v_1] \tag{8-47}$$

其中,V_{π_θ}是采用策略π_θ的状态值函数,表示从状态s_1开始预期的累积回报;π_θ是由θ决定的策略(假设折扣因子$\gamma = 1$)。$J_1(\theta)$表示如果智能体总是从状态s_1开始,或者以一定的概率分布从该状态开始,那么从状态开始到实验结束智能体将会获得的最终回报。这里需要关注的是,如何找到一个策略,使得当智能体从状态s_1开始执行当前的策略时,能够获得初始价值对应的回报。优化目标就从抽象的优化策略变为使初始价值最大化的问题。

2) 平均价值(Average Value)

在连续环境条件下,是不存在初始状态的,此时多采用平均价值作为目标策略。平均价值是由智能体在某时刻的状态分布计算而来的,如式(8-48)所示。

$$J_{\text{av}v}(\boldsymbol{\theta}) = \int_s d_{\pi_{\boldsymbol{\theta}}}(s) V_{\pi_{\boldsymbol{\theta}}}(s) \tag{8-48}$$

其中，$d_{\pi_{\boldsymbol{\theta}}}(s) = \sum\limits_{s' \in S} d_{\pi_{\boldsymbol{\theta}}}(s') P_{s's}$ 指基于策略 $\pi_{\boldsymbol{\theta}}$ 的状态的静态分布，在某个时刻，智能体可能处于所有的状态。对每个时刻，从该时刻可能的状态开始计算，在和环境交互的过程中持续，将得到所有回报进行累积，最终的积分运算是对该时刻各个可能状态的概率求和。这就是适用于连续环境状态条件下的目标函数，目标也是最大化累积回报。

3）每步长的平均回报（Average Reward Per Time-Step）

在连续环境中，也可以利用每一个时间步在各种情况下所能得到的平均回报，即在一个确定的步长内，观察智能体处于所有状态的可能性，然后记录每种可能下采取的动作所获得的回报，所有回报按照概率求和。

$$J_{\text{av}R}(\boldsymbol{\theta}) = \iint_{s,a} d_{\pi_{\boldsymbol{\theta}}}(s) \pi_{\boldsymbol{\theta}}(s,a) R_a^s \tag{8-49}$$

$J_{\text{av}R}(\boldsymbol{\theta})$ 和 $J_{\text{av}v}(\boldsymbol{\theta})$ 的形式十分类似，但并不完全相同。平均价值 $J_{\text{av}v}(\boldsymbol{\theta})$ 是一种固定分配，涉及的状态分布是一种静态分布，因此无论在整个实验中的哪个状态终止，都是求取平均值，与具体状态无关。但是每步长的平均回报淡化了累积回报的影响，而是将经历过的状态获得的回报进行均值运算并进行分配，关注的是处在某个状态获得多少回报的可能性，比平均价值更具有即时性。

通过以上 3 种方法均可以确定目标函数，这 3 种方法只是在分配的定义上有所区别，本质是相同的。

对于目标函数 $J(\boldsymbol{\theta})$ 的最大化问题，有很多成熟的算法均可以尝试求解，例如爬山算法（Hill Climbing）、单纯形法（Simplex）和遗传算法，但是使用梯度方法效率更高，而梯度下降算法的扩展可能性最高，所以在实际中使用最为普遍。

2. 策略梯度

对于式（8-46）中的最优化问题，直接求解是十分困难的。为了使目标函数的表现最优，即实现最大化 $J(\boldsymbol{\theta})$ 的目的，可以结合梯度学习的原理，使用梯度上升算法进行参数的更新并得到局部最大值，原理如图 8-23 所示。

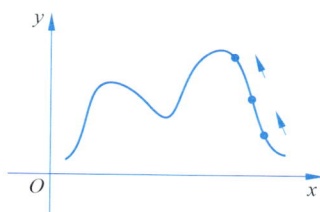

图 8-23　梯度上升原理

参数的更新可以表示为

$$\boldsymbol{\theta}_{t+1} = \boldsymbol{\theta}_t + \alpha \hat{\nabla} J(\boldsymbol{\theta}_t) \tag{8-50}$$

上式是策略梯度算法的一般形式，其中 $\hat{\nabla} J(\boldsymbol{\theta}_t)$ 是一种随机估计，其期望值近似于性能函数的梯度。式（8-50）可以写作式（8-51）的形式。

$$\Delta \boldsymbol{\theta} = \alpha \nabla_{\boldsymbol{\theta}} J(\boldsymbol{\theta}) \tag{8-51}$$

其中，α 为步长参数，$\nabla_{\boldsymbol{\theta}} J(\boldsymbol{\theta})$ 表示策略梯度，具体为

$$\nabla_{\boldsymbol{\theta}} J(\boldsymbol{\theta}) = \begin{pmatrix} \dfrac{\partial J(\boldsymbol{\theta})}{\partial \boldsymbol{\theta}_1} \\ \vdots \\ \dfrac{\partial J(\boldsymbol{\theta})}{\partial \boldsymbol{\theta}_n} \end{pmatrix} \tag{8-52}$$

对于所有满足此类形式的算法,都可以称为策略梯度方法(Policy Gradient Methods)。在策略梯度方法中,策略可以通过任意形式进行参数化,只要最终的策略函数 $\pi(a|s,\theta)$ 对于对应的参数可微,即 $\nabla\pi(a|s,\theta)$ 的列向量对参数 θ 的偏导数存在且有限。实际上,为了确保参数的可探索性,通常假设策略是不确定的,即对所有 s,a,θ,$\pi(a|s,\theta)\in(0,1)$。$\pi(a|s,\theta)$ 表示智能体在参数为 θ 的随机策略 π 下,状态为 s 时,选择动作 a 的概率。

当很难得到梯度函数的情况下,按照上述方法求解梯度的复杂度增大。有限差分方法提供了一种更简便的思路,对 θ 在每个维度都单独计算差分来估算梯度。

$$\frac{\partial J(\theta)}{\partial \theta_k} \approx \frac{J(\theta+\varepsilon u_k)-J(\theta)}{\varepsilon} \tag{8-53}$$

其中,ε 为 θ 的微小增量;u_k 为单位向量,其第 k 个维度值为1,其他维度值均为0。式(8-53)对应的算法简单,同时并不强调策略函数的可微性,可以用于任意场景。但缺点也是十分明显的,有限差分法需要对每个维度都进行单独计算,即使是简单的问题也需要大量计算,并不适用于高维空间;另外,这种方法的计算结果存在噪声,效率较低。

在大多数情况下,在计算过程中都会假设策略是可微的,对于变量 θ 的函数 $\pi_\theta(s,a)$,可以利用似然比(Likelihood Ratios)对其进行转换。对 $\pi_\theta(s,a)$ 作策略乘积和分割操作,转换后的形式如下:

$$\nabla_\theta\pi_\theta(s,a)=\pi_\theta(s,a)\frac{\nabla_\theta\pi_\theta(s,a)}{\pi_\theta(s,a)}$$
$$=\pi_\theta(s,a)\nabla_\theta\log\pi_\theta(s,a) \tag{8-54}$$

对策略进行分割后得到的策略梯度为策略对数的梯度 $\nabla_\theta\log\pi_\theta(s,a)$,称该项为得分函数,得分函数在统计学和机器学习中十分常见。下面将得分函数与 softmax 策略和高斯策略结合,进一步阐述得分函数的应用的本质。softmax 策略常用于离散动作,而高斯策略多用于连续动作。

1) softmax 策略

softmax 策略和 E-Greedy 策略相同,属于常用的动作选择策略。E-Greedy 策略中,假设 $\varepsilon=0.9$,那么智能体有90%的概率选择最优动作,10%的概率选择其他动作。该策略的缺点很明显,次优动作与负收益动作被选择的概率相等,这对于累积回报是不利的。在动作选择中,较为理想的情况是高收益的动作被选择的概率高,低收益的动作被选择的概率低。

在 softmax 策略中,利用权重代替动作选择概率,高收益的动作分配的权重大;反之,低收益的动作分配的权重小。最简单的权重计算方法是将每个动作的收益与所有动作的总收益的比重视为权重,当然也可以选择其他特征值。通过获取动作的某些特征值,将这些特征整合到一起,从而得到这些特征的线性组合 $\phi(s,a)^T\theta$,有时也将 $\phi(s,a)^T\theta$ 称为偏好函数。事实上,选择动作的概率和特征的线性组合的指数加权的值成比例,即

$$\pi_\theta(s,a)\propto e^{\phi(s,a)^T\theta} \tag{8-55}$$

将特征的线性组合转换为概率,一般操作为取幂并标准化,即

$$\pi_\theta(s,a)=\frac{e^{\phi(s,a)^T\theta}}{\sum\limits_{a'}e^{\phi(s,a')^T\theta}} \tag{8-56}$$

那么,得分函数可以表示为

$$\nabla_{\boldsymbol{\theta}} \log \pi_{\boldsymbol{\theta}}(s,a) = \boldsymbol{\phi}(s,a) - \mathrm{E}[\boldsymbol{\phi}(s,A)] \tag{8-57}$$

即正在执行的动作特征减去所有可能采取动作特征的平均值,即当前动作和平均水平的差值。据此,得分函数可以理解为现在拥有的相比平均情况的优劣,而这也是得分的含义。在策略梯度中,得分高意味着动作被选择的概率高,智能体需要调整策略尽可能地多选择这种动作。

2) 高斯策略

高斯策略常用于连续的动作空间,高斯策略的一般形式为

$$\pi_{\boldsymbol{\theta}} = \mu_{\boldsymbol{\theta}} + \varepsilon \tag{8-58}$$

其中,$\mu_{\boldsymbol{\theta}}$ 为确定性部分,ε 为零均值的高斯随机噪声,ε 服从分布 $N(0, \sigma^2)$。确定性部分常表示为动作特征值的线性组合,即

$$\mu(s) = \boldsymbol{\phi}(s)^{\mathrm{T}} \boldsymbol{\theta} \tag{8-59}$$

方差可以固定为 σ^2,或者也将其进行参数化,实现方差的可调性。动作服从的高斯策略为

$$a \sim N(\mu(s), \sigma^2) \tag{8-60}$$

高斯策略下的得分函数可以表示为

$$\nabla_{\boldsymbol{\theta}} \log \pi_{\boldsymbol{\theta}}(s,a) = \frac{(a - \mu(s)) \boldsymbol{\phi}(s)}{\sigma^2} \tag{8-61}$$

与采用 softmax 策略的得分函数类似,利用动作值减去动作平均值,可以看出现在采用的动作和均值动作相差多少,是表现得更好还是表现得更坏;再乘以对应的特征,利用方差进行缩放,实现控制策略的探索性。

可以看出,无论采用哪种策略的得分函数,都是以与平均值相比的形式出现的,这种方式能够直观地表现出调整策略的思路,帮助智能体朝着获取更多回报的方向前进。

3. 策略梯度定理

对于函数逼近,朝着确保策略优化的方向对策略参数 θ 进行改变是很有挑战性的。性能函数 $J(\boldsymbol{\theta})$ 受限于智能体选择的动作和状态分布,而它们都受到参数 θ 的影响。结合式(8-44),在策略 π_{θ} 下,概率可以表示为

$$p_{\pi_{\boldsymbol{\theta}}}(\tau) = p_0(s_0) \prod_{t=0}^{T-1} \pi_{\boldsymbol{\theta}}(a_t | s_t) p_{\pi_{\boldsymbol{\theta}}}(s_{t+1} | s_t, a_t) \tag{8-62}$$

其中,$p_{\pi_{\theta}}(s_{t+1} | s_t, a_t)$ 取决于环境内部规则,不受策略的控制;$\pi_{\theta}(a_t | s_t)$ 为智能体根据观察到的环境信息给出的反馈,受策略 π_{θ} 的影响。所以,在给定的状态下,根据参数化的知识,可以通过相对简单的方式计算得出策略参数 θ 对于动作行为的影响,从而得出对回报的影响。

但是,策略对状态分布的影响是一个与环境有关的函数,并且大多数情况都是未知的。当参数 θ 的梯度依赖于策略变化对状态分布的未知影响时,如何估计与 θ 相关的性能梯度是问题的难点。策略梯度定理(The Policy Gradient Theorem)提供了一个关于策略参数 θ 的性能梯度的解析表达式,避免了状态分布的导数,为问题的解答提供了一个很好的思路。

情节性任务(Episodic Task)指智能体能够在有限步骤中结束任务。在情节性任务的

条件下,策略梯度定理的表现形式如式(8-63)所示。

$$\nabla J(\boldsymbol{\theta}) \propto \sum_s \mu(s) \sum_a q_\pi(s,a) \nabla \pi(a \mid s, \boldsymbol{\theta}) \tag{8-63}$$

梯度是关于 $\boldsymbol{\theta}$ 偏导数的列向量,π 是参数向量 $\boldsymbol{\theta}$ 对应的策略,符号 $\propto$ 表示"与……成比例"。在情节性任务中,比例系数是任务中每个实验的平均长度,在连续性任务中,比例系数为 1,因此这个关系式可以看作一个等式。具体的推导过程本书不再描述,有兴趣的读者可以查阅 Richard S. Sutton 的著作 *Reinforcement Learning* 进行了解。

$\mu(s)$ 指在策略 π 下的 On-Policy 分布。在情节性任务中,On-Policy 分布区别于其他分布,因为它依赖于每个实验开始时选择的初始状态。令 $h(s)$ 表示实验从状态 s 开始的概率,$\eta(s)$ 表示在单个实验中状态 s 经历的平均时间步长,则从状态 s 开始再回到该状态,或者从之前的状态 $\bar{s}$ 转换到状态 s,所花费的时间可以表示为

$$\eta(s) = h(s) + \sum_{\bar{s}} \eta(\bar{s}) \sum_a \pi(a \mid \bar{s}) p(s \mid \bar{s}, a), \quad \forall s, \bar{s} \in S \tag{8-64}$$

其中,$\pi(a \mid \bar{s})$ 表示随机策略 π 在状态 $\bar{s}$ 选择动作 a 的概率,$p(s \mid \bar{s}, a)$ 表示在状态 $\bar{s}$、选择动作 a 的前提下转变到状态 s 的概率。On-Policy 分布就是每个状态经历时间的百分比,并将其归一化为 1,即

$$\mu(s) = \frac{\eta(s)}{\sum_{s'} \eta(s')}, \quad \forall s, s' \in S \tag{8-65}$$

等式中不包含折扣因子,如果折扣因子 $\gamma < 1$,那么应该将其视为终止状态,在式(8-64)的第二项中加入折扣项 γ 即可。

8.4.3 蒙特卡洛策略梯度算法

1. Reinforce 算法

在引入策略梯度时,曾给出了策略梯度算法的一般表现形式,即随机梯度上升的总体策略。

$$\boldsymbol{\theta}_{t+1} = \boldsymbol{\theta}_t + \alpha \hat{\nabla} J(\boldsymbol{\theta}_t) \tag{8-66}$$

该式表明在具体的应用过程中,获取的样本需要满足条件:样本梯度的期望与目标函数的实际梯度成正比。策略梯度定理给出了精确表达式,需要做的是找到某种合适的抽样方法,使得其期望等于或近似于该表达式。

$$\nabla J(\boldsymbol{\theta}) \propto \sum_s \mu(s) \sum_a q_\pi(s,a) \nabla \pi(a \mid s, \boldsymbol{\theta}) \tag{8-67}$$

需要注意表达式(8-67)右侧是遵循策略 π 的情况下状态的价值和,其权重是采用策略 π 时状态出现的频率。在策略 π 允许的情况下,目标函数的梯度可以写为

$$\nabla J(\boldsymbol{\theta}) \propto \sum_s \mu(s) \sum_a q_\pi(s,a) \nabla \pi(a \mid s, \boldsymbol{\theta})$$

$$= E_\pi \left[\sum_a q_\pi(s_t, a) \nabla \pi(a \mid s_t, \boldsymbol{\theta}) \right] \tag{8-68}$$

在经典的 Reinforce 算法中,参数更新不依赖所有动作,在时刻 T 的更新只依赖该时刻实际发生的动作 A_t。式(8-68)中包含对动作价值的求和,但是并不是每一项都按照策略 π 预期的那样,以 $\pi(a \mid S_t, \boldsymbol{\theta})$ 为权重,因此需要对等式做一定程度的修改,变换为更便于求解

的值。

$$\nabla J(\boldsymbol{\theta}) = \mathrm{E}_\pi \left[\sum_a \pi(a \mid S_t, \boldsymbol{\theta}) q_\pi(S_t, a) \frac{\nabla \pi(a \mid S_t, \boldsymbol{\theta})}{\pi(a \mid S_t, \boldsymbol{\theta})} \right]$$

$$= \mathrm{E}_\pi \left[q_\pi(S_t, A_t) \frac{\nabla \pi(A_t \mid S_t, \boldsymbol{\theta})}{\pi(A_t \mid S_t, \boldsymbol{\theta})} \right]$$

$$= \mathrm{E}_\pi \left[G_t \frac{\nabla \pi(A_t \mid S_t, \boldsymbol{\theta})}{\pi(A_t \mid S_t, \boldsymbol{\theta})} \right] \tag{8-69}$$

A_t 表示采用策略 π 时的动作取样,即 $A_t \rightarrow a \sim \pi$; G_t 为累积回报,在介绍动作值函数时曾定义过。$\mathrm{E}_\pi[G_t \mid S_t, A_t] = q_\pi(S_t, A_t)$,利用该表达式可对梯度计算进行变换,它是能够在每个时间步长上采样的量,其期望等于梯度。这样,参数 $\boldsymbol{\theta}$ 的增量就可以表示为

$$\boldsymbol{\theta}_{t+1} = \boldsymbol{\theta}_t + \alpha G_t \frac{\nabla \pi(A_t \mid S_t, \boldsymbol{\theta})}{\pi(A_t \mid S_t, \boldsymbol{\theta})} \tag{8-70}$$

从式(8-70)可以看出,$\Delta\boldsymbol{\theta}$ 与 $\dfrac{G_t \nabla \pi(A_t \mid S_t, \boldsymbol{\theta})}{\pi(A_t \mid S_t, \boldsymbol{\theta})}$ 成正比。该向量的方向是增加未来重复访问 A_t 概率的方向,选择累积回报最多的动作或者被选中次数最多的动作,目的是使参数向产生最高回报的方向移动;$\Delta\boldsymbol{\theta}$ 与 $\pi(A_t \mid S_t, \boldsymbol{\theta})$ 成反比,因为被频繁选择的操作在实际回报的表现中可能处于优势,这些操作说明更新方向通常在它的方向上,即使不能产生最高的回报,但相较于其他动作也有可能胜出。

注意,这里 Reinforce 算法运用了时刻 T 开始的完整回报,包含了这个实验情节所有未来的回报。从这个方面来说,Reinforce 算法属于蒙特卡洛方法的一种。

在基于价值的学习方法中介绍的蒙特卡洛方法,是通过采样若干经历完整的实验情节来估计真实值的状态,对该方法而言,如果要求解某一个状态的累积回报,只需要求出所有完整序列中该状态出现时刻的累积回报的平均值,即可进行近似求解。蒙特卡洛方法对情节性任务进行了明确的定义,所有更新都必须在任务情节完成后进行。

借鉴这种思路,应用策略梯度理论,使用随机梯度上升方法来更新参数,即用 T 时刻的累积回报 G_t 作为当前策略的 $q_{\pi_{\boldsymbol{\theta}}}(s, a)$ 的无偏估计,结合似然比的定义,参数的增量可以表示为:

$$\boldsymbol{\theta}_{t+1} = \boldsymbol{\theta}_t + \alpha G_t \nabla_{\boldsymbol{\theta}} \log \pi(A_t \mid S_t, \boldsymbol{\theta}) \tag{8-71}$$

算法描述如算法 8-6 所示。

算法 8-6　Reinforce 算法

1. 输入:参数化的可微策略 $\pi(a \mid s, \boldsymbol{\theta})$
2. 算法参数:步长 $\alpha > 0$
3. 随机初始化策略参数 $\boldsymbol{\theta}$
4. 循环(对于每个实验):
5. 　　生成一个 实验 $\{s_0, a_0, s_1, a_1, \cdots, s_{T-1}, a_{T-1}\} \sim \pi(\cdot \mid \cdot, \boldsymbol{\theta})$
6. 　　对于实验中的每一步循环 $t = 0, 1, \cdots, T-1$:
7. 　　计算累积回报 $G_t \leftarrow \sum_{k=t+1}^{T} \gamma^{k-t-1} R_k$
8. 　　更新参数 $\boldsymbol{\theta}_{t+1} = \boldsymbol{\theta}_t + \alpha G_t \nabla_{\boldsymbol{\theta}} \log \pi(A_t \mid S_t, \boldsymbol{\theta})$

如算法所描述的,在每个实验结束后智能体都会对梯度方向进行微调,朝着能获得更多回报的方向前进。

2. 带基准项的蒙特卡洛策略梯度算法

调整策略的最终目的是最大化累积回报,某个动作的回报越高,它被选择的概率就应越大。假设所有动作的回报都为正值,那么所有动作的概率都会被提高,归一化后回报小的动作对应的概率相应较低,这是能够遍历所有情况的理想状态。但是在实际应用中,通过采样得到动作,如果一个回报很高的动作没有被抽样,它的概率就会因为其他动作的概率提高而降低。可以通过在策略梯度定理的表达式中加入基准项(Baseline)来避免这种情况的发生,如式(8-72)所示。

$$J(\boldsymbol{\theta}) \propto \sum_s \mu(s) \sum_a (q_\pi(s,a) - b(s)) \nabla \pi(a \,|\, s, \boldsymbol{\theta}) \tag{8-72}$$

其中,基准项 $b(s)$ 可以是任意函数,也可以是随机变量,只要与 a 无关即可。加入该项后不影响等式成立,因为

$$\sum_a b(s) \nabla \pi(a \,|\, s, \boldsymbol{\theta}) = b(s) \nabla \sum_a \pi(a \,|\, s, \boldsymbol{\theta}) = b(s) \nabla 1 = 0 \tag{8-73}$$

那么,上一节中介绍的 Reinforce 算法的更新公式可以更新为

$$\boldsymbol{\theta}_{t+1} = \boldsymbol{\theta}_t + \alpha (G_t - b(S_t)) \frac{\nabla \pi(A_t \,|\, S_t, \boldsymbol{\theta})}{\pi(A_t \,|\, S_t, \boldsymbol{\theta})} \tag{8-74}$$

当累积回报超过基准值时,对应动作的概率才会提高,因此即使所有回报均为正值,也不会存在无差别概率提高的现象。这种方法能够极大地减少参数更新时的波动,有效降低方差。最常用的基准项是状态值函数,当 $b(s) = \mathrm{E}_a[q_\pi(s,a)] = v_\pi(s)$ 时,方差最小。

选择状态值函数作为基准项时,算法如算法 8-7 所示。

算法 8-7　带基准项的蒙特卡洛策略梯度算法
1. 输入:参数化的可微策略 $\pi(a \,|\, s, \boldsymbol{\theta})$
2. 输入:可微的参数化状态值函数 $\hat{v}(s, \boldsymbol{\omega})$
3. 算法参数:步长 $\alpha_{\boldsymbol{\theta}} > 0, \alpha_{\boldsymbol{\omega}} > 0$
4. 初始化策略参数 $\boldsymbol{\theta} \in \mathbb{R}^{d'}$ 和状态值函数权重 $\boldsymbol{\omega} \in \mathbb{R}^d$
5. 循环(对于每个实验):
6. 　　生成一个实验 $\{s_0, a_0, s_1, a_1, \cdots, s_{T-1}, a_{T-1}\} \sim \pi(\cdot \,|\, \cdot, \boldsymbol{\theta})$
7. 　　对于实验中的每一步循环 $t = 0, 1, \cdots, T-1$:
8. 　　　　$G \leftarrow \sum_{k=t+1}^{T} \gamma^{k-t-1} R_k$
9. 　　　　$\delta \leftarrow G - \hat{v}(S_t, \boldsymbol{\omega})$
10. 　　　　$\boldsymbol{\omega} \leftarrow \boldsymbol{\omega} + \alpha_{\boldsymbol{\omega}} \delta \nabla \hat{v}(S_t, \boldsymbol{\omega})$
11. 　　　　$\boldsymbol{\theta} \leftarrow \boldsymbol{\theta} + \alpha_{\boldsymbol{\theta}} \gamma_t \delta \nabla \log \pi(A_t \,|\, S_t, \boldsymbol{\theta})$

带基准项的 Reinforce 方法,虽然在应用策略参数化的同时,通过状态值函数降低了方差,但是状态值函数的学习是利用策略梯度的方法进行的,因此本质上仍属于策略梯度方法。

8.4.4 Actor-Critic 算法

Reinforce 方法具有蒙特卡洛算法的特质,是一种无偏估计,能逐步收敛到局部最小值,但也存在蒙特卡洛方法更新速度慢和方差过大的问题。TD 方法是单步更新,更新速度快

于蒙特卡洛方法的回合更新，同时 Multi-Step 方法可以选择 Bootstrapping 的程度。为了利用这个优势，将策略梯度方法和 TD 学习方法相结合，产生了一种新的算法——Actor-Critic 算法。将基于价值的方法和基于策略的方法有效结合起来，策略梯度方法部分为 Actor，TD 方法部分为 Critic。

Actor 的角色类似于参赛选手，选手需要获得更多的回报才能赢得游戏。具体实现方式是利用一个特定的函数，函数输入为状态，输出为动作，朝着能获得更多回报的方向不断优化函数。Critic 角色类似于教练，为了训练选手 Actor，需要知道 Actor 的实际表现，根据其表现不断调整 Actor 前进的方向。

训练过程可以大致描述为：Actor 和 Critic 获取相同的环境信息，Actor 通过环境信息得知目前所处的状态，并选择要执行的动作；而 Critic 根据 Actor 对于环境信息的反馈表现对 Actor 进行打分；Actor 根据打分情况调整自己的策略，争取下一次做得更好；而 Critic 也需要根据系统返回的回报来调整自己的打分策略。开始 Actor 随机表现，Critic 随机打分，但是因为有回报作为反馈，所以之后两者的表现都会越来越好，越来越准确。

在 Reinforce 方法中，为便于求解，利用行为值函数和累积回报的关系，对策略梯度定理的表达式做了一定程度的调整。但是，采用累积回报 G_t 有一个显著的问题：样本的随机性过大，G_t 稳定性差。因此，在 Actor-Critic 算法中选择使用带 q 函数项的策略梯度表达式。

$$\nabla J(\boldsymbol{\theta}) = \mathrm{E}_\pi \left[\nabla_{\boldsymbol{\theta}} \log \pi_{\boldsymbol{\theta}}(s,a) q_\pi(s,a) \right] \tag{8-75}$$

取状态值函数为基准项，即 $b(s) = v_{\pi_{\boldsymbol{\theta}}}(s)$，则

$$A_{\pi_{\boldsymbol{\theta}}}(s,a) = q_{\pi_{\boldsymbol{\theta}}}(s,a) - v_{\pi_{\boldsymbol{\theta}}}(s) \tag{8-76}$$

将 $A_{\pi_{\boldsymbol{\theta}}}(s,a)$ 称为优势函数（Advantage Function），目标函数梯度可以表示为

$$\nabla J(\boldsymbol{\theta}) = \mathrm{E}_{\pi_{\boldsymbol{\theta}}} \left[\nabla_{\boldsymbol{\theta}} \log \pi_{\boldsymbol{\theta}}(s,a) A_{\pi_{\boldsymbol{\theta}}}(s,a) \right] \tag{8-77}$$

优势函数中涉及状态值函数和行为值函数，实际中需要两个不同的函数逼近器对函数值进行估计。

$$A(s,a) = q_{\boldsymbol{\omega}}(s,a) - v_v(s) \tag{8-78}$$

其中，$v_v(s) \approx v_{\pi_{\boldsymbol{\theta}}}(s)$，$q_{\boldsymbol{\omega}}(s,a) \approx q_{\pi_{\boldsymbol{\theta}}}(s,a)$，利用值函数近似方法实现对状态值函数和动作值函数的估计。结合贝尔曼公式，可以将两个变量进行统一，即

$$A_{\pi_{\boldsymbol{\theta}}}(s,a) = \mathrm{E}_{\pi_{\boldsymbol{\theta}}} \left[r + \gamma v_{\pi_{\boldsymbol{\theta}}}(s') \mid s,a \right] - v_{\pi_{\boldsymbol{\theta}}}(s)$$

$$= \mathrm{E}_{\pi_{\boldsymbol{\theta}}} \left[\delta^{\pi_{\boldsymbol{\theta}}} \mid s,a \right] \tag{8-79}$$

其中，$\delta^{\pi_{\boldsymbol{\theta}}}$ 表示 TD 算法中的 TD Error，好处是只添加一个参数 v 就能够实现对 TD Error 的估计，即

$$\delta_v^{\pi_{\boldsymbol{\theta}}} = \gamma + \gamma v_v(s') - v_v(s) \tag{8-80}$$

如此，就能够利用 TD Error 进行目标函数梯度的计算。

$$\nabla J(\boldsymbol{\theta}) = \mathrm{E}_{\pi_{\boldsymbol{\theta}}} \left[\nabla_{\boldsymbol{\theta}} \log \pi_{\boldsymbol{\theta}}(s,a) \delta^{\pi_{\boldsymbol{\theta}}} \right] \tag{8-81}$$

如果采用这种近似方法，Actor-Critic 算法中只需要两个参数，一个是 Actor 部分更新策略的参数 $\boldsymbol{\theta}$，另一个是更新 TD Error 中的参数 v。这样极大地简化了计算。但是，开始时 Critic 对状态值函数的估计不准确，会出现 Actor 对策略梯度的估计出现偏差。同时，参数的更新都处于连续状态，每次参数更新前后都存在相关性，而且用抽样值代替了本来的期

望值,也增加了不确定性。A3C算法提出通过多个并行Actor-Critic进行学习,而DDPG算法将策略更新的目标更改为最大化Q值,都是对原Actor-Critic算法的优化,这两种算法会在后续的章节进行讲解。

8.5 实例

8.5.1 值迭代算法实例

1. 算法设计

1)算法原理

值迭代算法是一种用于解决马尔可夫决策过程(MDP)中优化问题的动态规划方法。它通过不断迭代更新状态的价值函数,直至收敛,以确定最优策略。该算法的核心是贝尔曼方程,它描述了价值函数的递归关系,即一个状态的价值可以通过考虑所有可能的动作及其导致的状态转移来计算。算法从一个初始的价值函数开始,通常设为零或随机值,然后迭代地更新每个状态的价值,直到价值函数的变化小于预设的阈值。在每次迭代中,算法不仅更新价值函数,还可以根据当前的价值函数来改进策略,选择那些期望回报最大化的动作。值迭代算法保证了在有限次迭代后会收敛到最优价值函数,前提是MDP的状态和动作数量是有限的。一旦价值函数收敛,就可以从中导出最优策略。

尽管值迭代算法简单直观,理论上具有良好的收敛性,但它在处理大规模问题时可能会遇到挑战,因为需要为每个状态存储价值估计,这在状态空间很大时会导致显著的内存开销。因此,对于具有大量状态的MDP,可能需要采用其他方法,如函数逼近或策略迭代算法,来有效地解决优化问题。

2)算法公式

$$V_{k+1}(s) = \max_a \sum_{s'} P(s'|s,a)\left[R(s,a,s') + \gamma V_k(s')\right]$$

下面详细解释这个公式中的各个部分。

$V_{k+1}(s)$:在第$k+1$次迭代时状态s的价值函数。随着迭代次数的增加,$V_{k+1}(s)$会逐渐收敛到最优状态价值函数$V^*(s)$。

$\max_a$:对所有可能的动作a取最大值。这体现了算法在寻找最优策略的过程中,对于每个状态,都要找到能够使得下一个状态的价值函数最大的动作。

$\sum_{s'} P(s'|s,a)$:状态转移概率。$P(s'|s,a)$表示在状态s下采取动作a后转移到状态s'的概率。求和是对所有可能的下一个状态s'进行的,这是考虑到从一个状态采取某个动作后可能会转移到多个不同的状态,需要综合考虑这些可能性来计算价值函数。

$R(s,a,s')$:奖励函数。它表示在状态s下采取动作a并转移到状态s'后获得的即时奖励。这个奖励是环境给予智能体的反馈,用于衡量该动作在这种状态转移下的好坏程度。

γ:折扣因子。它用于衡量未来奖励相对于当前奖励的重要性。

$V_k(s')$:第k次迭代时状态s'的价值函数。它表示从下一个状态s'开始,按照当前策略(还未完全收敛到最优策略)预期未来能获得的累计折扣奖励。

3）优点与缺点

值迭代算法具有较高的计算效率，特别适合处理小状态空间的问题，并且能够保证收敛到最优策略。它通过在每次迭代中采用贪婪策略更新价值函数，使得算法在理论上具有良好的收敛性质。然而，该算法也有其缺点，如它不直接提供策略，而是需要通过价值函数迭代来间接推导策略，这可能导致策略更新不够直观。此外，面对大规模状态空间的问题时，由于需要存储和更新整个状态空间的价值函数，值迭代算法的计算成本会变得非常高。而且，算法的收敛速度可能受到状态转移概率和奖励函数设计的影响，这在实际应用中可能导致效率问题。尽管如此，值迭代算法在强化学习和决策理论领域因其在确定性问题解决上的效率和可靠性而得到广泛应用。

2．编程实现

1）运行环境（Python 3.8.8 版本＋TensorFlow 2.3.0 版本）

2）应用场景

这是一个视频推荐系统的模拟场景。系统中有 3 种视频状态：搞笑视频、音乐视频、美食视频。目的是根据用户当前观看的视频类型，通过值迭代算法确定下一个最优的视频推荐，以最大化用户的长期满意度。

3）代码介绍

（1）导入模块。

```
import numpy as np
import tensorflow as tf
import matplotlib.pyplot as plt
```

在视频推荐场景中，numpy 用于处理奖励矩阵等数值数据。tensorflow 用于实现值迭代算法中的深度学习部分，如存储和更新状态值、自动求导及使用优化器来确定最优推荐策略。matplotlib.pyplot 用于可视化推荐系统学习结果，通过绘制状态值随迭代次数变化曲线，评估系统性能并进行优化。

（2）参数定义。

```
num_states = 3
num_actions = 3
gamma = 0.45
initial_learning_rate = 0.4
```

定义一些关键参数。首先，定义了 3 种视频状态，分别对应搞笑视频、音乐视频和美食视频。同时，有 3 种推荐动作，即分别推荐这 3 种类型的视频。折扣因子 gamma 为 0.45，用于在计算未来奖励时对其进行折现值计算，反映了未来奖励相对于当前奖励的重要程度。初始学习率设置为 0.4，这个学习率可能在后续的值迭代算法中用于调整状态值的更新速度，以找到最优的视频推荐策略。

（3）状态值初始化。

```
values = tf.Variable(tf.zeros([num_states]))
state_values_history = []
```

先使用 TensorFlow 创建变量 values，代表 3 种视频状态（搞笑视频、音乐视频、美食视频），初始价值估计为 0，该变量会在学习过程中更新以反映实际价值。同时创建空列表 state_values_history 用于存储每次迭代后的状态值，以便后续分析学习过程及判断推荐系统是否收敛到较好策略。

（4）奖励矩阵。

```
rewards = np.array([[20, 1, 2],
                    [2, 12, 0],
                    [3, 5, 15]])
```

在视频推荐场景中，创建了一个 3×3 的 numpy 数组奖励矩阵 rewards。例如，用户在搞笑视频状态下，推荐搞笑视频的满意度为 20，推荐音乐视频的满意度为 4，推荐美食视频的满意度为 2。

（5）状态值可视化函数。

```
def plot_state_values(state_values_history, num_states):
    plt.figure(figsize = (10, 6))
    for state in range(num_states):
        plt.plot(range(len(state_values_history)), [state_values[state] for
state_values in state_values_history], label = f"State {state}")
    plt.title("State Values Over Iterations")
    plt.xlabel("Iteration")
    plt.ylabel("State Value")
    plt.legend()
    plt.show()
```

函数 plot_state_values()接收存储每次迭代后状态值的列表和视频状态数量作为参数。它设置图形大小后，为每个视频状态绘制随迭代次数变化的曲线，添加状态编号标签，设置标题、横纵坐标标签并显示图例。通过该函数可直接观察不同视频状态价值估计的变化，有助于分析推荐系统性能和收敛情况。

（6）值迭代计算函数。

```
def value_iteration(num_states, num_actions, rewards, gamma,
initial_learning_rate, num_iterations):
    values = tf.Variable(tf.zeros([num_states]))
    state_values_history = []
    for iteration in range(num_iterations):
        learning_rate = initial_learning_rate * (1 - iteration / num_iterations)
        with tf.GradientTape() as tape:
            expanded_values = tf.reshape(values, [1, num_states])
            repeated_values = tf.tile(expanded_values, [num_actions, 1])
            new_values = tf.math.reduce_max(rewards + gamma *
repeated_values, axis = 1)
            loss = tf.reduce_sum(tf.square(values - new_values))
        grads = tape.gradient(loss, values)
        optimizer = tf.optimizers.Adam(learning_rate = learning_rate)
        optimizer.apply_gradients([(grads, values)])
        state_values_history.append(values.numpy())
    return state_values_history
```

　　函数 value_iteration()用于进行值迭代计算。它接收视频状态数量、动作数量、奖励矩阵、折扣因子、初始学习率和迭代次数作为参数。首先创建初始状态值变量并初始化一个空列表用于存储每次迭代后的状态值。在每次迭代中,动态调整学习率,通过 TensorFlow 的自动求导机制计算损失和梯度,使用 Adam 优化器更新状态值变量,并将当前状态值添加到历史列表中。最终返回包含每次迭代后状态值的列表,为后续分析推荐系统的性能和收敛情况提供数据支持。

　　(7) 推荐动作确定函数。

```
def get_recommendation(state):
    possible_actions = rewards[state] + gamma * values.numpy()
     return np.argmax(possible_actions)
```

　　函数 get_recommendation()接收一个视频状态作为参数。首先根据当前状态从奖励矩阵中获取对应的奖励值,并结合折扣因子与当前状态值的乘积,计算出在该状态下采取每种可能动作的预期奖励。然后,通过 np.argmax()函数找到预期奖励最高的动作索引并返回。这个函数的作用是为给定的视频状态确定下一个最优的推荐动作,以最大化用户的长期满意度。

　　(8) 主程序。

```
if __name__ == '__main__':
    state_values_history = value_iteration(num_states, num_actions, rewards, gamma, initial_
learning_rate, 200)
    initial_states = [0, 1, 2]
    video_types = ['搞笑', '音乐', '美食']
    for initial_state in initial_states:
        recommended_type = video_types[get_recommendation(initial_state)]
        print(f"用户当前在看{video_types[initial_state]}视频,下一个推荐应该是:
{recommended_type}视频")
    plot_state_values(state_values_history, num_states)
```

　　在主程序中,首先调用 value_iteration()函数进行值迭代计算,得到状态值的历史记录列表 state_values_history。接着定义初始状态列表 initial_states 和对应的视频类型列表 video_types。然后对于每个初始状态,都调用 get_recommendation()函数确定下一个推荐的视频类型,并打印出当前正在观看的视频类型和下一个推荐的视频类型。最后,调用 plot_state_values()函数绘制状态值随迭代次数的变化曲线,展示推荐系统在学习过程中的状态值变化情况。

　　4) 运行结果

　　(1) 状态值变化图如图 8-24 所示。

　　在视频推荐系统模拟场景中,随着迭代次数增加,3 种视频状态曲线上升并趋稳,最终状态值为搞笑视频＞美食视频＞音乐视频。这说明系统对不同视频状态价值估计渐准且稳。搞笑视频价值最高,因其娱乐性强对用户长期满意度贡献大;美食视频价值居中,靠展示美食有一定吸引力;音乐视频价值最低,对长期满意度贡献较小。此结果可优化推荐策略,优先推搞笑和美食视频,个性化推荐并加大高价值视频创作推广,提升用户体验。

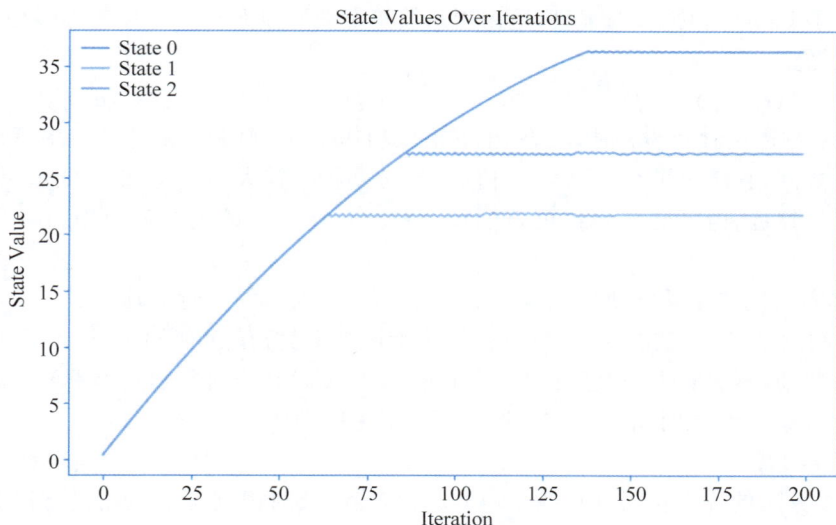

图 8-24 状态值变化图

（2）同类型视频推荐结果如下。

用户当前在看搞笑视频,下一个推荐应该是:搞笑视频
用户当前在看音乐视频,下一个推荐应该是:音乐视频
用户当前在看美食视频,下一个推荐应该是:美食视频

运行结果显示,对于当前正在看搞笑视频的用户,下一个推荐仍然是搞笑视频;对于当前正在看音乐视频的用户,下一个推荐是音乐视频;对于当前正在看美食视频的用户,下一个推荐是美食视频。这表明在经过价值迭代后,系统认为对于处于某种视频状态的用户,继续推荐相同类型的视频能够获得最大的价值。

8.5.2　SARSA 算法实例

1. 算法设计

1）算法原理

SARSA 算法是一种在线强化学习算法,它通过与环境的互动来学习能够最大化累积奖励的策略。这种算法的核心在于预测特定状态下采取某个动作的期望回报,即 Q 值,并基于这些预测来选择动作。SARSA 利用时间差分学习来更新 Q 值,这种方法结合了即时奖励和对未来状态的期望回报,使得学习过程可以利用已有的知识来预测未来的结果。

在每次迭代中,SARSA 根据当前策略选择动作,并在执行后观察环境的反馈,包括获得的奖励和下一个状态。然后,它使用这些信息来更新 Q 值,这个过程反映了采取某个动作后期望获得的回报。SARSA 需要在探索新动作和利用已知信息之间找到平衡,通常通过 ε-贪心策略来实现。

作为一个按策略的算法,SARSA 学习并改进的是当前正在使用的策略。它的流程包括初始化 Q 值表,然后不断循环执行动作、观察结果并更新 Q 值,直到策略收敛或达到其他终止条件。尽管 SARSA 在许多环境中能有效学习策略,但在高维或连续状态空间中,它可能面临挑战,这时可能需要采用如深度学习这样的函数逼近方法来近似 Q 值函数。总的来说,SARSA 算法是一种强大的工具,适用于从简单游戏到复杂机器人控制等多种任务。

2) 算法公式

$$Q(s_t, a_t) \leftarrow Q(s_t, a_t) + \alpha \left[r_{t+1} + \gamma Q(s_{t+1}, a_{t+1}) - Q(s_t, a_t) \right]$$

其中,$Q(s_t, a_t)$ 是在时间步 t 时,状态 s_t 下采取动作 a_t 的 Q 值。α 是学习率,取值范围通常在 0 到 1 之间,它决定了每次更新 Q 值的步长。例如,较大的 α 意味着 Q 值更新会更快地朝着目标值靠近,但可能会导致更新过程不稳定;较小 α 的则会使更新过程更缓慢、更稳定。

r_{t+1} 是在时间步 t 采取动作 a_t 后,在时间 $t+1$ 步获得的即时奖励。

γ 是折扣因子,取值范围为 $[0, 1]$。它用于衡量未来奖励的重要性。当 $\gamma = 0$ 时,智能体只考虑当前奖励,不关心未来奖励;当 $\gamma = 1$ 时,未来奖励和当前奖励同等重要。

$Q(s_{t+1}, a_{t+1})$ 是在时间步 $t+1$,状态 s_{t+1} 下采取动作 a_{t+1} 的 Q 值。

3) 优点与缺点

SARSA 算法的优点在于其在线学习的能力,能够及时根据当前策略进行决策和更新,适合处理连续动作空间的问题,并且可以较好地反映策略的实际性能。然而,其缺点包括:可能需要大量的探索来充分学习,特别是在动作空间较大时,可能导致学习效率降低;初始策略的选择对学习效果有显著影响,不当的初始策略可能导致学习过程缓慢或难以收敛;此外,SARSA 算法对环境动态的复杂性较为敏感,在复杂环境中可能难以实现最优策略的学习。尽管存在这些局限性,SARSA 算法的在线学习和策略迭代能力使其在实际应用中仍具有重要价值。

2. 编程实现

1) 运行环境(Python 3.8.8 版本 + TensorFlow 2.3.0 版本)

2) 应用场景

这是一个智能灌溉系统的模拟场景。状态空间包括 low humidity(低湿度)、medium humidity(中湿度)和 high humidity(高湿度)这 3 种湿度状态。动作空间包含 small irrigation(少量灌溉)、moderate irrigation(适量灌溉)和 large irrigation(大量灌溉)这 3 种灌溉操作。通过 SARSA 强化学习算法,系统不断学习和调整策略,以找到在不同湿度状态下的最优灌溉动作,从而尽可能提高农作物的产量。

3) 代码介绍

(1) 模块导入。

```
import numpy as np
import tensorflow as tf
import matplotlib.pyplot as plt
```

在农业灌溉决策的场景中,numpy 用于进行各种数值计算和随机数生成。tensorflow 则用于创建和更新 Q 值表,实现智能体的学习过程。matplotlib.pyplot 用于可视化智能体学习过程中的平均 Q 值变化,直观地了解智能体的学习效果。

(2) 状态与动作空间定义。

```
states = ['low humidity', 'medium humidity', 'high humidity']
actions = ['small irrigation', 'moderate irrigation', 'large irrigation']
num_states = len(states)
```

```
num_actions = len(actions)
```

定义状态空间和动作空间。states 列表表示 3 种不同的土地湿度状态，actions 列表表示 3 种不同的灌溉操作。num_states 和 num_actions 分别计算状态和动作的数量，用于后续的计算和索引。states 表示土地的不同湿度状态，low humidity 是低湿度状态，意味着土壤较干；medium humidity 是中湿度状态；high humidity 是高湿度状态，存在水分过多风险。actions 则是对应的灌溉操作，small irrigation 是少量灌溉，适用于高湿度状态，以避免过度灌溉导致水分浪费；moderate irrigation 是适量灌溉，适用于中等湿度状态，旨在适度提升湿度，保持植物生长所需的适宜环境；large irrigation 是大量灌溉，用于低湿度时快速补充水分。

（3）参数设置。

```
learning_rate = 0.01
discount_factor = 0.96
initial_epsilon = 0.3
final_epsilon = 0.05
epsilon_decay_rate = 0.998
```

设置一些参数。learning_rate 是学习率，决定了 Q 值更新的步长。discount_factor 是折扣因子，用于衡量未来奖励的重要性。initial_epsilon 和 final_epsilon 分别是初始和最终的探索率，决定了智能体在选择动作时随机探索的概率。epsilon_decay_rate 是探索衰减率，控制探索率随时间的下降速度。

（4）Q 值表初始化与平均 Q 值列表。

```
q_table = tf.Variable(tf.zeros((num_states, num_actions), dtype = tf.float32))
average_q_values = []
```

使用 tensorflow 创建一个 Q 值表 q_table，初始值为全零。形状为（num_states，num_actions），表示每个状态和动作对都有一个对应的 Q 值。average_q_values 列表用于存储平均 Q 值，以便后续可视化。

（5）奖励函数。

```
def get_reward(state, action):
    if state == 0 and action == 2:
        return 3
    elif state == 1 and action == 1:
        return 3
    elif state == 2 and action == 0:
        return 3
    else:
        return -1
```

定义奖励函数。根据当前的状态和动作返回相应的奖励。如果在特定的状态和动作组合下（如低湿度状态下采取大灌溉动作、中湿度状态下采取适量灌溉动作、高湿度状态下采取少量灌溉动作），返回奖励 3；其他情况返回奖励 −1。

（6）SARSA 算法训练函数。

```
def train_sarsa():
    episodes = 2000
    for episode in range(episodes):
        epsilon = max(final_epsilon, initial_epsilon * (epsilon_decay_rate ** episode))
        state = np.random.randint(0, num_states)
        if np.random.rand() < epsilon:
            action = np.random.choice(num_actions)
        else:
            action = tf.argmax(q_table[state]).numpy()
        total_reward = 0
        max_steps = 50
        for step in range(max_steps):
            next_state = np.random.randint(0, num_states)
            if np.random.rand() < epsilon:
                next_action = np.random.choice(num_actions)
            else:
                next_action = tf.argmax(q_table[next_state]).numpy()
            reward = get_reward(state, action)
            current_q = q_table[state, action]
            next_q = q_table[next_state, next_action]
            new_q = current_q + learning_rate * (reward + discount_factor * next_q -
current_q)
            q_table[state, action].assign(new_q)
            total_reward += reward
            state = next_state
            action = next_action
        if (episode + 1) % 100 == 0:
            average_q = tf.reduce_mean(q_table).numpy()
            average_q_values.append(average_q)
```

在定义的 train_sarsa()函数中进行 SARSA 算法训练，设置训练总回合数为 2000。在每一个回合里，首先依据当前回合数算出探索率 epsilon。接着随机选取一个初始状态 state，并按照探索率来决定是随机挑选动作，还是选取当前状态下 Q 值最大的动作。随后在每个回合中开展最多 50 步的迭代，在迭代过程中随机选定下一个状态 next_state，同样依据探索率确定下一个动作 next_action。然后根据当前状态和动作获取相应奖励 reward，并运用 SARSA 算法的更新公式来更新 Q 值。之后更新状态和动作，同时累计奖励。每经过 100 个回合，就计算一次平均 Q 值，并将其添加到 average_q_values 列表中，以便后续对训练过程中 Q 值的变化情况进行分析和观察。这样的训练过程通过不断地与环境交互、更新 Q 值和调整策略，使智能体逐渐学习到在不同状态下选择最优动作的策略，以实现最大化长期累积奖励的目标。

（7）平均 Q 值可视化函数。

```
def visualize_average_q():
    plt.figure(figsize = (10, 5))
    x_values = range(0, len(average_q_values) * 100, 100)
    plt.plot(x_values, average_q_values, marker = 'o')
```

```
plt.title("Average Q - Values Over Episodes")
plt.xlabel("Episodes")
plt.ylabel("Average Q - Value")
plt.grid()
plt.show()
```

定义 visualize_average_q() 函数用于实现平均 Q 值的可视化。首先,通过 plt.figure 将图形大小设置为 (10,5)。然后,利用 range 函数创建用于表示回合数的 x 轴坐标,其范围是从 0 到 average_q_values 长度乘以 100,步长为 100。接着,使用 plt.plot 绘制平均 Q 值随回合数变化的曲线,并添加标记点。之后,为图形设置标题、x 轴标签和 y 轴标签,以明确图形所表达的意义。最后,显示网格线并展示图形,以便直观地观察平均 Q 值在训练过程中的变化趋势和规律。

(8) 主程序。

```
if __name__ == '__main__':
    train_sarsa()
    visualize_average_q()
```

在主程序中,先调用 train_sarsa() 函数进行训练,后调用 visualize_average_q() 函数进行平均 Q 值的可视化。

4) 运行结果

平均 Q 值随训练回合数的变化情况如图 8-25 所示。在 x 轴上,以 100 个回合为间隔表示训练的进程。y 轴是平均 Q 值,反映了智能体在不同状态下选择动作的整体效果。在训练初期,平均 Q 值较低且波动较大,因为智能体处于探索阶段,对环境和动作的效果了解有限。随着训练的进行,平均 Q 值逐渐上升,表明智能体开始学习到更优的策略。到后期,平均 Q 值趋于稳定,说明智能体找到了较为合适的灌溉策略,能够在不同的土地湿度状态下做出较好的动作选择。

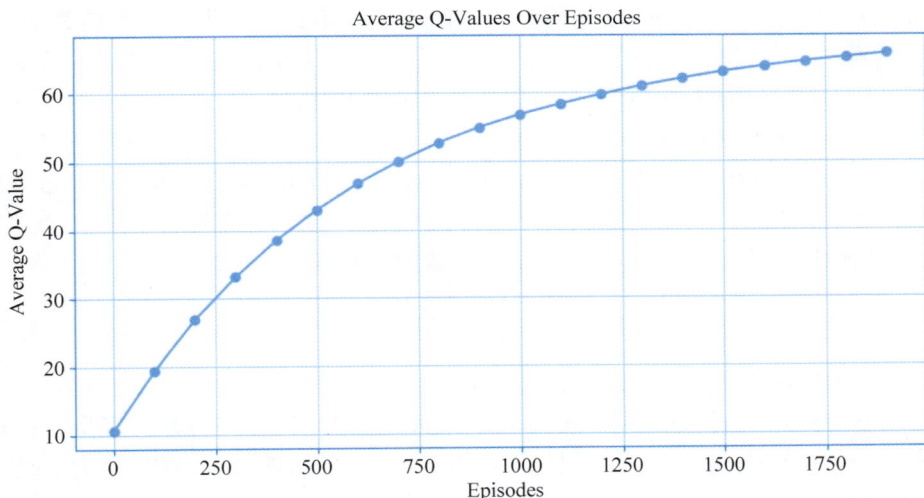

图 8-25 平均 Q 值随训练回合数的变化情况 (SARSA 算法)

8.5.3 蒙特卡洛算法实例

1. 算法设计

1）算法原理

蒙特卡洛算法是一种基于随机采样的计算方法，它在强化学习中用于估计策略的价值函数。这种方法的核心是通过多次执行策略并观察结果来收集样本，从而估计状态或动作的价值，而不需要依赖于环境的模型信息。蒙特卡洛算法的一个关键特点是需要完整的 episode 采样，即从初始状态到终止状态的完整序列，来计算累积奖励，并使用这些实际回报来更新价值函数的估计。

蒙特卡洛算法通过计算每个 episode 的总奖励并取所有采样 episode 的平均回报来更新价值函数的估计。这种算法可以使用重要性抽样来提高估计效率，对某些样本赋予更高的权重，以反映它们对整体估计的贡献。此外，蒙特卡洛算法需要在探索新动作和利用已知信息之间找到平衡，通常通过 ε-贪心策略等方法来实现。随着采样次数的增加，价值估计会逐渐稳定并收敛到真实值，这是大数定律的直接结果。

蒙特卡洛算法适用于状态空间有限且可以直接与环境交互的问题，尤其适合于那些难以用解析方法解决或模型未知的环境。尽管在样本数量较少时估计的方差可能较大，且在状态空间很大时可能需要大量的采样，但蒙特卡洛算法因其简单性和在处理复杂问题时的有效性，仍然是强化学习中的一个重要工具。它允许直接从与环境的交互中学习，使其成为一种强大的策略学习手段。

2）算法公式

（1）回报计算公式。

蒙特卡洛算法通过计算回报来衡量智能体在一个完整的经历过程（从初始状态到终止状态）中获得的累积奖励。对于一个从时间步 t 开始的经历过程，回报 G_t 的计算公式为

$$G_t = R_{t+1} + \gamma R_{t+2} + \gamma^2 R_{t+3} + \cdots + \gamma^{T-t-1} R_T$$

其中，t 是当前时间步，T 是经历过程结束的时间步，R_k 是在时间步 k 获得的奖励，γ 是折扣因子（$0 \leqslant \gamma \leqslant 1$）。折扣因子用于衡量未来奖励的重要性，当 $\gamma = 0$ 时，智能体只考虑当前奖励（$G_t = R_{t+1}$）；当 $\gamma = 1$ 时，未来奖励和当前奖励同等重要。

（2）状态价值函数估计公式。

对于一个给定的策略 π，状态价值函数 $V^\pi(s)$ 的蒙特卡洛估计是基于从状态 s 开始的多个经历过程的回报的平均值。假设有 $N(s)$ 个从状态 s 开始的经历过程，第 i 个经历过程从状态 s 开始的回报为 $G_i(s)$，那么状态价值函数的蒙特卡洛估计为

$$V^\pi(s) \approx \frac{1}{N(s)} \sum_{i=1}^{N(s)} G_i(s)$$

（3）动作价值函数估计公式。

对于动作价值函数 $Q^\pi(s,a)$，同样是基于从状态-动作对 (s,a) 开始的多个经历过程的回报的平均值。假设有 $N(s,a)$ 个从状态-动作对 (s,a) 开始的经历过程，第 i 个经历过程从 (s,a) 开始的回报为 $G_i(s,a)$，那么动作价值函数的蒙特卡洛估计为

$$Q^\pi(s,a) \approx \frac{1}{N(s,a)} \sum_{i=1}^{N(s,a)} G_i(s,a)$$

（4）动作价值函数更新公式。

在蒙特卡洛算法中，用于更新动作价值函数的公式（以 ε-Greedy 策略为例）如下：

$$Q(s,a) \leftarrow Q(s,a) + \alpha [G - Q(s,a)]$$

其中，α 是学习率，用于控制更新的步长，G 是从状态-动作对 (s,a) 开始的一个经历过程的回报，$Q(s,a)$ 是当前估计的动作价值函数。这个公式的含义是将当前估计的动作价值函数朝着回报 G 的方向进行更新，更新的幅度由学习率 α 控制。

3）优点与缺点

蒙特卡洛算法利用随机采样来预测结果，特别适合处理复杂和不确定的系统。它能够处理复杂的非线性问题而无须简化，精度随模拟次数增加而提高，且不受维度限制。不过，这种方法高度依赖输入数据的准确性，计算成本较高，结果解释需要专业知识，对模型假设敏感，可能不适用于小数据集，且在量化不确定性方面存在挑战。尽管有这些局限性，蒙特卡洛算法因其在处理不确定性中的有效性而被广泛应用于金融、工程和科学研究等领域。

2. 编程实现

1）运行环境（Python 3.8.8 版本＋TensorFlow 2.3.0 版本）

2）应用场景

这是一个工厂根据订单量调整工人数量的模拟场景。工厂面临 3 种不同的订单量状态：低等订单量、中等订单量和高等订单量。为了合理分配人力资源，工厂需要根据当前的订单量状态选择合适的工人调整策略，即工人数量减少、工人数量不变和工人数量增加。通过蒙特卡洛强化学习算法，为工厂的工人分配调整问题提供一个最优的决策方案，从而提高工厂的运营效率和经济效益。

3）代码介绍

（1）模块导入。

```
import numpy as np
import tensorflow as tf
import matplotlib.pyplot as plt
```

在工厂订单量调整的应用场景中，numpy 被用来执行各种数值运算任务，包括生成随机数。tensorflow 则用于创建和更新 Q 值表，驱动智能体的学习机制。具体来说，通过 tensorflow 的 tf.Variable 功能，可以创建用于存储 Q 值的变量；在 Q 值需要更新时，则利用 tf.tensor_scatter_nd_update() 函数来实现。matplotlib.pyplot 用于将智能体学习过程中的平均 Q 值变化进行可视化展示，直观地了解智能体的学习效果。

（2）关键参数设置。

```
num_episodes = 1500
gamma = 0.96
epsilon_start = 0.3
epsilon_end = 0.05
epsilon_decay = 0.998
alpha = 0.005
```

设置关键参数。训练总回合数为1500，智能体将进行多次与环境的交互和学习以优化策略。折扣因子较高，表明智能体重视未来奖励，决策时考虑长期回报。初始探索率为

0.3,训练初期智能体有一定概率随机选择动作以探索环境;最终探索率为 0.05,随着训练进行,探索率逐渐降低,使智能体更多依靠已学经验选择动作。探索率的衰减速度控制探索率随时间降低的速度。学习率决定智能体更新 Q 值的步长大小,在稳定性和学习速度之间权衡。

(3) 状态与动作空间定义。

```
states = ['低等订单量', '中等订单量', '高等订单量']
num_states = len(states)
actions = ['工人数量减少', '工人数量不变', '工人数量增加']
num_actions = len(actions)        ♯ 3 种工人分配调整策略
```

定义强化学习中的状态和动作空间。其中,states 列表包含 3 种不同的订单量状态,即"低等订单量""中等订单量"和"高等订单量"。通过 num_states = len(states) 计算出状态的数量。同时,actions 列表定义了 3 种工人分配调整策略,分别是"工人数量减少""工人数量不变"和"工人数量增加"。num_actions = len(actions) 表明动作空间有 3 种不同的策略可供选择。这些定义为智能体在不同订单量状态下选择合适的工人分配调整策略提供了基础。

(4) Q 值表初始化与平均 Q 值列表创建。

```
Q = tf.Variable(tf.random.uniform((num_states, num_actions), minval = 0.0, maxval = 1.0), dtype = tf.float32)
average_Q_values = []
```

首先,使用 TensorFlow 创建一个变量 Q 来表示 Q 值表。Q 值表初始时随机初始化,其形状为(num_states, num_actions),数据类型为 tf.float32。这个 Q 值表将用于存储每个状态-动作对的价值估计,以便智能体在学习过程中不断调整策略以最大化价值。然后,创建一个空列表 average_Q_values,这个列表将用于保存每 100 个回合的平均 Q 值,以便后续进行分析和可视化,了解智能体在训练过程中的学习进展。

(5) 奖励计算函数。

```
def calculate_reward(state, action):
    if state == 0:
        if action == 0:
            return 3
        else:
            return - 2
    elif state == 1:
        if action == 1:
            return 5
        else:
            return - 1
    else:
        if action == 2:
            return 8
        else:
            return - 3
```

定义 calculate_reward 函数，根据给定状态和动作计算奖励。在低订单量状态 0 下，动作 0（减少工人）奖励为 3，非动作 0 则奖励 -2，表明低订单量时减少工人较好。中等订单量状态 1 中，动作 1（保持不变）奖励 5，非动作 1 奖励 -1，说明中等订单量保持工人数量不变较合适。高订单量状态 2 里，动作 2（增加工人）奖励 8，非动作 2 奖励 -3，意味着高订单量时增加工人更佳。

（6）回合生成函数。

```
def generate_episode(max_steps = 50, epsilon = epsilon_start):
    episode = []
    state = np.random.choice(range(num_states))
    for _ in range(max_steps):
        if np.random.rand() < epsilon:
            action = np.random.randint(num_actions)
        else:
            action = tf.argmax(Q[state]).numpy()
        reward = calculate_reward(state, action)
        episode.append([state, action, reward])
        next_state = np.random.choice(range(num_states))
        state = next_state
    return episode
```

定义 generate_episode() 函数，该函数接收两个参数：max_steps 默认为 50，代表一个回合最大步数；epsilon 默认为 epsilon_start，用于控制探索和利用平衡。该函数首先创建空列表 episode 以存储一个回合的状态、动作和奖励，接着随机从状态空间选初始订单状态，在循环中最多重复 max_steps 次操作，若随机数小于探索率则随机选动作，否则根据当前状态的 Q 值表选最高 Q 值动作，再依据当前状态和动作调用 calculate_reward 函数算奖励并添加到 episode 列表中，然后随机选下一个状态更新当前状态，最后返回生成的回合数据 episode，在强化学习中此函数用于模拟智能体与环境交互过程以生成训练数据供智能体学习和更新策略。

（7）蒙特卡洛控制算法实现。

```
def mc_control():
    total_reward = 0
    epsilon = epsilon_start
    for episode in range(num_episodes):
        episode_data = generate_episode(epsilon = epsilon)
        G = 0
        for state, action, reward in reversed(episode_data):
            G = reward + gamma * G
            current_Q = Q[state][action]
            new_Q = current_Q + alpha * (G - current_Q)
            Q.assign(tf.tensor_scatter_nd_update(Q, [[state, action]], [new_Q]))
            total_reward += reward
        if (episode + 1) % 100 == 0:
            average_Q_values.append(tf.reduce_mean(Q).numpy())
        if epsilon > epsilon_end:
            epsilon *= epsilon_decay
```

```
        return Q
```

定义 mc_control() 函数，实现蒙特卡洛控制算法。首先初始化总奖励为 0 并将探索率设为初始值 epsilon_start。接着在循环中遍历总训练回合数 num_episodes 次，其间调用 generate_episode 函数生成回合数据存储在 episode_data 中，初始化累计奖励 G 为 0，然后通过反向遍历回合数据中的状态、动作和奖励，按公式计算累计奖励，获取当前状态和动作对应的 Q 值，依据当前 Q 值、累计奖励和学习率计算新 Q 值并更新 Q 值表，同时累计总奖励。若当前回合数是 100 的倍数则记录平均 Q 值，即将当前 Q 值表均值添加到 average_Q_values 列表中。若探索率大于最终探索率 epsilon_end，则按衰减速度降低探索率，即探索率乘以 epsilon_decay。最后函数返回训练后的 Q 值表。此函数在强化学习中用于训练智能体，通过不断与环境交互、更新 Q 值表和调整探索率，使智能体逐渐学习到最优策略。

（8）平均 Q 值可视化函数。

```
def visualize_average_q():
    plt.figure(figsize = (10, 5))
    x_values = range(100, num_episodes + 100, 100)
    plt.plot(x_values, average_Q_values, marker = 'o')
    plt.title("Average Q Values Over Episodes")
    plt.xlabel("Episodes")
    plt.ylabel("Average Q Value")
    plt.grid()
    plt.show()
```

定义 visualize_average_q() 函数，用于可视化平均 Q 值随训练回合数的变化。首先设置图形大小为宽 10、高 5。接着创建以 100 为步长从 100 开始到 num_episodes+100 的整数序列作为 x 轴的值，代表特定的时间点。然后绘制平均 Q 值随回合数变化的曲线，数据点上有圆形标记。之后设置图形标题、x 轴和 y 轴标签。最后显示图形，将训练过程和结果可视化。

（9）主程序。

```
if __name__ == '__main__':
    Q = mc_control()
    visualize_average_q()
```

在主程序中，先调用 mc_control() 函数进行训练，该函数实现了蒙特卡洛控制算法，返回训练后的 Q 值表并赋值给变量 Q。接着，调用 visualize_average_q() 函数，该函数用于可视化平均 Q 值随训练回合数的变化。

4）运行结果

平均 Q 值随训练回合数的变化如图 8-26 所示。标题明确了图表的主题，x 轴的训练回合数代表智能体在不同阶段对不同订单量下工人分配策略的探索和学习过程。y 轴的平均 Q 值反映各种状态与动作组合的平均预期回报。训练初期，由于智能体对环境陌生，以较高探索率随机选择策略，平均 Q 值较低且波动大。随着回合数增加，智能体不断与环境交互，逐渐掌握不同订单量状态下的最优策略，此时平均 Q 值逐渐上升并趋于稳定，表明智能体找到了相对较好的工人分配策略，能够根据不同订单量做出更合理决策以提高工厂的运营效率。

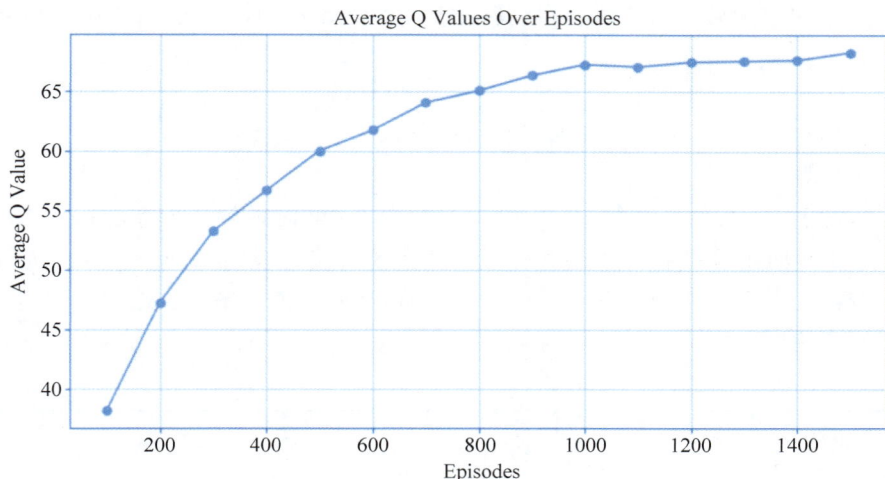

图 8-26　平均 Q 值随训练回合数的变化（蒙特卡洛算法）

8.5.4　TD-Learning 算法实例

1. 算法设计

1）算法原理

TD-Learning 算法是强化学习领域中用于估计价值函数的有效方法，它通过结合经验回报和预测价值来学习状态或状态-动作对的价值。这种算法的优势在于其样本效率，因为它不需要等待一个完整的 episode 结束才能更新价值估计，而是可以在每个时间步骤中进行更新。TD-Learning 通过迭代更新价值函数来逼近真实价值，使用时间差分更新规则，即利用下一个状态的估计价值来调整当前状态的价值估计，从而逐步改进其价值估计。

TD-Learning 算法的一个重要特点是其收敛性。在适当的学习率衰减策略下，TD-Learning 能够收敛到价值函数的最优解，使其成为解决 MDP 问题的强大工具。这种收敛性加上其能够处理高维或连续状态空间的能力，使得 TD-Learning 在强化学习领域得到了广泛应用。通过不断更新价值估计，TD-Learning 算法能够逐渐学习在给定环境中采取最优动作，使其成为解决复杂决策问题的有力工具。

2）算法公式

对于状态值函数 $V(s)$ 的更新公式：

$$V(s_t) \leftarrow V(s_t) + \alpha \left[R_{t+1} + \gamma V(s_{t+1}) - V(s_t) \right]$$

其中，$V(s_t)$ 是在时间步 t 时状态 s_t 的价值估计。α 是学习率，决定了每次更新的幅度。R_{t+1} 是在时间步 t 采取动作后，在时间步 $t+1$ 获得的即时奖励。γ 是折扣因子，用于衡量未来奖励的重要性。$V(s_{t+1})$ 是在时间步 $t+1$ 时状态 s_{t+1} 的价值估计。

3）优点与缺点

TD-Learning 算法结合了蒙特卡洛算法和动态规划的优势，适用于无模型的连续任务，能够即时更新价值估计，适合在线和增量学习环境。它能有效处理大规模状态空间，并且对初始值不敏感，通常比蒙特卡洛算法更高效。不过，TD-Learning 算法依赖于当前估计值来更新未来估计,可能导致学习不稳定,且其性能受探索策略影响,不恰当的探索会降低学习效率。

2. 编程实现

1）运行环境（Python 3.8.8 版本＋TensorFlow 2.3.0 版本）

2）应用场景

这是一个投资决策的模拟场景,其中有 3 种资产（可以理解为股票、债券和房地产基金）,并且有 3 种动作可以对资产比例进行调整。通过使用 TD-Learning 算法进行强化学习,不断调整状态价值函数以找到最优的投资策略,从而获得更多的收益。

3）代码介绍

（1）模块导入。

```
import numpy as np
import tensorflow as tf
import matplotlib.pyplot as plt
```

在投资决策的场景中,numpy 用于随机生成初始状态、调整资产比例和统计计算等。tensorflow 主要创建可自动求导的变量（如状态价值函数 V_tf）,通过 tf.GradientTape 自动求导以更新状态价值函数,实现强化学习策略优化。matplotlib 绘制平滑累计奖励随训练轮数变化曲线,展示图形以便观察训练效果。

（2）关键参数定义。

```
num_assets = 3
num_actions = 3
epochs = 2000
epsilon = 0.8
epsilon_decay = 0.995
learning_rate = 0.05
discount_factor = 0.9
```

定义了关键变量和参数用于强化学习的投资决策模拟。其中,num_assets 为 3,表示有 3 种资产,具体包括股票、债券和房地产基金。num_actions 为 3,则对应着三种调整资产投资比例的动作。此外,epochs 设定为 2000,这是训练的总轮数;epsilon 初始值为 0.8,用于在训练初期鼓励智能体探索不同的动作;epsilon_decay 为 0.995,用于随着训练的进行逐渐降低探索概率,使智能体更多地利用已知信息;learning_rate 为 0.05,决定了状态价值函数的更新幅度,即智能体从每次经验中学习的速度;discount_factor 为 0.9,是折扣因子,用于权衡当前奖励和未来奖励,使智能体倾向于选择那些能够带来更高长期累计奖励的动作。

（3）状态价值函数初始化。

```
V = np.random.normal(loc = 0, scale = 0.1, size = (11, 11, 11))
cumulative_rewards = []
V_tf = tf.Variable(V, dtype = tf.float32)
```

这段代码主要完成了一些初始化操作。首先,利用正态分布随机生成了一个形状为 (11,11,11) 的三维数组,作为初始状态价值函数。该数组代表了不同资产比例组合的预期价值,其中资金比例以 0.1 为单位进行调整。接着,创建了一个空列表,用于存储每轮训练过程中智能体所获得的累计收益，以便后续的分析和评估。最后，将初始状态价值函数转换为 TensorFlow 变量，并指定其数据类型为 tf.float32，以便在强化学习训练过程中利用 TensorFlow 的自动求导功能对该函数进行优化。

（4）奖励计算函数。

```
def get_next_state_and_reward(current_state, action):
    new_state = list(current_state)
    if action == 0:
        stock_portion = new_state[0] + 0.1
        bond_portion = new_state[1] - 0.05
        real_estate_portion = new_state[2] - 0.05
        new_state = [min(stock_portion,1.0),max(bond_portion,0.0),max(real_estate
_portion, 0.0)]
    elif action == 1:
        stock_portion = new_state[0] - 0.05
        bond_portion = new_state[1] + 0.1
        real_estate_portion = new_state[2] - 0.05
        new_state = [max(stock_portion,0.0),min(bond_portion,1.0),max(real_estate_portion,
0.0)]
    else:
        stock_portion = new_state[0] - 0.05
        bond_portion = new_state[1] - 0.05
        real_estate_portion = new_state[2] + 0.1
        new_state = [max(stock_portion,0.0),max(bond_portion,0.0),min(real_estate
_portion, 1.0)]
    total = sum(new_state)
    if total > 0:
        scale_factor = 1 / total
        new_state = [s * scale_factor for s in new_state]
    else:
        new_state = [0.0, 0.0, 0.0]
    state_index = list((np.array(new_state) * 10).astype(int))
    value_of_new_state = V[tuple(state_index)]
    best_action_for_new_state = np.argmax(V[tuple(state_index)])
    if action == best_action_for_new_state:
        reward = 20 + value_of_new_state
    else:
        reward = -10 - value_of_new_state
    return tuple(new_state), reward
```

定义函数 get_next_state_and_reward()，该函数在模拟投资环境中，根据当前状态和动作，计算并返回下一个状态和相应的奖励。函数接收当前状态和动作作为输入。首先，将当前状态转换为列表形式，并根据动作调整股票、债券和房地产基金的比例来更新状态。接着，计算新状态下资产比例的总和，如果总和大于 0，则对比例进行归一化处理；否则，将新状态置为全零状态。然后，将新状态的比例乘以 10 并转换为整数索引，以便在状态价值函数 V 中查找新状态的价值，并确定在该状态下的最佳动作。如果当前动作与新状态下的最佳动作一致，则给予高奖励（20 加上新状态的价值）；否则，给予低奖励（−10 减去新状态的价值）。最后，函数以元组的形式返回新状态和奖励。

（5）训练步骤函数。

```
def training_step():
    global epsilon
    for epoch in range(epochs):
        state = np.random.rand(num_assets).tolist()
        state = [s / sum(state) for s in state]
        total_reward = 0
        for _ in range(30):
            if np.random.rand() < epsilon:
                action = np.random.randint(0, num_actions)
            else:
                state_index = list((np.array(state) * 10).astype(int))
                action = np.argmax(V_tf[tuple(state_index)].numpy())
            next_state, reward = get_next_state_and_reward(state, action)
            with tf.GradientTape() as tape:
                value = V_tf[tuple(list((np.array(state) * 10).astype(int)))]
                next_value = V_tf[tuple(list((np.array(next_state) * 10)
.astype(int)))]
                target = reward + discount_factor * next_value
                loss = tf.square(target - value)
            gradients = tape.gradient(loss, V_tf)
            V_tf.assign_sub(learning_rate * gradients)
            state = next_state
            total_reward += reward
        cumulative_rewards.append(total_reward)
        epsilon *= epsilon_decay
    return V_tf
```

定义 training_step() 函数，声明全局变量 epsilon。函数进行多轮训练，每轮先随机生成初始状态确保资产比例总和为 1 并初始化累计奖励为 0，然后进行 30 步操作，根据 epsilon 随机选动作或选当前状态下价值最高的动作，调用函数获取下一个状态和奖励，利用 TensorFlow 自动求导计算损失并更新状态价值变量 V_tf，将奖励累加，最后添加本轮累计奖励到列表并降低 epsilon，返回更新后的 V_tf。

（6）绘图函数。

```
def apply_smoothing_and_plot():
    window_size = 10
    smoothed_rewards = np.convolve(cumulative_rewards, np.ones(window_size) / window_size,
mode='valid')
    x_axis = range(len(smoothed_rewards))
    plt.plot([0] + list(x_axis), [0] + list(smoothed_rewards))
    plt.xlabel('Training Epochs')
    plt.ylabel('Cumulative Reward (Smoothed)')
    plt.title('Cumulative Reward over Training')
    plt.show()
```

定义函数 apply_smoothing_and_plot()，作用是对累计奖励进行平滑处理并绘制曲线。首先设置窗口大小为 10，用 np.convolve 对累计奖励列表进行移动平均以平滑曲线，减少噪声和波动。接着创建横坐标变量,用 plt.plot 绘制曲线,在横纵坐标序列前添加 0。然后设置横坐标标签为"Training Epochs"、纵坐标标签为 Cumulative Reward(Smoothed)和图形标题为 Cumulative Reward over Training。最后用 plt.show 显示图形。

（7）主程序。

```
if __name__ == '__main__':
    training_step()
    apply_smoothing_and_plot()
```

在主程序中,首先调用了 training_step()函数,这个函数进行强化学习的训练步骤,更新状态价值函数 V_tf 并收集累计奖励数据。然后调用 apply_smoothing_and_plot()函数,该函数对累计奖励进行平滑处理,并绘制出平滑后的累计奖励随训练轮数变化的曲线,以便直观地观察训练过程中累计奖励的变化趋势。

4）运行结果

强化学习投资决策模拟过程中,平滑处理后的累计奖励随训练轮数变化的趋势如图 8-27 所示。在训练初期,智能体通过不断调整股票、债券和房地产基金 3 种资产的比例,积极探索各种可能的状态和动作组合,以最大化其获得的奖励。随着训练的进行,智能体的探索概率逐渐降低,同时利用已学到的知识逐渐优化其投资策略。这一优化过程使得累计奖励的曲线呈现出明显的上升趋势。到了训练后期,曲线趋于平稳,这表明智能体已经能够稳定地找到较优的投资策略,并据此获得更多的收益。

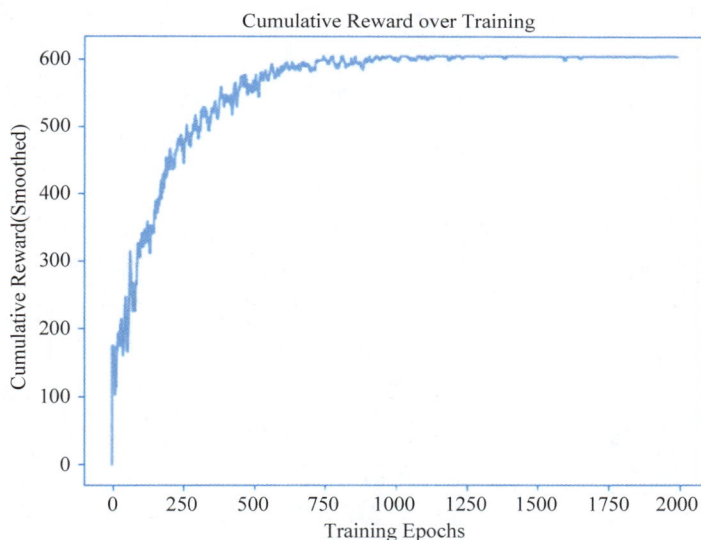

图 8-27 平滑处理后的累计奖励随训练轮数变化的趋势

8.5.5 Q-Learning 算法实例

1. 算法设计

1）算法原理

Q-Learning 是一种无模型的强化学习算法,它通过迭代更新一个 Q 表来学习每个状态-动作对的长期价值。在这个过程中,算法会根据当前状态、采取的动作、获得的即时奖励以下一个状态的估计价值来调整 Q 值,从而预测每个动作的期望回报。随着时间的推移,Q 表逐渐收敛,反映出在特定状态下选择不同动作的最优策略。Q-Learning 的核心在于它能够通过探索环境来学习,而不需要预先知道环境的转移概率或奖励分布,最终目标是找到一个策略,使得长期累积奖励最大化。

2)算法公式

Q-Learning 的更新公式为

$$Q(s_t, a_t) \leftarrow Q(s_t, a_t) + \alpha \left[r_{t+1} + \gamma \max_a Q(s_{t+1}, a) - Q(s_t, a_t) \right]$$

下面详细介绍公式中的各个部分。

$Q(s_t, a_t)$:这是在时间步 t 时,状态 s_t 下采取动作 a_t 的动作价值估计。它代表了智能体在状态 s_t 执行动作 a_t 后,按照当前策略预期未来能够获得的累计折扣奖励。在算法开始阶段,Q 值通常会被初始化为随机值或者基于一些先验知识来初始化。

α:学习率是一个介于 0 和 1 之间的参数,即 $0 < \alpha \leqslant 1$。它控制了每次更新 Q 值的步长。如果学习率过大,Q 值可能会因为新的样本信息而过度调整,学习过程不稳定,甚至可能无法收敛;如果学习率过小,Q 值的更新会非常缓慢,使得学习过程变得冗长。

r_{t+1}:这是在时间步 t 采取动作 a_t 后,在时间步 $t+1$ 获得的即时奖励。奖励是环境根据智能体的动作反馈给智能体的信号,用于衡量动作的好坏。它可以是正值(表示奖励)、负值(表示惩罚)或者零(表示该动作没有直接的奖励或惩罚)。

γ:折扣因子的取值范围是 $[0,1]$。它用于衡量未来奖励相对于当前奖励的重要性。当 $\gamma = 0$ 时,智能体只关注当前奖励,完全忽略未来奖励。当 $\gamma = 1$ 时,未来奖励和当前奖励同等重要,智能体在考虑动作价值时会平等对待所有未来奖励。

$\max_a Q(s_{t+1}, a)$:这表示在时间 $t+1$ 步的状态 s_{t+1} 下,所有可能动作中的最大的 Q 值。它反映了智能体在状态 s_{t+1} 下能够获得的最优未来奖励期望。

3)优点与缺点

Q-Learning 算法具有易于实现、能够直接从交互中学习最优策略、适用于各种包括具有连续状态和动作空间的环境特点,但同时也面临探索与利用平衡困难、在大型或复杂环境中可能需要大量时间来收敛,以及在高维状态空间中可能遇到的维度灾难等挑战。此外,Q-Learning 算法可能会遇到过估计问题,导致学习过程不稳定或收敛到次优解,且在多智能体环境中可能遇到策略非平稳的问题。尽管存在这些局限,Q-Learning 算法因其灵活性而被广泛应用于强化学习任务中。

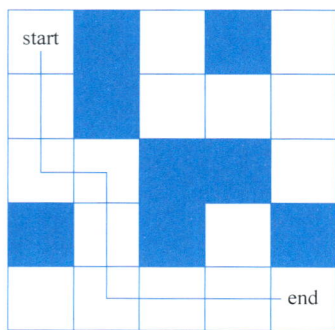

图 8-28　智能体在 5×5 二维网格迷宫中探索的场景

2. 编程实现

1)运行环境(Python 3.8.8 版本 + TensorFlow 2.3.0 版本)

2)应用场景

智能体在 5×5 二维网格迷宫中探索的场景如图 8-28 所示。智能体从起始状态出发,目标是到达目标状态。它有 4 个动作,对应上、下、左、右方向,决策策略包括随机探索和依据 Q 值表选择最优动作。遇到障碍物则保持当前状态,到达目标获高奖励,否则获低奖励。通过大量训练回合,智能体不断学习不同状态下的动作价值,更新 Q 值表以优化决策策略,最终找到最优路径,实现最大化累计奖励。

3)代码介绍

(1)导入模块。

```
import numpy as np
import tensorflow as tf
```

在智能体的迷宫探索场景中,导入 numpy 和 tensorflow 有重要意义。numpy 作为数值计算核心库,可高效创建和操作表示迷宫环境及障碍物分布的 grid 数组,还能为智能体随机探索提供随机数生成功能。而 tensorflow 在该场景中起关键作用,可方便创建和管理存储智能体不同状态下动作预期累计奖励的 Q 值表,其自动求导功能能根据当前奖励和下一个状态最大 Q 值自动计算梯度并更新 Q 值表,使智能体不断改进决策策略以最大化累计奖励。

(2)参数设置。

```
discount_factor = 0.95
epsilon = 0.5
epsilon_decay = 0.995
epsilon_min = 0.05
episodes = 8000
```

在智能体的迷宫探索场景中,discount_factor 为 0.95,使智能体更注重近期奖励,倾向于选择能较快获高奖励的路径。epsilon 为 0.5,让智能体在初期有 50% 概率随机探索,增加对环境了解,避免过早陷入局部最优。epsilon_decay 为 0.995,训练中探索率逐渐降低,智能体更多依据 Q 值表决策。epsilon_min 为 0.05,确保后期仍有一定随机探索。episodes 设为 8000,每个回合智能体从起始状态出发,选择动作、转移状态、获奖励并更新 Q 值表以优化决策策略。

(3)状态与动作定义及 Q 值表初始化。

```
state_size = (5, 5)
action_size = 4
start_state = (0, 0)
goal_state = (4, 4)
q_table = tf.Variable(tf.zeros(state_size + (action_size,), dtype = tf.float32))
```

state_size 被定义为 (5,5),表示状态空间是一个 5×5 的网格。action_size 为 4,对应上、下、左、右 4 个方向的动作。起始状态 start_state 设定为 (0,0),目标状态 goal_state 为 (4,4)。同时,创建了一个 tensorflow 变量 q_table 作为 Q 值表,其初始值全为零,形状由状态空间大小和动作数量决定,用于存储智能体在不同状态下采取不同动作的预期累计奖励,为智能体的决策提供依据。

(4)迷宫环境定义。

```
grid = np.array([[0, 1, 0, 1, 0],
                 [0, 1, 0, 0, 0],
                 [0, 0, 1, 1, 0],
                 [1, 0, 1, 0, 1],
```

```
                                         [0, 0, 0, 0, 0]])
```

  grid 是一个由 numpy 创建的二维数组。这个数组表示了迷宫环境中的障碍物分布情况,其中值为 1 的位置表示有障碍物,智能体不能进入;值为 0 的位置表示没有障碍物,智能体可以在这些位置自由移动。通过这个数组,智能体可以在决策过程中快速判断某个位置是否为障碍物,从而决定下一步的行动方向,避免碰撞到障碍物。

  (5) 重置函数。

```
def reset():
    return start_state
```

重置函数,返回起始状态(0,0)。

  (6) 单步执行函数。

```
def step(action, current_state):
    x, y = current_state
    if action == 0:
        new_state = (max(x - 1, 0), y)
    elif action == 1:
        new_state = (min(x + 1, 4), y)
    elif action == 2:
        new_state = (x, max(y - 1, 0))
    elif action == 3:
        new_state = (x, min(y + 1, 4))
    if grid[new_state] == 1:
        new_state = current_state
    if new_state == goal_state:
        return new_state, 10, True
    else:
        return new_state, -1, False
```

  step() 函数在智能体每次行动时被调用,会根据给定的动作和当前状态计算智能体的下一个状态、对应的奖励和完成标志。该函数先获取当前状态坐标,根据不同动作值计算新状态坐标,同时确保坐标不超出边界。接着检查新状态在 grid 数组中对应位置是否为 1,若是则表示有障碍物,新状态被设为当前状态。最后,若新状态是目标状态,返回新状态、奖励 10 和完成标志 True;否则返回新状态、奖励 -1 和完成标志 False,为智能体的学习和决策提供关键信息。

  (7) 动作选择函数。

```
def choose_action(state):
    if np.random.rand() < epsilon:
        return np.random.choice(action_size)
    else:
        return tf.argmax(q_table[state]).numpy()
```

  choose_action 函数根据当前状态来决定智能体要采取的动作。如果一个随机生成的值小于探索率 epsilon,则智能体会随机选择一个动作,动作的选择范围是由 action_size 确定的 4 个方向(上、下、左、右)。如果随机值不小于 epsilon,则智能体会选择当前状态下 Q

值最大的动作。

（8）Q 值表更新函数。

```
def update_q_table(state, action, reward, next_state):
    best_next_action = tf.argmax(q_table[next_state]).numpy()
    new_q_value = reward + discount_factor * q_table[next_state][best_next_action]
    index = tf.constant([state[0], state[1], action])
    q_table.assign(tf.tensor_scatter_nd_update(q_table, [index], [new_q_value]))
```

update_q_table()函数在智能体每次行动后更新 Q 值表。先获取下一个状态下 Q 值最大的动作，然后利用奖励、折扣因子和下一个状态的最大 Q 值计算新 Q 值，接着创建索引张量指定要更新的位置（由当前状态坐标和动作决定），最后更新 Q 值表中特定状态和动作对应的 Q 值，使 Q 值表能根据新经验调整，引导智能体做出更优决策。

（9）训练函数。

```
def train():
    global epsilon
    for episode in range(episodes):
        state = reset()
        done = False
        while not done:
            action = choose_action(state)
            next_state, reward, done = step(action, state)
            update_q_table(state, action, reward, next_state)
            state = next_state
        if epsilon > epsilon_min:
            epsilon *= epsilon_decay
```

train()函数负责进行训练。首先声明使用全局变量 epsilon。在每个训练回合中，先调用 reset 函数重置智能体状态为起始状态。然后在循环中，不断进行动作选择（通过 choose_action 函数()）、根据选择的动作计算下一个状态和奖励及完成标志（通过 step()函数）、更新 Q 值表（通过 update_q_table()函数），并将当前状态更新为下一个状态，直到达到目标状态或满足其他终止条件。在每个回合结束时，如果探索率 epsilon 大于最小值 epsilon_min，则按照衰减系数 epsilon_decay 衰减探索率，使得智能体在训练过程中逐渐减少随机探索，更多地依据已学习到的知识进行决策。

（10）最优路径查找函数。

```
def find_optimal_path():
    state = reset()
    done = False
    optimal_path = []
    while not done:
        action = tf.argmax(q_table[state]).numpy()
        next_state, reward, done = step(action, state)
        optimal_path.append(action)
        state = next_state
    return optimal_path
```

find_optimal_path()函数用于找到从起始状态到目标状态的最优路径。首先调用 reset()函数将智能体状态设置为起始状态。然后,在循环中,始终选择当前状态下 Q 值最大的动作,并通过 step()函数计算下一个状态、奖励和完成标志。将选择的动作添加到 optimal_path 列表中,并更新状态为下一个状态,直到达到目标状态或满足其他终止条件。最后,函数返回最优路径对应的动作序列,即智能体从起始状态到达目标状态所采取的一系列动作。

(11) 主程序。

```
if __name__ == "__main__":
    train()
    optimal_path = find_optimal_path()
    print("Optimal actions to reach the goal:", optimal_path)
```

在主程序中,首先调用 train()函数进行训练。在训练过程中,智能体通过不断地探索和学习,更新 Q 值表以优化决策策略。训练完成后,调用 find_optimal_path()函数找到从起始状态到目标状态的最优路径,即智能体在各个状态下应采取的动作序列,使得智能体能够以最小的行动成本(最大化累计奖励)到达目标状态。最后,打印出最优路径的动作序列,以便用户了解智能体在迷宫中的最佳行动方案。

4) 运行结果

```
Optimal actions to reach the goal: [1, 1, 3, 1, 1, 3, 3, 3]
```

这个运行结果中的动作序列[1,1,3,1,1,3,3,3]清晰地展示了智能体在迷宫探索中经过训练后找到的最优路径。在这个过程中,智能体不断调整决策策略,巧妙地避开了迷宫中的障碍物。从起始状态开始,智能体先是连续两次执行动作 1(下),接着选择动作 3(右),然后又数次重复动作 1(下)和动作 3(右),最终以最低的行动成本,即通过这一系列精准的动作选择,成功实现了最大化累计奖励,顺利到达目标状态。

▦ 本章小结 ◆

本章介绍了强化学习的基本概念,主要介绍了基于值函数和基于策略的强化学习算法以及两者相结合的 Actor-Critic 算法,并且引入了基于值函数的一些衍生算法,为后面深度学习和强化学习的结合做了铺垫。

第9章 深度强化学习

强化学习作为一种序贯决策方式,通过智能体和环境的交互,周期性做出决策,智能体根据交互获得的反馈向获得更多奖励的方向调整策略。强化学习在自然科学、社会科学和工程学等领域都有极大的潜力亟待挖掘。最初的强化学习理论并未引起足够的关注,主要是因为在学习最优策略的过程中智能体需要不断和环境进行交互,并以获得有关环境更全面的知识为目的,而不得不耗费大量的时间,一旦涉及大型网络,强化学习能够发挥的作用就微乎其微。

直到深度学习的提出、大数据的普及、计算能力的提升和新的算法技术的出现,为强化学习的困境带来了改变。将深度神经网络和强化学习相互结合,充分利用深度神经网络在训练过程中的优势,使得强化学习进一步发展为深度强化学习,为传统强化学习带来了复兴,开辟了相关理论和应用的新时代。

本章将介绍几个经典的深度强化学习算法,并简单介绍一些深度强化学习的应用。

9.1 基于值函数的深度强化学习

8.5 节曾简单介绍了值函数近似的办法,例如在 Q-Learning 中,利用值函数近似表示 Q 矩阵,将 Q 矩阵的更新问题转变为函数拟合问题,输入任何状态都能够得到近似动作。最初的深度强化学习就是将近似的函数用一个深度神经网络来替代。类似于监督学习,通过一些训练样本(智能体和环境交互得到的数据),模拟一个功能(值函数近似)。而深度 Q 学习(Deep Q-Learning,DQL)是第一个将传统强化学习和深度学习结合的深度强化学习算法,之后很多深度学习算法都是对深度 Q 学习算法的改良。

9.1.1 深度 Q 学习

第一个深度强化学习方法就是由 Google DeepMind 团队的研究人员于 2015 年提出的深度 Q 网络(Deep Q-Network,DQN),DQN 结合了深度神经网络和强化学习,能够在雅达利(Atari)2600 游戏中达到人类水平。

使用非线性函数,如神经网络近似动作值函数 Q 函数时,强化学习被认为是不稳定甚至难以收敛的,原因为采集到的一系列数据之间存在关联,对于 Q 函数极小的改变会显著改变策略进而改变数据分布,Q 函数和目标值之间存在关联。深度 Q 学习通过使用经验回放(Experience Replay)和独立的目标网络解决不稳定的问题。使用经验回放随机抽取数据,以打破数据之间的关联,平滑数据分布的变化;独立的目标网络指目标值和 Q 函数使用不同的参数表示,参数更新频率不同,以减少两者之间的相关性。

在深度 Q 学习中,使用深度卷积神经网络(如图 9-1 所示)参数化一个值函数近似函数 $Q(s,a;\boldsymbol{\theta}_i)$,称为 Q 网络,其中 $\boldsymbol{\theta}_i$ 是第 i 次迭代时 Q 网络的权重。如图 9-1 所示,神经网络的输入是由预处理产生的 $84\times84\times4$ 图像,然后是三个卷积层(注意,蛇形线表示每个卷积核在输入图像上的滑动)和两个全连接层单独输出每个有效动作。每个隐藏层之后连接非线性修正函数 $\max(0,x)$。

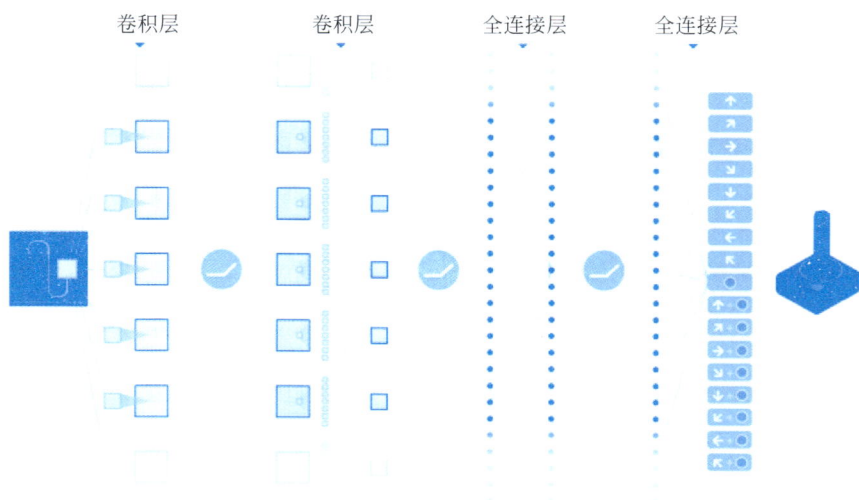

图 9-1　DQN 中 Q 网络示意图[①]

经验回放需要一个存储智能体经验的数据集 $D_t=\{e_1,\cdots,e_t\}$ 中,每一步经验 $e_t=(s_t,a_t,r_t,s_{t+1})$,包括当前状态、动作、回报和下一个状态。在深度 Q 学习中,应用 Q 学习的更新方法,在存储的样本数据集中随机均匀采样一批数据 (s_t,a_t,r_t,s_{t+1}),称为小批量,使用以下损失函数更新 Q 学习。

$$L_i(\boldsymbol{\theta}_i)=\mathrm{E}_{(s,a,r,s')\sim U(D)}\left[\left(r+\gamma\max_{a'}\hat{Q}(s',a';\boldsymbol{\theta}_i^-)-Q(s,a;\boldsymbol{\theta}_i)\right)^2\right] \tag{9-1}$$

在 Q 学习更新中有两个网络,一个是 Q 网络 $Q(s,a;\boldsymbol{\theta}_i)$,$\boldsymbol{\theta}_i$ 是第 i 次迭代时 Q 网络的参数;另一个是目标网络 $\hat{Q}(s',a';\boldsymbol{\theta}_i^-)$,$\boldsymbol{\theta}_i^-$ 是第 i 次迭代时用来计算目标网络的参数,二者更新频率不同。目标网络的参数 θ_i^- 每隔 C 步跟随 Q 网络的参数 $\boldsymbol{\theta}_i$ 更新,其他时间是固定的,而 $\boldsymbol{\theta}_i$ 每一步都更新。更新 Q 学习的过程就是更新参数 θ 的过程,Q 网络可以通过调整参数 $\boldsymbol{\theta}_i$ 最小化损失函数进行训练,使用 $\hat{Q}$ 网络产生 Q 学习 TD 的目标 $Y_j=r+\gamma\max_{a'}Q(s',a';\boldsymbol{\theta}_i^-)$。使用较旧的参数集生成目标 Y_j 会在更新 Q 网络的时间与更新 TD 目标 Y_j 的时间之间增加延迟,从而解决了强化学习不收敛或振荡的问题。使用梯度下降法优化损失函数,即

$$\nabla_{\boldsymbol{\theta}_i}L(\boldsymbol{\theta}_i)=\mathrm{E}_{(s,a,r,s')}\left[\left(r+\gamma\max_{a'}Q(s',a';\boldsymbol{\theta}_i^-)-Q(s,a;\boldsymbol{\theta}_i)\right)\nabla_{\boldsymbol{\theta}_i}Q(s,a;\boldsymbol{\theta}_i)\right] \tag{9-2}$$

---

① 图片来自: Volodymyr Mnih, Koray Kavukcuoglu, David Silver, et al. Human-Level Control Through Deep Reinforcement Learning[J]. Nature, 2015, 518(7540): 529-533.

具有经验回放的深度 Q 学习算法如算法 9-1 所示。首先,对回放经验 D 和两个网络进行初始化。第 2 行开始实验的循环,对于每一次实验进行以下步骤:初始化每一次实验的初始状态 s_1 和预处理后得到状态对应的特征输入 Φ_1,Φ 为 Q 函数的输入。对于实验的每一步 t,使用 E-Greedy 策略选择动作;然后,在仿真器中执行动作 a_t,观察回报 r_t 和图像 x_{t+1},转移至下一状态 s_{t+1},同时得到状态对应的特征输入 Φ_{t+1};将本次经验(Φ_t,a_t,r_t,Φ_{t+1})存储在回放经验 D 中,从 D 中均匀随机采样一批经验,用(Φ_j,a_j,r_j,Φ_{j+1})表示;如果到达实验的终止状态,目标值为 r_j,否则利用目标网络 $\hat{Q}(\Phi_{j+1},a';\theta_i^-)$ 计算目标值 $r_j+\gamma \max\limits_{a'}\hat{Q}(\Phi_{j+1},a';\theta_i^-)$,对于 $(Y_j-Q(\Phi_j,a;\theta_i))^2$ 执行梯度下降更新 Q 网络参数 θ,每隔 C 步 $\hat{Q}$ 网络利用 θ 更新其参数 θ^-。第 14 行为结束每一次实验的循环,第 15 行为结束所有循环。

算法 9-1 具有经验回放的深度 Q 学习算法

1. 初始化容量为 N 的回放经验 D;
   初始化具有随机权重 θ 的动作值函数 Q;
   初始化目标动作值函数 $\hat{Q}$,权重 $\theta^-=\theta$
2. 对于每一次实验,执行以下步骤:
3.   初始化序列 $s_1=\{x_1\}$ 和预处理序列 $\Phi_1=\Phi(s_1)$
4.   对于 $1 \leqslant t \leqslant T$,执行以下步骤:
5.   以概率 ε 随机选择动作 a_t
6.   否则选择动作 $a_t=\arg\max_a Q(\Phi(s_t),a;\theta)$
7.   在仿真器中执行动作 a_t,观察回报 r_t 和图像 x_{t+1}
8.   设置 $s_{t+1}=s_t,a_t,x_{t+1}$ 和预处理 $\Phi_{t+1}=\Phi(s_{t+1})$
9.   在回放经验 D 中存储经验(Φ_t,a_t,r_t,Φ_{t+1})
10.   从 D 中均匀随机采样小批量经验(Φ_j,a_j,r_j,Φ_{j+1})
11.   设置 $Y_j=\begin{cases} r_j, & \text{如果本次实验终止在 } j+1 \text{ 步} \\ r_j+\gamma \max\limits_{a'}\hat{Q}(\Phi_{j+1},a';\theta_i^-), & \text{其他} \end{cases}$
12.   关于网络参数 θ 更新,对于 $(Y_j-Q(\Phi_j,a;\theta_i))^2$ 执行梯度下降
13.   每 C 步重置 $\hat{Q}=Q$
14.   结束一次实验循环
15. 训练结束

9.1.2 深度 Q 学习的衍生方法

在 2015 年提出 DQN 后,后续研究者们针对其中存在的不足进行了改良,例如通过使用多网络解决 Q 值的过估计问题,采用更高效的抽样机制提高数据利用率等。基于 DQN 的衍生方法还有很多,这里只简单介绍其中几种。

1. Double DQN

在标准的 Q 学习和深度 Q 学习中,使用相同的值函数选择和评估动作,直接选取目标网络中下一个状态各个动作对应的 Q 值中最大的 Q 值更新目标值,这会造成过估计问题。过估计是 Q 学习中固有的问题,其估计的值函数值比真实值大,原因是 Q 学习中采用最大

化操作,如果过估计在每个状态中不是均匀分布的,这会导致次优解的存在。为此,Hasselt提出了 Double Q-Learning 的方法,Double Q-Learning 可以将目标中的最大操作分解为选择动作和评估动作,使用不同的值函数,分别用 $\boldsymbol{\Theta}$ 和 $\boldsymbol{\Theta}'$ 表示,以解决过估计问题。Double Q-Learning 的目标值为

$$Y_t^{\text{DoubleQ}} = R_{t+1} + \gamma Q(S_{t+1}, \arg\max_a Q(S_{t+1}, A; \boldsymbol{\Theta}_t), \boldsymbol{\Theta}_t') \tag{9-3}$$

在每一次更新时,$\boldsymbol{\Theta}$ 是 Q 网络的参数,根据贪婪策略选取当前 Q 网络中最大 Q 值对应的动作;$\boldsymbol{\Theta}'$ 是目标网络参数,用于对当前的贪婪策略进行评估,此时目标网络参数不一定是最大的,一定程度上避免了过估计。

将 Double Q-Learning 的思想运用在 DQN 中得到 Double DQN,其目标值为

$$Y_t^{\text{DoubleDQN}} = R_{t+1} + \gamma Q(S_{t+1}, \arg\max_a Q(S_{t+1}, A; \boldsymbol{\Theta}_t), \boldsymbol{\Theta}_t^-) \tag{9-4}$$

与 Double Q-Learning 相比,$\boldsymbol{\Theta}'$ 被 Double DQN 中目标网络参数 $\boldsymbol{\Theta}^-$ 替代,用于对当前的贪婪策略进行评估。目标网络的更新与 DQN 中一致,并且相对 Q 网络周期性更新。

2. 优先回放

实际上,DQN 算法只在回放经验中存储最后 N 个经验元组,当执行更新时,从回放经验中随机均匀采样。然而,这种方法也有限制,经验缓存中不区分经验的重要性,由于存储空间有限,最新的经验会覆盖之前的经验。同样,均匀采样将所有经验视作同等重要的经验,而更复杂的采样策略可以学习更多重要的经验,类似于优先回放。将优先经验回放与DQN 结合,与采用均匀回放的 DQN 相比,优先经验回放表现更优异。

优先回放(Prioritized Replay)的一个重要内容是衡量每个经验的重要性,智能体在当前状态从某个经验中学习的量可以作为重要性的指标,由 TD 偏差作为衡量标准,TD 偏差越大,该状态的 TD 目标与动作值函数的差值越大,智能体在当前状态从某个经验中学习的信息越多。

优先回放采用随机采样的方法,该方法在纯贪婪采样和均匀随机采样之间进行插值。为了确保采样的概率在经验优先级中是单调的,同时保证最低优先级经验的采样概率也不为零,经验 i 的采样概率为

$$P(i) = \frac{p_i^\alpha}{\sum_k p_k^\alpha} \tag{9-5}$$

p_i 是经验 i 的优先级,指数 α 表明优先级的使用程度,$\alpha = 0$ 表示均匀采样。第一种优先级的变体由 TD 偏差决定,$p_i = |\delta_i| + \varepsilon$,$\varepsilon$ 保证 TD 偏差为 0 时的经验也可以被采样;第二种优先级的变体由 TD 偏差 δ_i 的排序决定 $p_i = \dfrac{1}{\text{rank}(i)}$,其中 $\text{rank}(i)$ 是经验 i 在回放经验中根据 δ_i 的排序。这两种变体方法都是误差单调的,但是第二种方法更加稳健,因为它对异常值不敏感。

随机更新对动作值函数的估计依赖于对动作值函数分布的更新。因为采样分布与动作值函数的分布不同,优先回放引入了偏差,改变了估计收敛的解决方案(即使策略和状态分布是固定的)。作者通过使用重要性采样(Importance-Sampling,IS)权重来纠正这种偏差,即

$$\omega_i = \left(\frac{1}{N} \cdot \frac{1}{P(i)}\right)^\beta \tag{9-6}$$

该权重参数将在 Q 网络参数更新时使用 $\omega_i\delta_i$ 代替 δ_i，为了稳定性，将权重标准化为 $1/\max_i\omega_i$，这样只会向下进行更新。

当使用非线性函数逼近与优先回放结合时，重要性采样的另一个好处是优先级采样可以确保多次采样到高偏差的经验，同时重要性采样校正减小梯度幅度，从而减小参数空间中的有效步长。

基于 Double DQN，将优先回放嵌入其中，并用随机优先和重要性采样代替 Double DQN 中的均匀随机采样。具有优先回放的 Double DQN 算法如算法 9-2 所示。首先，输入小批量 k、步长 H、回放周期 K 和尺寸 N、指数 A 和 B 以及总时间 T，初始化经验回放库 H 为空，权重改变量 $\Delta=0$，经验的采样概率 $p_1=1$。观察初始状态 S_0，根据策略 π_0 选择动作 A_0。时间从 $t=1$ 到 T 进入循环。采取动作 A 与环境交互，得到环境返回的观测值 S_t,R_t,γ_t；在记忆库 H 中存储经验 $(S_{t-1},A_{t-1},R_t,\gamma_t,S_t)$，其优先级 $p_t=\max_{i<t}p_i$。每隔 K 步进行回放，采样 k 个经验进入循环。根据概率分布 $P(j)=p_j^a/\sum_i p_i^a$ 采样一个经验，计算经验的重要性权重 $\omega_j=(N\cdot P(i))^{-\beta}/\max_i\omega_i$，计算 TD 偏差 $\delta_j=R_j+\gamma_j Q_{\text{target}}(S_j,\arg\max_a Q(S_j,a))-Q(S_{j-1},A_{j-1})$。根据 $|\delta_j|$ 更新经验优先级，累积权重改变量 $\Delta\leftarrow\Delta+\omega_j\cdot\delta_j\cdot\nabla_\theta Q(S_{j-1},A_{j-1})$。采样并处理完 k 个经验，更新权重值 $\Theta\leftarrow\Theta+H\cdot\Delta$，每隔 C 步将权重 Θ 复制给目标网络权重 Θ_{target}，结束一次更新，根据新的策略 $\pi_\Theta(S_t)$ 选择动作 A_t。执行新的动作，得到环境反馈，进入时间 t 的下一个循环。

算法 9-2 具有优先回放的 Double DQN 算法

1. 输入：小批量 k，步长 H，回放周期 K 和尺寸 N，指数 A 和 B，总时间 T
2. 初始化经验回放库 $H=\phi$，$\Delta=0$，$p_1=1$
3. 观察 S_0，选择 $A_0\sim\pi_0(S_0)$
4. **For** $t=1:T$ **Do**
5.   观测 S_t,R_t,γ_t
6.   在 H 中存储具有最大优先级 $p_t=\max_{i<t}p_i$ 的经验 $(S_{t-1},A_{t-1},R_t,\gamma_t,S_t)$
7.   **If** $T=0\bmod K$ **Then**
8.   **For** $j=1:k$ **Do**
9.   采样经验 $j\sim P(j)=p_j^a/\sum_i p_i^a$
10.   计算重要性采样权重 $\omega_j=(N\cdot P(i))^{-\beta}/\max_i\omega_i$
11.   计算 TD 偏差 $\delta_j=R_j+\gamma_j Q_{\text{target}}(S_j,\arg\max_a Q(S_j,a))-Q(S_{j-1},A_{j-1})$
12.   更新经验优先级 $p_j\leftarrow|\delta_j|$
13.   累积权重改变量 $\Delta\leftarrow\Delta+\omega_j\cdot\delta_j\cdot\nabla_\theta Q(S_{j-1},A_{j-1})$
14.   End For
15.   更新权重 $\Theta\leftarrow\Theta+H\cdot\Delta$
16.   不断将权重复制到目标网络中 $\Theta_{\text{target}}\leftarrow\Theta$
17.   End If
18.   选择动作 $A_t\sim\pi_\Theta(S_t)$
19. End For

---

3. Dueling DQN

Dueling DQN 在网络结构上改进了 DQN，将动作值函数 $Q^\pi(s,a)$ 分解为与动作无关

的状态值函数 $V^{\pi}(s)$ 和依赖于状态的动作优势函数,即 $A^{\pi}(s,a)$。优势函数可以表现出当前行动和平均表现之间的区别,其期望为 0。如果优于平均表现,那么优势函数为正,反之则为负。在存在许多动作的值函数相似的情况下,Dueling DQN 架构可以促进更好的策略评估。

如图 9-2 所示,图(a)是一般的 DQN 网络模型,即输入层接三个卷积层后,接两个全连接层,输出为每个动作的 Q 值;图(b)的 Dueling DQN 将卷积层提取的抽象特征分流到两个支路中,分别估计状态值(标量)和每个动作的优势;然后根据式(9-9)组合它们得到 Q 函数。两个网络都为每个动作输出 Q 值。

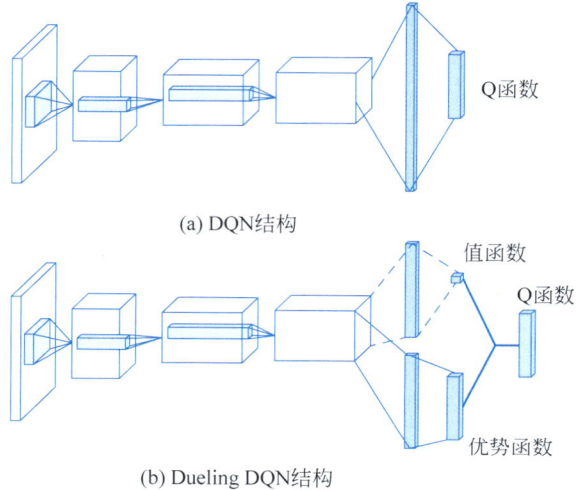

(a) DQN结构

(b) Dueling DQN结构

图 9-2　单支路 Q 网络和 Dueling Q 网络[①]

Dueling Q 网络的一个支路的全连接层输出标量 $V(s;\boldsymbol{\theta},\boldsymbol{\beta})$,另一个支路的全连接层输出 $|A|$ 维向量,$A(s,a;\boldsymbol{\theta},\boldsymbol{\alpha})$,$\boldsymbol{\theta}$ 表示两部分共有的卷积神经网络的参数,$\boldsymbol{\alpha}$ 和 $\boldsymbol{\beta}$ 是两部分独有的全连接层的参数。使用优势定义,可以按如下方式构建聚合模块。

$$Q(s,a;\boldsymbol{\theta},\boldsymbol{\alpha},\boldsymbol{\beta})=V(s;\boldsymbol{\theta},\boldsymbol{\beta})+A(s,a;\boldsymbol{\theta},\boldsymbol{\alpha}) \tag{9-7}$$

在给定 Q 的意义上,上式是不可识别的,不能唯一地恢复状态值函数和优势函数。如果在 $V(s;\boldsymbol{\theta},\boldsymbol{\beta})$ 中加一个常数,并从 $A(s,a;\boldsymbol{\theta},\boldsymbol{\alpha})$ 中减去相同的常数,该常数抵消会导致出现相同的 Q 值。为了解决不可识别问题,可以强制使优势函数估计器在所选择的操作中没有任何优势,让网络的最后一个模块实现前向映射。

$$Q(s,a;\boldsymbol{\theta},\boldsymbol{\alpha},\boldsymbol{\beta})=V(s;\boldsymbol{\theta},\boldsymbol{\beta})+(A(s,a;\boldsymbol{\theta},\boldsymbol{\alpha})-\max_{a'\in A}A(s,a';\boldsymbol{\theta},\boldsymbol{\alpha})) \tag{9-8}$$

对于最优动作 $a^{*}=\arg\max_{a'\in A}Q(s,a';\boldsymbol{\theta},\boldsymbol{\alpha},\boldsymbol{\beta})=\arg\max_{a'\in A}A(s,a';\boldsymbol{\theta},\boldsymbol{\alpha})$,可以得到 $Q(s,a^{*};\boldsymbol{\theta},\boldsymbol{\alpha},\boldsymbol{\beta})=V(s;\boldsymbol{\theta},\boldsymbol{\beta})$。这样,可以确保 $V(s;\boldsymbol{\theta},\boldsymbol{\beta})$ 是对值函数的估计,$A(s,a;\boldsymbol{\theta},\boldsymbol{\alpha})$ 是对优势函数的估计。一个替代模块用平均值代替取最大值的操作。

① 图片来自: Wang Z, Schaul T, Hessel M, et al. Dueling network architectures for deep reinforcement learning [C]// Proceedings of the 33nd International Conference on Machine Learning(ICML). New York City, NY, 2016:1995-2003.

$$Q(s,a;\boldsymbol{\theta},\boldsymbol{\alpha},\boldsymbol{\beta})=V(s;\boldsymbol{\theta},\boldsymbol{\beta})+\left(A(s,a;\boldsymbol{\theta},\boldsymbol{\alpha})-\frac{1}{|A|}\sum_{a'}A(s,a';\boldsymbol{\theta},\boldsymbol{\alpha})\right) \tag{9-9}$$

因为 V 和 A 被一个常数偏离目标,所以失去了其原始语义。但另一方面,它对优势函数进行了去中心化处理,增加了优化的稳定性。将优势函数设置为单独的优势函数减去某个状态下所有动作优势函数的平均值,可以保证该状态下各动作的优势值及 Q 值的相对等级不变。Dueling DQN 架构作为神经网络的一部分,而不是单独的算法步骤。与 DQN 一样,对 Dueling DQN 架构的训练仅需要反向传播。由于 Dueling DQN 架构与 DQN 共享输入输出,可以循环 Q 网络的学习算法以训练 Dueling DQN。

4. DRQN

DQN 最初是应用在机器人游戏领域,DQN 基于智能体感知的最后四个游戏状态相对应的视觉信息来决定下一个最佳动作。因此,该算法无法掌握完整的游戏状态,所以 DQN 无法解决部分观测的问题。为此,DRQN(Deep Recurrent Q Network)将每一次输入由四帧画面减少为一帧画面,用一个循环的 LSTM 替换 DQN 中卷积神经网络的第一个全连接层,LSTM 的输出经过一个全连接层之后变为每个动作的 Q 值。由此产生的深度循环 Q 网络虽然在每个时间步长只能看到一帧,但是能够在时间上成功地整合信息,并在标准的 Atari 游戏中优于 DQN 的性能。

5. DARQN

将注意力机制引入 DRQN 进行扩展,得到 DARQN(Deep Attention Recurrent Q Network)。其中,注意力机制可以帮助智能体做决策时关注输入图像中相关性较小的信息区域,减少整个结构的参数,从而可以加速训练和测试过程。与 DRQN 相比,DARQN 的 LSTM 层存储的数据不仅用于下一个动作的选择,也用于选择下一个关注的区域。DARQN 的结构是,CNN 接收视觉图像并得到 D 个大小为 $M\times M$ 的特征图,注意力网络将特征图转换为包含 $M\times M$ 个 D 维向量的输入,输出为向量中元素的线性组合 z_t,LSTM 使用 z_t、之前的隐藏状态 h_{t-1} 和记忆库中选取的状态 c_{t-1} 计算 Q 值和产生下一状态 z_{t+1},如图 9-3 所示。

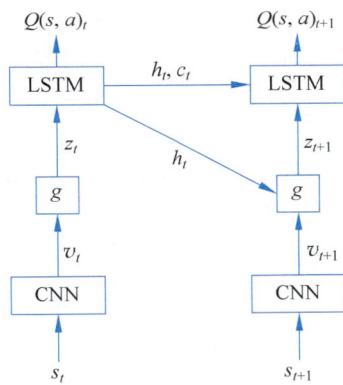

图 9-3　DARQN 部分结构[①]

9.2　基于策略梯度的深度强化学习

DQN 算法通过卷积神经网络近似值函数,实现了高维状态空间问题的求解。但是,其优化思路为找到使动作值函数最大的动作,在连续动作空间中,每一步都需要迭代优化,DQN 便无法进行此类操作,这是 DQN 算法的盲区。如果要将 DQN 应用于连续性问题,可以通过将动作空间离散化来扩展算法的使用范围,但是缺点同样十分明显,动作的数量将随着自由度的增加呈指数式增长,在实际应用中并不划算。

---

① 图片来自: Sorokin I, Seleznev A, Pavlov M, et al. Deep Attention Recurrent Q-Network[EB/OL]. (2019-10-16) [2015-12-05] https://arxiv.org/pdf/1512.01693.pdf.

在传统强化学习中,策略梯度方法通过直接优化策略的累积回报值,以端到端的方式在策略空间中进行搜索,节省了计算量浩大的中间环节,适用于连续动作问题。因此,深度强化学习的另一思路是将策略梯度方法和深度神经网络结合,基于策略梯度的深度强化学习方法比基于值函数的深度强化学习方法适用范围更广。

9.2.1 深度确定性策略梯度算法

DeepMind 团队于 2016 年提出了深度确定性策略梯度(Deep Deterministic Policy Gradient,DDPG)算法,以 Actor-Critic 为框架,将深度学习和确定性策略梯度(Deterministic Policy Gradient,DPG)结合,利用卷积神经网络对策略函数和 Q 函数进行模拟。该方法能够解决连续动作空间的深度强化学习问题。

1. DPG

策略梯度(详细内容见 8.4 节)是强化学习中学习连续的行为控制策略的经典方法,其基本思想是,通过概率分布函数 $\pi(a \mid s, \boldsymbol{\theta})$ 表示每一步的最优策略,基于该分布进行动作采样,获取当前最佳动作值,即

$$\pi(a \mid s, \boldsymbol{\theta}) = P(A_t = a \mid S_t = s, \boldsymbol{\theta}_t = \boldsymbol{\theta}) \tag{9-10}$$

策略梯度方法实际输出的是动作的概率分布,因此也被称作随机策略梯度(Stochastic Policy Gradient,SPG)。虽然该方法能够求解连续动作空间问题,但缺陷也十分明显。当动作为高维向量时,针对生成的随机策略,动作采样是十分耗费计算能力的。

确定性随机策略通过直接生成确定性的行为策略来解决频繁动作采样带来的计算量问题,此时每一步动作通过策略函数 μ 都将获得唯一确定值。业界曾经普遍认为,无模型的确定性策略是不存在的,直到 David Silver 和他的团队于 2014 年通过严密的数学推导,证明了确定性策略梯度的存在,同时证明了确定性策略梯度是随机性策略梯度的一种极限形式。

令 $\pi_{\boldsymbol{\theta}}$ 表示随机策略,$\mu_{\boldsymbol{\theta}}$ 表示确定性策略,目标函数为获得的累积回报 $J(\boldsymbol{\theta})$。随机策略梯度中目标函数表示为状态空间和动作空间的双重积分,即

$$J(\pi_{\boldsymbol{\theta}}) = \int_S \rho^{\pi}(s) \int_A \pi_{\boldsymbol{\theta}}(a \mid s) r(s, a) \, \mathrm{d}a \, \mathrm{d}s \tag{9-11}$$

确定性策略梯度只需要对状态空间进行积分,如式(9-11)所示,这使得 DPG 的计算量大大缩小,对于样本的数量要求也大幅降低。实际上,DPG 每次更新的计算成本与动作维度和策略参数的数量呈线性关系。

$$J(\mu_{\boldsymbol{\theta}}) = \int_S \rho^{\mu}(s) r(s, \mu_{\boldsymbol{\theta}}(s)) \, \mathrm{d}s \tag{9-12}$$

结合目标函数,能够得到确定性策略梯度目标函数的梯度表达式(对推导过程感兴趣的读者可自行查找相关论文进行研究)为

$$\nabla_{\boldsymbol{\theta}} J(\mu_{\boldsymbol{\theta}}) = \int_S \rho^{\mu}(s) \nabla_{\boldsymbol{\theta}} \mu_{\boldsymbol{\theta}}(s) \nabla_a Q^{\mu}(s, a) \big|_{a = \mu_{\boldsymbol{\theta}}(s)} \, \mathrm{d}s$$

$$= \mathrm{E}_{s \sim \rho^{\mu}} \left[\nabla_{\boldsymbol{\theta}} \mu_{\boldsymbol{\theta}}(s) \nabla_a Q^{\mu}(s, a) \big|_{a = \mu_{\boldsymbol{\theta}}(s)} \right] \tag{9-13}$$

从另一方面而言,确定性策略梯度输出确定性策略也导致其失去了 SPG 可以通过随机采样实现对于不同动作的探索能力。因此,确定性策略需要利用 Off-Policy 实现探索和利用的平衡,根据随机性表现策略选择动作,保证探索性;学习确定性目标策略,充分利用确

定性策略的高效性。

DPG 思想可以和 Actor-Critic 结合，实现 Off-Policy 算法，与第 8 章介绍的 Off-PAC 算法不同的是，DPG 消除了对动作空间的积分，因此避免了传统 Off-Policy 中需要的重要性采样，算法涉及的三个主要参数的更新规则如下：

$$\text{TD Error:} \quad \delta_t = r_t + \gamma Q^w(s_{t+1}, \mu_\theta(s_{t+1})) - Q^w(s_t, a_t)$$

$$\text{估值函数参数} \, w: \quad w_{t+1} = w_t + \alpha_w \delta_t \, \nabla_w Q^w(s_t, a_t)$$

$$\text{策略参数} \, \theta: \quad \theta_{t+1} = \theta_t + \alpha_\theta \, \nabla_\theta \mu_\theta(s_t) \, \nabla_a Q^w(s_t, a_t) \, \big|_{a = \mu_\theta(s)}$$

其中，TD Error 和估值函数都采用了值函数近似的方法更新参数，策略函数的参数则使用了确定性策略梯度的方法进行更新，DDPG 算法便是基于该框架得到的。

2. DDPG

DDPG 采用 Actor-Critic 的结构，Actor 利用确定性策略梯度方法学习最优行为策略；Critic 利用 Q-Learning 方法实现对动作值函数的评估和优化；DDPG 对这两部分需要的函数通过卷积神经网络进行拟合。

对卷积神经网络进行训练时，数据需要满足独立同分布的条件，但强化学习中的数据是按照顺序采集的，存在马尔可夫性。在 DQN 中，使用经验回放机制来解决数据关联性问题。DDPG 不仅沿用了经验回放机制，同时也使用了目标 Q(Target-Q)网络，以提高收敛的稳定性，也进行了一定程度的修改，以提高算法的实际效益。

1）经验回放机制

智能体通过和环境交互得到数据元组 (s_t, a_t, r_t, s_{t+1})，并将其存进经验缓存池（Replay Buffer），Actor 和 Critic 网络需要更新时就从经验池进行小批量抽样，抽样的小批量数据元组可以表示为 (s_i, a_i, r_i, s_{i+1})。如果经验缓存池存储的数据数量到达峰值，旧数据会自动被丢弃。

因为 DDPG 是一种 Off-Policy 算法，所以经验缓存池可以足够大，以尽可能实现更新时选取的样本完全不相关。

2）目标网络

DDPG 中存在两个目标网络（Target Network），分别对应 Actor 和 Critic。DQN 中目标 Q 网络间隔固定的时间直接将用于估值的 Q 网络的参数复制进行参数更新，与此不同，DDPG 采用了一种 Soft 参数更新模式，每一步都将目标网络中的参数修正一点。假设 Actor 对应目标网络的参数为 $\theta^{\mu'}$，Critic 对应的目标网络参数为 $\theta^{Q'}$，Soft 模式下参数的更新规则为

$$\theta^{\mu'} \leftarrow \tau\theta^\mu + (1-\tau)\theta^{\mu'}$$
$$\theta^{Q'} \leftarrow \tau\theta^Q + (1-\tau)\theta^{Q'}$$

$$(9\text{-}14)$$

其中，$\tau \ll 1$。这种参数更新方式更接近监督学习，能够极大程度地提高学习的稳定性，但存在的问题是更新速度较慢。

3）批标准化

当从低维特征向量中学习时，环境反馈的观测信息（observation）的不同组成部分可能会有不同的物理单位（例如位置和速度），而且可能随着环境的变化发生改变。这种情况使得网络很难进行高效学习。

另一方面,想要找到能够满足不同规模尺寸的环境状态值的泛化超参数也十分困难。DDPG 选择采用深度学习中的一个特殊技巧——批标准化(Batch Normalization),该方法使输入值被强制标准化为均值为 0、方差为 1 的标准正态分布。

4)加噪声

为了保证有足够的探索性,结合 Off-Policy 的特性,DDPG 通过加入噪声(Adding Noise)来构造探索性策略 μ',独立于原来的学习算法。

$$\mu'(s_t) = \mu(s_t \mid \theta_t^\mu) + N \qquad (9-15)$$

N 表示噪声,DDPG 中使用 Uhlenbeck-Ornstein(UO)随机过程作为引入的随机噪声,UO 随机过程在时序上具备很好的相关性,可以使智能体更好地探索具备动量属性的环境。

DDPG 算法如算法 9-3 所示。

算法 9-3　DDPG 算法

1. 初始化 Critic 网络 $Q(s,a \mid \theta^Q)$ 和 Actor 网络 $\mu(s \mid \theta^\mu)$,对应参数分别为 θ^Q、θ^μ;
   初始化目标网络 Q'、μ',对应参数为 $\theta^{Q'} \leftarrow \theta^Q$,$\theta^{\mu'} \leftarrow \theta^\mu$;
   初始化经验池 R
2. **For** episode=1:M **Do**
3. 　　初始化随机过程 N(用于动作探索)
4. 　　收到初始观测状态反馈 s_1
5. 　　**For** t=1:T **Do**
6. 　　　　根据当前策略和噪声情况选择动作 $a_t = \mu(s_t \mid \theta^\mu) + N_t$
7. 　　　　执行动作 a_t,观察奖励 r_t 和新状态 s_{t+1}
8. 　　　　在经验池 R 中存储经验 (s_t, a_t, r_t, s_{t+1})
9. 　　　　从经验池 R 中随机采样 N 组小批量经验 (s_i, a_i, r_i, s_{i+1})
10. 　　　令 $y_i = r_i + \gamma Q'(s_{i+1}, \mu'(s_{i+1} \mid \theta^{\mu'}) \mid \theta^{Q'})$
11. 　　　更新 Critic 网络:最小化损失函数
$$L = \frac{1}{N} \sum_i (y_i - Q(s_i, a_i \mid \theta^Q))^2$$
12. 　　　利用抽样数据的梯度更新 Actor 策略:
$$\nabla_{\theta^\mu} \mu \mid_{s_i} \approx \frac{1}{n} \sum_i \nabla_a Q(s,a \mid \theta^Q) \mid_{s=s_i, a=\mu(s_i)} \nabla_{\theta^\mu} \mu(s \mid \theta^\mu) \mid_{s_i}$$
13. 　　　更新目标网络:
$$\theta^{\mu'} \leftarrow \tau\theta^\mu + (1-\tau)\theta^{\mu'}$$
$$\theta^{Q'} \leftarrow \tau\theta^Q + (1-\tau)\theta^{Q'}$$
14. 　　**End For**
15. **End For**

9.2.2　异步深度强化学习算法

无论是 DQN 还是 DDPG,为了解决获取的数据不满足深度学习训练数据要求的独立同分布条件的问题,都统一使用了经验回放机制,将数据存储在缓存池中,在不同的时间步进行随机抽样。该方法成功解决了强化学习中数据间的时间关联性,但代价是需要更多的存储和计算资源。同时,由于需要使用从旧策略产生的数据更新目标策略,因此只能使用 Off-Policy 的强化学习方法,将能够和深度学习结合的强化学习方法局限在 Off-Policy 的范围。

DeepMind 团队于 2016 年完全摒弃了经验回放机制,提出了一种新的深度强化学习方法——异步深度强化学习(Asynchronous Methods For Deep Reinforcement Learning, A3C),利用 CPU 的多线程,实现多个智能体并行学习,每个线程可以对应不同的探索策略,这种异步并行方法能够去除数据相关性。

1. 异步深度强化学习

异步深度强化学习是一种轻量级的异步学习框架,在多个环境实例中并行异步地执行多个智能体,将传统算法扩展至多线程异步结构,每个线程都有一个智能体运行在相同的环境中,每一步生成一个参数的梯度,一定步数后多线程共享参数,实现了多个线程对梯度更新信息的累加。通俗理解为一个人拥有多个分身,在相同时间内,所有分身自行进行学习,时间到了,分身的学习成果可以在主体上实现叠加,既节省了时间又提高了效率。

具体包括 4 种算法:异步单步 SARSA、异步单步 Q-Learning、异步多步 Q-Learning 和 A3C 算法。其中,A3C 算法的表现最优。

A3C 将原本的 Actor 和 Critic 复制成多份,放在相同的环境但不同的核中进行训练,其中有一个主要的(Global)Actor-Critic 网络,它不断地从各个副本更新的参数中进行学习,同时将新的参数送到各个副本中,使副本中的参数完成更新。

异步强化学习框架的好处是明显的,异步并行方法代替了数据缓存池,节约了存储资源和每次交互产生的计算资源;不同的智能体可以采用不同的探索策略来最大化数据间的多样性,提高稳定性;异步学习框架的普适性将一大批传统的 On-Policy 方法解锁,无论是 SARSA 还是 Q-Learning 都能够和该学习框架良好地结合,利用深度学习实现高效运行。最重要的一点是,异步深度强化学习对设备的要求大幅降低,不像传统方法要求 GPU 或是大规模的分布式设备进行计算,异步深度强化学习只需要运行在一个多核的 CPU 单机上即可,而同时在单个 CPU 上运行也能够减少在不同硬件上运行带来的通信成本。

2. A3C 算法

A3C(Asynchronous Advantage Actor-Critic)算法是一种基于 Actor-Critic 的异步学习算法。A3C 创造了多个并行的相同环境,让拥有相同结构的智能体副本同时运行在这些并行环境中,以更新主结构的参数。并行中的智能体互不干扰,主要结构的参数依靠不同副结构不连续提交的更新进行更新,因此更新的相关性被降低,收敛性提高。

准确来说,A3C 涉及的强化学习算法被称为 A2C(Advantage Actor-Critic),A2C 指在原始 Actor-Critic 算法中加入优势函数后形成的方差更小、收敛性更好的算法,选择状态值函数 $V^{\pi}(s_t)$ 作为基准项,并利用动作值函数和状态值函数的贝尔曼方程($Q^{\pi}(s_t,a_t)=E[r_t+\gamma V^{\pi}(s_{t+1})]$)对动作值函数进行替换,最终使用仅涉及一个变量的状态值函数计算 TD Error。

与 DDPG 相同的是,A3C 也使用了深度神经网络实现 Actor 和 Critic 中对于策略和值函数的估计。不同的是,A3C 中没有使用确定性策略梯度,而是与异步多步 Q-Learning 方法类似,选择前向视角的多步回报同时更新策略函数和估计值函数。因此,在每次循环结束后或者到达最终状态后,才对策略函数和价值函数进行更新。

具体的 A3C 算法如算法 9-4 所示。

算法 9-4　每个线程的 A3C 算法
//设全局共享的参数为 $\boldsymbol{\theta}$ 和 $\boldsymbol{\theta}_v$，全局共享的计数器 $T=0$
//设线程专有参数为 $\boldsymbol{\theta}'$ 和 $\boldsymbol{\theta}'_v$

1. 初始化线程步长计数器 $t \leftarrow 1$
2. **Repeat**
3. 重置梯度值：$\mathrm{d}\boldsymbol{\theta} \leftarrow 0, \mathrm{d}\boldsymbol{\theta}_v \leftarrow 0$
4. 同步线程专有参数 $\boldsymbol{\theta}' = \boldsymbol{\theta}$，$\boldsymbol{\theta}'_v = \boldsymbol{\theta}_v$
   令 $t_{\mathrm{start}} = t$
   获取状态 s_t
5. **Repeat**
6. 根据策略 $\pi(a_t \mid s_t; \boldsymbol{\theta}')$ 执行动作 a_t
7. 收到反馈回报值 r_t 和下一状态 s_{t+1}
8. 更新参数：$t \leftarrow t+1, T \leftarrow T+1$
9. **Until** 到达终止状态 s_t 或 $t - t_{\mathrm{start}} = t_{\max}$
$$R = \begin{cases} 0, & \text{当终止状态为 } s_t \\ V(s_t, \theta'_v), & \text{当 } s_t \text{ 为非终止状态} \end{cases} \quad // \text{从上一次状态 Bootstrap}$$
10. **For** $i \in \{t-1, \cdots, t_{\mathrm{start}}\}$ **Do**
11. $\quad R \leftarrow r_i + \gamma R$
   累积梯度参数 $\boldsymbol{\theta}'$ 和 $\boldsymbol{\theta}'_v$：
$$\mathrm{d}\boldsymbol{\theta} \leftarrow \mathrm{d}\boldsymbol{\theta} + \nabla_{\boldsymbol{\theta}} \log \pi(a_i \mid s_i; \boldsymbol{\theta}')(R - V(s_i; \boldsymbol{\theta}'_v))$$
$$\mathrm{d}\boldsymbol{\theta}_v \leftarrow \mathrm{d}\boldsymbol{\theta}_v + \partial(R - V(s_i; \boldsymbol{\theta}'_v))^2 / \partial \boldsymbol{\theta}'_v$$
12. **End For**
13. 利用 $\mathrm{d}\boldsymbol{\theta}$ 和 $\mathrm{d}\boldsymbol{\theta}_v$ 对 $\boldsymbol{\theta}$ 和 $\boldsymbol{\theta}_v$ 进行异步更新
14. **Until** $T > T_{\max}$

从算法 9-4 可以看出，A3C 中存在类似于一个中央大脑的主网络（Global Net），其余均为副本网络，根据计数器的计数情况定时向主网络推送更新，然后从主网络获得综合版本的更新。其中，第 9 步的回报计算分为两种情况，当为终止状态时，$R=0$；当为非终止状态/从上一次状态 Bootstrap 时，$R = V(s_t, \boldsymbol{\theta}')$。网络结构使用了卷积神经网络，其中一个 softmax 输出作为策略函数 $\pi(a_t \mid s_t; \boldsymbol{\theta})$，另一个线性输出则为估值函数 $V(s_t; \boldsymbol{\theta}_v)$，其余均共享。另外，将策略熵（Entropy Of The Policy）加入目标函数中，可以避免收敛到次优确定性解。

▟ 9.3　实例

9.3.1　DDPG 实现 pendulum-v0 实例

1. 算法设计

1）算法原理

DDPG（Deep Deterministic Policy Gradient）是一种用于解决连续动作空间问题的深度强化学习算法，结合了确定性策略和经验回放的思想。下面是 DDPG 算法的主要特点和步骤。

（1）Actor-Critic 架构：DDPG 算法基于 Actor-Critic 框架，其中 Actor 负责学习确定性策略，即在给定状态下直接输出动作值；Critic 负责学习值函数，评估当前状态的价值。

（2）确定性策略：与传统的策略梯度方法不同，DDPG 使用确定性策略，即直接输出动作值而不是动作的概率分布。这有助于在连续动作空间中更好地学习策略。

（3）经验回放：为了解决样本相关性和稳定性问题，DDPG 引入了经验回放机制，将智能体与环境交互得到的经验存储在经验回放缓冲区中，然后从中随机采样进行训练。

（4）目标网络：为了稳定训练，DDPG 使用目标网络来估计目标 Q 值和目标策略。目标网络的参数是通过软更新的方式从主网络的参数逐渐更新得到的。

（5）噪声探索：确定性策略输出的动作为确定性动作，缺乏对环境的探索。在训练阶段，给 Actor 网络输出的动作加入噪声，从而让智能体具备一定的探索能力。

为什么引入目标网络？

在深度强化学习中，引入目标网络是为了解决训练过程中的不稳定性和提高算法的收敛性。具体来说，引入目标网络主要有以下两个作用。

① 稳定训练：在训练深度强化学习模型时，目标网络的引入可以减少训练过程中的 moving target 问题。在训练 Q 网络或者 Actor 网络时，如果每次更新都直接影响到当前的网络参数，会导致目标值的变化，从而使得训练不稳定。引入目标网络，可以固定目标网络的参数一段时间，使得目标值更加稳定，有利于训练的收敛。

② 减少估计误差：在深度强化学习中，通常会使用 TD 目标来更新 Q 值或者 Actor 策略。而直接使用当前的网络来估计 TD 目标可能会引入较大的估计误差，导致训练不稳定。通过引入目标网络，可以使用目标网络来估计 TD 目标，减少估计误差，从而提高算法的稳定性和收敛性。

DDPG 算法的原理如图 9-4 所示。

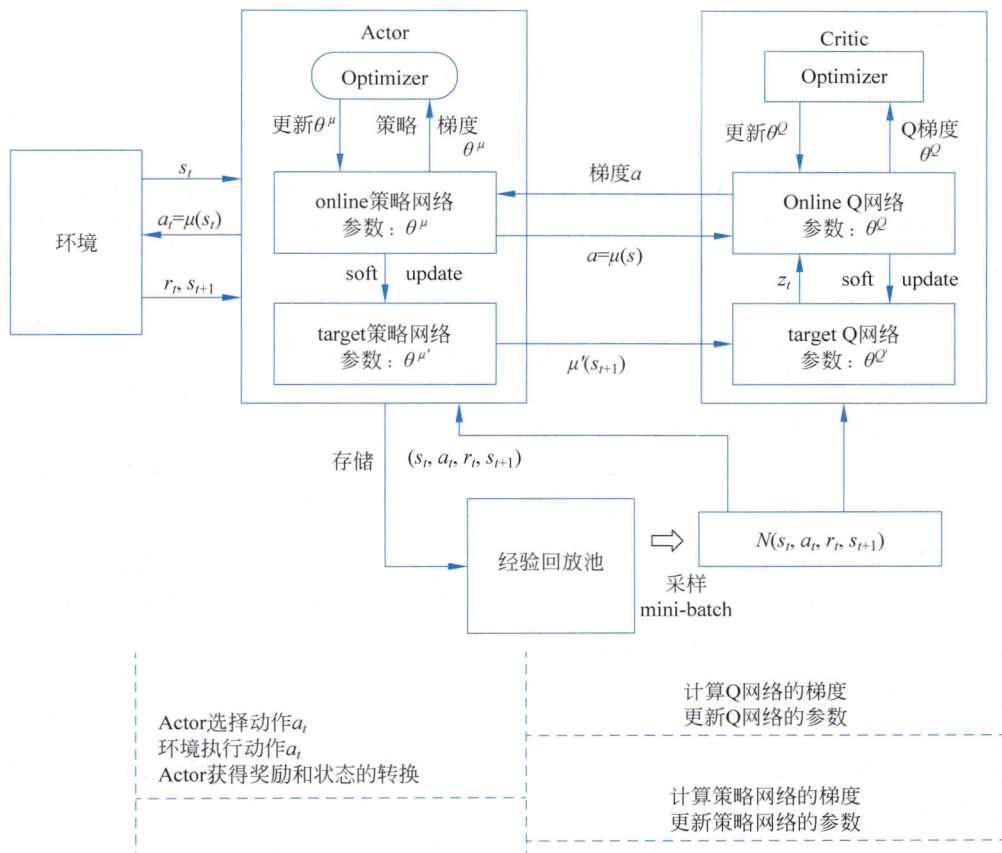

图 9-4　DDPG 算法的原理

2）主要模型

（1）策略网络（Actor）。

输入状态 s_t，输出动作 $a_t = \mu(s_t)$。

有两个策略网络：在线策略网络和目标策略网络。在线策略网络负责选取动作并进行训练，目标策略网络用于平滑更新。

使用软更新策略逐步将在线网络的参数复制到目标网络。

（2）评论网络（Critic）。

接受状态 s 和动作 a 作为输入，输出 Q 值 $Q(s,a)$，表示该状态下采取某动作的价值。

同样包括在线 Q 网络和目标 Q 网络，通过梯度下降更新在线 Q 网络的参数。

工作流程如下。

① Actor 网络选择动作 a_t，然后通过环境执行，环境返回奖励 r_t 和新状态 s_{t+1}。

② 将这一转移存储到经验回放池，从中随机采样经验（mini-batch），用于训练。

③ Critic 网络根据采样的数据更新 Q 网络的参数，通过计算 Q 值的梯度。

④ 更新 Actor 网络的梯度，使其能选取更优的动作。

图 9-4 清晰地展示了 DDPG 的工作流程：策略网络生成动作，价值网络评估动作，两者相互协作更新参数。

（3）经验回放。

经验回放就是一种让经验概率分布变得稳定的技术，可以提高训练的稳定性。经验回放主要有"存储"和"回放"两大关键步骤。

存储：将经验以 $(s_t, a_t, r_{t+1}, s_{t+1}, \text{done})$ 形式存储在经验池中。

回放：按照某种规则从经验池中采样一条或多条经验数据。

（4）随机探索。

在 DDPG 算法中，为了在学习过程中引入一定的探索性，通常会使用噪声来探索动作空间。噪声的引入可以帮助 Agent 在训练过程中探索不同的动作选择，从而更好地发现最优策略。

3）更新过程

DDPG 共包含 4 个神经网络，用于对 Q 值函数和策略的近似表示。

由于 DDPG 算法是基于 AC 框架，因此算法中必然含有 Actor 和 Critic 网络。另外每个网络都有其对应的**目标网络**，所以 DDPG 算法中包括 4 个网络，分别是 Actor 网络 $\mu(\cdot|\theta^\mu)$、Critic 网络 $Q(\cdot|\theta^Q)$、Target Actor 网络 $\mu'(\cdot|\theta^{\mu'})$ 和 Target Critic 网络 $Q'(\cdot|\theta^{Q'})$。

算法更新主要更新的是 Actor 和 Critic 网络的参数，其中 Actor 网络通过最大化累积期望回报来更新，Critic 网络通过最小化评估值与目标值之间的误差来更新。在训练阶段，从 Replay Buffer 中采样一个批次的数据，Actor 和 Critic 网络更新过程如下。

（1）Critic 网络更新。

计算目标 Q 值：$y = r + \gamma Q'(s', \mu'(s'|\theta^{\mu'})|\theta^{Q'})$

其中，r 是即时奖励，s' 是下一个状态，γ 是折扣因子，Q' 是目标 Critic 网络，μ' 是目标 Actor 网络。

使用均方误差损失函数更新 Critic 网络：

$$L = \frac{1}{N} \sum_{i=1}^{N} ((y - Q(s, a \mid \theta^Q))^2$$

通过梯度下降优化参数 θ^Q。

（2）Actor 网络更新。

通过使用 Critic 的反馈，更新 Actor 网络：

$$\nabla_{\theta^\mu} J \approx \frac{1}{N} \sum_{i=1}^{N} \nabla_a Q(s, a \mid \theta^Q) \mid_{a = \mu(s \mid \theta^\mu)} \nabla_{\theta^\mu} \mu(s \mid \theta^\mu)$$

使用策略梯度方法进行参数更新。采用梯度上升法。虽然在实现中有时可能使用了负的 Q 值作为损失，这实际上仍然是一个梯度上升的过程，只是通过最小化负 Q 值来间接实现最大化。

（3）目标网络软更新。

定期将 Actor 和 Critic 的参数更新到目标网络：$\theta' \leftarrow \tau\theta + (1-\tau)\theta'$。其中，$\tau$ 是个小的常数（如 0.001），确保更新平滑。

通过这些步骤，DDPG 不断优化 Actor 和 Critic 网络，从而提高策略的表现，至此 4 个网络全部更新完毕，整体的更新流程如图 9-5 所示。

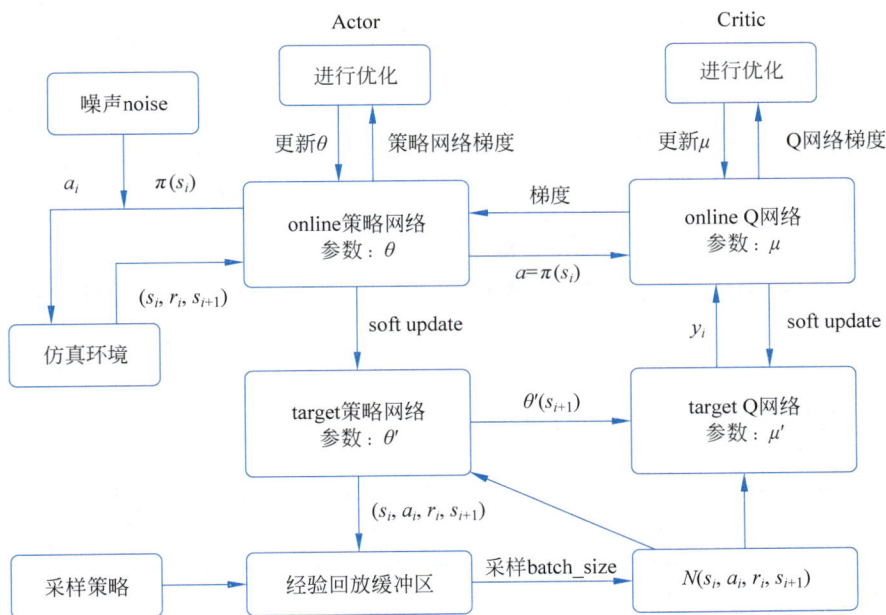

图 9-5　4 个网络的更新流程

2. 编程实现

1）环境设置

本次实验所用环境为 TensorFlow 1.2.0 和 Gym 0.9.2。Pendulum-v0 环境是 OpenAI Gym 的一部分，可以找到相关实现。具体步骤如下：在 Anaconda 中浏览到 envs/TF1.2/lib/site-packages gym/envs/classic_control/目录。在这个目录中，找到 pendulum.py 文件，里面包含了 Pendulum 环境的实现。

Pendulum 环境是一个经典的控制问题，主要用于强化学习算法的测试和验证。该环境模拟了一个简单的摆，目标是使摆保持在直立位置（垂直向上）。智能体通过施加扭矩来控制摆的运动，环境提供状态信息和奖励信号，以指导智能体学习最佳策略。

（1）状态空间。

Pendulum 的状态空间由以下 3 部分组成。

余弦值：摆的当前角度的余弦值，表示角度在水平方向上的投影。

正弦值：摆的当前角度的正弦值，表示角度在垂直方向上的投影。

角速度：摆的当前角速度，表示摆的转动速率。

状态空间的取值范围为 $[-1,1]$ 和 $[-8,8]$，其中后者对应于角速度的最大值。

（2）动作空间。

Pendulum 的动作空间是一个连续的区间，用于表示施加的扭矩。该扭矩的范围为 $[-2,2]$，限制了施加的最大力量，确保智能体在控制摆时的稳定性。

（3）奖励机制。

在 Pendulum 环境中，奖励是通过计算成本来获得的。成本由以下 3 部分组成。

角度的偏差：通过 angle_normalize(th) ** 2 计算，目标是将摆的角度保持在直立位置。

角速度的平方：通过 0.1 * thdot ** 2 计算，反映摆的运动状态，鼓励智能体减小摆的运动。

扭矩的平方：通过 0.001 * (u ** 2) 计算，惩罚过大的施加力量。

智能体的目标是最大化奖励，因此返回的值是成本的负值。这意味着智能体需要尽量减少摆的角度偏差、角速度和施加的扭矩。具体计算公式如下所示。

$$R(t) = -(\theta^2 + 0.1 \cdot \dot{\theta}^2 + 0.001 \cdot a^2)$$

其中，θ 是摆杆相对于垂直位置的角度（偏离角度），$\dot{\theta}$ 是摆杆的角速度，a 是智能体施加的控制力（动作）。

2）实现代码

（1）critic network & target critic network。

首先，需要实现一个 critic network 和一个 actor network，然后实现一个 target critic network 和 target actor network，并且对应初始化为相同的 weights。Critic network 具体代码如下所示：

```
def __create_critic_network(self):
    """
    创建 Critic 网络。

    返回:
    - q_output: 输出 Q 值。
    """
    h1 = tf.layers.dense(self.input_state,
                         units = self.h1_dim,
                         activation = self.activation,
                         kernel_initializer = self.kernel_initializer_1,
                         kernel_regularizer = self.kernel_regularizer,
                         name = "hidden_1")              # 第一隐藏层
```

```
h2 = tf.layers.dense(self.input_action,
                     units = self.h2_dim,
                     activation = self.activation,
                     kernel_initializer = self.kernel_initializer_2,
                     kernel_regularizer = self.kernel_regularizer,
                     name = "hidden_2")                    # 第二隐藏层

h_concat = tf.concat([h1, h2], 1, name = "h_concat")       # 合并状态和动作的输出

h3 = tf.layers.dense(h_concat,
                     units = self.h3_dim,
                     activation = self.activation,
                     kernel_initializer = self.kernel_initializer_3,
                     kernel_regularizer = self.kernel_regularizer,
                     name = "hidden_3")                    # 第三隐藏层

# Q 值输出层
q_output = tf.layers.dense(h3, units = 1,
                           activation = None,
                           kernel_initializer = self.kernel_initializer_4,
                           kernel_regularizer = self.kernel_regularizer,
                           name = "q_output")

    return q_output                                        # 返回 Q 值输出
```

该代码段负责创建 Critic 网络,用于评估给定状态和动作的 Q 值。首先,通过 tf.layers.dense 定义第一隐藏层 h1,该层接收输入状态 self.input_state 并进行处理。然后,定义第二隐藏层 h2,该层接收输入动作 self.input_action。接着,使用 tf.concat 将状态和动作的输出进行合并,形成一个新的张量 h_concat,这对于 Critic 网络评估二者的组合信息至关重要。随后,第三隐藏层 h3 对合并后的结果进行进一步处理。最后,Q 值输出层 q_output 被定义为一个单输出节点,其激活函数设置为 None,表示不进行非线性变换。这一结构允许 Critic 网络综合考虑状态和动作,从而输出一个表示动作在特定状态下的预期价值的 Q 值。整体上,该网络通过深度学习方法捕捉状态-动作对的价值信息,为 DDPG 算法提供必要的反馈信号。

target critic network 网络代码如下所示:

```
def __create_target_network(self):
    """
    创建目标 Critic 网络,并初始化其权重。

    返回:
    - q_output: 目标网络的输出 Q 值。
    """
    source_vars = tf.get_collection(tf.GraphKeys.TRAINABLE_VARIABLES, scope = self.source_var_
scope)
    self.sess.run(tf.variables_initializer(source_vars))    # 初始化源网络的变量
```

```
q_output = self.__create_critic_network()                        # 创建目标网络
target_vars = tf.get_collection(tf.GraphKeys.TRAINABLE_VARIABLES, scope = self.target_var_
scope)

# 将源网络的权重复制到目标网络
target_init_op_list = [target_vars[i].assign(source_vars[i]) for i in range(len(source_
vars))]
self.sess.run(target_init_op_list)

return q_output                                                  # 返回目标网络的 Q 值输出
```

该代码段用于创建目标 Critic 网络并初始化其权重,确保在深度强化学习中目标网络的稳定性。首先,通过 tf.get_collection 函数获取源网络(即当前 Critic 网络)的所有可训练变量,存储在 source_vars 中。接着,使用 self.sess.run 初始化这些源网络的变量,以确保网络状态是清晰的。然后,通过调用 self.create_critic_network 方法,构建目标 Critic 网络,并将其输出存储在 q_output 中。

在创建目标网络之后,代码再次调用 tf.get_collection 获取目标网络的所有可训练变量,存储在 target_vars 中。接下来的步骤是将源网络的权重复制到目标网络,以确保目标网络初始时的权重与源网络相同。这是通过创建一个赋值操作列表 target_init_op_list 实现的,其中每个目标变量都被赋值为对应的源变量。最后,使用 self.sess.run 执行这些赋值操作,从而完成目标网络的初始化。

(2) actor network & actor target network。

actor network 和 actor target network 的实现和 critic 几乎一样,区别在于网络结构和激活函数。actor network 具体代码如下:

```
def __create_actor_network(self):
"""
创建 Actor 网络。

返回:
- action_output: 输出动作。
"""
h1 = tf.layers.dense(self.input_state,
                     units = self.h1_dim,
                     activation = self.activation,
                     kernel_initializer = self.kernel_initializer_1,
                     kernel_regularizer = self.kernel_regularizer,
                     name = "hidden_1")                          # 第一隐藏层

h2 = tf.layers.dense(h1, units = self.h2_dim,
                     activation = self.activation,
                     kernel_initializer = self.kernel_initializer_2,
                     kernel_regularizer = self.kernel_regularizer,
                     name = "hidden_2")                          # 第二隐藏层

# 动作输出层,使用 tanh 激活函数
action_output = tf.layers.dense(h2, units = self.action_dim,
```

```
                                activation = tf.nn.tanh,
                                kernel_initializer = self.kernel_initializer_3,
                                kernel_regularizer = self.kernel_regularizer,
                                use_bias = False,
                                name = "action_outputs")
```

```
return action_output                              # 返回动作输出
```

该代码段实现了一个 Actor 网络,用于生成从环境状态到动作的映射。网络结构包括两个全连接的隐藏层。第一个隐藏层接受输入状态,并将其处理为 h1,通过使用指定的单元数量和激活函数,提供非线性变换。接下来,第二个隐藏层接 h1 的输出,再次进行非线性变换,生成 h2。

最后,动作输出层接收 h2 的结果,使用 tanh 激活函数生成最终的动作输出,确保其值在[−1,1]范围,适应环境的动作要求。此外,该层不使用偏置,以简化模型。整体上,网络通过逐层处理,将环境状态转换为适合控制的动作,从而实现深度强化学习中策略的优化与更新。

actor target network 代码具体如下所示:

```
def __create_target_network(self):
"""
创建目标 Actor 网络,并初始化其权重。

返回:
- action_output: 目标网络的输出动作。
"""
source_vars = tf.get_collection(tf.GraphKeys.TRAINABLE_VARIABLES, scope = self.source_var_
scope)
self.sess.run(tf.variables_initializer(source_vars))      # 初始化源网络的变量

action_output = self.__create_actor_network()             # 创建目标网络
target_vars = tf.get_collection(tf.GraphKeys.TRAINABLE_VARIABLES, scope = self.target_var_
scope)

# 将源网络的权重复制到目标网络
target_init_op_list = [target_vars[i].assign(source_vars[i]) for i in range(len(source_
vars))]
self.sess.run(target_init_op_list)
```

```
return action_output                              # 返回目标网络的动作输出
```

该代码段实现了目标 Actor 网络的创建及其权重初始化。首先,通过 tf.get_collection 方法获取源网络中可训练的变量,并使用 self.sess.run(tf.variables_initializer(source_vars))初始化这些变量。这一步确保源网络的权重在训练之前是有效的。

接下来,调用 self.__create_actor_network()方法构建目标网络,生成该网络的动作输出。然后,再次使用 tf.get_collection 来获取目标网络的可训练变量。这些变量用于存储目标网络的权重。

接下来的步骤是将源网络的权重复制到目标网络。通过构造一个操作列表 target_init_

op_list,使用 assign 方法逐一将源网络的变量赋值给目标网络的对应变量。最后,通过 self. sess. run(target_init_op_list)执行这些赋值操作。

最终,该方法返回目标网络的动作输出。目标网络的设计主要是为了提高训练的稳定性,避免直接使用实时更新的网络带来的不稳定性。通过周期性地将源网络的权重拷贝到目标网络,目标网络能够保持相对稳定,从而在训练中提供更可靠的目标值。

(3)经验回放类的实现。

具体代码如下所示:

```python
from collections import deque
import random


class Replay_Buffer(object):
    def __init__(self, buffer_size = 10e6, batch_size = 1):
        """
        初始化重放缓冲区。

        参数:
        - buffer_size: 缓冲区的最大容量。
        - batch_size: 每次获取的样本批次大小。
        """
        self.buffer_size = buffer_size              # 缓冲区大小
        self.batch_size = batch_size                # 批次大小
        self.memory = deque(maxlen = buffer_size)   # 使用双端队列来存储经验

    def __call__(self):
        """
        返回当前的记忆。

        返回:
        - memory: 当前存储的经验列表。
        """
        return self.memory

    def store_transition(self, transition):
        """
        存储单个转移(经验)。

        参数:
        - transition: 要存储的经验,通常是 (状态, 动作, 奖励, 下一个状态, 是否终止) 的元组。
        """
        self.memory.append(transition)              # 将转移添加到记忆中

    def store_transitions(self, transitions):
        """
        存储多个转移(经验)。

        参数:
        - transitions: 要存储的经验列表。
```

```
        """
        self.memory.extend(transitions)                    # 将多个转移添加到记忆中

    def get_batch(self, batch_size = None):
        """
        获取一个批次的随机样本。

        参数:
        - batch_size: 要获取的样本数量,如果为 None,则使用默认的批次大小。

        返回:
        -
随机选择的经验样本列表。
        """
        b_s = batch_size or self.batch_size              # 如果未指定,使用默认的批次大小
        cur_men_size = len(self.memory)                   # 当前记忆的大小
        # 如果当前记忆大小小于批次大小,则随机选择所有可用的经验
        if cur_men_size < b_s:
            return random.sample(list(self.memory), cur_men_size)
        else:
            return random.sample(list(self.memory), b_s)    # 随机选择指定大小的经验

    def memory_state(self):
        """
        获取当前记忆状态的概述。

        返回:
        - 包含缓冲区大小、当前大小和是否已满的字典。
        """
        return {"buffer_size": self.buffer_size,
                "current_size": len(self.memory),
                "full": len(self.memory) == self.buffer_size}  # 返回当前记忆的状态

    def empty_transition(self):
        """
        清空缓冲区中的所有转移(经验)。
        """
        self.memory.clear()                                 # 清空记忆
```

这段代码实现了一个名为 Replay_Buffer 的重放缓冲区类,旨在存储和管理强化学习中的经验回放。该类通过初始化方法设定缓冲区的最大容量和每次获取的样本批次大小,使用双端队列(deque)结构以高效管理经验的存储。它提供了多种方法:store_transition 用于存储单个经验,store_transitions 支持批量存储经验,而 get_batch 方法则允许从缓冲区随机抽取指定数量的经验样本,确保训练过程中的样本多样性。此外,memory_state 方法提供了当前缓冲区状态的概述,包括容量、当前存储量及是否已满的信息,empty_transition 方法则可清空所有存储的经验。总体而言,该类为强化学习算法提供了重要的经验管理机制,帮助智能体提高学习效率和稳定性。

（4）随机探索的实现。

具体代码如下所示：

```python
class OU_Process(object):
    def __init__(self, action_dim, theta = 0.15, mu = 0, sigma = 0.2):
        """
        初始化 OU 过程。

        参数:
        - action_dim: 动作维度,表示需要生成噪声的维度。
        - theta: 衰减速率,控制噪声回归到均值 mu 的速率。
        - mu: 噪声的均值。
        - sigma: 噪声的标准差,决定噪声的波动范围。
        """
        self.action_dim = action_dim                    # 动作维度
        self.theta = theta                              # 衰减速率
        self.mu = mu                                     # 噪声均值
        self.sigma = sigma                              # 噪声标准差
        self.current_x = None                           # 当前噪声状态

        self.init_process()                             # 初始化噪声过程

    def init_process(self):
        """
        初始化噪声状态为均值 mu。
        """
        self.current_x = np.ones(self.action_dim) * self.mu  # 将当前噪声状态设置为均值

    def update_process(self):
        """
        更新噪声状态,计算新的噪声值。
        """
        # 计算噪声变化量 dx
        dx = self.theta * (self.mu - self.current_x) + self.sigma * np.random.randn(self.action_dim)
        # 更新当前噪声状态
        self.current_x = self.current_x + dx

    def return_noise(self):
        """
        返回当前的噪声值,并更新噪声状态。

        返回:
        - current_x: 当前生成的噪声值。
        """
        self.update_process()                           # 更新噪声状态
        return self.current_x                           # 返回当前噪声值
```

这段代码实现了一个名为 OU_Process 的类,用于生成 Ornstein-Uhlenbeck（OU）噪声,通常用于强化学习中的探索过程。该类在初始化时接收动作维度、噪声衰减速率

（theta）、均值（mu）和标准差（sigma）作为参数，分别用于控制噪声的特性。init_process 方法将当前噪声状态初始化为均值 mu，确保在开始时噪声是稳定的。

update_process 方法负责更新当前噪声状态，计算噪声变化量 dx，该变化量由两个部分组成：当前噪声状态回归均值的速率和通过正态分布生成的随机扰动。这种设计使得生成的噪声具有平滑性和随机性，适合用于控制任务中的探索。

return_noise 方法在返回当前噪声值之前，会调用 update_process 更新噪声状态，以确保每次调用返回的都是最新的噪声值。整体而言，这个类有效地实现了一个可用于强化学习中的策略噪声生成器，帮助智能体在训练过程中进行有效的探索。

（5）Critic 网络更新。

loss 函数代码如下：

```python
def __create_loss(self):
    """
    创建损失计算。

    计算均方误差损失。
    """
    self.loss = tf.losses.mean_squared_error(self.y, self.q_output)    # 计算损失
```

这段代码定义了一个名为 __create_loss 的方法，用于创建损失函数，以便在训练强化学习模型时评估预测的 Q 值与实际目标 Q 值之间的差异。具体来说，它使用 TensorFlow 的 tf.losses.mean_squared_error 函数计算均方误差（MSE）损失。

在这行代码中，self.y 表示目标 Q 值，通常是根据经验回放中的奖励和下一个状态计算的，而 self.q_output 则是模型当前预测的 Q 值。均方误差损失通过对预测值与目标值之间的差异进行平方，然后取平均值，能够有效地衡量模型的预测准确性。

Critic 网络训练代码如下所示：

```python
def __create_train_op(self):
    """
    创建训练操作。

    使用优化器更新 Critic 网络的参数。
    """
    self.train_q_op = self.optimizer.minimize(self.loss)    # 创建训练操作
    train_op_vars = tf.get_collection(tf.GraphKeys.GLOBAL_VARIABLES, scope = self.scope + "/" + self.train_op_scope)
    train_op_vars.extend(tf.get_collection(tf.GraphKeys.GLOBAL_VARIABLES, scope = self.train_op_scope))
    self.sess.run(tf.variables_initializer(train_op_vars))    # 初始化训练操作的变量
```

方法 __create_train_op 用于创建 Critic 网络的训练操作，通过优化器最小化损失函数以更新网络参数。它首先定义了一个训练操作 self.train_q_op，利用优化器计算损失的梯度并应用于参数更新。接着，方法获取与训练操作相关的所有变量，并将其初始化，确保在训练过程中所有参数都有适当的初始值。

重放缓冲区转换批次代码如下所示：

```
def get_transition_batch(self):
# 从重放缓冲区获取一批转换
batch = self.replay_buffer.get_batch()                    # 获取一批数据
transpose_batch = list(zip(*batch))                       # 转置批次数据
s_batch = np.vstack(transpose_batch[0])                   # 状态批次
a_batch = np.vstack(transpose_batch[1])                   # 动作批次
r_batch = np.vstack(transpose_batch[2])                   # 奖励批次
next_s_batch = np.vstack(transpose_batch[3])              # 下一个状态批次
done_batch = np.vstack(transpose_batch[4])                # 结束标志批次
return s_batch, a_batch, r_batch, next_s_batch, done_batch   # 返回批次
```

这段代码负责从重放缓冲区中获取一批转换数据,并将其整理为状态、动作、奖励、下一个状态和结束标志的批次形式。通过转置操作,代码提取并堆叠了各类数据,确保每种信息在后续训练中都能独立使用。最终返回的批次数据为强化学习模型的训练提供了必要的输入,有助于优化智能体的决策过程。

目标 Q 值计算与批次预处理具体代码如下所示:

```
def preprocess_batch(self, s_batch, a_batch, r_batch, next_s_batch, done_batch):
# 预处理批次数据以计算目标 Q 值
target_actor_net_pred_action = self.model.actor.predict_action_target_net(next_s_batch)
                                        # 预测目标网络的动作
target_critic_net_pred_q = self.model.critic.predict_q_target_net(next_s_batch, target_
actor_net_pred_action)                  # 预测目标 Q 值
# 计算目标 Q 值
y_batch = r_batch + self.discount_factor * target_critic_net_pred_q * (1 - done_batch)
return s_batch, a_batch, y_batch        # 返回处理后的批次
```

(6) Actor 网络更新。

创建动作梯度操作代码具体如下:

```
def __create_get_action_grad_op(self):
"""
创建获取动作梯度的操作。
"""
self.get_action_grad_op = tf.gradients(self.q_output, self.input_action)   # 计算动作的梯度
```

这段代码的目的是创建一个操作,以计算动作输出(q_output)相对于输入动作(input_action)的梯度。具体来说,tf.gradients 函数被用来自动计算梯度,返回与输入动作相关的梯度值。

通过这种方式,可以了解在给定状态下,输出的 Q 值如何受到输入动作的影响。

loss 函数具体代码如下所示:

```
def __create_loss(self):
"""
创建损失计算。

计算策略梯度。
"""
```

```
source_vars = tf.get_collection(tf.GraphKeys.TRAINABLE_VARIABLES, scope = self.source_var_
scope)
self.policy_gradient = tf.gradients(self.action_output, source_vars, - self.actions_grad)
                                                              # 计算策略梯度
self.grads_and_vars = zip(self.policy_gradient, source_vars)   # 将梯度与变量配对
```

这段代码的功能是创建一个用于计算策略梯度的损失函数。首先,它通过 tf.get_collection 获取在指定作用域 source_var_scope 中的可训练变量(即网络参数)。接着,使用 tf.gradients 计算策略梯度,具体来说,它计算 action_output 关于这些可训练变量的梯度,并通过-self.actions_grad 来反向传播。这一操作的目的是最大化策略输出对应的动作,从而提高模型的决策能力。

Actor 网络训练具体代码如下所示:

```
def __create_train_op(self):
    """
    创建训练操作。

    使用优化器更新策略网络的参数。
    """
    self.train_policy_op = self.optimizer.apply_gradients(self.grads_and_vars, global_step =
    tf.contrib.framework.get_global_step())
    train_op_vars = tf.get_collection(tf.GraphKeys.GLOBAL_VARIABLES, scope = self.scope + "/" +
    self.train_op_scope)
    train_op_vars.extend(tf.get_collection(tf.GraphKeys.GLOBAL_VARIABLES, scope = self.train_op_
    scope))
    self.sess.run(tf.variables_initializer(train_op_vars))      # 初始化训练操作的变量
```

首先,代码使用 self.optimizer.apply_gradients 方法将先前计算的梯度与相应的变量配对,从而创建训练操作。接着,通过 tf.get_collection 函数收集与训练操作相关的全局变量,并将这些变量进行初始化,确保在训练开始之前所有参数都被正确设置。最终,这个训练操作将在训练过程中被调用,以优化策略网络的性能。

在这段代码中,采用的是梯度下降法。具体而言,通过 self.optimizer.apply_gradients 方法应用梯度来更新网络的参数,通常这是梯度下降的过程,因为它是根据计算得到的梯度(负方向)来最小化损失函数,尽管可以将策略更新视为在提高策略的期望回报,但底层的优化过程依然是通过下降梯度来实现的。因此,尽管目标是优化策略,但实现方式仍然依赖于梯度下降。

(7) 目标网络更新。

目标网络采用软更新的方式,具体代码如下所示:

```
def __create_update_target_net_op(self):
    """
    创建目标网络更新操作。

    使用软更新的方式更新目标网络的参数。
    """
    source_vars = tf.get_collection(tf.GraphKeys.TRAINABLE_VARIABLES, scope = self.source_var_
    scope)
```

```
target_vars = tf.get_collection(tf.GraphKeys.TRAINABLE_VARIABLES, scope = self.target_var_
scope)
update_target_net_op_list = [target_vars[i].assign(self.tau * source_vars[i] + (1 -
self.tau) * target_vars[i]) for i in range(len(source_vars))]

self.update_target_net_op = tf.group( * update_target_net_op_list)        ♯ 组合更新操作
```

这段代码定义了一个用于更新目标网络参数的操作,采用软更新机制以增强训练的稳定性。首先,它通过 tf.get_collection 函数分别提取源网络和目标网络的可训练变量。接着,利用列表推导式,针对每个源变量计算目标变量的新值,公式为 self.tau * source_vars[i] + (1 - self.tau) * target_vars[i],其中 tau 是一个小于 1 的常数,确保目标网络的参数更新是渐进的,而非剧烈变化。最后,所有更新操作被组合成一个整体操作 update_target_net_op,便于在训练过程中同时执行。这种软更新机制有助于提高模型的收敛速度,避免不稳定性,使得深度强化学习算法在优化时更加平滑和有效。

(8) 主程序的设计。

主程序代码如下所示:

```
from model.ddpg_model import Model                              ♯ 导入 DDPG 模型
from agent.ddpg import Agent                                    ♯ 导入智能体类
from mechanism.replay_buffer import Replay_Buffer               ♯ 导入重放缓冲区
from mechanism.ou_process import OU_Process                     ♯ 导入 OU 过程类
from gym import wrappers                                        ♯ 导入 Gym 包装器
import gym                                                      ♯ 导入 Gym
import numpy as np                                              ♯ 导入 NumPy

# 设置环境名称和参数
ENV_NAME = 'Pendulum - v0'
EPISODES = 100000                                               ♯ 总的训练回合数
MAX_EXPLORE_EPS = 100                                           ♯ 最大探索回合数
TEST_EPS = 1                                                    ♯ 测试回合数
BATCH_SIZE = 64                                                 ♯ 批量大小
BUFFER_SIZE = 1e6                                               ♯ 重放缓冲区大小
WARM_UP_MEN = 5 * BATCH_SIZE                                    ♯ 预热步骤数
DISCOUNT_FACTOR = 0.99                                          ♯ 折扣因子
ACTOR_LEARNING_RATE = 1e - 4                                    ♯ Actor 学习率
CRITIC_LEARNING_RATE = 1e - 3                                   ♯ Critic 学习率
TAU = 0.001                                                     ♯ 软更新系数


def main():
    env = gym.make(ENV_NAME) ♯ 创建环境
    env = wrappers.Monitor(env, ENV_NAME + "experiment - 1", force = True)♯ 包装环境以监视
    state_dim = env.observation_space.shape[0]                  ♯ 状态维度
    action_dim = env.action_space.shape[0]                      ♯ 动作维度
    print("State Dimension:", state_dim)
    print("Action Dimension:", action_dim)
    model = Model(state_dim,                                    ♯ 初始化模型
                  action_dim,
                  actor_learning_rate = ACTOR_LEARNING_RATE,
```

```python
                critic_learning_rate = CRITIC_LEARNING_RATE,
                tau = TAU)
replay_buffer = Replay_Buffer(buffer_size = int(BUFFER_SIZE), batch_size = BATCH_SIZE)
                                                            # 初始化重放缓冲区
exploration_noise = OU_Process(action_dim)                 # 初始化探索噪声
agent = Agent(model, replay_buffer, exploration_noise, discount_factor = DISCOUNT_FACTOR)
                                                            # 初始化智能体


action_mean = 0                                            # 初始化动作均值
i = 0                                                      # 初始化计数器
for episode in range(EPISODES):  # 迭代每个回合
    state = env.reset()                                    # 重置环境
    agent.init_process()                                   # 初始化噪声过程
    # 训练过程:
    for step in range(env.spec.timestep_limit):  # 迭代每个时间步骤
        env.render()                                       # 渲染环境
        state = np.reshape(state, (1, -1))                 # 将状态重塑为二维数组
        if episode < MAX_EXPLORE_EPS:  # 在探索阶段
            p = episode / MAX_EXPLORE_EPS                  # 计算探索概率
            action = np.clip(agent.select_action(state, p), -1.0, 1.0)  # 选择并限制动作
        else:  # 在训练阶段
            action = agent.predict_action(state)           # 预测动作
        action_ = action * 2                               # 动作放大
        next_state, reward, done, _ = env.step(action_)    # 执行动作
        next_state = np.reshape(next_state, (1, -1))       # 重塑下一个状态
        agent.store_transition([state, action, reward, next_state, done])  # 存储转换
        if agent.replay_buffer.memory_state()["current_size"] > WARM_UP_MEN:  # 如果缓冲
                                                           # 区足够大
            agent.train_model()                            # 训练模型
        else:
            i += 1                                         # 增加计数器
            action_mean = action_mean + (action - action_mean) / i  # 更新动作均值
            print("running action mean: {}".format(action_mean))    # 打印动作均值
        state = next_state                                 # 更新状态
        if done:  # 如果回合结束
            break

    # 测试过程:
    if episode % 2 == 0 and episode > 10:  # 每两个回合测试一次
        total_reward = 0                                   # 初始化总奖励
        for i in range(TEST_EPS):  # 进行测试
            state = env.reset()                            # 重置环境
            for j in range(env.spec.timestep_limit):  # 迭代时间步骤
                state = np.reshape(state, (1, -1))         # 重塑状态
                action = agent.predict_action(state)       # 预测动作
                action_ = action * 2                       # 动作放大
                state, reward, done, _ = env.step(action_) # 执行动作
                total_reward += reward                     # 累加奖励
                if done:  # 如果回合结束
                    break
```

```
                        # 在测试回合结束时打印状态和动作
                        print(f"Test Episode {episode} End - Final State: {state.flatten()}, Next
    Action: {action_}")

                        # print(f"Test Episode {episode} End - Final State: {state}, Next Action:
    {action_}")
                                                    # 打印最终状态和接下来动作

                        avg_reward = total_reward / TEST_EPS     # 计算平均奖励
                        print("episode: {}, Evaluation Average Reward: {}".format(episode, avg_reward))
                                                    # 打印结果


    if __name__ == '__main__':
        main()                                      # 运行主函数
```

首先,程序创建了一个指定环境(Pendulum-v0),并初始化了状态和动作的维度。接着,构建了模型、重放缓冲区、探索噪声和智能体对象。在每个训练回合中,环境被重置并渲染,智能体根据当前状态选择动作,执行后存储转换并在缓冲区大小满足条件时进行模型训练。每隔两个回合进行一次测试,计算并输出平均奖励。同时,程序在测试过程中打印最终状态和下一动作,以便于监控智能体在环境中的表现。

3)运行结果

(1)网络未收敛时的运行结果。

例如,第 34 回合结束时,智能体的状态和动作及平均奖励如图 9-6 所示。

```
Test Episode 34 End - Final State: [-0.9790405  -0.20366551  0.435421  ], Next Action: [[-1.7677196]]
episode: 34, Evaluation Average Reward: [-1454.4613]
```

图 9-6 智能体的状态和动作及平均奖励

在第 34 次测试回合结束时,智能体的最终状态显示摆的角度的余弦值为 -0.9790405,正弦值为 -0.20366551,角速度为 0.435421,表示摆处于较低的位置并在向左摆动。智能体预测的下一个动作为 -1.7677196,表示施加了向左的力。该回合的评估平均奖励为 -1454.4613,反映出智能体的表现不佳,导致了较小的负奖励。网络未收敛时的运行结果如图 9-7 所示。

图 9-7 网络未收敛时的运行结果

(2)网络收敛时的运行结果。

例如,第 230 回合结束时,智能体的状态和动作及该回合的评估平均奖励如图 9-8 所示。

```
Test Episode 230 End - Final State: [0.9935138  0.11371117 0.00987311], Next Action: [[0.11336328]]
episode: 230, Evaluation Average Reward: [-3.008566]
```

图 9-8 智能体的状态和动作及该回合的评估平均奖励(第 230 回合)

在第 230 次测试回合结束时,智能体的最终状态为 $[0.9935138, 0.11371117, 0.00987311]$,这表明摆的角度几乎为 0(余弦值接近 1,正弦值接近 0),并且角速度非常小(约为 0.0099),表示摆接近于垂直的稳定状态,几乎没有摆动。智能体预测的下一个动作为 0.11336328,表明施加了一个小的正向力以维持或调整摆的平衡。该回合的评估平均奖励为 -3.008566 接近 0,表明智能体表现良好,控制能力在逐渐提高,能够更有效地维持摆的平衡。网络收敛时的运行结果如图 9-9 所示。

图 9-9　网络收敛时的运行结果

9.3.2　DDPG 实现 CartPole-v0 实例

1. 环境设置

本次实验所用环境为 TensorFlow 1.2.0 和 Gym 0.9.2。Cartpole-v0 环境是 OpenAI Gym 的一部分,可以找到相关实现。具体步骤如下:在 Anaconda 中浏览到 envs/TF1.2/ lib/site-packages/gym/envs/classic_control/ 目录。在这个目录中,找到 cartpole.py 文件,里面包含 CartPole 环境的实现。其中 TF1.2 是 TensorFlow 自己所命名的环境名称。

CartPole 是一个经典的控制问题,旨在通过在平坦的轨道上移动一个小车来保持竖直的杆子不倒。该环境的主要目标是平衡一个固定长度的杆子,使其竖直向上,防止其倾倒。

(1) 状态空间。

状态空间包含 4 个连续状态变量,表示小车和杆子的状态。

小车位置(x):小车在水平轨道上的位置,范围通常为 $[-2.4, 2.4]$。

小车速度(x_dot):小车在水平轨道上的速度,单位为位置变化量每秒。

杆子角度(θ):杆子与垂直方向的夹角,范围为 $[-\theta\_threshold, \theta\_threshold]$,通常为 $-12°$ 到 $12°$。

杆子角速度(θ_dot):杆子旋转的角速度,单位为角度变化量每秒。

这些状态变量的组合为智能体提供了当前环境的完整描述。

(2) 动作空间。

动作空间是离散的,包含两个动作:

向左施加力:表示为 **0**。

向右施加力:表示为 **1**。

智能体通过选择其中一个动作来影响小车的运动,进而保持杆子的平衡。

(3) 奖励机制。

在每个时间步,环境根据小车和杆子的状态返回奖励:

如果杆子保持直立(未超出阈值),智能体会获得 **1.0** 的奖励。

如果杆子倒下(超出阈值),智能体会获得 **0.0** 的奖励,表示失败。

2. 实现代码

(1) 策略网络(Actor)类的实现。

类 Actor 负责选择动作,输入状态 s,输出动作 a,训练时需要(s, a, dq/da)。

具体代码如下所示：

```
class Actor(object):
def __init__(self, sess, s_input, s_dim, actions_dim, scope, trainable, action_bound):
    self.sess = sess                                          # TensorFlow 会话
    self.s_input = s_input                                    # 状态输入
    self.s_dim = s_dim                                        # 状态维度
    self.actions_dim = actions_dim                            # 动作维度
    self.trainable = trainable                                # 是否可训练
    self.scope = scope                                        # 变量作用域
    self.l1_count = 32                                        # 第一层神经元数量
    self.lr = 0.01                                            # 学习率
    self.action_bound = action_bound                          # 动作边界
    self.build_net()                                          # 构建网络

def build_net(self):
    # 初始化权重和偏置
    w_init = tf.random_normal_initializer(0.0, 0.300)
    b_init = tf.constant_initializer(0.1)
    with tf.variable_scope(self.scope):
        # 第一层
        w1 = tf.get_variable('w1', shape = [self.s_dim, self.l1_count], dtype = 'float32',
initializer = w_init, trainable = self.trainable)
        b1 = tf.get_variable('b1', shape = [self.l1_count], dtype = 'float32', initializer =
b_init, trainable = self.trainable)
        l1 = tf.nn.relu(tf.matmul(self.s_input, w1) + b1)     # ReLU 激活函数

        # 第二层
        w2 = tf.get_variable('w2', shape = [self.l1_count, self.actions_dim], dtype =
'float32', initializer = w_init, trainable = self.trainable)
        b2 = tf.get_variable('b2', shape = [self.actions_dim], dtype = 'float32', initializer = b_
init, trainable = self.trainable)
        net = tf.nn.tanh(tf.matmul(l1, w2) + b2)              # tanh 激活函数

    self.a_net = tf.multiply(net, self.action_bound)          # 动作输出乘以边界
    self.theta_u = tf.get_collection(tf.GraphKeys.GLOBAL_VARIABLES, scope = self.scope)
                                                              # 获取可训练变量

def buildtrain(self, dqda):
    # 构建训练过程
    self.loss = tf.reduce_mean(tf.pow(tf.multiply(self.a_net, dqda), 2))  # 计算损失
    grad = tf.gradients(ys = self.a_net, xs = self.theta_u, grad_ys = dqda)  # 计算梯度
    opt = tf.train.AdamOptimizer( - self.lr)                  # 使用 Adam 优化器
    self.train_op = opt.apply_gradients(zip(grad, self.theta_u))  # 应用梯度更新
```

这段代码定义了一个 Actor 类，用于实现深度强化学习中的策略网络。其构造函数初始化了必要的参数，TensorFlow 会话、状态输入、状态和动作的维度、变量作用域、是否可训练、学习率以及动作的边界。build_net 方法负责构建神经网络，包括两层全连接层：第一层使用 ReLU 激活函数，第二层使用 tanh 激活函数，最终输出的动作被限制在指定的边界内。

在 buildtrain 方法中，定义了训练过程。首先，通过计算预测动作与其对应的梯度 dqda 的平方差来计算损失；然后，通过 tf.gradients 计算动作网络输出对其参数的梯度，最后使用 Adam 优化器对这些参数进行更新，以最小化损失。这一过程使得策略网络能够根据环境反馈（梯度信息）逐步优化其动作选择策略，达到更好的学习效果。

（2）评论网络（Critic）类的实现。

具体代码如下所示：

```
class Critic(object):
def __init__(self, sess, s_input, r_input, s_dim, actions_dim, scope, trainable, a_net):
    self.sess = sess                              # TensorFlow 会话
    self.s_input = s_input                        # 状态输入
    self.r_input = r_input                        # 奖励输入
    self.s_dim = s_dim                            # 状态维度
    self.a_net = a_net                            # 动作网络
    self.actions_dim = actions_dim                # 动作维度
    self.scope = scope                            # 变量作用域
    self.trainable = trainable                    # 是否可训练
    self.l1_count = 32                            # 第一层神经元数量
    self.lr = 0.01                                # 学习率
    self.target_q_net = None                      # 目标 Q 网络
    self.gamma = 0.9                              # 折扣因子
    self.build_net()                              # 构建网络

def build_net(self):
    # 初始化权重和偏置
    w_init = tf.random_normal_initializer(0., 0.3)
    b_init = tf.constant_initializer(0.10)
    with tf.variable_scope(self.scope):
        # 第一层
        ws1 = tf.get_variable('ws1', shape = [self.s_dim, self.l1_count], dtype = 'float32',
initializer = w_init, trainable = self.trainable)
        b1 = tf.get_variable('b1', shape = [self.l1_count], dtype = 'float32', initializer =
b_init, trainable = self.trainable)
        # 第二层(与动作网络连接)
        wa1 = tf.get_variable('wa1', shape = [self.actions_dim, self.l1_count], dtype =
'float32', initializer = w_init, trainable = self.trainable)
        l1 = tf.nn.relu(tf.matmul(self.s_input, ws1) + tf.matmul(self.a_net, wa1) + b1)

        # 输出层
        w2 = tf.get_variable('w2', shape = [self.l1_count, 1], dtype = 'float32',
                          initializer = w_init, trainable = self.trainable)
        b2 = tf.get_variable('b2', shape = [1], dtype = 'float32', initializer = b_init,
                          trainable = self.trainable)
        self.q_net = tf.matmul(l1, w2) + b2                   # Q 值

    self.grad_a_op = tf.gradients(self.q_net, self.a_net)     # 动作网络的梯度
    self.theta_q = tf.get_collection(tf.GraphKeys.GLOBAL_VARIABLES, self.scope)
                                                              # 获取可训练变量
    self.target_q_net = self.r_input + self.gamma * self.q_net   # 目标 Q 网络值
```

```
def buildTrain(self, target_q_net):
    # 构建训练过程
    self.target_q_net = target_q_net
    self.loss = tf.reduce_mean(tf.squared_difference(self.target_q_net, self.q_net))
                                                        # 计算损失
    opt = tf.train.AdamOptimizer(self.lr)               # 使用 Adam 优化器
    self.train_op = opt.minimize(self.loss, var_list = self.theta_q)  # 应用梯度更新

def build_grad_a(self, s):
    # 计算动作网络的梯度
    dqda = self.sess.run(self.grad_a_op, feed_dict = {self.s_input: s})[0]
    return dqda                                          # 返回动作的梯度
```

这段代码定义了一个 Critic 类，用于实现价值评估网络，在深度强化学习中评估特定状态和动作的价值。构造函数初始化了必要的参数，包括 TensorFlow 会话、状态和奖励输入、动作网络，以及状态和动作的维度，并调用 build_net() 方法构建神经网络。网络由两层全连接层组成，第一层通过 ReLU 激活函数处理输入，第二层生成 Q 值，表示在特定状态下采取特定动作的预期回报。目标 Q 网络通过结合当前奖励和折扣因子计算得出，以形成 TD 目标，随后通过 buildTrain() 方法定义训练过程，最小化 Q 值与目标 Q 值之间的均方差损失，使用 Adam 优化器更新网络参数。此外，build_grad_a() 方法计算输出 Q 值对动作网络的梯度，以便在训练过程中为 Actor 网络提供指导。总体来说，这段代码实现了 Critic 网络的价值评估功能。

（3）记忆存储类的实现。

经验回放机制允许智能体在训练过程中回放以前的经验，这样可以打破数据之间的相关性，提高训练的稳定性和效率。具体代码如下所示：

```
class Memory(object):
def __init__(self, s_dim, actions_dim, memorysize, batchsize):
    self.maxmemorysize = memorysize              # 最大记忆容量
    self.actions_dim = actions_dim               # 动作维度
    self.batchsize = batchsize                   # 批量大小
    self.s_dim = s_dim                           # 状态维度
    # 初始化记忆数组
    self.mem = np.zeros((memorysize, self.s_dim + 1 + 1 + self.s_dim), dtype = 'float32')
    self.index = 0                               # 当前索引
    self.memcount = 0                            # 当前记忆数量
    self.gamma = 0.9                             # 折扣因子

def reset_memory(self):
    # 重置记忆
    self.memcount = 0
    self.index = 0

def store_memory(self, s, a, r, s_):
    # 存储记忆
    rec = np.hstack((s, a, [r], s_))             # 拼接状态、动作、奖励和下一个状态
    self.mem[self.index, :] = rec                # 存储到数组
    self.index += 1
```

```
        self.memcount += 1
        if self.index >= self.maxmemorysize: self.index = 0              # 循环存储

    def rand_choice(self):
        # 随机选择记忆
        count = min(self.memcount, len(self.mem))
        indexes = range(count)
        indexes = np.random.choice(indexes, self.batchsize)              # 随机选择索引
        batch_mem = self.mem[indexes, :]                                 # 选取批量记忆
        b_s = batch_mem[:, :self.s_dim]                                  # 状态
        b_a = batch_mem[:, self.s_dim:self.s_dim + self.actions_dim]     # 动作
        b_r = batch_mem[:, self.s_dim + self.actions_dim][:, None]       # 奖励
        b_s_ = batch_mem[:, -self.s_dim:]                                # 下一个状态
        return b_s, b_a, b_r, b_s_

    def all_choice(self):
        # 选择所有记忆
        assert self.memcount >= 1, '样本太少'
        indexes = range(min(self.memcount, self.maxmemorysize))
        batch_mem = self.mem[indexes, :]                                 # 选取所有记忆
        b_s = batch_mem[:, :self.s_dim]                                  # 状态
        b_a = batch_mem[:, self.s_dim:self.s_dim + self.actions_dim]     # 动作
        b_r = batch_mem[:, self.s_dim + self.actions_dim][:, None]       # 奖励
        b_s_ = batch_mem[:, -self.s_dim:]                                # 下一个状态
        return b_s, b_a, b_r, b_s_

    def discount_normal_reward(self):
        # 折扣奖励
        b_r = self.mem[:self.memcount, self.s_dim + self.actions_dim]
        sum = 0
        for i in reversed(range(len(b_r))):
            sum = sum * self.gamma + b_r[i]                              # 计算折扣奖励
            b_r[i] = sum                                                 # 更新奖励

    def append_record(self, rec):
        # 追加记忆
        self.mem[self.index, :] = rec
        self.index += 1
        self.memcount += 1
        if self.index >= self.maxmemorysize: self.index = 0             # 循环存储
```

　　这段代码实现了一个记忆池(Memory Class),用于存储和管理强化学习中的状态、动作、奖励和下一个状态信息。初始化时,设定了最大记忆容量、状态和动作维度,以及批量大小。store_memory 方法负责将新的记忆记录(状态、动作、奖励、下一个状态)存储到内存中,采用循环存储的方式,以便在达到最大容量后覆盖旧的记忆。rand_choice 和 all_choice 方法分别用于随机选择一批记忆或选择所有存储的记忆,供网络训练使用。discount_normal_reward 方法计算折扣奖励,以增强模型对长期回报的学习能力。此外,reset_memory 和 append_record 方法分别用于重置记忆和追加新的记忆记录。该类为强化学习提供了一个高效的记忆管理机制,有助于训练过程中的样本选择与奖励计算。

（4）DDPG 智能体框架。

实例 U：Actor 评估网络，输入 s，输出 a，训练需要（s，a，dq/da）

实例 U_：Actor 目标网络，输入 s_，输出 a_

实例 Q：Critic 评估网络，输入 s，a，输出 q，训练需要（s，a，q_）

实例 Q_：Critic 目标网络，输入 s_，a_，输出 q_

实例 R：存储状态、动作、奖励

训练 U 需要偏导数 dQ/dθ_u ＝（dQ. q_net / dU. a_net）＊（dU. a_net / dU. theta_i）

选动作：choice_action(s)，返回动作 a，参数 s

存储动作：store_memory(s，a，r，s_)保存状态、动作、奖励、下一个状态选取样本：从保存的内存 R 中随机选 batchsize 个样本。支持选择所有样本训练。

训练：learn(batchsize 个样本)

① 运行 U(s_)，得动作 a_ 由下一个状态得到下一个动作 a_。

② 运行 Q_. target_q_net(r，s_，a_)，返回得 Q 现实值 q_。

③ 运行 Q. train_op(s，a，q_)误差为估计值 q 和现值 q_的差，进行训练调整 theta_Q。

④ 求偏导数：a_grad ＝ dQ/da。

⑤ 训练 U。梯度为(dU ＊ a_grad) / dtheta_u。

⑥ soft 方式同步参数 theta_U <-(soft) theta_U ，theta_Q_ <-soft theta_Q。

具体代码如下所示：

```python
class Brain_DDPG(object):
    def __init__(self, s_dim, actions_dim, memorysize, batchsize, action_bound):
        self.sess = tf.Session()                                          # 创建 TensorFlow 会话
        self.s_input = tf.placeholder(dtype = 'float32', shape = (None, s_dim))    # 状态输入
        self.s__input = tf.placeholder(dtype = 'float32', shape = (None, s_dim))   # 下一个状态输入
        self.r_input = tf.placeholder(dtype = 'float32', shape = (None, 1))        # 奖励输入
        self.s_dim = s_dim                                                # 状态维度
        self.actions_dim = actions_dim                                    # 动作维度
        self.action_bound = action_bound                                  # 动作边界

        # 初始化 Actor 和 Critic
        self.U = Actor(self.sess, self.s_input, s_dim, actions_dim, 'Actor/eval_net', True,
action_bound)
        self.U_ = Actor(self.sess, self.s__input, s_dim, actions_dim, 'Actor/target_net', False,
action_bound)
        self.Q = Critic(self.sess, self.s_input, self.r_input, s_dim, actions_dim, 'Critic/eval
_net', True, self.U.a_net)
        self.Q_ = Critic(self.sess, self.s__input, self.r_input, s_dim, actions_dim, 'Critic/
target_net', False, self.U_.a_net)

        self.U.buildtrain(self.Q.grad_a_op)                              # 构建 Actor 训练
        self.Q.buildTrain(self.Q_.target_q_net)                         # 构建 Critic 训练

        self.R = Memory(s_dim, actions_dim, memorysize, batchsize)       # 初始化记忆

        self.softcopy_tau = 0.015                                        # 参数同步比例,值不能太大,越小收敛越好
```

```
        # 软同步参数
        self.assign_u_op = [tf.assign(t, e * self.softcopy_tau + (1 − self.softcopy_tau) *
t) for (t, e) in
                            zip(self.U_.theta_u, self.U.theta_u)]
        self.assign_q_op = [tf.assign(t, e * self.softcopy_tau + (1 − self.softcopy_tau) *
t) for (t, e) in
                            zip(self.Q_.theta_q, self.Q.theta_q)]
        self.sess.run(tf.global_variables_initializer())            # 初始化变量

def reset_memory(self):
        # 重置记忆
        self.R.reset_memory()

def choice_action(self, s):
        s = s[None, :]                                             # 扩展维度
        a = self.sess.run(self.U.a_net, feed_dict = {self.s_input: s})   # 运行 Actor 网络得到动作
        return a                                                   # 返回动作

def store_memory(self, s, a, r, s_):
        # 存储记忆
        self.R.store_memory(s, a, r, s_)

def soft_assign(self, t_params, e_params, tau):
        # 软同步参数
        [tf.assign(t, e * tau + (1 − tau) * t) for (t, e) in zip(t_params, e_params)]

def memorycount(self):
        return self.R.memcount                                     # 返回当前记忆数量

def discount_normal_reward(self):
        # 折扣奖励
        self.R.discount_normal_reward()

def learn(self, feature):
        # 学习过程
        if (feature == 'all'):
            b_s, b_a, b_r, b_s_ = self.R.all_choice()              # 选择所有记忆
        else:
            b_s, b_a, b_r, b_s_ = self.R.rand_choice()             # 随机选择记忆
        # 训练 Q 网络
        _, q_loss = self.sess.run([self.Q.train_op, self.Q.loss],
                                   feed_dict = {self.s_input: b_s, self.r_input: b_r, self.s__
input: b_s_, self.Q.a_net: b_a})
        # 训练 U 网络
        _, u_value = self.sess.run([self.U.train_op, self.U.loss],
                                    feed_dict = {self.s_input: b_s, self.r_input: b_r, self.s__
input: b_s_})
        # 同步参数
        self.sess.run([self.assign_u_op, self.assign_q_op])
        return u_value, q_loss                                     # 返回 U 和 Q 的损失值
```

　　这段代码实现了一个深度确定性策略梯度算法的智能体框架。首先,它初始化了一个 TensorFlow 会话和相应的输入占位符,包括状态、下一个状态和奖励的输入。随后,创建了两个 Actor 网络(用于选择动作)和两个 Critic 网络(用于评估动作的价值),其中一个为主网络(评估当前策略),另一个为目标网络(用于稳定训练过程)。每个网络的训练操作也在初始化时构建。

　　在内存管理方面,代码使用了一个记忆类(Memory),用于存储智能体在环境中的经历,包括状态、动作、奖励和下一个状态。这使得智能体可以利用过去的经验进行学习,支持批量学习和经验重放。

　　代码还实现了软参数同步机制,通过 assign_u_op 和 assign_q_op 来更新目标网络的参数,以保持稳定的训练过程。训练时,智能体根据指定的特征(如全量或随机选择记忆)从记忆中抽取样本,分别训练 Critic 和 Actor 网络,并在每次学习后更新目标网络的参数。

　　通过 learn 方法,智能体进行学习过程中的关键操作,计算并更新网络的损失值,同时执行软同步,以提高训练的稳定性和收敛性。

　　(5) 随机探索的实现。

　　具体代码如下所示:

```
action = agent.choice_action(s)[0] + np.random.normal(0, 0.5) * var
```

　　这里的随机噪声是从正态分布中生成的,均值为 0,标准差为 0.5。np.random.normal (0,0.5)生成一个随机数,这个随机数会加到智能体选择的动作上。var 是一个可调参数,它的初始值为 1,随着训练的进行会逐渐减小(通过 var *= 0.997 和 var *= 0.9995 等操作),从而控制噪声的强度。

　　(6) 主程序的设计。

　　主程序如下所示:

```
import gym
import tensorflow as tf
import numpy as np
from Brain_DDPG import Brain_DDPG
from Brain_DDPG import Memory

'''使用 Brain DDPG 运行 cartpole
多循环一些回合后,如 episode 2000 以内,可以出现永远不倒的情况,测过 100 万次杆子也不倒。
为了节约时间,设置为 10 万次不倒主动退出。
'''

def main():
    ENV_NAME = 'CartPole-v0'
    EPISODE = 3000                      # 最大回合数
    MAX_EP_STEPS = 7500                 # 一个回合最大学习步数
    batchsize = MAX_EP_STEPS           # 采样批次数量
    maxmemorysize = int(batchsize)     # 记忆状态动作的内存大小

    np.random.seed(1)
    tf.set_random_seed(1)
```

```python
env = gym.make(ENV_NAME)
env.seed(11)
env = env.unwrapped

s_dim = env.observation_space.shape[0]              # 状态维度为 4
actions_dim = 1                                      # 动作维度
action_high = 1                                      # 动作最大值

# agent 为 Brain DDPG, 使用 DDPG 算法。
agent = Brain_DDPG(s_dim, actions_dim, maxmemorysize, batchsize, action_high)

var = 1                                              # 随机数的系数
RENDER = False
R = Memory(s_dim, actions_dim, MAX_EP_STEPS, batchsize)   # 记录一个回合的内存

for episode in range(EPISODE):
    # 回合开始
    R.reset_memory()
    s = env.reset()
    learned = False
    RENDER = False
    step = 0
    total_reward = 0                                 # 初始化总奖励

    while True:
        step += 1
        if RENDER: env.render()
        # 选动作 加 随机
        action = agent.choice_action(s)[0] + np.random.normal(0, 0.5) * var

        # 动作 0 或 1
        if action >= 0.5:
            action = 1
        else:
            action = 0

        s_, r, done, _ = env.step(action)            # 在环境中走一步
        total_reward += r                            # 累计奖励
        if done: r = -1
        R.store_memory(s, action, r, s_)             # 保存在回合内存中

        if done:
            if step <= MAX_EP_STEPS:
                R.discount_normal_reward()           # 计算本回合的奖励贴现
                for j in range(R.memcount):
                    record = R.mem[j:j + 1, ]
                    agent.R.append_record(record)    # 将状态存到 agent 中

                    if agent.R.memcount >= batchsize:
                        var *= 0.997
                        agent.learn('all')
```

```
                    learned = True

            # 打印每个回合结束时的状态值和动作值
            print(f"End of episode {episode}: State = {s}, Action = {action}, Total
Reward = {total_reward}")
                break
        else:
            # 杆子没有倒,已达最大步 训练
            if step == MAX_EP_STEPS:
                # 计算奖励贴现值
                R.discount_normal_reward()
                for j in range(R.memcount):
                    record = R.mem[j:j + 1, ]
                    agent.R.append_record(record)
                var *= 0.9995                              # 系数衰减
                agent.learn('all')
                learned = True
            elif step > MAX_EP_STEPS:
                # 超过 9 万 9 千 5 百步,最后 500 步显示动画
                if step >= 99500: RENDER = True
                # 越过最大步数,每 20000 次打印一次。
                if step % 20000 == 0:
                    print('running now step = {}'.format(step))
                if step >= 100000:
                    print('已经 10 万次不倒,可能永远不会倒了,主动退出')
                    break

        s = s_                                          # 当前状态等于下一个状态

    print(f"Episode = {episode}, done = {done}, learned = {learned}, var = {var:.4f},
maxstep = {step}")

if __name__ == '__main__':
    main()
```

这段代码实现了一个基于 DDPG(Deep Deterministic Policy Gradient)算法的强化学习智能体,解决'CartPole-v0'环境中的平衡问题。

① 环境设置:通过 gym 库创建'CartPole-v0'环境,并设定了种子以确保可重复性。状态维度为 4,动作维度为 1(输出动作的概率),动作的最大值设为 1。

② 智能体初始化:创建一个 Brain_DDPG 对象,负责执行 DDPG 算法,并初始化相关的超参数,如最大回合数(EPISODE)、每回合的最大步数(MAX_EP_STEPS)和记忆大小。

③ 回合循环:智能体将进行多个回合(最多 3000 个),在每个回合开始时,重置环境并初始化状态。每回合中,智能体根据当前状态选择动作,并在环境中执行该动作。此处添加了随机噪声,以增加探索性。

④ 奖励计算和存储:在执行动作后,智能体会获得奖励(根据是否倒下而定),并将状态、动作、奖励及下一个状态存储到记忆中。总奖励会累积以便于在回合结束时打印。

⑤ 训练过程:如果回合结束,智能体会计算折扣奖励并更新其经验记忆,如果记忆足

够充足,则会进行学习。

⑥ 打印结果:每个回合结束时,打印当前回合的状态、动作和总奖励,并在控制台输出当前回合的相关信息,包括是否完成、学习情况、噪声系数和步数。

⑦ 条件退出:如果智能体在很长时间内未能倒下(超过10万步),将主动退出以节约时间。

3. 运行结果

(1) 网络未收敛时的运行结果。

例如,在第570回合结束时,智能体的状态和动作及该回合的评估平均奖励如图9-10所示。

```
End of episode 570: State = [ 0.07503394  1.55043428 -0.20405029 -2.53239914], Action = 1, Total Reward = 11.0
```

图 9-10 智能体的状态和动作及该回合的评估平均奖励(第570回合)

这个结果表示在第570个回合结束时的状态、动作和总奖励的详细信息,State = [0.075 033 94 1.550 434 28 —0.204 050 29 —2.532 399 14]是智能体在回合结束时的状态。CartPole-v0环境的状态包含4个值,分别表示:小车的位置(位置偏移)、小车的速度、杆子的角度(相对于垂直的角度)、杆子的角速度。Action = 1:这是智能体在该状态下采取的动作。由于动作是二元的(0或1),这里的1表示智能体选择了"向右推杆"的动作。Total Reward = 11.0:这是智能体在这一回合中获得的总奖励。CartPole-v0环境的奖励规则是,每成功维持杆子直立一步会获得1分,回合结束时的总分数就是智能体成功维持杆子直立的步数。因此,11.0表示智能体成功维持杆子直立了11步。网络未收敛时的运行结果如图9-11所示。

图 9-11 网络未收敛时的运行结果

(2) 网络收敛时的运行结果。

例如,在第774回合,打印出的结果如图9-12所示。

```
End of episode 774: State = [ 2.39634224  0.52861642  0.02369626 -0.34919096], Action = 0, Total Reward = 786.0
```

图 9-12 打印出的结果

State = [2.396 342 24 0.528 616 42 0.023 696 26 —0.349 190 96]的具体含义如下:第一个值(2.396 342 24)通常表示小车的水平位置。这个值较大,意味着小车在较右的位置。第二个值(0.528 616 42)表示小车的速度,表明小车在右方向上有一定的速度。第三个值(0.023 696 26)通常表示杆子的角度,相对垂直位置的倾斜度。这个值接近零,表示杆子几乎垂直。第四个值(—0.349 190 96)可能表示杆子的角速度,负值意味着杆子正在向左旋转。Total Reward = 786.0表示在这个回合中,智能体获得的总奖励是786分。这是一个相对较高的分数,说明智能体在这个回合中成功地保持了杆子直立,并执行了有效的动作。网络收敛时的运行结果如图9-13所示。

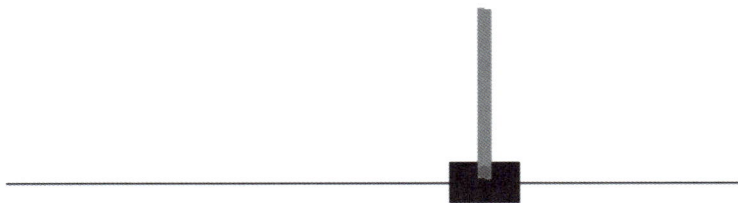

图 9-13　网络收敛时的运行结果

9.3.3　DDPG 实现 MountainCar-v0 实例

1. 环境设置

本次实验所用环境为 TensorFlow 1.2.0 和 Gym 0.9.2。Mountain-v0 环境是 OpenAI Gym 的一部分,可以找到相关实现。具体步骤如下:在 Anaconda 中浏览到 envs/TF1.2/lib/site-packages gym/envs/classic_control/ 目录。在这个目录中,找到 mountaincar. py 文件,里面包含了 mountaincar 环境的实现。MountainCar 环境模拟了一辆小车在山谷中的运动,目标是使小车成功到达山顶。

(1) 状态空间。

MountainCar 环境的状态空间由两个部分组成。

位置:小车在山坡上的位置,范围为 $[-1.2, 0.6]$。

表示小车在山坡上的水平位置。值越小,表示小车越接近坡底(负值),值越大,表示小车越接近坡顶(正值)。小车的目标是向右移动,达到位置 $(0.6, 0.6, 0.6)$ 以成功完成任务。

速度:小车的当前速度,范围为 $[-0.07, 0.07]$。表示小车的当前速度。速度的正值表示小车向右移动,负值表示小车向左移动。小车的速度在移动过程中会受到重力和坡度的影响,速度的变化也会影响小车的位置。

(2) 动作空间。

MountainCar 的动作空间是一个离散的集合,包含以下三个动作:0,向左移动;1,不动;2,向右移动。这使得智能体可以选择 3 个不同的动作来影响小车的运动。

(3) 奖励机制。

在 MountainCar 环境中,奖励是固定的。

每一步的固定负奖励:智能体在每个时间步都会获得一个固定的负奖励,值为 -1.0。这个设计的主要目的是鼓励智能体尽快达到目标位置,而不是在环境中无所事事。负奖励会促使智能体减少所需的步骤,优化其策略。

达到目标位置:如果小车的当前位置超过了目标位置(self. goal_position,即 0.5),环境将返回 done = True,标志着任务成功完成。虽然在该实现中没有给予额外的奖励,但通常在许多强化学习环境中,成功达到目标会伴随着一个较高的正奖励(例如 $+100$)。在这里,由于每步都得到了 -1 的奖励,完成任务会有助于增加总的累积奖励的正向值。

总体目标是最大化累计奖励。在这个环境中,由于每一步都会受到负奖励,因此智能体需要学习有效的策略,以减少到达目标所需的步骤。由于奖励是负的,智能体的最终目标是最小化负奖励,也就是尽快到达目标位置。

（4）具体计算过程。

在 _step 方法中，智能体根据其选择的动作来更新小车的状态。具体步骤如下：

更新速度：根据动作和当前位置更新小车的速度：

"velocity" += ("action" − 1) × 0.001 + cos(3 × "position") × (− 0.0025)

这里，(action − 1) 用于表示小车的运动方向，math.cos 函数提供了与位置相关的附加动力。

限制速度：将速度限制在最大值范围内：

"velocity" = "np.clip"("velocity", − "max_speed", "max_speed")

更新位置：根据新的速度更新小车的位置，并限制位置在有效范围内：

"position" += "velocity"
"position" = "np.clip"("position", "min_position", "max_position")

完成条件检查：如果小车到达或超过目标位置，设置 done 为 True。

返回状态：返回新的状态（位置和速度）、当前奖励、完成标志和额外信息。

2. 实现代码

（1）策略网络（Actor）类的实现。

具体代码如下所示：

```python
class ActorNetwork(object):
def __init__(self, sess, state_dim, action_dim, action_bound, learning_rate, tau, device =
'/cpu:0'):
    self.sess = sess                              # TensorFlow 会话
    self.s_dim = state_dim                        # 状态维度
    self.a_dim = action_dim                       # 动作维度
    self.action_bound = action_bound              # 动作边界
    self.learning_rate = learning_rate            # 学习率
    self.tau = tau                                # 软更新参数
    self.device = device                          # 设备设置(CPU 或 GPU)

    # 创建 Actor 网络
    self.inputs, self.out, self.scaled_out = self.create_actor_network()

    # 获取可训练参数
    self.network_params = tf.trainable_variables()

    # 创建目标网络
    self.target_inputs, self.target_out, self.target_scaled_out = self.create_actor_
network()
    self.target_network_params = tf.trainable_variables()[len(self.network_params):]

    # 定义更新目标网络的操作
    self.update_target_network_params = [
        self.target_network_params[i].assign(tf.multiply(self.network_params[i], self.tau) +
tf.multiply(self.target_network_params[i], 1. − self.tau))
```

```
        for i in range(len(self.target_network_params))
    ]

    with tf.device(self.device):
        # 由 Critic 网络提供的梯度
        self.action_gradient = tf.placeholder(tf.float32, [None, self.a_dim])

        # 计算 Actor 网络的梯度
        self.actor_gradients = tf.gradients(self.scaled_out, self.network_params, - self.action_gradient)

        # 优化操作
        self.optimize = tf.train.AdamOptimizer(self.learning_rate).apply_gradients(zip(self.actor_gradients, self.network_params))

    # 计算可训练变量的数量
    self.num_trainable_vars = len(self.network_params) + len(self.target_network_params)

def create_actor_network(self):
    with tf.device(self.device):
        # 权重初始化
        w1_initial = np.random.normal(size = (self.s_dim, 400)).astype(np.float32)
        w2_initial = np.random.normal(size = (400, 300)).astype(np.float32)
        w3_initial = np.random.uniform(size = (300, self.a_dim), low = - 0.0003, high = 0.0003).astype(np.float32)

        # 输入占位符
        inputs = tf.placeholder(tf.float32, shape = [None, self.s_dim])

        # 第一层
        w1 = tf.Variable(w1_initial)
        b1 = tf.Variable(tf.zeros([400]))
        z1 = tf.matmul(inputs, w1) + b1
        l1 = tf.nn.relu(z1)                              # 激活函数

        # 第二层
        w2 = tf.Variable(w2_initial)
        b2 = tf.Variable(tf.zeros([300]))
        z2 = tf.matmul(l1, w2) + b2
        l2 = tf.nn.relu(z2)                              # 激活函数

        # 输出层
        w3 = tf.Variable(w3_initial)
        b3 = tf.Variable(tf.zeros([self.a_dim]))
        out = tf.nn.tanh(tf.matmul(l2, w3) + b3)         # 输出动作
        scaled_out = tf.multiply(out, self.action_bound) # 将输出动作缩放到规定边界

    self.saver = tf.train.Saver()                        # 保存模型
    return inputs, out, scaled_out

def train(self, inputs, a_gradient):
```

```
    # 训练 Actor 网络
    self.sess.run(self.optimize, feed_dict = {
        self.inputs: inputs,
        self.action_gradient: a_gradient
    })

def predict(self, inputs):
    # 预测动作
    return self.sess.run(self.scaled_out, feed_dict = {
        self.inputs: inputs
    })

def predict_target(self, inputs):
    # 预测目标网络的动作
    return self.sess.run(self.target_scaled_out, feed_dict = {
        self.target_inputs: inputs
    })

def update_target_network(self):
    # 更新目标网络参数
    self.sess.run(self.update_target_network_params)

def get_num_trainable_vars(self):
    # 获取可训练变量的数量
    return self.num_trainable_vars

def save_actor(self):
    # 保存 Actor 网络模型
    self.saver.save(self.sess, './actor_model.ckpt')
    print("Model saved in file: actor_model")

def recover_actor(self):
    # 恢复 Actor 网络模型
    self.saver.restore(self.sess, './actor_model.ckpt')
```

这段代码实现了一个 Actor 网络，主要用于强化学习中的深度确定性策略梯度（DDPG）算法，专门处理连续动作空间。网络结构由输入层、两个隐藏层和输出层组成，隐藏层使用 ReLU 激活函数，而输出层则使用 tanh 函数，以确保输出的动作在指定范围内。网络的构建包括初始化权重和偏置，以及创建输入占位符。为了训练，Actor 网络通过梯度下降方法优化损失，利用来自 Critic 网络的动作梯度信息进行更新。此外，代码实现了目标网络的软更新机制，以提高学习稳定性，并包含模型保存和恢复的功能，以便于在训练过程中的检查点管理。总体来说，这个 Actor 网络为在连续控制任务中学习最优策略提供了基础架构。

（2）评论网络（Critic）类的实现。

具体代码如下所示：

```
import tensorflow as tf
import numpy as np
```

```
HIDDEN_1 = 400
HIDDEN_2 = 300


class CriticNetwork(object):
    """
    输入网络的状态和动作,输出 Q(s,a)。
    动作必须从 Actor 网络的输出中获取。
    """

    def __init__(self, sess, state_dim, action_dim, learning_rate, tau, num_actor_vars,
device = '/cpu:0'):
        self.sess = sess                                     # TensorFlow 会话
        self.s_dim = state_dim                               # 状态维度
        self.a_dim = action_dim                              # 动作维度
        self.learning_rate = learning_rate                  # 学习率
        self.tau = tau                                       # 软更新参数
        self.device = device                                 # 设备设置(CPU 或 GPU)

        self.batch_size = 2                                  # 批量大小
        self.h_size = 300                                    # 最后一层隐藏网络的大小

        # 创建 Critic 网络
        self.inputs, self.action, self.out = self.create_critic_network('critic')

        # 获取网络的可训练参数
        self.network_params = tf.trainable_variables()[num_actor_vars:]

        # 创建目标网络
        self.target_inputs, self.target_action, self.target_out = self.create_critic_
network('critic_target')

        self.target_network_params = tf.trainable_variables()[(len(self.network_params) + num_
actor_vars):]

        # 定义定期更新目标网络的操作
        self.update_target_network_params = [
            self.target_network_params[i].assign(tf.multiply(self.network_params[i],
self.tau) + tf.multiply(self.target_network_params[i], 1. - self.tau))
            for i in range(len(self.target_network_params))
        ]

        # 网络目标 (y_i)
        with tf.device(self.device):
            self.predicted_q_value = tf.placeholder(tf.float32, [None, 1]) # Q 值的预测值

            # 定义损失和优化操作
            self.loss = tf.reduce_mean(tf.square(tf.subtract(self.predicted_q_value,
self.out)))                                              # 均方误差损失
            self.optimize = tf.train.AdamOptimizer(self.learning_rate).minimize(self.
loss)                                                    # Adam 优化器
```

```
            self.action_grads = tf.gradients(self.out, self.action)    # 计算动作的梯度

    def create_critic_network(self, scope):
        with tf.device(self.device):
            # 权重初始化
            w1_initial = np.random.normal(size = (self.s_dim, 400)).astype(np.float32)
            w2_initial = np.random.normal(size = (400, 300)).astype(np.float32)
            w2_action = np.random.normal(size = (self.a_dim, 300)).astype(np.float32)
            w3_initial = np.random.uniform(size = (300, 1), low = -0.0003, high = 0.0003).
astype(np.float32)

            # 输入占位符
            inputs = tf.placeholder(tf.float32, shape = [None, self.s_dim])
            action = tf.placeholder(tf.float32, shape = [None, self.a_dim])

            # 第一层,输入为状态
            w1 = tf.Variable(w1_initial)
            b1 = tf.Variable(tf.zeros([400]))
            z1 = tf.matmul(inputs, w1) + b1
            l1 = tf.nn.relu(z1)                                 # ReLU 激活函数

            # 第二层,状态和动作的结合
            w2_i = tf.Variable(w2_initial)
            w2_a = tf.Variable(w2_action)
            b2 = tf.Variable(tf.zeros([300]))
            z2 = tf.matmul(l1, w2_i) + tf.matmul(action, w2_a) + b2
            l2 = tf.nn.relu(z2)                                 # ReLU 激活函数

            # 输出层
            w3 = tf.Variable(w3_initial)
            b3 = tf.Variable(tf.zeros([1]))
            out = tf.matmul(l2, w3) + b3                        # 线性激活
        self.saver = tf.train.Saver()                          # 保存模型
        return inputs, action, out

    def create_normal_critic_network(self):
        with tf.device(self.device):
            # 权重初始化
            w1_initial = np.random.normal(size = (self.s_dim, HIDDEN_1)).astype(np.
float32)
            w2_initial = np.random.normal(size = (HIDDEN_1, HIDDEN_2)).astype(np.float32)
            w2_action = np.random.normal(size = (self.a_dim, HIDDEN_2)).astype(np.float32)
            w3_initial = np.random.uniform(size = (HIDDEN_2, 1), low = -0.0003, high =
0.0003).astype(np.float32)

            # 输入占位符
            inputs = tf.placeholder(tf.float32, shape = [None, self.s_dim])
            action = tf.placeholder(tf.float32, shape = [None, self.a_dim])

            # 第一层,输入为状态
            w1 = tf.Variable(w1_initial)
```

```
                b1 = tf.Variable(tf.zeros([HIDDEN_1]))
                z1 = tf.matmul(inputs, w1) + b1
                l1 = tf.nn.relu(z1)                              # ReLU 激活函数

                # 第二层,状态和动作的结合
                w2_i = tf.Variable(w2_initial)
                w2_a = tf.Variable(w2_action)
                b2 = tf.Variable(tf.zeros([HIDDEN_2]))
                z2 = tf.matmul(l1, w2_i) + tf.matmul(action, w2_a) + b2
                l2 = tf.nn.relu(z2)                              # ReLU 激活函数

                # 输出层
                w3 = tf.Variable(w3_initial)
                b3 = tf.Variable(tf.zeros([1]))
                out = tf.matmul(l2, w3) + b3                     # 线性激活
                self.saver = tf.train.Saver()                   # 保存模型
            return inputs, action, out

        def train(self, inputs, action, predicted_q_value):
            # 训练 Critic 网络
            return self.sess.run([self.out, self.optimize], feed_dict = {
                self.inputs: inputs,
                self.action: action,
                self.predicted_q_value: predicted_q_value
            })

        def predict(self, inputs, action):
            # 预测 Q 值
            return self.sess.run(self.out, feed_dict = {
                self.inputs: inputs,
                self.action: action
            })

        def predict_target(self, inputs, action):
            # 预测目标网络的 Q 值
            return self.sess.run(self.target_out, feed_dict = {
                self.target_inputs: inputs,
                self.target_action: action
            })

        def action_gradients(self, inputs, actions):
            # 计算动作的梯度
            return self.sess.run(self.action_grads, feed_dict = {
                self.inputs: inputs,
                self.action: actions
            })

        def update_target_network(self):
            # 更新目标网络参数
            self.sess.run(self.update_target_network_params)
```

```
def save_critic(self):
    # 保存 Critic 网络模型
    self.saver.save(self.sess, './critic_model.ckpt')
    print("Model saved in file:")

def recover_critic(self):
    # 恢复 Critic 网络模型
    self.saver.restore(self.sess, './critic_model.ckpt')
```

这段代码实现了一个 Critic 网络,Critic 网络的主要功能是估计给定状态和动作对的 Q 值(即未来奖励的预期),以指导 Actor 网络优化其动作选择。代码中定义了 Critic 网络的结构,包括两层隐藏层和一个输出层,采用 ReLU 激活函数处理状态和动作信息的结合。网络的损失函数为预测 Q 值与实际 Q 值之间的均方误差,优化器使用 Adam 算法进行训练。此外,代码还实现了目标网络,定期更新目标网络的参数以提高训练稳定性。Critic 网络的目标是通过梯度下降来优化损失函数,减小预测误差,以提高 Q 值的准确性。

(3) 随机探索的实现。

在训练过程中可能会陷入局部最优解。为了解决这一问题,噪声(如 Ornstein-Uhlenbeck 噪声)被用来在动作选择中引入随机性。具体代码如下所示:

```
class OUNoise:
"""docstring for OUNoise"""
def __init__(self,action_dimension,mu = 0, theta = 0.15, sigma = 0.2):
    self.action_dimension = action_dimension
    self.mu = mu
    self.theta = theta
    self.sigma = sigma
    self.state = np.ones(self.action_dimension) * self.mu
    self.reset()

def reset(self):
    self.state = np.ones(self.action_dimension) * self.mu

def noise(self):
    x = self.state
    dx = self.theta * (self.mu - x) + self.sigma * nr.randn(len(x))
    self.state = x + dx
    return self.state
```

这段代码定义了一个 OUNoise 类,用于生成 Ornstein-Uhlenbeck 噪声,这种噪声常用于强化学习中的策略探索,尤其是在连续动作空间中。构造函数 __init__ 接收动作维度、均值 mu、衰减速率 theta 和标准差 sigma 为参数,并初始化噪声的状态。reset 方法将噪声状态重置为均值 mu。noise 方法计算并返回当前噪声值,通过将状态更新为基于均值和之前状态的线性组合,再加上一个随机噪声项,从而引入时间相关性。这种机制使得生成的噪声在控制任务中更加平滑,有助于智能体在训练过程中进行有效探索,避免陷入局部最优解。

(4) 经验回放类的实现。

具体代码如下所示:

```python
from collections import deque
import random
import numpy as np
import pickle

class ReplayBuffer(object):

    def __init__(self, buffer_size, random_seed = 123):
        """
        The right side of the deque contains the most recent experiences
        """
        self.buffer_size = buffer_size
        self.count = 0
        self.buffer = deque()
        random.seed(random_seed)

    def add(self, s, a, r, t, s2):
        experience = (s, a, r, t, s2)
        if self.count < self.buffer_size:
            self.buffer.append(experience)
            self.count += 1
        else:
            self.buffer.popleft()
            self.buffer.append(experience)

    def size(self):
        return self.count

    def sample_batch(self, batch_size):
        batch = []

        if self.count < batch_size:
            batch = random.sample(self.buffer, self.count)
        else:
            batch = random.sample(list(self.buffer), batch_size)

        s_batch = np.array([_[0] for _ in batch])
        a_batch = np.array([_[1] for _ in batch])
        r_batch = np.array([_[2] for _ in batch])
        t_batch = np.array([_[3] for _ in batch])
        s2_batch = np.array([_[4] for _ in batch])

        return s_batch, a_batch, r_batch, t_batch, s2_batch

    def clear(self):
        self.deque.clear()
        self.count = 0

    def save(self):
        print('saving the replay buffer')
```

```
        print('.')
        file = open('replay_buffer.obj', 'wb')
        print('..')
        pickle.dump(self.buffer, file)
        print('...')
        print('the replay buffer was saved succesfully')

    def load(self):

        try:
            filehandler = open('replay_buffer.obj', 'rb')
            self.buffer = pickle.load(filehandler)
            self.count = len(self.buffer)
            print('the replay buffer was loaded succesfully')
        except:
            print('there was no file to load')
```

这段代码定义了一个 ReplayBuffer 类,主要用于存储和管理经验回放,以支持强化学习中的训练过程。该类使用 collections.deque 来实现一个固定大小的缓冲区,存储最多 buffer_size 个经验元组(状态、动作、奖励、是否终止、下一个状态)。add 方法用于向缓冲区添加新经验,如果缓冲区已满,则移除最旧的经验。size 方法返回当前缓冲区中存储的经验数量。sample_batch 方法随机抽取一个批次的经验用于训练,确保在缓冲区经验数量不足时能够安全采样。clear 方法清空缓冲区,save 和 load 方法分别用于将缓冲区内容序列化保存到文件和从文件中加载。整体上,该类实现了强化学习中常用的经验回放机制。

(5)主程序的设计。

主程序如下所示:

```
import tensorflow as tf
import numpy as np
import gym
from replay_buffer import ReplayBuffer
from actor import ActorNetwork
from critic import CriticNetwork
from ou_noise import OUNoise
import os

# Actor 网络的基础学习率
ACTOR_LEARNING_RATE = 0.0001
# Critic 网络的基础学习率
CRITIC_LEARNING_RATE = 0.001
# 软目标更新参数
TAU = 0.001
# Gym 环境名称
ENV_NAME = 'MountainCarContinuous - v0'
# 随机种子
RANDOM_SEED = 1234
# Epsilon 衰减期
EXPLORE = 70
# 设备设置(CPU)
```

```python
DEVICE = '/cpu:0'

def trainer(epochs = 1000, MINIBATCH_SIZE = 40, GAMMA = 0.99, epsilon = 1.0, min_epsilon = 0.01,
BUFFER_SIZE = 10000,
            train_indicator = True, render = False):
    with tf.Session() as sess:
        env = gym.make(ENV_NAME)
        output_dir = './videos/'
        if not os.path.exists(output_dir):
            os.makedirs(output_dir)

        np.random.seed(RANDOM_SEED)
        tf.set_random_seed(RANDOM_SEED)
        env.seed(RANDOM_SEED)

        state_dim = env.observation_space.shape[0]
        action_dim = env.action_space.shape[0]
        action_bound = np.float64(10)
        print(f'State Dimension: {state_dim}, Action Dimension: {action_dim}')

        ruido = OUNoise(action_dim, mu = 0.4)

        actor = ActorNetwork(sess, state_dim, action_dim, action_bound, ACTOR_LEARNING_
RATE, TAU, DEVICE)
        critic = CriticNetwork(sess, state_dim, action_dim, CRITIC_LEARNING_RATE, TAU,
actor.get_num_trainable_vars(), DEVICE)

        sess.run(tf.global_variables_initializer())
        actor.update_target_network()
        critic.update_target_network()
        replay_buffer = ReplayBuffer(BUFFER_SIZE, RANDOM_SEED)

        goal = 0
        max_state = - 1.0

        for i in range(epochs):
            state = env.reset()
            state = np.hstack(state)
            ep_reward = 0
            done = False
            max_state_episode = - 1

            while not done:
                if render:
                    env.render()

                action_original = actor.predict(np.reshape(state, (1, state_dim)))
                action = action_original + max(epsilon, 0) * ruido.noise()  # 加噪声以增
                                                                            # 加探索
```

```
            next_state, reward, done, info = env.step(action)

            if train_indicator:
                replay_buffer.add(np.reshape(state, (actor.s_dim,)), np.reshape
(action, (actor.a_dim,)), reward,
                                  done, np.reshape(next_state, (actor.s_dim,)))

            if replay_buffer.size() > MINIBATCH_SIZE:
                s_batch, a_batch, r_batch, t_batch, s2_batch = replay_buffer.
sample_batch(MINIBATCH_SIZE)
                target_q = critic.predict_target(s2_batch, actor.predict_target
(s2_batch))
                y_i = [r if t else r + GAMMA * target_q[k] for k, (r, t) in enumerate
(zip(r_batch, t_batch))]
                predicted_q_value, _ = critic.train(s_batch, a_batch, np.reshape
(y_i, (MINIBATCH_SIZE, 1)))
                a_outs = actor.predict(s_batch)
                grads = critic.action_gradients(s_batch, a_outs)
                actor.train(s_batch, grads[0])
                actor.update_target_network()
                critic.update_target_network()

            state = next_state
            ep_reward += reward

        print(f'Episode {i + 1} ends with state: {state.flatten()}')    # 打印结束状态为
                                                                        # 一维数组
        print(f'Final action taken: {action}')                          # 打印回合结束时
                                                                        # 的动作值

        ruido.reset()
        if state[0] > 0.45:
            goal += 1

        if max_state_episode > max_state:
            max_state = max_state_episode

        print(
            f'Episode {i + 1}, Reward: {round(ep_reward, 3)}, Epsilon: {round(epsilon,
3)}, Goal Efficiency: {round(100 * (goal / (i + 1)), 3)}'
        )

    critic.save_critic()
    actor.save_actor()
    print('Model saved successfully')
    env.close()

if __name__ == '__main__':
```

```
trainer(epochs = 100, epsilon = 1.0, render = True)
```

这段代码实现了使用深度强化学习算法来训练一个智能体解决 MountainCarContinuous-v0 环境中的控制问题。核心部分包括以下几个步骤。

① **初始化参数**：定义了学习率、软目标更新参数、随机种子、经验回放缓冲区大小等超参数。

② **创建环境**：使用 gym 库创建 MountainCarContinuous 环境，并设置随机种子以保证实验的可复现性。

③ **网络构建**：初始化 Actor 和 Critic 网络，分别用于生成动作和评估动作的 Q 值。还初始化了 OU 噪声，以增加动作选择的随机性，促进探索。

④ **训练循环**：在多个回合中，执行以下步骤。

- 重置环境并初始化状态。
- 在每个步骤中，Actor 网络预测动作，并添加噪声进行探索。
- 执行该动作并获取下一个状态和奖励。
- 将经验存入回放缓冲区，如果缓冲区中样本数量超过设定值，则随机采样一批数据进行训练：计算目标 Q 值；更新 Critic 网络以最小化预测 Q 值和目标 Q 值之间的差异；计算 Actor 的梯度并更新 Actor 网络；更新目标网络的权重。

⑤ **结果输出**：每个回合结束时输出当前的奖励、状态值、动作值、步骤数和成功率。

⑥ **模型保存**：训练结束后，保存 Actor 和 Critic 网络的模型。

⑦ **可视化**：可以选择在训练过程中可视化环境的渲染结果。

整体上，这段代码展示了 DDPG 在连续动作空间中的应用，通过训练一个智能体在 MountainCarContinuous 环境中实现平衡控制，利用经验回放和 OU 噪声进行高效探索和学习。

3. 运行结果

（1）网络未收敛时的运行结果。

例如，在第 28 回合的状态、动作、奖励和效率如图 9-14 所示。

```
Episode 28 ends with state: [-0.46546666 -0.00305755]
Final action taken: [[0.30754563]]
Episode 28, Reward: -12.652, Epsilon: 0.6, Goal Efficiency: 32.143
```

图 9-14　在第 28 回合的状态、动作、奖励和效率

以下是每个打印值的详细含义分析：

Episode 28 ends with state: [− 0.46546666 − 0.00305755]:

状态值：−0.465 466 66 代表小车在山坡上的位置，位于范围[−1.2，0.6]，说明小车离目标位置(0.5)还有一段距离。−0.003 057 55 代表小车的当前速度，说明小车几乎处于静止状态(速度接近 0)，可能影响其前进的能力。

Final action taken：[[0. 307 545 63]]，智能体在该回合结束时采取的动作值。在 MountainCarContinuous 环境中，这个值代表了连续动作空间中的具体动作，通常用于表示小车向右推动的力度。值越高，表示推动的力度越大。

Reward：−12. 652 表示智能体在这一回合中获得的总奖励。由于每个步骤通常会扣除 1 分,说明智能体在这一回合中执行了大约 12 步后才结束。负的奖励值表明智能体没有成功达到目标状态(位置达到 0.5),因此只能获得负分。

Epsilon:0.6 代表在这个回合中,智能体有 60% 的概率选择随机动作,40% 的概率选择根据当前策略计算出的动作。这一值较高,意味着智能体在探索阶段,尝试了解环境和寻找有效的策略。

Goal Efficiency:32.143 表示智能体在前 28 回合中达成目标的效率,计算方式为(达到目标的回合数/当前回合数)* 100,意味着在这 28 回合中,智能体成功达成目标的比例大约为 32.143%,反映了智能体的学习进展和性能。网络未收敛时的运行结果如图 9-15 所示。

图 9-15 网络未收敛时的运行结果

(2)网络收敛时的运行结果。

例如在第 193 回合结束时,输出值如图 9-16 所示。

```
Episode 193 ends with state: [0.48478595 0.04869386]
Final action taken: [[1.69479252]]
Episode 193, Reward: 85.757, Epsilon: 0.01, Goal Efficiency: 89.637
```

图 9-16 输出值

Episode 193 ends with state: [0.48478595 0.04869386]:

状态值:0.484 785 95 表示小车在山坡上的位置,接近目标位置(0.5),说明智能体成功接近目标。0.048 693 86 表示小车的当前速度,正值表明小车正在向右移动,且速度适中,有助于进一步接近目标。

Final action taken:[[1.694 792 52]],智能体在这一回合结束时采取的具体动作值。在 MountainCarContinuous 环境中代表小车向右推动的力度。该值表示智能体选择了相对较高的推动力度,帮助小车维持运动并接近目标。

Episode 193,Reward:85.757:表示智能体在这一回合中获得的总奖励。由于 MountainCar 的奖励函数通常在达到目标时给予正奖励,且在每个步骤中会扣除 1 分,这个正的总奖励表明智能体成功达到了目标状态(位置达到或超过 0.5)并获得了较高的奖励。

Epsilon:0.01:代表在这一回合中,智能体只有 1% 的概率选择随机动作,99% 的概率选择根据当前策略计算出的动作。这表明智能体已经在训练中收敛,并且更加依赖其学到的策略,而不是随机探索。

Goal Efficiency:89.637 表示智能体在前 193 回合中达成目标的效率,计算方式为(达到目标的回合数/当前回合数)＊100。这个高效能值表明智能体在大部分回合中都成功达成了目标,反映出其良好的学习效果和策略性能。

综上所述,这些值描绘了智能体在第193回合的表现,表明其成功接近目标状态,获得了高额奖励,并且在探索过程中逐渐收敛到有效的策略。网络收敛时的运行结果如图9-17所示。

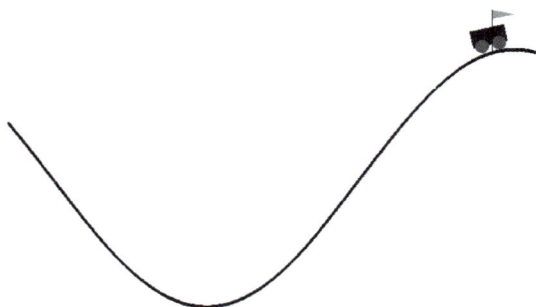

图9-17　网络收敛时的运行结果

本章小结

深度强化学习作为强化学习和深度学习的结合,能够解决传统强化学习无法解决的各种复杂的决策任务。本章介绍了一些基础的深度强化学习模型、算法和技术,同时给出了深度强化学习的典型应用实例,包括用 DDPG 实现 pendulum-v0 的实例,实现 CartPole-v0 的实例,以及实现 MountainCar-v0 的实例。